Einführung in die Energiewirtschaft

Hans-Wilhelm Schiffer

Einführung in die Energiewirtschaft

Ressourcen und Märkte

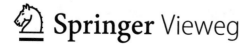 Springer Vieweg

Hans-Wilhelm Schiffer
TEER
RWTH Aachen
Köln, Deutschland

ISBN 978-3-658-41746-8   ISBN 978-3-658-41747-5   (eBook)
https://doi.org/10.1007/978-3-658-41747-5

Die Deutsche Nationalbibliothek verzeichnet diese Publikation in der Deutschen Nationalbibliografie; detaillierte bibliografische Daten sind im Internet über http://dnb.d-nb.de abrufbar.

Planung/Lektorat: Daniel Froehlich
Springer Vieweg ist ein Imprint der eingetragenen Gesellschaft Springer Fachmedien Wiesbaden GmbH und ist ein Teil von Springer Nature.
Die Anschrift der Gesellschaft ist: Abraham-Lincoln-Str. 46, 65189 Wiesbaden, Germany

Das Papier dieses Produkts ist recyclebar.

Inhaltsverzeichnis

**1 Ressourcen, Reserven, Verfügbarkeit und Preisbildung von
Energierohstoffen auf den Weltmärkten** 1

1.1 Einheiten und Definitionen 2

1.2 Entwicklung des weltweiten Energieverbrauchs in den letzten
Jahrzehnten 5

1.3 Reserven und Ressourcen an fossilen Energierohstoffen sowie
deren geografische Verteilung 8

1.4 Prägung der Stromerzeugungsstrukturen durch inländische
Vorkommen an Energierohstoffen 23

1.5 Weltweit wichtigste Produzenten und Exporteure sowie
Verbraucher fossiler Energien 25

    1.5.1 Öl 25

    1.5.2 Erdgas 27

    1.5.3 Steinkohle 30

1.6 Rolle erneuerbarer Energien für die weltweite Energieversorgung 38

    1.6.1 Bedeutung der erneuerbaren Energien für die weltweite
Stromerzeugung 39

    1.6.2 Entwicklung der Kapazität von Stromerzeugungsanlagen
nach Technologien 40

    1.6.3 Ausbau von Stromerzeugungsanlagen auf Basis
erneuerbarer Energien nach Staaten und Weltregionen 42

1.7 Bestimmungsfaktoren für die Preise auf den internationalen
Energiemärkten 45

    1.7.1 Rohöl 45

    1.7.2 Steinkohle 47

    1.7.3 Erdgas 52

    1.7.4 Preisentwicklung für Energie-Rohstoffe frei deutsche
Grenze 54

1.8 Vergleich der Klimarelevanz fossiler Energieträger 55

1.9   Abscheidung und Speicherung bzw. Nutzung von CO_2 als
       Schlüsselinstrument zur Einhaltung der Ziele des Pariser
       Klimaabkommens   63
       1.9.1   Voraussetzungen und Umsetzungsmöglichkeiten zur
                Abscheidung von CO_2   64
       1.9.2   Weltweite Situation   64
       1.9.3   Situation in Deutschland   70
1.10   Fazit   74
Literatur   75

2   **Prognosen und Szenarien zur weltweiten Energieversorgung**   77
    2.1   Kategorisierung von Projektionen und Szenarien   78
    2.2   Prognosen und Szenarien verschiedener Institutionen zur
           Entwicklung der globalen Energieversorgung   80
           2.2.1   Ergebnisse aktuell veröffentlichter Prognosen im Vergleich   81
           2.2.2   Überblick über Methodik und Modellierung bei
                    ausgewählten exploratorischen und normativen Szenarien   87
           2.2.3   Schlüsselbotschaften der exploratorischen Szenarien des
                    World Energy Council   94
           2.2.4   Ergebnisse der exploratorischen und normativen Szenarien
                    der IEA   102
           2.2.5   Vergleich der Ergebnisse von normativen Szenarien   107
    2.3   Fazit   115
    Literatur   116

3   **Strukturen des deutschen Energiemarktes**   119
    3.1   Aufkommen und Verwendung von Energie – Struktur des
           Aufkommens nach der Herkunft und der Verwendung nach
           Energieträgern und Verbrauchssektoren   119
    3.2   Mineralölversorgung in Deutschland   133
           3.2.1   Unternehmensstruktur auf der Aufkommensstufe   133
           3.2.2   Versorgung mit Rohöl und dessen Verarbeitung   135
           3.2.3   Importe von Mineralölprodukten   136
           3.2.4   Vertrieb von Mineralölerzeugnissen   137
    3.3   Die Rolle der Braunkohle   139
           3.3.1   Rechtliche Grundlagen   139
           3.3.2   Gewinnung der Braunkohle   142
           3.3.3   Ausgleichsmaßnahmen   143
           3.3.4   Unternehmensstrukturen im deutschen
                    Braunkohlenbergbau   145
           3.3.5   Verwendung der Braunkohle   147
           3.3.6   Energie- und Klimapolitik mit Relevanz für die Braunkohle ...   150

		3.3.7	Konsequenzen der politischen Vorgaben für die einzelnen Reviere	153
3.4	Steinkohle			154
		3.4.1	Entwicklung des deutschen Steinkohlenbergbaus	154
		3.4.2	Aufkommen und Verwendung an Steinkohle im Jahr 2022	157
		3.4.3	Ausstieg aus der Kohleverstromung	160
3.5	Aufkommen und Verwendung von Erdgas			161
		3.5.1	Ausbau der Erdgasversorgung in Deutschland	161
		3.5.2	Strategien der Preisdurchsetzung	162
		3.5.3	Neuordnung der Unternehmensstrukturen auf dem deutschen Erdgasmarkt	162
		3.5.4	Gasaufkommen in Deutschland im Jahr 2022	163
		3.5.5	Ausbau der Gasinfrastruktur in Deutschland und Maßnahmen zur Sicherung der Versorgung nach Kriegsbeginn in der Ukraine im Februar 2022	166
		3.5.6	Änderung der Gasflüsse und des Füllstandes der Gasspeicher in Deutschland nach Kriegsbeginn in der Ukraine	171
		3.5.7	Unternehmensstrukturen auf den verschiedenen Wertschöpfungsstufen der deutschen Gasversorgung	176
		3.5.8	Nutzung von Erdgas und dessen Vertrieb	180
3.6	Strommarkt in Deutschland			180
		3.6.1	Aufbau der Elektrizitätswirtschaft nach Wertschöpfungsstufen	181
		3.6.2	Stromerzeugung in Deutschland	187
		3.6.3	Übertragungs- und Verteilnetz	201
		3.6.4	Stromhandel	209
		3.6.5	Stromvertrieb	209
		3.6.6	Herausforderungen angesichts eines wachsenden Strombedarfs	213
3.7	Fazit			225
Literatur				226
4	**Wachsende Bedeutung der erneuerbaren Energien**			229
4.1	Potenziale und Merkmale der erneuerbaren Energien			229
4.2	Entwicklung der erneuerbaren Energien in Deutschland nach Sektoren			231
4.3	Angewandte Technologien zur Stromerzeugung			235
		4.3.1	Wind onshore	235
		4.3.2	Solarenergie	244

4.4   Förderung des Ausbaus erneuerbarer Energien in der
       Stromerzeugung 260
       4.4.1   Vorläufer der Erneuerbare-Energien-Gesetze 262
       4.4.2   EEG 2000 – Anpassung des StromEinspG an die
                Verpflichtungen aus dem Kyoto-Protokoll 263
       4.4.3   Erneuerbare-Energien-Gesetz 2004 – EEG 2004 263
       4.4.4   Erneuerbare-Energien-Gesetz 2009 – EEG 2009 264
       4.4.5   Erneuerbare-Energien-Gesetz 2012 – EEG 2012 265
       4.4.6   Novellierung des EEG 2012 durch die PV-Novelle 265
       4.4.7   Reform des EEG im Jahr 2014: Wichtiger Schritt für den
                Neustart der Energiewende 266
       4.4.8   EEG 2017: Paradigmenwechsel – Ersatz der bisherigen
                Preissteuerung durch eine Mengensteuerung 267
       4.4.9   Erneuerbare-Energien-Gesetz 2021 – EEG 2021 268
       4.4.10   Erneuerbare-Energien-Gesetz 2023 – EEG 2023 269
4.5   Finanzierung des Ausbaus erneuerbarer Energien zur
       Stromversorgung 270
4.6   Ergebnisse der seit 2015 durchgeführten Ausschreibungen von
       Anlagen 274
4.7   Integration der erneuerbaren Energien in das
       Stromversorgungssystem 279
       4.7.1   Fazit 282
Literatur 283

5   **Preisbildung auf den Märkten für Öl, Steinkohle, Erdgas und**
    Elektrizität 285
5.1   Ölpreise international und national 285
5.2   Situation bei der Braunkohle 292
5.3   Preisbildung für Steinkohle 295
5.4   Preisbildungsmechanismen für Erdgas 303
       5.4.1   Veränderung der Preisbildungsmechanismen auf der
                Großhandelsstufe 305
       5.4.2   Preisgestaltung auf der Vertriebsebene 310
5.5   Preisbildung für Strom nach Wertschöpfungsstufen 315
       5.5.1   Preisbildung auf der Großhandelsstufe 320
       5.5.2   Entwicklung der Verbraucherpreise für Strom 341
5.6   Internationaler Preisvergleich für Erdgas und Strom 350
       5.6.1   Verbraucherpreise für Erdgas in den EU-Staaten 350
       5.6.2   Verbraucherpreise für Strom in den EU-Staaten 351
       5.6.3   Internationaler Preisvergleich für Erdgas und für Strom 355
5.7   Fazit 362
Literatur 362

6 Die Rolle von Markt und Staat in der Energiewirtschaft 365

6.1 Ziele der Energiepolitik und Energieprogramme der
Bundesregierung 366

6.2 Sicherheit der Energieversorgung 368

6.3 Bezahlbarkeit von Energie und die Rolle der Energiepreise für die
Wettbewerbsfähigkeit der Industrie 374

6.4 Klimaschutz 378

    6.4.1 Entwicklung der globalen Treibhausgas-Emissionen seit
    1990 384

    6.4.2 Der rechtliche Handlungsrahmen auf europäischer Ebene 387

    6.4.3 Nationale Maßnahmen 396

6.5 Koalitionsvertrag zwischen SPD, Bündnis 90/Die Grünen und FDP
vom 24. November 2021 399

6.6 Fazit 409

Literatur 409

Ressourcen, Reserven, Verfügbarkeit und Preisbildung von Energierohstoffen auf den Weltmärkten

In diesem Kapitel wird ein Überblick über folgende Themen gegeben:

- Erläuterung der in der Energiewirtschaft genutzten Maßeinheiten zur Bezifferung des globalen Energieverbrauchs,
- Entwicklung des weltweiten Energieverbrauchs in den letzten Jahrzehnten,
- Reserven und Ressourcen an fossilen Energierohstoffen sowie deren geografische Verteilung,
- Prägung der Stromerzeugungsstrukturen durch inländische Vorkommen an Energierohstoffen,
- Weltweit wichtigste Produzenten und Exporteure fossiler Energien,
- Rolle erneuerbarer Energien für die weltweite Energieversorgung,
- Bestimmungsfaktoren für die Preise auf den internationalen Energiemärkten,
- Vergleich der Klimarelevanz fossiler Energieträger,
- Speicherung und Nutzung von CO_2 als Instrument des Klimaschutzes,
- Fazit

Das Kapitel richtet den Blick somit auf die weltweite Dimension der Energieversorgung. Dazu gehören Erläuterungen zur Höhe und Verteilung der weltweiten Vorkommen an konventionellen Energien, zur Rolle der erneuerbaren Energien für die globale Energieversorgung, zu den Bestimmungsfaktoren für die Energiepreise auf den internationalen Märkten sowie auch zur Begrenzung des Eintritts von Treibhausgas-Emissionen in die Atmosphäre bei der Nutzung fossiler Energien.

H. Schiffer, *Einführung in die Energiewirtschaft*, https://doi.org/10.1007/978-3-658-41747-5_1

In der Energiewirtschaft wird eine Vielzahl von Energieeinheiten verwendet

1 Joule [J] = 1 kg m^2 s^{-2}

1 kWh = 1000 W · 3600 s = 3.600.000 J = 3,6 MJ

1 kcal (Kilokalorie, veraltet) = 4,1868 kJ
Energie, die benötigt wird um 1 kg Wasser um 1 K zu erwärmen

1 BTU (British Thermal Unit) = 1,0548 kJ
Energie, die benötigt wird um 1 britisches Pfund Wasser um 1 Grad Fahrenheit zu erwärmen

1 kg SKE (Steinkohleeinheit) = 7.000 kcal = 29,31 MJ
Energie, die beim Verbrennen von 1 kg einer hypothetischen Steinkohle mit einem Heizwert von exakt 7.000 kcal/kg frei wird (Heizwert realer Steinkohle ist etwas höher)

1 kg RÖE (Rohöleinheit) = 10.000 kcal = 41,868 MJ
Auch: 1kg ÖE, international gebräuchlich: toe (tonne of oil equivalent)

Volumeneinheiten (US):
1 barrel = 42 gallons = 158,99 l
1 gallon = 3,79 l

Hinweis:
IEA Unit Converter
http://www.iea.org/stats/unit.asp

Abb. 1.1 In der Energiewirtschaft verwendete Maßeinheiten

1.1   Einheiten und Definitionen

In der Energiewirtschaft wird eine *Vielzahl von Maßeinheiten* verwendet (Abb. 1.1).[1]

- Der quantitativen Bemessung aller Energieformen, also der Arbeit und der Wärmemenge, dient die Einheit *Joule*. Sie ist nach dem englischen Physiker James Prescott Joule benannt. Mit der Energie von einem Joule kann eine Sekunde lang die Leistung von einem Watt erbracht werden.
- Von der Energiemenge ist die Leistung zu unterscheiden. Leistung ist Energie pro Zeit und wird in *Watt* gemessen. Diese Einheit ist nach dem schottischen „Erfinder" der Dampfmaschine James Watt bezeichnet. Die Leistung gibt an, welche Energiemengen in einer bestimmten Zeit umgesetzt werden können.
- Von der Kilowattstunde (kWh) spricht man, wenn elektrische Energie gemessen wird, wobei eine Kilowattstunde 3.600 Kilojoule entspricht.
- Seit 1977 sind die Einheiten *Kalorie* für Wärme und *Pferdestärke* für Leistung nicht mehr offiziell zulässig. Aus Gründen der Anschaulichkeit verwendet die Energiewirtschaft jedoch weiterhin häufig die *Steinkohleneinheit* (SKE), die sich nach dem mittleren Energiegehalt von Steinkohle bemisst. 1 kg SKE entspricht 29.308 Kilojoule.

---

[1] [1].

- Gebräuchlich ist ferner die *Rohöleinheit* (RÖE). 1 kg RÖE wird üblicherweise mit 41.868 Kilojoule umgerechnet. Dabei ist – ebenso wie bei der Steinkohleneinheit – zu berücksichtigen, dass der tatsächliche Energieinhalt von 1 kg RÖE – in Abhängigkeit von der Qualität der jeweiligen Rohölsorte – von diesem „Normwert" abweicht.
- In der Erdgaswirtschaft kommt vielfach die Einheit *Kubikmeter* zur Anwendung. Eine überschlägige Umrechnung von 1 Kubikmeter Gas in kWh kann mit dem Faktor 10 erfolgen. Grob kalkuliert ergeben sich so aus 1 Kubikmeter Gas 10 kWh. Die exakte Umrechnung ist aber komplizierter, weil zusätzlich der Brennwert und die Zustandszahl wichtig sind. Die Formel lautet also Gasvolumen – ausgedrückt in Kubikmeter – multipliziert mit dem Brennwert und der Zustandszahl ergibt die in kWh umgerechnete Wärmemenge.

International sind weitere Einheiten üblich. Dazu gehören die *Öleinheit* sowie – im Falle von Erdgas – auch die Einheit *Kubikfuß*. 1 Kubikfuß entspricht 0,028317 Kubikmetern. Ferner ist international die Einheit *British Thermal Unit* (BTU) sehr geläufig. 1 BTU ist gleich 1,0548 Kilojoule. Übliche Volumeneinheiten sind *Barrel* und *Gallone*. 1 Barrel entspricht 42 Gallonen bzw. rund 159 Litern. In den USA kommt – etwa zur Bemessung der Fördermenge von Steinkohle – häufig die *short ton* zur Anwendung. 1 short ton entspricht 0,907 t.

Um verschiedene Energieträger, für die unterschiedliche Einheiten zur Bemessung des Wärmeinhalts und auch des Volumens zur Anwendung kommen, additionsfähig zu machen, ist eine Umrechnung auf eine einheitliche Einheit notwendig. Dies gilt auch für Preisvergleiche für verschiedene Energieträger.

Der weltweite Primärenergieverbrauch des Jahres 2022 wird mit 604,04 Exajoules beziffert (Abb. 1.2). Das entspricht 20,6 Mrd. Tonnen Steinkohleneinheiten. Ausgedrückt in Rohöleinheiten sind es 14,4 Mrd. Tonnen.[2] Durch Umrechnung der meist in verschiedenen Einheiten gemessenen Verbrauchshöhe der einzelnen Energieträger nach Maßgabe des jeweiligen Heizwertes in eine einheitliche Einheit kann der Energiemix – differenziert nach Öl, Kohle, Erdgas, Kernenergie und erneuerbaren Energien – ausgewiesen werden.

Der Primärenergieverbrauch beinhaltet den gesamten Energieverbrauch, also den Endenergieverbrauch in den verschiedenen Sektoren, wie Industrie, Haushalte, Gewerbe/ Handel/Dienstleistungen, Landwirtschaft und Verkehr, den nichtenergetischen Verbrauch sowie den Verbrauch, der im Rahmen der Umwandlung von Primärenergie in Sekundärenergie, wie Strom, anfällt. Es wird deutlich: Mineralöl ist der weltweit wichtigste Energieträger, gefolgt von Kohle und Erdgas. Diese fossilen Energien hielten 2022 einen Anteil von zusammen 81,8 % am gesamten Primärenergieverbrauch. Erneuerbare Energien kamen auf 14,2 %, Kernenergie auf 4,0 %.[3]

---

[2] [2].
[3] [2].

Globaler Energiemix 2022

Primärenergieverbrauch*
604,04 Exajoules
entsprechend 14,4 Milliarden Tonnen
Öläquivalente

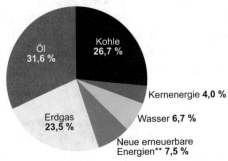

Brutto-Stromerzeugung
29,2 Milliarden Megawattstunden

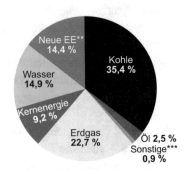

* ohne nicht kommerzielle Biomasse   ** Wind, Sonne, Geothermie, Bio-Brennstoffe   *** Pumpspeicher und sonstige fossil basierte Erzeugung

Quelle: Energy Institute, Statistical Review of World Energy 2023

Abb. 1.2 Globaler Energiemix 2022

Die weltweite Stromerzeugung belief sich 2022 auf 29,2 Mrd. Megawattstunden.[4] Der Energiemix zur Stromerzeugung unterscheidet sich deutlich von der Zusammensetzung des Primärenergieverbrauchs nach Energieträgern. Das liegt an den unterschiedlichen Einsatzschwerpunkten der einzelnen Energieträger. Öl wird vor allem im Verkehrssektor genutzt, Erdgas im Wärmemarkt. Demgegenüber kommen Kohle überwiegend und Kernenergie ausschließlich in Kraftwerken, und dort insbesondere zur Stromerzeugung, zum Einsatz. Das Gleiche gilt für die Wasserkraft, die bisher noch größte erneuerbare Energiequelle. Auch die Windenergie und die Photovoltaik dienen primär der Stromerzeugung.

Als Konsequenzen zeigen sich höhere Anteile für Kohle, Kernenergie und erneuerbare Energien in der Stromerzeugung im Vergleich zum Primärenergieverbrauch. Öl spielt dagegen in der weltweiten Stromerzeugung nur eine geringe Rolle. Entsprechend liegt der Anteil von Öl an der Stromproduktion bei lediglich 2,5 %. Kohle war 2022 mit 35,4 % noch die weltweit wichtigste Energiequelle zur Stromerzeugung.

Deutschland ist sowohl am Primärenergieverbrauch als auch an der Stromerzeugung der gesamten Welt mit rund 2 % beteiligt.

---

[4] [2].

**Entwicklung der weltweiten Primärenergieverbrauch
1947 bis 2022**

Mio. t SKE

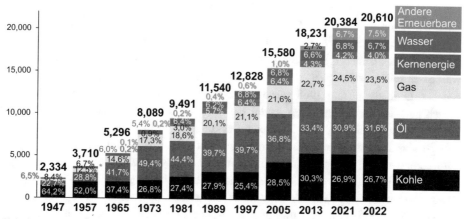

* keine Angaben verfügbar. Bei den erneuerbaren Energien dürfte es sich in den Jahren 1947 und 1957 fast ausschließlich um Wasserkraft gehandelt haben.

Quelle: für 1947 und 1957: Hans-Dieter Schilling und Rainer Hildebrandt (1977). Die Entwicklung des Verbrauchs an Primärenergieträgern und an elektrischer Energie in der Welt, in den USA und in Deutschland seit 1860 bzw. 1925, in: Rohstoffwirtschaft international, herausgegeben von Werner Peters; Quelle ab 1965: BP Statistical Review of World Energy (1965 bis 2013) und Energy Institute, Statistical Review of World Energy 2023 (2021 und 2022)

Abb. 1.3 Entwicklung des weltweiten Primärenergieverbrauchs 1947 bis 2022

1.2 Entwicklung des weltweiten Energieverbrauchs in den letzten Jahrzehnten

Seit Ende des Zweiten Weltkrieges hat sich der weltweite Primärenergieverbrauch in etwa verzehnfacht. Betrug der globale Primärenergieverbrauch im Jahr 2022 rund 20,6 Mrd. Tonnen Steinkohleneinheiten (Mrd. t SKE), so waren es 1947 erst 2,3 Mrd. t SKE (Abb. 1.3). Entscheidende Treiber waren die Entwicklung der Weltbevölkerung und der Anstieg der Wirtschaftsleistung. So hat sich die globale Bevölkerungszahl von 2,4 Mrd. im Jahr 1947 auf rund 8 Mrd. im Jahr 2022 mehr als verdreifacht. Der Energieverbrauch pro Kopf der Bevölkerung hat damit in dem genannten Zeitraum von knapp 1 t SKE auf 2,6 t SKE zugenommen. Der im Vergleich zum Bevölkerungsanstieg wesentlich stärkere Zuwachs des Primärenergieverbrauchs erklärt sich vor allem durch die vergrößerte Wirtschaftsleistung. Allein in den vergangenen 30 Jahren hat sich die weltweite Wirtschaftsleistung – auf US$-Basis in realen Größen gemessen – mehr als verdoppelt.[5]

Die Kohle spielte bis Ende der 1950er Jahre eine dominierende Rolle für die weltweite Energieversorgung. So waren 1959 noch 50 % des globalen Primärenergieverbrauchs durch Braunkohle (5 Prozentpunkte) und Steinkohle (45 Prozentpunkte) gedeckt worden.

---

[5] [3].

1947 waren auf Kohle sogar noch mehr als 60 % des weltweiten Primärenergieverbrauchs entfallen. An zweiter Stelle rangierte in den 1950er Jahren Mineralöl mit im Verlauf dieser Jahre zunehmenden Anteilen. 1959 waren es 30 %. Auch Erdgas legte in dieser Zeit zu, und zwar von 8 % im Jahr 1947 auf 14 % im Jahr 1959. Wasserkraft war durchgehend mit 6 bis 7 % an der Deckung des Primärenergieverbrauchs beteiligt. Andere erneuerbare Energien hatten – ebenso wie die Kernenergie – noch keine Bedeutung.[6]

Die 1960er und die 1970er Jahre waren durch eine Dominanz des Mineralöls geprägt. Aufgrund des zu niedrigen Kosten vor allem im Mittleren Osten förderbaren Rohöls wurde der kontinuierliche Zuwachs im Energiebedarf vor allem durch Mineralölprodukte gedeckt. Erstmals im Jahr 1968 war Mineralöl mit 38,4 % stärker am Primärenergieverbrauch beteiligt als Kohle, deren Anteil bis 1968 auf 36,3 % zurückgefallen war. 1973 kam Öl auf einen Beitrag von 50 % zur Deckung des Primärenergieverbrauchs. Dieses Jahr ist allerdings mit der ersten Ölkrise verknüpft, ausgelöst durch die Drosselung der Ölförderung durch die arabischen Staaten und das gegen westliche Staaten verhängte Ölembargo als Reaktion auf die amerikanische Unterstützung Israels im Jom-Kippur-Krieg. Dies leitete – weiter verstärkt durch die zweite Ölkrise 1979/1980 im Gefolge der islamischen Revolution im Iran und des Angriffs des Irak auf Iran – eine Neujustierung der Energiepolitik in vielen Staaten ein, die damals einseitige Abhängigkeit von Öl zu verringern.

Die Errichtung von Kernkraftwerken, die vor allem in den 1970er Jahren in großem Umfang erfolgte, wurde von vielen Staaten als wichtiges Element zur Verbesserung der Versorgungssicherheit verfolgt. Mit dem Ausbau der Kernenergie sollten der Energiemix diversifiziert und die Abhängigkeit von Importen fossiler Energien verringert werden. Hinzu kam in dieser Zeit eine wachsende Bedeutung des Erdgases, das vor allem im Wärmemarkt zur Substitution des Energieträgers Öl beitrug. Im Verkehrssektor hat Öl allerdings bis heute seine dominierende Rolle aufrechterhalten.

Kohle konnte seine Position als – nach Mineralöl – zweitwichtigster Energieträger bis zum Jahr 2022 behaupten. Das erklärt sich vor allem durch die Entwicklung in China. Dort hatte sich der Kohleverbrauch von 1981 bis 2000 mehr als verdoppelt und bis zum Jahr 2022 – im Vergleich zu dem erhöhten Stand des Jahres 2000 – verdreifacht. Damit entfällt inzwischen die Hälfte des weltweiten Kohleverbrauchs auf China. Anders als in den USA und in Europa – dort hatte sich der Kohleverbrauch im vergangenen Jahrzehnt stark vermindert – wurde die Nutzung von Kohle auch in Indien deutlich verstärkt. Inzwischen ist Indien das zweitgrößte Kohleverbrauchsland. Seit 1981 hat sich der Kohleverbrauch in Indien – ebenso wie in China – versechsfacht.[7]

Der Anteil von Kohle, Öl und Erdgas an der Deckung des gesamten Primärenergieverbrauchs ist von 90 % im Jahr 1981 auf 82 % im Jahr 2022 gesunken. In absoluten Größen hat sich der Verbrauch aller fossilen Energien allerdings auch in den letzten vierzig Jahren weiter erhöht. Die Anteilseinbußen der fossilen Energien waren in den 1980er

---

[6] [4].
[7] [2].

und 1990er Jahren durch Zuwächse bei der Kernenergie und in den letzten zwei Jahrzehnten durch vergrößerte Beiträge der erneuerbaren Energien kompensiert worden. Während der Anteil der Wasserkraft am Primärenergieverbrauch mit Anteilen zwischen 6 und 7 % in den gesamten 75 Jahren seit 1947 weitgehend konstant geblieben war, konnten die anderen erneuerbaren Energien, wie insbesondere Windkraft und Solarenergie, deutliche Zuwächse verzeichnen. Allerdings ist die Wasserkraft weltweit immer noch die wichtigste erneuerbare Energiequelle. In Summe erreicht der Anteil der erneuerbaren Energien am weltweiten Primärenergieverbrauch inzwischen 14,2 % (Stand: 2022). Das entspricht einer Verdopplung im Vergleich zum Stand des Jahres 2000.[8]

Der in den 1970er Jahren verzeichnete Anteilsgewinn der Kernenergie hat sich in den letzten zwei Jahrzehnten nicht fortgesetzt. So leistet die Kernenergie aktuell einen Beitrag von gut 4 % zur Deckung des Primärenergieverbrauchs. An der weltweiten Stromerzeugung ist die Kernenergie mit knapp 10 % beteiligt.

In den letzten vier Jahrzehnten (Abb. 1.4) hat sich der Primärenergieverbrauch der Welt verdoppelt. Entscheidende Gründe waren: Die Bevölkerungszahl ist von 4,36 Mrd. im Jahr 1979 um 83 % auf 7,96 Mio. im Jahr 2022 gestiegen. Und die globale Wirtschaftsleistung hat sich in dieser Zeit mehr als verdreifacht (ausgedrückt in konstanten, also inflationsbereinigten US$).[9]

Der *Energiemix* hat sich wie folgt verändert:

- Der Anstieg im Energieverbrauch wurde fast vollständig durch fossile Energien gedeckt. Alle fossilen Energien haben mit wachsenden Beiträgen zur Deckung des Verbrauchs beigetragen.
- Der Anteil fossiler Energien am Primärenergieverbrauch war 2022 mit 81,8 % nur um 9,7 Prozentpunkte niedriger als 1979. Im Jahr 1979 hatten Öl, Erdgas und Kohle 91,5 % des Primärenergieverbrauchs gedeckt.
- Der Anteil von Kernenergie hat sich um 1,7 Prozentpunkte auf 4,0 % im Jahr 2022 erhöht.
- Der prozentuale Beitrag der erneuerbaren Energien war 2022 mit 14,2 % etwas mehr als doppelt so hoch wie 1979. Dabei verteilte sich dieser Anteil 2022 zur einen Hälfte auf Wasserkraft und zur anderen Hälfte auf „neue" erneuerbare Energien, wie Wind, Sonne, Biomasse und Geothermie.[10]

▶ Wir blicken trotz der Zunahme der Bedeutung erneuerbarer Energien auf durch fossile Energien dominierte Jahrzehnte zurück.

---

[8] [2].
[9] [3].
[10] [2].

Globaler Primärenergieverbrauch 1979 bis 2022
in Exajoules

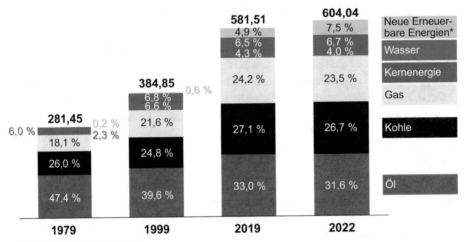

* Wind, Sonne, Geothermie, Bio-Brennstoffe
Quelle: BP Statistical Review of World Energy (1979 bis 2019) und Energy Institute, Statistical Review of World Energy 2023

Abb. 1.4 Globaler Primärenergieverbrauch 1979 bis 2022

1.3 Reserven und Ressourcen an fossilen Energierohstoffen sowie deren geografische Verteilung

Der *Club of Rome* hatte 1972 die vielbeachtete Studie „Die Grenzen des Wachstums" veröffentlicht. Die Studie warnte damals vor wirtschaftlichen Schwierigkeiten im 21. Jahrhundert, sollte die Gesellschaft insbesondere bei der Nutzung endlicher natürlicher Ressourcen nichts ändern.[11]

Wie ist es tatsächlich um die weltweiten natürlichen Vorkommen an fossilen Energierohstoffen bestellt? Grundsätzlich wird zwischen Reserven und Ressourcen unterschieden (Abb. 1.5).

- Unter *Reserven* wird der Teil des verbliebenen, also bisher noch nicht genutzten, Potenzials verstanden, der derzeit technisch und wirtschaftlich abbaubar ist. Die Förderkosten müssen auf eine Höhe begrenzt sein, die eine zumindest kostendeckende Vermarktung erlaubt.
- Im Unterschied dazu versteht man unter *Ressourcen* alle nachgewiesenen und vermuteten nutzbaren Energierohstoffe, auch wenn sie heute noch nicht wirtschaftlich gewinnbar sind.

---

[11] [5].

Bei der Definition der BGR* sind die Reserven nicht Teil der Ressourcen

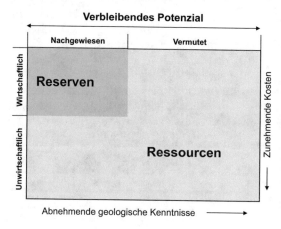

Reserven: nachgewiesene, zu heutigen Preisen und mit heutiger Technik wirtschaftlich gewinnbare Energierohstoffmengen

Ressourcen: nachgewiesene, aber derzeit technisch und/oder wirtschaftlich nicht gewinnbare sowie nicht nachgewiesene, aber geologisch mögliche, künftig gewinnbare Energierohstoffmengen

Verbleibendes Potenzial: Reserven plus Ressourcen

* BGR: Bundesanstalt für Geowissenschaften und Rohstoffe

Abb. 1.5 Definition von Reserven und Ressourcen durch die BGR

Dabei existieren zum Teil unterschiedliche Begrifflichkeiten. So wird in einigen Publikationen die Summe aus Reserven und Ressourcen als Gesamte Ressourcen bezeichnet. Gemäß der Definition der *Bundesanstalt für Geowissenschaften und Rohstoffe* sind Reserven aber nicht Teil der Ressourcen (Abb. 1.6). Vielmehr wird die Summe aus Reserven und Ressourcen an Erdöl, Erdgas und Uran als verbleibendes Potenzial bezeichnet. Bei der Summe aus der kumulierten Förderung und den Reserven handelt es sich nach Definition der BGR um die initialen Reserven. Und das Gesamtpotenzial ergibt sich durch Addition von kumulierter Förderung, Reserven und Ressourcen. Für Kohle sieht die BGR eine teilweise abweichende Begrifflichkeit vor. Der zufolge wird die Summe aus Reserven und Ressourcen als Gesamtressourcen bezeichnet. Zu den initialen Reserven gehören – auch bei Kohle – die kumulierte Förderung und die Reserven.[12]

Entscheidender als diese zum Teil unterschiedlichen Begrifflichkeiten ist, dass es sich bei der Höhe der Reserven und Ressourcen nicht um fixe Größen handelt. Die Höhe der Reserven ändert sich aufgrund des Verbrauchs von Energierohstoffen. Obwohl seit Beginn des Industriezeitalters erhebliche Mengen an fossilen Energierohstoffen verbraucht worden sind, heißt das jedoch nicht, dass die aktuell noch vorhandenen Reserven um diese Mengen kleiner geworden sind.

[12] [6].

Abgrenzung der Begriffe Reserven und Ressourcen

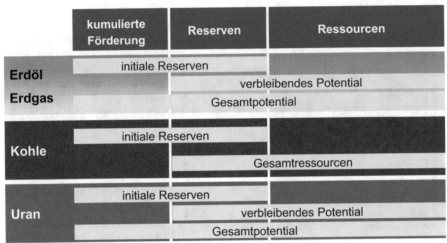

Quelle: Bundesanstalt für Geowissenschaften und Rohstoffe (BGR), BGR Energiestudie 2021, Daten und Entwicklungen der deutschen und globalen Energieversorgung, Hannover, Februar 2022, S. 168

Abb. 1.6 Abgrenzung der Begriffe und Ressourcen für fossile Energien und für Uran

Vielmehr wurden in den vergangenen Jahrzehnten neue Energievorkommen entdeckt und aufgeschlossen. Dies hat zu einer Ausweitung der Reserven geführt. Die Fördertechnik hat sich kontinuierlich verbessert, sodass zuvor als Ressourcen definierte Vorkommen zu Reserven geworden sind. Einen weiteren Faktor stellen die Weltmarktpreise dar, die sich in den vergangenen Jahrzehnten erhöht haben. Auch dies hat bewirkt, dass aus Ressourcen sich Reserven entwickelt haben.

▶   Im Ergebnis kann man heute feststellen, dass nicht die fossilen Energievor-
     kommen das wirtschaftliche Wachstum begrenzen, wie der *Club of Rome* es
     vorhergesagt hatte. Vielmehr ist davon auszugehen, dass die Eindämmung von
     Kohlendioxid-Emissionen der Nutzung vorhandener Reserven und Ressourcen
     Grenzen setzt.

Es ist deshalb zu erwarten, dass ein Großteil der vorhandenen fossilen Energievorkommen nicht einer Nutzung zugeführt wird, sondern im Boden verbleiben wird. Die weltweiten Reserven nicht-erneuerbarer Energie-Rohstoffe werden von der Bundesanstalt für Geowissenschaften und Rohstoffe auf 1404 Mrd. t SKE beziffert. Die zusätzlich ausgewiesenen Ressourcen sind mit 17.224 Mrd. t SKE etwa zwölfmal so hoch wie die Reserven (Abb. 1.7).

Reserven und Ressourcen
nicht-erneuerbarer Energierohstoffe

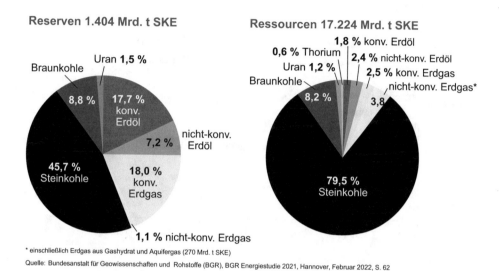

Reserven 1.404 Mrd. t SKE   Ressourcen 17.224 Mrd. t SKE

* einschließlich Erdgas aus Gashydrat und Aquifergas (270 Mrd. t SKE)

Quelle: Bundesanstalt für Geowissenschaften und Rohstoffe (BGR), BGR Energiestudie 2021, Hannover, Februar 2022, S. 62

Abb. 1.7   Reserven und Ressourcen nicht-erneuerbarer Energierohstoffe

Die größten Reserven – und das gilt in noch stärkerem Maße für die Ressourcen – bestehen bei Kohle. So entfallen 54,5 % der Reserven und 87,7 % der Ressourcen auf Steinkohle und Braunkohle. Bei den Öl- und Gasreserven ist – ebenso wie bei den Ressourcen – zwischen konventionellen und nicht-konventionellen Vorkommen zu unterscheiden (Abb. 1.8).

Konventionelles Erdöl: Allgemein wird damit ein Erdöl bezeichnet, das aufgrund seiner geringen Viskosität (Zähflüssigkeit) und einer Dichte von weniger als 1 g pro cm^3 mit relativ einfachen Methoden gefördert werden kann.

Nicht-konventionelles Erdöl: Kohlenwasserstoffe, die nicht mit „klassischen" Methoden gefördert werden können, sondern aufwendigerer Technik bedürfen, um sie zu gewinnen. In der Lagerstätte sind sie nur bedingt oder nicht fließfähig, was auf die hohe Viskosität bzw. Dichte oder auf die sehr geringe Permeabilität des Speichergesteins zurückzuführen ist (Erdöl in dichten Gesteinen, Tight Oil, Schieferöl).

Konventionelles Erdgas: Darunter wird freies Erdgas und Erdölgas in strukturellen und/ oder stratigraphischen Fallen gefasst.

Nicht-konventionelles Erdgas: Aufgrund der Beschaffenheit und der Eigenschaften des Reservoirs strömt das Erdgas zumeist einer Förderbohrung nicht ohne weitere technische Maßnahmen in ausreichender Menge zu, weil es entweder nicht in freier Gasphase im Gestein vorliegt oder das Speichergestein nicht ausreichend durchlässig ist.

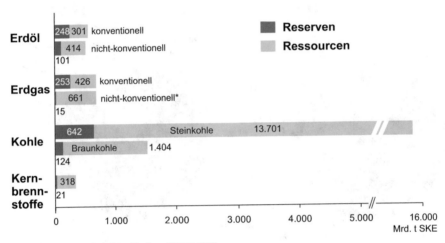

Weltweite Angebotssituation nicht erneuerbarer Energierohstoffe

in Mrd. t SKE

Abb. 1.8 Weltweite Angebotssituation nicht erneuerbarer Energierohstoffe

Zu diesen nicht-konventionellen Vorkommen von Erdgas zählen Schiefergas, Tight Gas, Kohleflözgas, Aquifergas und Erdgas aus Gashydrat.

Uran: ist ein natürlicher Bestandteil der Gesteine der Erdkruste. Als Natururan wird Uran in der in der Natur vorkommenden Isotopenzusammensetzung U-238, U-235 und U-235 bezeichnet. Für eine wirtschaftliche Gewinnbarkeit muss Uran im Gestein angereichert sein.

Nicht-konventionelles Uran: Uranressourcen, bei dem Uran ausschließlich untergeordnet als Beiprodukt gewonnen werden könnte. Hierzu zählt Uran in Phosphaten, Nicht-Metallen, Karbonaten, Schwarzschiefern und in Ligniten. Auch im Meerwasser befindet sich rund 3 ppb gelöstes Uran, das (theoretisch) gewonnen werden könnte.

Diese Definitionen sind der Energiestudie 2021 der Bundesanstalt für Geowissenschaften und Rohstoffe entnommen.[13]

Die Angebotssituation zwischen den verschiedenen nicht-erneuerbaren Energierohstoffen unterscheidet sich stark. Bei Erdöl und Erdgas werden – nach konventionellen und nicht-konventionellen Vorkommen – differenzierte Angaben gemacht. Bei Kohle wird eine Unterscheidung zwischen Braunkohle und Steinkohle getroffen. Die Reserven an Uran werden mit rund 21 Mrd. t SKE beziffert. Darüber hinaus weist die Bundesanstalt für

---

[13] [6].

Geowissenschaften und Rohstoffe Ressourcen an Kernbrennstoffen in Höhe von 318 Mrd. t SKE aus. Davon entfallen 209 Mrd. t SKE auf Uran und 109 Mrd. t SKE auf Thorium.

Die Balkendiagramme in Abb. 1.8 machen anschaulich deutlich, wie groß die Reserven und insbesondere die Ressourcen bei Kohle im Vergleich zu den anderen Energierohstoffen sind. In Abb. 1.9 ist in den Säulen zum einen die Höhe der Reserven und Ressourcen der verschiedenen Energierohstoffe beziffert. Zum anderen geht daraus hervor, wie sich die Verteilung des verbleibenden Potenzials (Erdöl, Erdgas und Uran) bzw. der Gesamtressourcen (Steinkohle und Braunkohle) auf Reserven und Ressourcen darstellt.

Es ist erkennbar, dass die Ressourcen ein Vielfaches der Reserven ausmachen. Das gilt insbesondere für Steinkohle und Braunkohle sowie für Kernbrennstoffe. Die gesamte Höhe der Reserven an Kohlen wird auf 766 Mrd. t SKE beziffert. Davon entfallen 642 Mrd. t SKE auf Steinkohle und 124 Mrd. t SKE auf Braunkohle. Die Reserven sind geografisch breit gestreut über alle Kontinente verteilt (Abb. 1.10).

Die größten Reserven werden mit 205 Mrd. t SKE für Nordamerika genannt. Dabei handelt es sich zu 94 % um Steinkohle und zu 6 % um Braunkohle. Weitere geografische Schwerpunkte der Kohlereserven sind China, Australien, Indien, Russland, Ukraine, Kasachstan, Indonesien, Südafrika und Südamerika. Europa verfügt ebenfalls

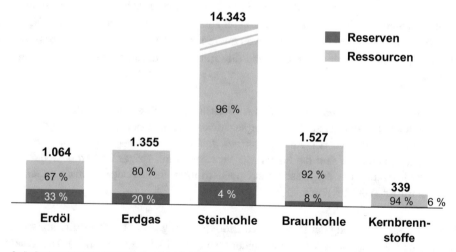

Reserven und Ressourcen nicht-erneuerbarer Energierohstoffe

Mrd. t SKE

14.343

Reserven
Ressourcen

96 %

1.527

1.355

1.064

80 %   92 %

67 %   339

33 %   20 %   4 %   8 %   94 %   6 %

Erdöl   Erdgas   Steinkohle   Braunkohle   Kernbrennstoffe

Quelle: Bundesanstalt für Geowissenschaften und Rohstoffe (BGR), BGR Energiestudie 2021, Hannover, Februar 2022, S. 62

Abb. 1.9 Verbleibendes Potenzial an nicht-erneuerbaren Energierohstoffen differenziert nach Reserven und Ressourcen

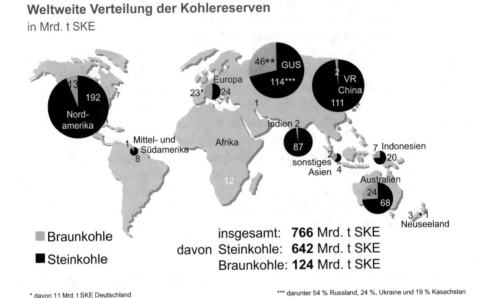

Weltweite Verteilung der Kohlereserven
in Mrd. t SKE

■ Braunkohle
■ Steinkohle

insgesamt: **766** Mrd. t SKE
davon Steinkohle: **642** Mrd. t SKE
Braunkohle: **124** Mrd. t SKE

* davon 11 Mrd. t SKE Deutschland
** davon 45 Mrd. t SKE Russland und 1 Mrd. t SKE Ukraine
*** darunter 54 % Russland, 24 %, Ukraine und 19 % Kasachstan
Quelle: Bundesanstalt für Geowissenschaften und Rohstoffe (BGR), BGR Energiestudie 2021, Hannover, Februar 2022

Abb. 1.10   Weltweite Verteilung der Kohlereserven

über Steinkohle- und Braunkohlereserven. In Europa werden zunehmend politische Weichenstellungen ergriffen, die auf eine Begrenzung oder sogar Beendigung der Nutzung
von Kohle hinauslaufen. Insofern ist davon auszugehen, dass es nur zu einer sehr begrenzten Inanspruchnahme der Reserven – und dies gilt erst recht für die Ressourcen – künftig
kommen wird.

▶   Angesichts der breiten geografischen Verteilung der Reserven und Ressourcen
         an Kohle besteht bei Kohle eine vergleichsweise hohe Sicherheit der Versorgung,
         zumal ein Großteil der Vorkommen auf politisch stabile Regionen entfällt. Im
         Unterschied dazu sind die Risiken der Versorgung mit Erdgas und Erdöl wegen
         der Konzentration der Reserven auf politisch instabile Regionen deutlich höher
         einzustufen als bei Kohle.

Die weltweite Verteilung der Reserven an Erdöl und Erdgas stellt sich – differenziert nach
Staaten und Weltregionen – sehr viel anders dar als bei Kohle (Abb. 1.11). Die gesamte
Höhe der weltweiten Reserven an Erdöl und Erdgas wird auf 617 Mrd. t SKE beziffert.
Davon entfallen 350 Mrd. t SKE auf Erdöl und 267 Mrd. t SKE auf Erdgas. Anders
als bei Kohle sind die Reserven an Erdöl und Erdgas geografisch stark konzentriert. So
entfallen 62 % der weltweiten Reserven dieser beiden Energierohstoffe auf die sogenannte

Weltweite Verteilung der Reserven* an Erdöl und Erdgas
(Mrd. t SKE)

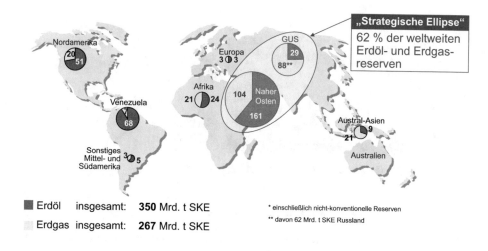

Erdöl   insgesamt: **350** Mrd. t SKE

Erdgas insgesamt: **267** Mrd. t SKE

* einschließlich nicht-konventionelle Reserven

** davon 62 Mrd. t SKE Russland

Quelle: Bundesanstalt für Geowissenschaften und Rohstoffe (BGR), BGR Energiestudie 2021, Hannover, Februar 2022

Abb. 1.11   Weltweite Verteilung der Reserven an Erdöl und Erdgas

Strategische Ellipse, wobei dem Nahen Osten und Russland das größte Gewicht zukommt. Die Reserven an Erdöl und Erdgas in Europa sind marginal. Sie machen nur rund 1 % der weltweiten Reserven an diesen beiden Energierohstoffen aus.

Zwischen Förderkosten und Preisen für Energierohstoffe bestehen erhebliche Unterschiede. Dies wird durch Veranschaulichung der Situation im Jahr 2011 exemplarisch deutlich (Abb. 1.12). In dieser Grafik sind in blauer Farbe die Förderkosten – differenziert nach für die Versorgung des Weltmarktes wichtigen Staaten – aufgezeichnet. Die liegen auf Basis der Angaben aus dem Jahr 2011 für die berücksichtigten Produzentenländer zwischen etwa 5 und 40 US$/Barrel.

Diese durchschnittlichen Förderkosten (Breakeven production cost) sind zu unterscheiden von den Preisen, die von den Ölexportländern erzielt werden. Die Preise werden durch Angebot und Nachfrage bestimmt. Sie orientieren sich nicht an den durchschnittlichen Kosten. Vielmehr sind die Kosten des jeweiligen Grenzanbieters, der gerade noch zur Deckung der Nachfrage benötigt wird, als ein relevanter Bestimmungsfaktor für die Preise anzusehen.

Von den jeweiligen Kosten zu unterscheiden ist, bei welchen Preisen die Förderländer einen ausgeglichenen Staatshaushalt erzielen. Das wird durch das grüne Band markiert. Es wird deutlich, wie groß die Marge zwischen Förderkosten und notwendigen Erlösen zur Erzielung eines ausgeglichenen Staatshaushalts sein muss. Für einen Großteil der

Kommerziell attraktive Preise für ausgewählte Förderländer - gemessen an „breakeven cost" und „budget breakeven"

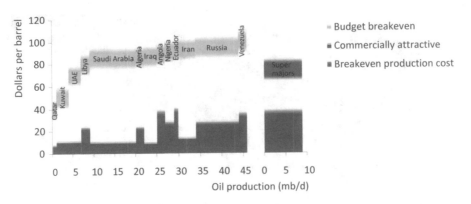

Quelle: Internationale Energie-Agentur, World Energy Outlook 2011, Paris, November 2011

Abb. 1.12 Kommerziell attraktive Preise für ausgewählte Förderländer – gemessen an *breakeven cost* und *budget breakeven*

Produzentenländer ist nach den Angaben aus dem Jahr 2011 ein Weltmarktpreis zwischen 80 und 100 US$/Barrel dazu nötig.

Der rote Säulenabschnitt zeigt, bei welchen Preisen es für internationale Energiekonzerne attraktiv ist, in Ölvorkommen zu investieren. Angesichts der großen Schwankungen der Weltmarktpreise für Öl müssen die Kosten für neu aufzuschließende Felder deutlich unter den aktuellen Weltmarktpreisen liegen, um Investitionen anzureizen.

▸ Die auf dem Weltmarkt gebildeten Preise für Rohöl orientieren sich nicht an durchschnittlichen Förderkosten. Sie spiegeln vielmehr die jeweilige Angebots-/ Nachfragesituation wider. Die Preise können entsprechend bei einer angespannten Marktsituation weit über den durchschnittlichen Förderkosten liegen. Es gibt aber auch Marktverhältnisse, bei denen die Preise nicht zu einer Kostendeckung bei Anbietern führen. Dies kann etwa bei einem Überangebot im Markt der Fall sein.

Besonders problematisch ist – sowohl für die Sicherheit der Versorgung als auch für die Preisgestaltung – eine starke Konzentration der Reserven auf eine begrenzte Zahl von Staaten, und dies besonders dann, wenn es sich um politisch instabile Länder handelt. Dies gilt bei Erdöl, aber auch bei Erdgas in besonderer Weise (Abb. 1.13). So entfallen auf OECD-Staaten lediglich 11 % der weltweiten Gasreserven. 60 % der Reserven sind

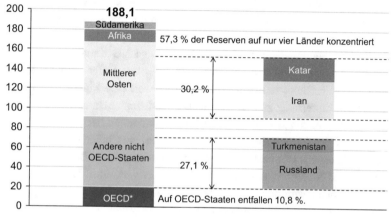

Abb. 1.13 Konzentration der globalen Gasreserven

auf nur vier Staaten konzentriert. Das sind Russland, Iran, Katar und Turkmenistan. Aus dem Kreis der OECD-Staaten verfügen die USA über die größten Gasreserven.

Für ein Land, das stark auf Importe angewiesen ist, wie Deutschland, wäre deshalb wichtig, nicht nur eine breite Diversifizierung der Energieträger sondern bei den einzelnen Energieträgern auch eine breite Streuung der Lieferanten anzustreben. Diesem Ziel ist in den letzten Jahren nicht Rechnung getragen worden. Vielmehr hatte Deutschland seine Abhängigkeit von Russland bei der Erdgasversorgung noch verstärkt. War der Anteil Russlands an der Erdgasversorgung Deutschlands im Jahr 2011 noch auf etwa ein Drittel beschränkt, so wurden 2021 mehr als die Hälfte des Bedarfs in Deutschland aus russischen Gaslieferungen per Pipeline gedeckt. Die weiteren wichtigsten Lieferanten für Deutschland waren Norwegen und die Niederlande – ebenfalls per Pipeline mit dem deutschen Markt verknüpft. Die Versorgung per Pipeline hatte sich für Deutschland als die kostengünstigere Möglichkeit erwiesen im Vergleich zu einer Belieferung mit verflüssigtem Erdgas (Liquified Natural Gas – LNG).

Dieser Vorteil wird deutlich, wenn man die Kosten für den Transport von Erdgas per Pipeline (onshore) und per LNG-Kette ermittelt und in einen Vergleich gesetzt (Abb. 1.14). Dann zeigt sich, dass der Transport per Pipeline bei Entfernungen bis zu etwa 15.000 km günstiger sein kann als der Transport per LNG-Kette. Dies gilt natürlich nicht für alle vom Exportland bis zum Bestimmungsland zu überwindenden Entfernungen. So spielt die Topographie eine wichtige Rolle, also die Frage, ob beispielsweise mit einer Pipeline Gebirgszüge zu überwinden wären. Bei Verlegung von Pipelines auf dem Meeresboden kommt es u. a. auf die Tiefe des Gewässers an.

Ein Beispiel für Kostenvorteile des Pipeline-Transportes im Meeresgebietes ist *Nord Stream 1*. Die Pipeline vom russischen Wyborg durch die Ostsee nach Lubmin bei Greifswald hat eine Länge von 1224 km. Unter Kostengesichtspunkten hat der Transport über diese Pipeline Vorteile gegenüber einem Transport per LNG-Kette.

Anders stellt sich die Situation beispielsweise für das Erdgas-Importland Japan dar. Japan wird ausschließlich per LNG-Kette versorgt, weil eine Pipeline-Versorgung angesichts der großen Entfernung zu den wichtigsten Produzentenländern und den dazwischen liegenden Meeresgebieten sich wirtschaftlich nicht darstellen ließe.

Der Transport per LNG-Kette hat allerdings einen entscheidenden Vorteil gegenüber dem Pipeline-Transport. Der besteht in der größeren Flexibilität. Beim Pipeline-Transport sind Lieferant und Abnehmer unmittelbar miteinander verknüpft. Bei LNG gibt es allenfalls eine vertragliche Verbindung zwischen Produzent und Abnehmer. Abgesehen davon können freie Mengen aber ohne weiteres dorthin geleitet werden, wo die höchsten Preise erzielbar sind.

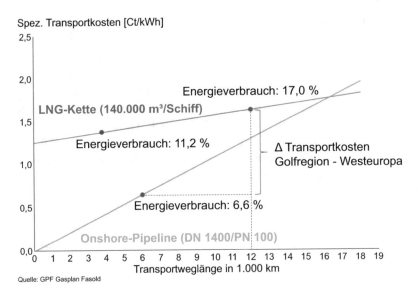

Abb. 1.14 Transportkostenvergleich zwischen Erdgas-Pipeline und LNG-Kette

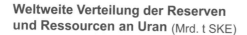

Weltweite Verteilung der Reserven und Ressourcen an Uran (Mrd. t SKE)

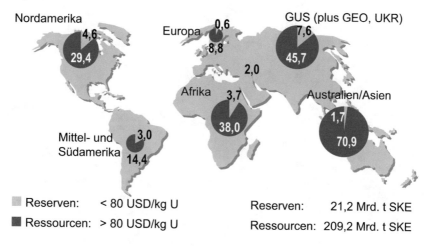

Quelle: Bundesanstalt für Geowissenschaften und Rohstoffe (BGR), BGR Energiestudie 2021, Hannover, Februar 2022

Abb. 1.15   Weltweite Verteilung der Reserven und Ressourcen an Uran

Die weltweite Verteilung der Reserven und Ressourcen an Uran ist relativ ausgewogen über alle Kontinente verteilt. Dies gilt sogar in noch stärkerem Maße als dies bei Kohle der Fall ist (Abb. 1.15). Politische Risiken bei der Versorgung mit Uran sind von daher allenfalls sehr begrenzt. Entsprechend ist bei der Stromerzeugung auf Basis Kernenergie eine hohe Brennstoff-Versorgungssicherheit gegeben.

Gegenwärtig (Stand Mai 2023) sind in 32 Staaten Kernkraftwerke in Betrieb, die 2022 mit 9,2 % zur weltweiten Stromerzeugung beitrugen (Abb. 1.16).[14] Die insgesamt 436 in Betrieb befindlichen Reaktoren haben eine Gesamtleistung von 392 Gigawatt (GW). Die zwölf Staaten mit der größten Kernkraftwerksleistung sind die USA mit 96 GW, Frankreich mit 61 GW, China mit 53 GW, Japan mit 32 GW, Russland mit 28 GW, Südkorea mit 24 GW, Kanada mit 14 GW, Ukraine mit 13 GW sowie Spanien, Schweden und Indien mit jeweils 7 GW und Großbritannien mit 6 GW. Neue Atomstaaten mit im Bau befindlichen Kernkraftwerken sind Ägypten, die Türkei und Bangladesch. In Deutschland wurden die drei letzten Kernkraftwerke Mitte April 2023 vom Netz genommen.

Die Reserven und Ressourcen der verschiedenen konventionellen Energien differieren stark, und auch der Grad von deren Nutzung ist unterschiedlich ausgeprägt. Vergleicht man die ermittelten Reserven mit der jeweiligen aktuellen weltweiten Fördermenge der einzelnen Energieträger ergeben sich unterschiedliche Relationen. Mittels Division der Reserven durch die Höhe der weltweiten Förderung des vorangegangenen Jahres kann

---

[14] [7].

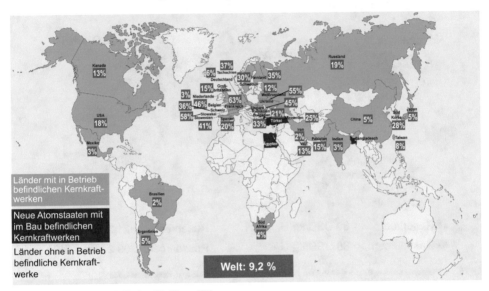

Abb. 1.16 Anteil der Kernenergie an der gesamten Stromerzeugung 2022 nach Staaten

eine Zahl ermittelt werden, die sich als statische Reichweite der weltweiten Reserven definieren lässt (Abb. 1.17).

Die Kennzahl statische Reichweite besagt: Die Förderung der einzelnen ausgewiesenen Energieträger könnte für die angegebene Zahl an Jahren in unveränderter Höhe aufrechterhalten werden, bevor die heute als Reserven ausgewiesenen Energievorkommen erschöpft sind. Die entsprechend ermittelte statische Reichweite der Reserven ist bei Kohle deutlich größer als bei Erdöl und Erdgas.

▶ Das heißt nicht, dass die Reserven nach Ablauf der angegebenen Zahl an Jahren tatsächlich ausgeschöpft wären, wenn die Förderung in unveränderter Höhe erhalten bliebe. Die Gründe sind: Reserven können sich erhöhen. Dies kann durch neue Funde oder neue Aufschlüsse der Fall sein. Aber auch mit Verbesserung der Fördertechnik oder bei steigenden Preisen werden Ressourcen zu Reserven. Dies kann sogar dazu führen, dass selbst bei einem zunehmenden Abbau von nicht-erneuerbaren Energien sich deren Reichweite erhöhen kann.

Das war in der Vergangenheit der Fall. So war noch vor zwei Jahrzehnten etwa die statische Reichweite der Ölreserven mit etwa 40 Jahren beziffert worden. Jetzt ergeben sich rechnerisch 59 Jahre. Die statische Reichweite der Reserven an Öl hat sich also trotz der in den letzten Jahrzehnten deutlich gewachsenen Förderung erhöht.

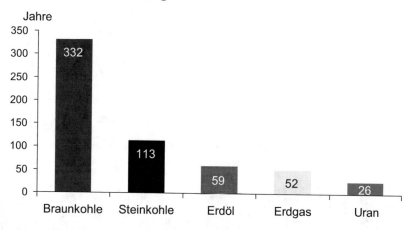

Statische Reichweite der weltweiten Reserven nicht-erneuerbarer Energierohstoffe

Verhältnis zwischen Reserven (einschl. nicht konventionelle Reserven) und Förderung des Jahres 2020

Quelle: Bundesanstalt für Geowissenschaften und Rohstoffe (BGR), BGR Energiestudie 2021, Hannover, Februar 2022

Abb. 1.17 Statische Reichweite der weltweiten Reserven nicht-erneuerbarer Energierohstoffe

Die weltweite Förderung an Erdöl und an Erdgas wird aller Voraussicht nach in den kommenden Jahren zunächst noch weiter ansteigen, um dann nach Erreichen eines Peaks innerhalb der bevorstehenden ein bis zwei Jahrzehnte einen sinkenden Pfad einzuschlagen. Dies erfolgt aber nicht wegen Erschöpfung der Reserven, sondern ist aufgrund von Restriktionen aus Klimaschutz-Gründen zu erwarten. Öl und Erdgas werden also auch in 100 Jahren und danach noch genutzt werden, wenn auch in geringerem Umfang als heute.

Von der weltweiten Situation wandert in Abb. 1.18 der Blick auf Deutschland (Abb. 1.18).

▶ Deutschland ist sehr arm an Energierohstoffen. Reserven und Ressourcen an Erdöl, Erdgas, Steinkohle und Uran machen weniger als 1 % der weltweit ausgewiesenen Mengen aus. Nur bei Braunkohle ist die Situation günstiger.

Für Braunkohle liegt der Anteil der in Deutschland nachgewiesenen Reserven an den weltweiten Mengen immerhin bei gut 11 %. Allerdings ist im „Gesetz zur Reduzierung und zur Beendigung der Kohleverstromung" (KVBG) festgelegt, dass die Verstromung von Braunkohle schrittweise reduziert und spätestens 2038 beendet werden soll. Damit ist die Nutzung der vorhandenen Reserven faktisch stark eingeschränkt.

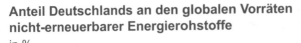

Anteil Deutschlands an den globalen Vorräten nicht-erneuerbarer Energierohstoffe
in %

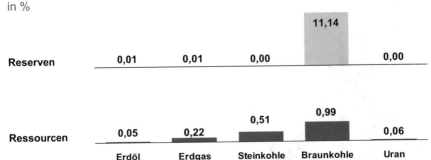

Laut Definition der Bundesanstalt für Geowissenschaften und Rohstoffe ist die Summe aus Reserven und Ressourcen als verbleibendes Potenzial zu verstehen.

Quelle: Bundesanstalt für Geowissenschaften und Rohstoffe (BGR), BGR Energiestudie 2021, Hannover, Februar 2022

Abb. 1.18 Anteil Deutschlands an den globalen Vorräten nicht-erneuerbarer Energierohstoffe

Diese Situation erklärt eine hohe Abhängigkeit Deutschlands von Energieimporten. Der Anteil der Energieimporte an der Deckung des inländischen Primärenergieverbrauchs belief sich 2022 auf 69 %. Zur heimischen Energieerzeugung tragen – neben Braunkohle und geringen Mengen an Erdöl und Erdgas – die erneuerbaren Energien bei.

Trotz des starken Zuwachses der erneuerbaren Energien hat sich die inländische Energiegewinnung seit 1990 fast halbiert (Abb. 1.19). Die Förderung von Steinkohle wurde Ende 2018 eingestellt. Die Gewinnung an Braunkohle hat sich seit 1990 bis 2021 um fast zwei Drittel verringert. Auch die Förderung an Erdgas und an Erdöl in Deutschland ist stark zurückgegangen. Im Fall von Erdgas und Erdöl liegt dies an der Erschöpfung der konventionellen Reserven. Eine verstärkte Ausbeutung der vorhandenen Reserven durch Fracking findet in Deutschland – anders als beispielsweise in den USA – nicht statt. Deutliche Zuwächse bei der inländischen Gewinnung hat es in den letzten Jahrzehnten nur bei erneuerbaren Energien, insbesondere Sonne und Wind, gegeben. Damit konnten die Rückgänge bei den fossilen Energien nicht kompensiert werden.

Energiegewinnung in Deutschland 1990 bis 2022
in Mio. t SKE

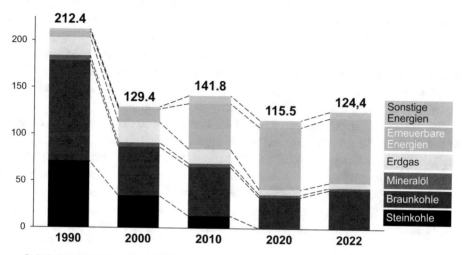

Quelle: Arbeitsgemeinschaft Energiebilanzen (AGEB), Auswertungstabellen, September 2022 sowie Jahresbericht 2022, April 2023

Abb. 1.19 Energiegewinnung in Deutschland 1990 bis 2022

1.4   Prägung der Stromerzeugungsstrukturen durch inländische Vorkommen an Energierohstoffen

Eine nach Staaten differenzierte Betrachtung zum Energiemix in der Welt zeigt, dass die jeweilige Zusammensetzung des Energieverbrauchs nach Energieträgern vor allem durch zwei Faktoren bestimmt wird. Das sind:

- Die im Inland verfügbaren Vorkommen an Energie
- Die Ausrichtung der Energie- und Klimapolitik

Dies kann am Beispiel der Stromerzeugung besonders gut veranschaulicht werden (Abb. 1.20).

Polen, Australien, China, aber auch Indien, und Südafrika setzen in der Stromerzeugung sehr stark auf Kohle. Dies liegt an den dort reichlich vorhandenen Vorkommen an Kohle, die kostengünstig abgebaut werden können. In Saudi-Arabien und in Iran, aber auch in Russland und in USA, ist Erdgas der wichtigste zur Stromerzeugung eingesetzte Energieträger. Dies erklärt sich ebenfalls durch die reichlich in diesen Ländern vorhandenen Vorkommen an Erdgas, die konventionell und in den USA auch mittels Fracking abgebaut werden. Öl ist zwar nach wie vor der weltweit wichtigste Energieträger. In der Stromerzeugung spielt Öl allerdings nur eine geringe Rolle. Die einzige Ausnahme unter den größeren Staaten bildet Saudi-Arabien. Dort ist Öl – nach Erdgas (67 %) – mit einem Anteil von 33 % im Jahr 2022 der zweitwichtigste Energieträger zur Stromerzeugung. In Norwegen ist – ebenso wie in Brasilien – die Wasserkraft die wichtigste Quelle zur Stromerzeugung, in Norwegen sogar mit einem Anteil von mehr als 90 %. Dies liegt an den günstigen natürlichen Bedingungen, die eine sehr kostengünstige Nutzung der Wasserkraft zur Stromerzeugung ermöglichen. In Frankreich spielt die Kernenergie mit einem Anteil von mehr als zwei Drittel an der Stromerzeugung des Landes eine zentrale Rolle. Dies geht auf die politische Entscheidung zurück, sich im Gefolge der zwei Ölpreiskrisen in den 1970er Jahren unabhängiger zu machen von Energieimporten.

Energie- und klimapolitisch motiviert ist der starke Ausbau der erneuerbaren Energien in Deutschland. So sind die erneuerbaren Energien inzwischen die wichtigste Energiequelle zur Stromerzeugung. Wind und Solarenergie sowie auch Biomasse spielen in Deutschland die größte Rolle, während das Potenzial der Wasserkraft weitestgehend erschöpft ist. Der Anteil erneuerbarer Energien belief sich 2022 an der Stromerzeugung auf 44,0 % und am Brutto-Inlandsverbrauch an Strom auf 46,2 %. Der Beitrag von Windkraft und Solarenergie wird in den kommenden Jahren fortgesetzt vergrößert.

Stromerzeugungsmix ausgewählter Staaten 2022
in %

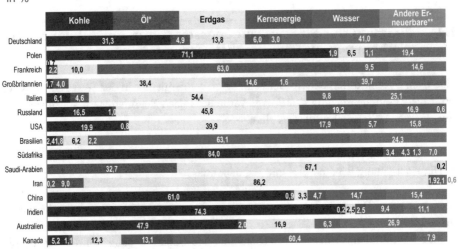

	Kohle	Öl*	Erdgas	Kernenergie	Wasser	Andere Erneuerbare**
Deutschland	31,3	4,9	13,8	6,0	3,0	41,0
Polen	71,1			1,9	6,5 1,1	19,4
Frankreich	0,7 2,2	10,0		63,0	9,5	14,6
Großbritannien	1,7 4,0	38,4		14,6 1,6	39,7	
Italien	6,1 4,6		54,4		9,8	25,1
Russland	16,5 1,0		45,8		19,2	16,9 0,6
USA	19,9 0,8		39,9		17,9 5,7	15,8
Brasilien	2,4 1,8	6,2 2,2		63,1		24,3
Südafrika	84,0			3,4	4,3 1,3	7,0
Saudi-Arabien	32,7		67,1			0,2
Iran	0,2 9,0		86,2		1,9 2,1	0,6
China	61,0			0,9 3,3 4,7	14,7	15,4
Indien	74,3			0,2 2,5 2,5	9,4	11,1
Australien	47,9		2,0	16,9	6,3	26,9
Kanada	5,2 1,1	12,3	13,1		60,4	7,9

* Einschließlich sonstige nicht-erneuerbare Energien   ** Wind, Solar, Biomasse, Geothermie etc.
Quelle: Energy Institute, Statistical Review of World Energy 2023

Abb. 1.20 Stromerzeugungsmix ausgewählter Staaten 2022

Die zehn größten Förderer und Verbraucher von Öl 2022

Förderung in Mio. t		Verbrauch in Mio. t	
1. USA	759,5	1. USA	822,7
2. Saudi Arabien	573,1	2. China	670,2
3. Russland	548,5	3. Indien	236,9
4. Kanada	274,0	4. Saudi Arabien	166,0
5. Irak	221,3	5. Russland	161,5
6. China	204,7	6. Japan	151,8
7. VAE	181,1	7. Südkorea	123,7
8. Iran	176,5	8. Brasilien	116,0
9. Brasilien	163,1	9. Kanada	98,2
10. Kuwait	145,7	10. Deutschland	97,3

Quelle: Energy Institute, Statistical Review of World Energy 2023

Abb. 1.21   Ranking der weltweit größten Förder- und Verbraucherstaaten von Öl 2022

1.5   Weltweit wichtigste Produzenten und Exporteure sowie Verbraucher fossiler Energien

Die Höhe von Förderung und Verbrauch an fossilen Energieträgern unterscheiden sich sehr stark von Land zu Land. Dies kann durch Ausweis der weltweit jeweils zehn größten Förder- und Verbraucherstaaten von Öl, Erdgas und Steinkohle im Jahr 2022 veranschaulicht werden.[15]

1.5.1   Öl

Bei der Förderung von Öl wird die Rangliste von den USA angeführt – gefolgt von Saudi-Arabien und Russland. Mit einem größeren Abstand folgen Kanada, Irak, China, die Vereinigten Arabischen Emirate, Iran, Brasilien und Kuwait (Abb. 1.21).

Hinsichtlich der Höhe des Ölverbrauchs stehen die USA ebenfalls an erster Stelle. Erkennbar ist, dass sich Ölförderung und Ölverbrauch der USA in etwa die Waage halten. Die USA sind also per Saldo kaum mehr auf Ölimporte aus anderen Ländern angewiesen.

Im Unterschied dazu muss China, der weltweit zweitgrößte Ölverbraucher, den überwiegenden Teil des Bedarfs durch Importe decken. Dies gilt auch für Indien, dem

---

[15] [2].

inzwischen weltweit drittgrößten Ölverbraucher. Anders stellt sich die Situation bei Saudi-Arabien dar. Saudi-Arabien fördert erheblich mehr Öl als im Land selbst verbraucht wird. Saudi-Arabien war 2022 das weltweit größte Ölexportland. Japan verfügt nur über außerordentlich geringe Vorkommen an fossilen Energien. Im Ranking der Ölverbrauchsländer steht Japan an sechster Stelle. Praktisch der gesamte Bedarf an Öl muss durch Importe gedeckt werden. Kanada und insbesondere Russland befinden sich dagegen in der umgekehrten Situation. Die Förderung dieser beiden Länder – das gilt vor allem für Russland – übersteigt den Verbrauch im eigenen Land deutlich. Russland und Kanada sind entsprechend wichtige Exporteure von Öl. Auch andere Staaten des Mittleren Ostens fördern mehr Öl als in den Ländern selbst verbraucht wird. Das gilt nicht nur für Saudi-Arabien, sondern auch für Staaten wie Iran, die Vereinigten Arabischen Emirate und Kuwait.

Deutschland steht in der Rangliste der wichtigsten Verbraucherländer an zehnter Stelle. 98 % des Bedarfs müssen durch Importe gedeckt werden. Russland war bis 2021 der für Deutschland wichtigste Lieferant von Öl. Diese Abhängigkeit von Russland soll künftig deutlich reduziert werden.

Die weltweiten Handelsströme für Rohöl zeigen eine starke internationale Vernetzung auf (Abb. 1.22). Ausgangspunkt für einen Großteil der Exporte ist der Mittlere Osten. Von dort sind die Handelsströme sowohl in Richtung der asiatischen Märkte – inzwischen sogar in größerem Umfang als nach Westen, als auch nach Europa gerichtet. Ferner spielen Russland und Staaten Mittelasiens, wie Kasachstan, eine große Rolle für die Versorgung Asiens und Europas. Daneben ist Nord-/Westafrika ein wichtiger Lieferant für die internationalen Ölmärkte.

Die USA werden zwar auch aus dem Mittleren Osten mit Rohöl versorgt. Daneben hat in der Vergangenheit auch Russland eine Rolle insbesondere bei Lieferungen von Produkten gespielt. Der Anteil Russlands war aber auf etwa 8 % der gesamten Öleinfuhren der USA begrenzt. Hinzu kommt, dass die USA praktisch ebenso viel Öl exportieren wie importieren. Die stärksten Lieferströme bestehen zwischen Staaten innerhalb Nordamerikas (Kanada – USA und Mexiko – USA) sowie zwischen Nord- und Südamerika, in jüngster Zeit aber auch Richtung Europa.

▶   Im Jahr 2022 wurden insgesamt 2,1 Mrd. t Rohöl und 1,2 Mrd. t Mineralölprodukte international gehandelt. Die weltweite Förderung an Rohöl belief sich auf 4,4 Mrd. t. Das bedeutet, dass rund 50 % der weltweiten Rohöl-Förderung international gehandelt werden. Unter Einbeziehung der gehandelten Mineralölprodukte entspricht der internationale Handel drei Viertel der globalen Fördermenge.

Haupt-Handelsströme bei Rohöl 2022

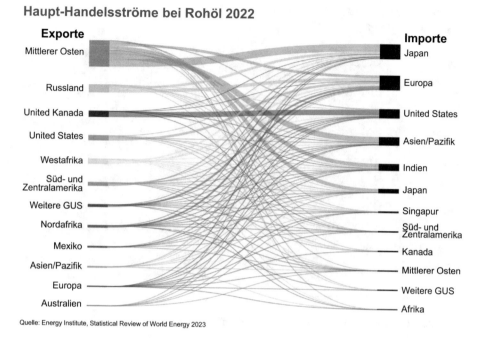

Quelle: Energy Institute, Statistical Review of World Energy 2023

Abb. 1.22 Haupt-Handelsströme bei Rohöl 2022

1.5.2 Erdgas

Ebenso wie für Öl gilt auch für Erdgas: Die USA sind weltweit sowohl stärkstes Förderland als auch größter Verbraucher (Abb. 1.23). An zweiter Stelle folgt Russland, ebenfalls sowohl bei der Förderung als auch beim Verbrauch von Erdgas. An dritter und vierter Position sind Iran und China platziert, wobei bei der Förderung Iran vor China rangiert, während beim Verbrauch sich die Reihenfolge umgekehrt darstellt. Gleichzeitig wird ein weiterer Unterschied deutlich. Iran verbraucht fast so viel Erdgas wie im eigenen Land gefördert wird. Demgegenüber ist China in erheblichem Umfang auf Importe von Erdgas angewiesen.

Katar ist das sechstgrößte Erdgas-Förderland der Welt und gehört neben USA und Australien zu den TOP 3-Exportländern von LNG. Kanada, fünftgrößtes Erdgas-Förderland, produziert mehr als im eigenen Land verbraucht wird. Wichtigster Bezieher von kanadischem Erdgas sind die USA. Saudi-Arabien ist – nach Australien und Norwegen – das neuntgrößte Förderland für Erdgas. Saudi-Arabien verbraucht allerdings – anders als etwa Katar oder Australien – ebenso viel Erdgas im eigenen Land wie dort gefördert wird. Vor allem in der Stromerzeugung des Landes spielt Erdgas mit einem Anteil von 62 % an der gesamten Stromproduktion des Jahres 2022 eine wichtige Rolle. Weitere wichtige Weltmarkt-Lieferanten für Erdgas sind Norwegen und Algerien.

**Die zehn größten Förderer und Verbraucher
von Erdgas 2022**

Förderung in Mrd. Kubikmeter	
1. USA	978,6
2. Russland	618,4
3. Iran	259,4
4. China	221,8
5. Kanada	185,0
6. Katar	178,4
7. Australien	152,8
8. Norwegen	122,8
9. Saudi Arabien	120,4
10. Algerien	98,2

Verbrauch in Mrd. Kubikmeter	
1. USA	881,2
2. Russland	408,0
3. China	380,2
4. Iran	228,9
5. Kanada	121,6
6. Saudi-Arabien	120,4
7. Japan	100,5
8. Mexiko	96,6
9. Deutschland	77,3
10. Groß-britannien	72,0

Quelle: Energy Institut, Statistical Review of World Energy 2022

Abb. 1.23 Ranking der weltweit größten Förder- und Verbraucherstaaten von Erdgas

Japan und Deutschland befinden sich in einer vergleichbaren Situation. Japan muss praktisch den gesamten Bedarf an Erdgas durch Importe decken. In Deutschland liegt der Importanteil bei 95 %. Der wesentliche Unterschied zwischen Japan und Deutschland besteht darin, dass Japan ausschließlich mit LNG versorgt wird, während der Anteil von LNG an den Erdgasimporten Deutschlands bis Mitte 2022 auf etwa 5 % begrenzt war. Des Weiteren verfügt Japan über eine breiter diversifizierte Struktur der Lieferanten von Erdgas als Deutschland.

▶ Im Jahr 2022 wurden insgesamt 968,5 Mrd. Kubikmeter Erdgas weltweit inter-regional gehandelt. Das entspricht rund einem Viertel der globalen Förderung von 4043,8 Mrd. Kubikmeter. 426,1 Mrd. Kubikmeter Erdgas wurden 2022 von Förderstaaten per Pipeline in andere Länder geliefert. Die LNG-Handelsmengen betrugen 542,4 Mrd. Kubikmeter.

Nord-/Westeuropa wird vor allem mit Pipeline-Gas versorgt (Abb. 1.24), bis 2021 insbesondere aus Russland. Demgegenüber dominiert LNG bei der Versorgung der asiatischen Märkte. In Nordamerika spielen die Pipeline-Verbindungen zwischen Kanada und USA sowie zwischen Mexiko und USA eine wichtige Rolle in den Versorgungsbeziehungen. Aus Afrika existieren sowohl Lieferströme per LNG nach Europa und nach Asien als auch per Pipeline aus dem Norden des Kontinents nach Südeuropa (Abb. 1.25).

Haupt-Handelsströme bei Pipeline-Gas 2022

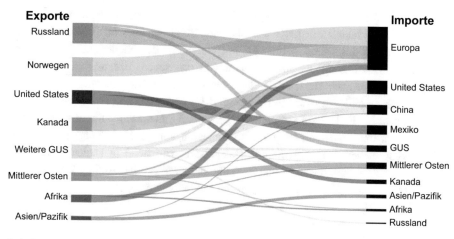

Quelle: Energy Institute. Statistical Review of World Energy 2023

Abb. 1.24 Haupt-Handelsströme bei Pipeline-Gas 2022

Haupt-Handelsströme bei LNG 2022

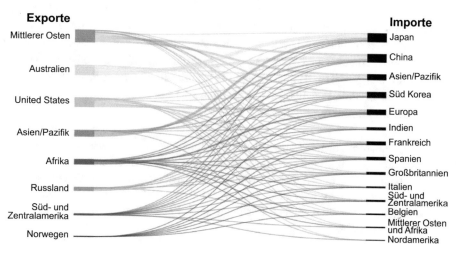

Quelle: Energy Institute, Statistical Review of World Energy 2023

Abb. 1.25 Haupt-Handelsströme bei LNG 2022

In 13 Staaten der Europäischen Union waren mit Stand Ende 2021 insgesamt 26 LNG-Import-Terminals installiert. Das sind Belgien, Niederlande, Polen, Litauen, Finnland, Schweden, Frankreich, Spanien, Portugal, Italien, Kroatien, Griechenland und Malta. Eine Versorgung Deutschlands mit LNG war bis Ende 2022 nur über im Ausland bestehende Terminals möglich, insbesondere über die in Belgien und den Niederlanden existierenden Anlagen. Zur Beseitigung der Abhängigkeit von russischem Erdgas und zur Diversifizierung der Bezüge nach Herkunftsländern wurden 2022 schwimmende LNG-Terminals (Floating Storage and Regasification Units, FSRU) gechartet. Die Bundesregierung geht davon aus, dass bis Ende 2023 sechs Einheiten an den Standorten Wilhelmshaven, Brunsbüttel, Lubmin und Stade mit einer Gesamtkapazität von 31 Mrd. Kubikmeter pro Jahr zur Verfügung stehen.[16] Die erstmalige Einspeisung von LNG in Deutschland war am 21. Dezember 2022 über das Terminal in Wilhelmshaven erfolgt. Anfang 2023 hatten die FSRU in Lubmin und Brunsbüttel den Betrieb aufgenommen.

1.5.3   Steinkohle

Die weltweit größten Reserven und Ressourcen an fossilen Energieträgern bestehen bei Steinkohle. Selbst im Falle einer wachsenden Nachfrage ließe sich die Versorgung zu wenig steigenden Kosten darstellen. Dies erklärt sich durch die flache Kostenkurve, die erst bei starker Ausbeutung der Reserven in einen signifikant steigenden Verlauf übergeht. Das heißt natürlich nicht automatisch, dass auch die Preise auf dem Weltsteinkohlenmarkt relativ stabil bleiben müssen. Die können sich stark von den Kosten lösen. Sie werden vor allem durch Angebot und Nachfrage, die Entwicklung bei den Konkurrenzenergieträgern und durch politische Entwicklungen bestimmt, die aufgrund dadurch ausgelöster Unsicherheiten zu Preisausschlägen führen können. Dies wird eindrucksvoll durch die Entwicklung im Jahr 2022 belegt.

▶   Aus Gründen des Klimaschutzes ist davon auszugehen, dass die weltweit verfügbaren Reserven und Ressourcen an Kohle künftig nur in begrenztem Umfang abgebaut werden. In den meisten vorliegenden Szenarien und Projektionen wird davon ausgegangen, dass Peak Coal Demand im Jahr 2022 erreicht worden sein könnte und die weltweite Nachfrage nach Kohle künftig tendenziell eher nachlassen dürfte.

Die weltweite Förderung von Steinkohle hat sich von 2000 bis 2022 mehr als verdoppelt und 2022 ein Niveau von 8,0 Mrd. t erreicht (Abb. 1.26).[17] Der Anstieg hatte sich vor allem in den Jahren 2000 bis 2010 vollzogen – vornehmlich bedingt durch die in dieser Zeit in China stark gestiegene Nutzung von Kohle. Die Steinkohle wird ganz überwiegend

---

[16] [8].

[17] [9].

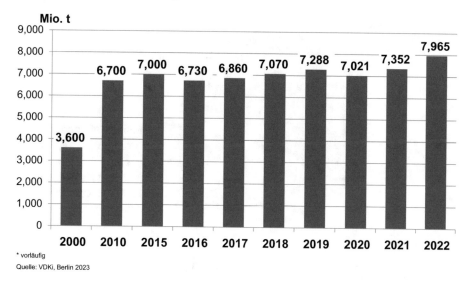

Weltsteinkohlenförderung 2000 bis 2022

* vorläufig
Quelle: VDKi, Berlin 2023

Abb. 1.26 Weltsteinkohlenförderung 2000 bis 2022

in den Ländern selbst verbraucht, in denen auch die Förderung erfolgt. Entsprechend leistet in den meisten Ländern mit hoher inländischer Förderung die Steinkohle einen großen Anteil zur Stromerzeugung, dem weltweit wichtigsten Einsatzbereich der Steinkohle.

Der Anteil der international gehandelten Mengen an der weltweiten Förderung ist bei Steinkohle deutlich kleiner als bei Öl. Im Jahr 2022 wurden rund 1,12 Mrd. t Steinkohle auf dem Seeweg gehandelt. Das entsprach 14,1 % der weltweiten Fördermenge (Abb. 1.27). Davon entfielen drei Viertel auf Kesselkohle, die vor allem zur Stromerzeugung, aber u. a. auch in Zementwerken eingesetzt wird, und ein Viertel auf Kokskohle. Wichtigster Einsatzsektor der Kokskohle ist die Stahlindustrie.

Ein Vergleich zwischen den Fördermengen an Steinkohle und den Exporten im Seeverkehr zeigt für die verschiedenen Staaten ein sehr differenziertes Bild (Abb. 1.28). Auf China entfällt mehr als die Hälfte der weltweiten Förderung an Steinkohle. Die dort realisierten Fördermengen werden praktisch vollständig im eigenen Land verbraucht. Indien ist das weltweit zweitwichtigste Förderland. Indien trug 2022 mit 10,8 % zur weltweiten Produktion an Steinkohle bei. In der Rangliste folgen die Staaten Indonesien, USA, Russland und Australien mit Fördermengen von jeweils zwischen 408 und 577 Mio. Tonnen im Jahr 2022. Weitere wichtige Förderstaaten sind Südafrika, Kasachstan, Kolumbien, Polen, Kanada und Ukraine.

Die mit Abstand größten Exportländer für Steinkohle sind Australien und Indonesien. In diesen beiden Ländern wird die geförderte Steinkohle mehrheitlich exportiert. Weitere

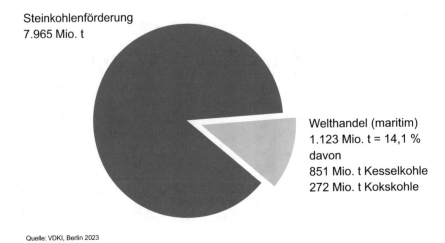

Weltsteinkohlenförderung und Seehandel 2022

Steinkohlenförderung
7.965 Mio. t

Welthandel (maritim)
1.123 Mio. t = 14,1 %
davon
851 Mio. t Kesselkohle
272 Mio. t Kokskohle

Quelle: VDKI, Berlin 2023

Abb. 1.27 Weltweite Steinkohleförderung und Seehandel 2022

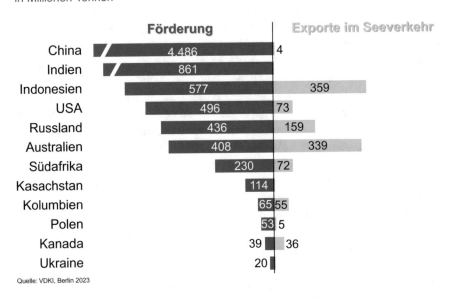

Förderung und Exporte von Steinkohlen 2022
in Millionen Tonnen

	Förderung	Exporte im Seeverkehr
China	4.486	4
Indien	861	
Indonesien	577	359
USA	496	73
Russland	436	159
Australien	408	339
Südafrika	230	72
Kasachstan	114	
Kolumbien	65	55
Polen	53	5
Kanada	39	36
Ukraine	20	

Quelle: VDKI, Berlin 2023

Abb. 1.28 Förderung und Exporte von Steinkohle nach Staaten 2022

Entwicklung des Welthandels mit Steinkohlen 1977 bis 2022

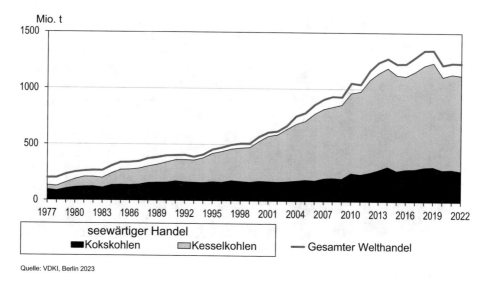

Quelle: VDKI, Berlin 2023

Abb. 1.29 Entwicklung des Welthandels mit Steinkohlen 1977 bis 2022

für die Versorgung des Weltmarktes besonders wichtige Steinkohle-Länder sind Russland, USA, Südafrika, Kolumbien und Kanada.

Bei Erfassung des gesamten grenzüberschreitenden Handels mit Steinkohlen, also bei Berücksichtigung des seewärtigen Handels von 1123 Mio. Tonnen und auch des Handels auf dem Landweg von 108 Mio. Tonnen, ergibt sich für das Jahr 2022 eine Handelsmenge von insgesamt 1231 Mio. Tonnen (Abb. 1.29).

Seit 1990 hat sich der internationale Handel mit Steinkohlen verdreifacht. Dabei wurde eine besonders starke Dynamik in den Jahren 1990 bis 2010 verzeichnet (Abb. 1.30).

Bei dem seewärtigen Handel wird differenziert zwischen Kesselkohlen und Kokskohlen. Dabei zeigen sich insbesondere zwei Dinge: Im weltweiten Handel mit Steinkohle dominiert die Kesselkohle. Die seit dem Jahr 1990 verzeichnete Verdreifachung des weltweiten Handelsvolumens erklärt sich vor allem durch die Entwicklung bei der Kesselkohle. Damit hat sich der Anteil der Kesselkohle am gesamten seewärtigen Handelsvolumen von zwei Drittel im Jahr 2000 auf drei Viertel im Jahr 2022 vergrößert (Abb. 1.31).

Die weltweiten Handelsströme mit Steinkohlen sind breit gefächert (Abb. 1.32). Wichtigste Ausgangs-Standorte für die Exporte sind Indonesien, Australien, Russland, USA, Südafrika, Kolumbien und Kanada. Ein Blick auf die Bestimmungsregionen für die Steinkohlen-Exporte macht deutlich, dass der asiatische Markt inzwischen die im Vergleich zum atlantischen Markt bedeutendere Importregion ist.

Internationaler Handel mit Steinkohlen
in Mio. t

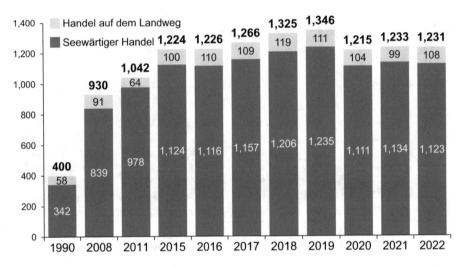

Quelle: VDKI, Berlin 2023

Abb. 1.30 Internationaler Handel mit Steinkohlen 1990 bis 2022

Seewärtiger Welthandel mit Steinkohlen 2000 bis 2022
in Mio. t

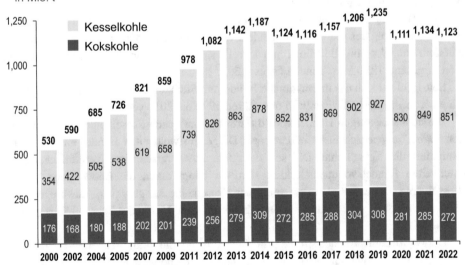

Quelle: VDKI, Berlin 2023

Abb. 1.31 Seewärtiger Handel mit Steinkohlen 2000 bis 2022 – differenziert nach Kesselkohle und Kokskohle

Globaler Steinkohlen-Seehandel 2022*
Haupthandelsströme 2022, 1,1 Mrd. t (- 1,0 %)

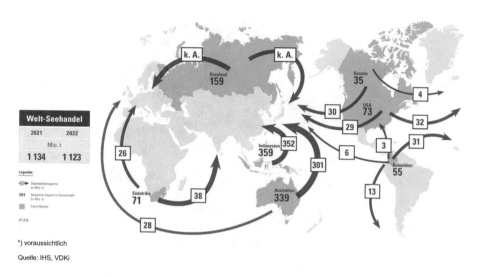

*) voraussichtlich

Quelle: IHS, VDKi

Abb. 1.32 Haupt-Handelsströme mit Steinkohlen im Jahr 2022

Die größten Importländer für im Seeverkehr gehandelte Steinkohlen waren 2022 Indien, Japan, China, Südkorea und Taiwan. Die EU-27 war 2022 mit 11,4 % an den gesamten Importmengen beteiligt (Abb. 1.33).

Die Importe an Steinkohlen nach Deutschland hatten sich zwar in den Jahren 2018 bis 2020 deutlich vermindert. Trotzdem ist Deutschland innerhalb der EU der größte Importeur von Steinkohlen geblieben. Das gilt auch für die Jahre 2021 und 2022, in denen die Importe von Steinkohlen in die EU und darunter auch nach Deutschland einen Wiederanstieg verzeichnet hatten.

Wichtigste Exportstaaten für Steinkohlen waren 2022 – neben Australien und Indonesien – Russland, USA, Südafrika, Kolumbien und Kanada. Allein auf zwei Länder, Australien und Indonesien, entfallen fast zwei Drittel der Exportmengen an Steinkohlen (Abb. 1.34).

Die Rangliste von Staaten nach Maßgabe der Höhe der Stromerzeugung aus Kohle im Jahr 2022 verdeutlicht die überragende Rolle von China (Abb. 1.35). Mit 5398 TWh entfielen 2022 mehr als die Hälfte der weltweiten Stromerzeugung auf Basis Kohle auf China. 2022 basierten in China auf Kohle 61 % der gesamten Stromerzeugung des Landes. An zweiter Stelle in diesem Ranking steht Indien. Die Erzeugung unter Nutzung von Kohle machte 2022 allerdings nur ein Viertel der vergleichbaren Menge aus, die in China realisiert wurde. Trotzdem gehört Indien zu den Ländern mit einem überproportional hohen Anteil von Kohle an der Stromerzeugung. Das Land mit der drittgrößten

Die sieben größten Importländer/Regionen von Steinkohle im Seeverkehr 2022

1.123 Millionen Tonnen

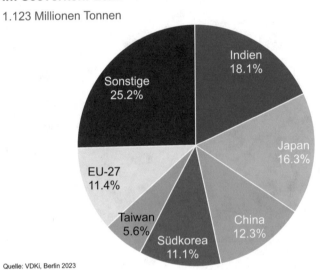

Quelle: VDKi, Berlin 2023

Abb. 1.33 Größte Importländer von Steinkohlen mit Bezug im Seeverkehr 2022

Anteile an den seewärtigen Steinkohleausfuhren 2022

1.123 Millionen Tonnen

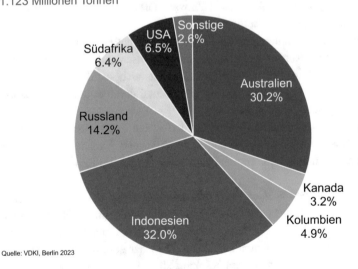

Quelle: VDKI, Berlin 2023

Abb. 1.34 Anteile der wichtigsten Exportstaaten an den seewärtigen Steinkohleausfuhren 2022

Rangliste der Staaten nach Höhe der Stromerzeugung aus Kohle 2022 in TWh

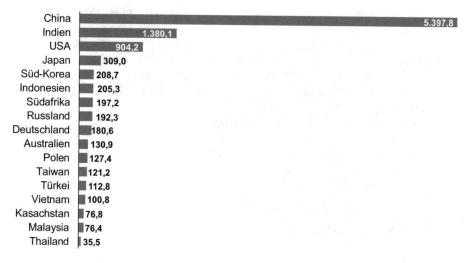

Quelle: Energy Institute, Statistical Review of World Energy (Workbook)

Abb. 1.35 Rangliste der Staaten nach Höhe der Stromerzeugung aus Kohle im Jahr 2022 in TWh

Stromerzeugung auf Basis Kohle sind die USA. An der gesamten Stromerzeugung der USA war die Kohle in dem genannten Jahr mit 20 % beteiligt.

An vierter Stelle in der Rangliste steht Japan. Das Land ist – anders als China oder USA – vollständig auf Importe von Steinkohle angewiesen. Die Nutzung der Steinkohle ist Teil der Strategie, die Versorgungsquellen möglichst breit zu diversifizieren. Dazu gehört –neben der Nutzung von Kernenergie, Erdgas und erneuerbaren Energien zur Stromerzeugung – auch der Einsatz von Steinkohle.

Weitere Länder mit hoher Stromerzeugung aus Kohle sind Süd-Korea, Südafrika, Russland, Indonesien, Deutschland, Australien, Polen, Taiwan, Vietnam und Türkei. Während Australien, Indonesien, Russland und Südafrika den Bedarf aus eigener Förderung decken können, sind Staaten, wie unter anderem Süd-Korea und Deutschland, auf Importmengen angewiesen. Deutschland kommt in der Rangliste der weltweit größten Kohle-Verstromer immerhin noch auf Platz 9. Davon entfällt der größere Teil auf Braunkohle. Die zur Stromerzeugung eingesetzte Braunkohle stammt ausschließlich aus inländischer Gewinnung. Anders ist die Situation bei der Steinkohle. Da die Steinkohlengewinnung im Inland Ende 2018 komplett eingestellt worden war, wird der Bedarf ausschließlich durch Importe gedeckt.

Betrachtet man den Anteil von Kohle an der Stromerzeugung der verschiedenen Staaten, ergibt sich folgendes Bild (Abb. 1.36): Den höchsten Anteil von Kohle an der Stromerzeugung weist unter allen ausgewiesenen Ländern Südafrika aus. 2022 wurden

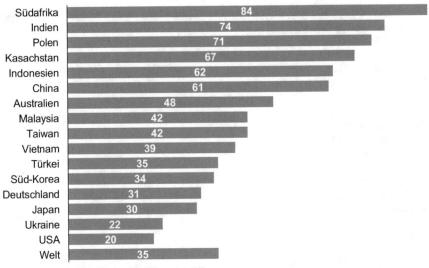

Beitrag von Kohle zur Stromerzeugung 2022

Abb. 1.36 Beitrag von Kohle zur Stromerzeugung 2022 nach Staaten

dort 84 % des Stroms auf Basis Steinkohle erzeugt. Anteile von knapp drei Viertel an der gesamten Stromerzeugung hält die Kohle auch in Indien und in Polen. Zwischen der Hälfte und zwei Drittel rangiert der Anteil der Kohle an der gesamten Stromerzeugung des jeweiligen Landes in Kasachstan, Indonesien, China und Australien. Zwischen 30 und 50 % bewegt sich der Beitrag der Kohle zur Stromerzeugung in Malaysia, Taiwan, Vietnam, Süd-Korea, Türkei, Deutschland und Japan. Angesichts der stark gestiegenen Preise für Erdgas hatte sich der Anteil der Kohle an der Stromerzeugung in Deutschland 2021 und 2022 wieder – entgegen der Entwicklung in vorangegangenen Jahren – erhöht.

► Weltweit war die Kohle 2022 mit einem Anteil von 35,4 % nach wie vor der wichtigste Energieträger zur Stromerzeugung.

1.6 Rolle erneuerbarer Energien für die weltweite Energieversorgung

Bei der Nutzung erneuerbarer Energien steht China – mit großem Abstand vor allen anderen Staaten – an erster Stelle (Abb. 1.37). Es folgen weitere größere Staaten mit erheblichen Potenzialen an Wasserkraft, wie Brasilien, Kanada, USA, Russland und Indien.

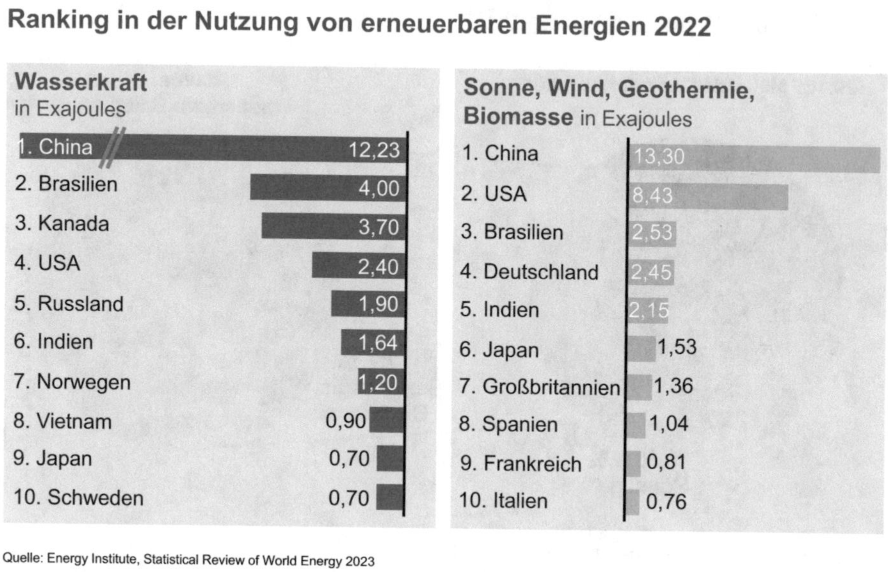

Ranking in der Nutzung von erneuerbaren Energien 2022

Wasserkraft in Exajoules		Sonne, Wind, Geothermie, Biomasse in Exajoules	
1. China	12,23	1. China	13,30
2. Brasilien	4,00	2. USA	8,43
3. Kanada	3,70	3. Brasilien	2,53
4. USA	2,40	4. Deutschland	2,45
5. Russland	1,90	5. Indien	2,15
6. Indien	1,64	6. Japan	1,53
7. Norwegen	1,20	7. Großbritannien	1,36
8. Vietnam	0,90	8. Spanien	1,04
9. Japan	0,70	9. Frankreich	0,81
10. Schweden	0,70	10. Italien	0,76

Quelle: Energy Institute, Statistical Review of World Energy 2023

Abb. 1.37 Ranking in der Nutzung von erneuerbaren Energien 2022 nach Staaten

An siebter Stelle steht Norwegen. Dort basieren mehr als 90 % der Stromerzeugung auf Wasserkraft. Deutschland gehört nicht zum Kreis der größeren Wasserkraft-Nutzer. Die vorhandenen begrenzten Potenziale sind weitgehend ausgeschöpft. Der Beitrag der Wasserkraft zur Stromerzeugung macht gerade mal 3 % aus.

Auch bezogen auf die anderen erneuerbaren Energien – wie Sonne, Wind und Bio-Energie – steht China an erster Stelle, gefolgt von den USA und Brasilien. Anders als bei Wasserkraft, rangiert Deutschland allerdings immerhin auf Platz vier. Die nächsten Plätze im Ranking für das Jahr 2022 belegen Indien, Japan, Großbritannien, Spanien, Frankreich und Italien. Während Wasserkraft ausschließlich zur Stromerzeugung genutzt wird, stellt sich dies vor allem bei Bio-Energie und Geothermie mit einem starken Einsatzschwerpunkt im Wärmemarkt deutlich anders dar.

1.6.1 Bedeutung der erneuerbaren Energien für die weltweite Stromerzeugung

Im Jahr 2022 belief sich die weltweite Stromerzeugungsmenge auf 29.165 TWh (Milliarden Kilowattstunden).[18] Erneuerbare Energien sind inzwischen – hinter Kohle – zweitwichtigste Quelle für die Stromerzeugung, gefolgt von Erdgas und Kernenergie. Öl spielt in der Stromerzeugung keine maßgebliche Rolle (Abb. 1.38).

[18] [2].

Weltweite Stromerzeugung 2022

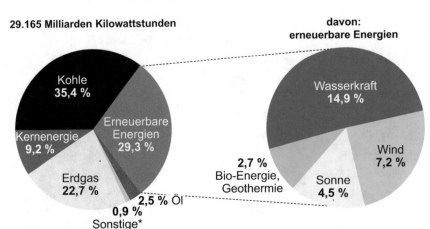

* Pumpspeicher und sonstige fossil basierte Erzeugung

Quelle: Energy Institute, Statistical Review of World Energy 2023

Abb. 1.38 Weltweite Stromerzeugung nach Energieträgern 2022

Der Anteil erneuerbarer Energien an der Stromerzeugung des Jahres 2022 von 29,3 % setzt sich nach den einzelnen Technologien wie folgt zusammen. Wasserkraft ist immer noch die wichtigste erneuerbare Energiequelle in der Stromerzeugung. So entfielen 2022 immerhin 14,9 Prozentpunkte, also mehr als die Hälfte des gesamten Beitrags der erneuerbaren Energien, auf die Wasserkraft. Der in den letzten Jahren verzeichnete starke Ausbau der Windkraft und der Solarenergie hat für diese erneuerbaren Energien zu Anteilen von 7,2 % beziehungsweise 4,5 % bezogen auf die gesamte weltweite Stromerzeugung des Jahres 2022 geführt. Die verbleibenden 2,7 Prozentpunkte werden insbesondere von Bio-Energie und daneben – in allerdings deutlich geringerem Umfang – von Geothermie erbracht.

1.6.2 Entwicklung der Kapazität von Stromerzeugungsanlagen nach Technologien

Die weltweite Kapazität von Stromerzeugungsanlagen auf Basis erneuerbarer Energien hat sich von 754 GW Ende 2000 auf 3372 GW Ende 2022 vervierfacht. Dabei hatte sich die Ausbaugeschwindigkeit seit dem Jahr 2010 stark erhöht (Abb. 1.39).[19]

---

[19] [10].

Entwicklung der Kapazität von Stromerzeugungsanlagen auf Basis erneuerbarer Energien nach Technologiearten

(jeweils Jahresende)

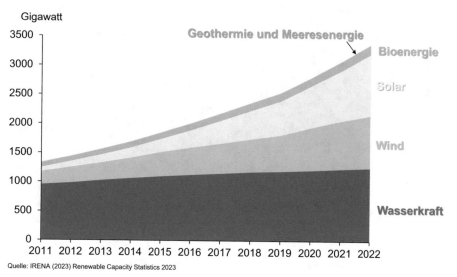

Quelle: IRENA (2023) Renewable Capacity Statistics 2023

Abb. 1.39 Entwicklung der Kapazität von Stromerzeugungsanlagen auf Basis erneuerbarer Energien nach Technologiearten

Im Zeitraum von Ende 2010 bis Ende 2022 wurden die größten Kapazitätszuwächse bei Solarenergie mit 1.052 GW, bei Wind mit 882 GW und bei Wasserkraft mit 558 GW erzielt – gefolgt von Bio-Energie mit 120 GW, Geothermie mit 7 GW und Meeresenergie mit 0,3 GW. Während bis zum Jahr 2010 die Zuwächse an Wasserkraft noch größer als für Wind und Sonne ausgefallen waren, hat sich das Bild seit dem Jahr 2017 vor allem zugunsten der Solarenergie gewandelt. Die Kapazität von Windkraftanlagen hat sich bis Ende 2022 gegenüber dem Stand von Ende 2010 verfünffacht. Die weltweite Erzeugungsleistung der Solaranlagen war Ende 2022 sogar 25mal so groß wie Ende 2010. Die Leistung von Bio-Energie-Anlagen hat sich verdoppelt.

Nach Technologien verteilt sich die weltweit installierte Kapazität der Anlagen zur Stromerzeugung auf Basis erneuerbarer Energien Ende 2022 wie folgt:

- Wasserkraft: 37,2 %
- Solarenergie: 31,2 %
- Windenergie: 26,7 %
- Bio-Energie: 4,4 %
- Geothermie und Meeresenergie: 0,5 %

**Weltweites Ranking Stromerzeugungskapazitäten
erneuerbare Energien Ende 2022**

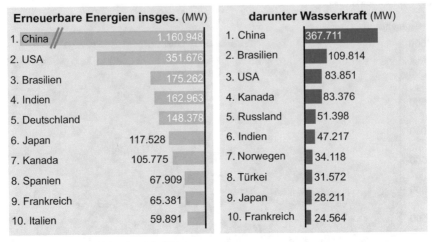

Erneuerbare Energien insges. (MW)		darunter Wasserkraft (MW)	
1. China	1.160.948	1. China	367.711
2. USA	351.676	2. Brasilien	109.814
3. Brasilien	175.262	3. USA	83.851
4. Indien	162.963	4. Kanada	83.376
5. Deutschland	148.378	5. Russland	51.398
6. Japan	117.528	6. Indien	47.217
7. Kanada	105.775	7. Norwegen	34.118
8. Spanien	67.909	8. Türkei	31.572
9. Frankreich	65.381	9. Japan	28.211
10. Italien	59.891	10. Frankreich	24.564

Quelle: IRENA (2023), Renewable Capacity Statistics 2023

Abb. 1.40 Weltweites Ranking der Kapazitäten zur Stromerzeugung auf Basis erneuerbarer Energien Ende 2022

Wasserkraft ist demnach nach wie vor die erneuerbare Energiequelle mit der weltweit größten Kapazität.[20]

1.6.3 Ausbau von Stromerzeugungsanlagen auf Basis erneuerbarer Energien nach Staaten und Weltregionen

China ist nicht nur das Land mit dem weltweit höchsten Energie- und Kohleverbrauch. Vielmehr dominiert China auch die Welt-Ökostromerzeugung. Ende 2022 waren 1161 GW entsprechend 34 % der gesamten globalen Stromerzeugungskapazität auf Basis erneuerbarer Energien dort installiert. An zweiter Stelle rangieren die USA mit 352 GW, an dritter Position Brasilien mit 175 GW und an vierter Stelle Indien mit 163 GW. Deutschland steht mit 148 GW auf Platz 5 im weltweiten Kapazitäts-Ranking. Es folgen Japan mit 118 GW und Kanada mit 106 GW. Spanien, Frankreich und Italien verfügten Ende 2022 mit Erneuerbare-Energien-Kapazitäten zur Stromerzeugung zwischen 60 und 68 GW (Abb. 1.40).

Auch in differenzierten Betrachtungen nach einzelnen Erneuerbare-Energien-Technologien führt China die Ranglisten an. So ist die Kapazität von Wasserkraft-Anlagen

---

[20] [10].

in China mit 368 GW mehr als dreimal so hoch wie in Brasilien, dem Land mit den zweitgrößten Wasserkraft-Kapazitäten. Weitere Staaten mit großen Wasserkraft-Kapazitäten sind USA, Kanada, Russland, Indien, Norwegen, die Türkei, Japan und Frankreich. Weltweit haben 30 Staaten eine größere erneuerbare Wasserkraft-Kapazität als Deutschland.

China verfügt zudem über die weltweit größten Kapazitäten an Windkraft. Anders als für Wasserkraft kommt Deutschland im Fall der Windenergie aber immerhin auf Platz 3 im weltweiten Kapazitätsranking – hinter den USA, die auf dem zweiten Platz stehen. China und die USA belegen – wie für Windenergie – die ersten beiden Plätze in der weltweiten Kapazitätsrangliste für Solarenergie. An dritter Stelle folgt Japan. Deutschland liegt mit einer Leistung von 67 GW zum Jahresende 2022 an vierter Stelle (Abb. 1.41).

Auch für Bio-Energie gilt: China bekleidet Platz 1. Brasilien steht an zweiter Stelle – gefolgt von USA und Indien. Deutschland hält mit 10 GW Stromerzeugungsleistung auf Basis Bio-Energie den fünften Rang im weltweiten Kapazitäts-Ranking. Zu den TOP 10 mit der größten Geothermie-Leistung zählen die USA, Indonesien, Philippinen, Türkei, Neuseeland, Mexiko, Kenia, Italien, Island und Japan (Abb. 1.42).

▶ In allen Weltregionen ist die Kapazität der Strom-Erzeugungsanlagen auf Basis erneuerbarer Energien in den letzten Jahren stark gestiegen (Abb. 1.43). Die größte Dynamik wurde in Mittel- und Südost-Asien verzeichnet. Dort hat sich

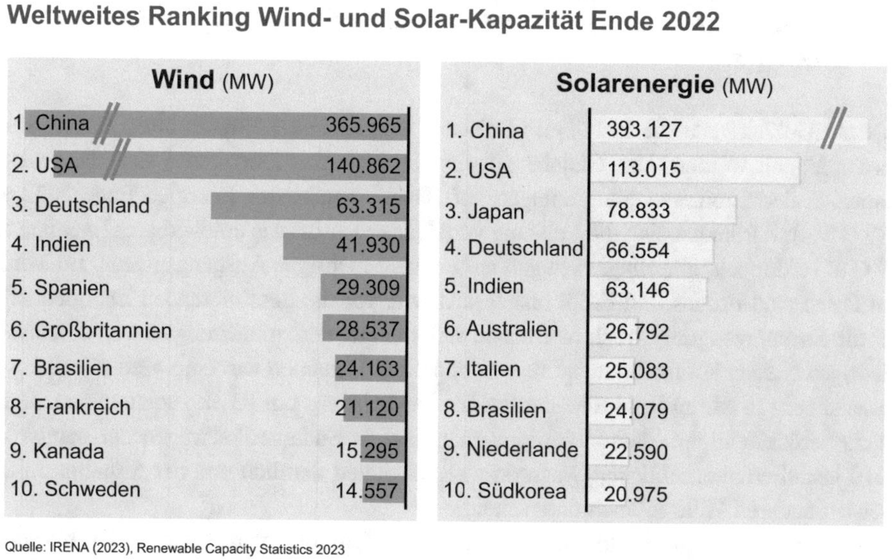

Weltweites Ranking Wind- und Solar-Kapazität Ende 2022

Wind (MW)		Solarenergie (MW)	
1. China	365.965	1. China	393.127
2. USA	140.862	2. USA	113.015
3. Deutschland	63.315	3. Japan	78.833
4. Indien	41.930	4. Deutschland	66.554
5. Spanien	29.309	5. Indien	63.146
6. Großbritannien	28.537	6. Australien	26.792
7. Brasilien	24.163	7. Italien	25.083
8. Frankreich	21.120	8. Brasilien	24.079
9. Kanada	15.295	9. Niederlande	22.590
10. Schweden	14.557	10. Südkorea	20.975

Quelle: IRENA (2023), Renewable Capacity Statistics 2023

Abb. 1.41 Weltweites Ranking von Wind- und Solarkapazitäten zur Stromerzeugung Ende 2022

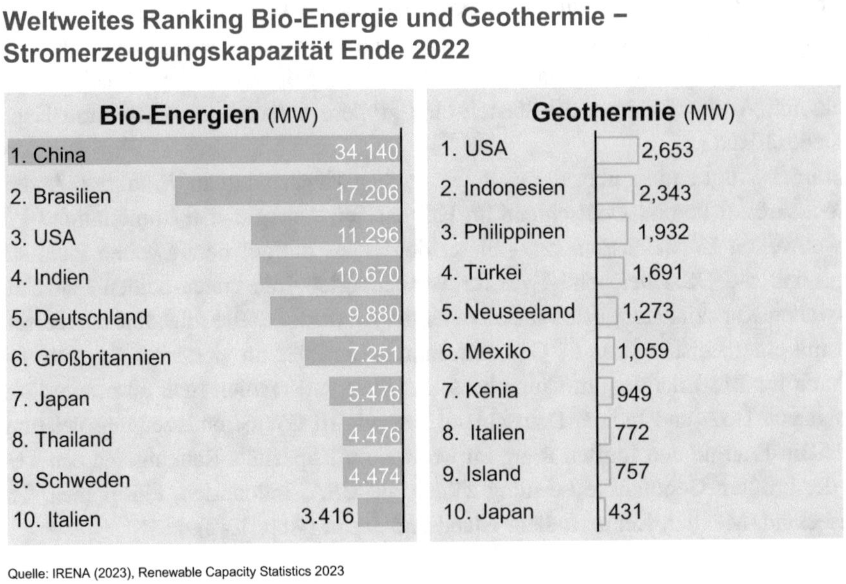

Weltweites Ranking Bio-Energie und Geothermie –
Stromerzeugungskapazität Ende 2022

Bio-Energien (MW)		Geothermie (MW)	
1. China	34.140	1. USA	2,653
2. Brasilien	17.206	2. Indonesien	2,343
3. USA	11.296	3. Philippinen	1,932
4. Indien	10.670	4. Türkei	1,691
5. Deutschland	9.880	5. Neuseeland	1,273
6. Großbritannien	7.251	6. Mexiko	1,059
7. Japan	5.476	7. Kenia	949
8. Thailand	4.476	8. Italien	772
9. Schweden	4.474	9. Island	757
10. Italien	3.416	10. Japan	431

Quelle: IRENA (2023), Renewable Capacity Statistics 2023

Abb. 1.42 Weltweites Ranking der Kapazitäten zur Stromerzeugung auf Basis Bio-Energie und Geothermie Ende 2022

die Stromerzeugungskapazität auf Basis von Wasser, Wind, Solar, Bio-Energie, Geothermie und Meeresenergie von 387 GW Ende 2010 auf 1630 GW bis Ende 2022 vervierfacht.

In der EU-27 konnte die installierte Leistung im gleichen Zeitraum auf 570 GW mehr als verdoppelt werden. Das Gleiche gilt für Nordamerika. Dort belief sich die gesamte Kapazität der Stromerzeugungsanlagen auf Basis erneuerbarer Energien Ende 2022 auf 489 GW. In Afrika hat sich die Leistung von Anlagen auf Basis erneuerbarer Energien auf 59 GW verdoppelt, allerdings bezogen auf ein sehr niedriges Ausgangsniveau. Im Mittleren Osten sind Erdgas und Erdöl bisher nach wie vor die dominierenden Energiequellen für die Stromerzeugung. Auch hier haben sich die erneuerbaren Energien von einem sehr niedrigen Niveau kommend mehr als verdoppelt. In Ozeanien war eine Verdreifachung zu verzeichnen. In Mittel- und Südamerika hat die Leistung um 83 % zugenommen. Dabei ist zu berücksichtigen, dass sich die Verhältnisse in Südamerika wegen der bereits vor 2010 installierten erheblichen Wasserkraft-Kapazitäten deutlich von der Situation in den meisten anderen Weltregionen unterscheiden.

Der prozentual geringste Ausbau fand im Zeitraum von Ende 2010 bis Ende 2022 mit einem Zuwachs von 71 % in der Region Eurasien statt. Dies erklärt sich durch die Zunahme von lediglich 20 % in Russland, das 48 % der Erneuerbare-Energien-Stromerzeugungskapazitäten dieser Region repräsentiert. National betrachtet

Entwicklung der Kapazität von Stromerzeugungsanlagen auf Basis erneuerbarer Energien nach Kontinenten

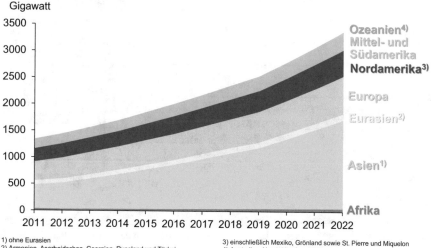

1) ohne Eurasien
2) Armenien, Aserbaidschan, Georgien, Russland und Türkei
3) einschließlich Mexiko, Grönland sowie St. Pierre und Miquelon
4) Australien, Neuseeland und Südsee

Quelle: IRENA (2023, Renewable Capacity Statistics 2023)

Abb. 1.43 Entwicklung der Kapazität von Stromerzeugungsanlagen auf Basis erneuerbarer Energien nach Kontinenten

stell sich das Bild differenzierter dar. In der Türkei wurde von Ende 2010 bis Ende 2022 eine Verdreifachung der Erneuerbare-Energien-Leistung verzeichnet. Damit erreicht die in der Türkei Ende 2022 installierte Leistung 47 % der Erneuerbare-Energien-Stromerzeugungskapazität der Region Eurasien.

1.7 Bestimmungsfaktoren für die Preise auf den internationalen Energiemärkten

Die Preise für die fossilen Energieträger Erdöl, Erdgas und Steinkohle auf den internationalen Märkten werden durch eine Vielzahl von Faktoren bestimmt. Dies betrifft sowohl die Angebots- als auch die Nachfrageseite.

1.7.1 Rohöl

Zu den Determinanten der Weltmarktpreise für Rohöl zählt eine Vielzahl an Parametern, wie anhand der Entwicklung im Zeitraum 1970 bis 2022 aufgezeigt werden kann. Dazu gehören unter anderem (Abb. 1.44):

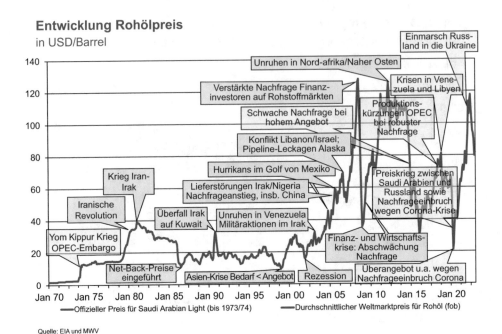

Abb. 1.44 Entwicklung und Bestimmungsfaktoren der Rohölpreise 1970 bis 2022

- Das *globale Wirtschaftswachstum,* das für die Nachfrage nach Rohöl auf den Weltmärkten entscheidend ist. Das kann die Preise in die Höhe treiben, aber – wie etwa in
  der Finanz- oder in der Corona-Krise – auch die Preise dämpfen.
- Die *Angebotssituation* – beeinflusst durch die Strategie der für den Welthandel
  maßgeblichen Exportstaaten (Vereinbarungen von OPEC/OPEC Plus über Förderquo-
  ten, strategische Eingriffe in die Märkte durch Exportstaaten, aber auch erhobene
  Förderabgaben).
- *Kriegerische Auseinandersetzungen* zwischen Staaten, Bürgerkriege, Sanktionen gegen
  Staaten (Beispiele: Sanktionen gegen Iran und der von Russland gegen die Ukraine
  geführte Angriffskrieg).
- *Umweltkatastrophen,* wie zum Beispiel Tankerunglücke.
- *Wetterextreme* in Form von Stürmen, die Einfluss auf die Offshore-Produktion haben.
- Entwicklung und *Anwendung neuer Fördertechnologien –* wie Fracking oder Methoden,
  die eine Gewinnung von Öl in der Tiefsee oder in Arktischen Regionen erlauben.
- *Entwicklung bei Substituten* auf den für Öl zentralen Absatzmärkten, etwa Ausbau der
  Elektromobilität.
- *Umweltpolitisch motivierte Eingriffe in die Märkte* (z. B. über Steuerung der Preise
  durch Steuern oder durch die Einführung einer Bepreisung von CO_2 über Emissions-
  handelssysteme oder über Effizienzvorgaben für die Beheizung von Gebäuden).

Diese beispielhaft genannten Faktoren wirken sich auf Angebot bzw. Nachfrage als den entscheidenden Determinanten der Preise aus.

▶ Für die Preisentwicklung ist nicht nur entscheidend, ob eine physische Knappheitssituation oder ein physisches Überangebot besteht; vielmehr können auch Unsicherheiten auf den Märkten, also beispielsweise die Sorge vor einer Verknappung des Angebots, Preisausschläge auslösen.

1.7.2 Steinkohle

Die Preise für Steinkohlen auf den internationalen Märkten werden durch vergleichbare Faktoren bestimmt wie für Rohöl. Dazu gehören Faktoren, wie:

• Nachfrage nach Steinkohle.
• Höhe der Reserven und deren geografische Verteilung.
• Gewinnungskosten und Abgabe.
• Seefrachtraten.
• Marktmacht der Anbieter.
• Preis der Konkurrenzenergien und CO_2-Preise.
• Umweltpolitisch motivierte Eingriffe in die Märkte.
• Internationalisierung des Treibhausgas-Emissionshandels beziehungsweise der Besteuerung von CO_2.

Zwei Dinge sind im Vergleich zu Öl von Bedeutung: Die Preise für Kohle sind im Vergleich zu den Preisen für Rohöl – umgerechnet auf einen einheitlichen Heizwert – deutlich niedriger. Wichtigster Grund ist die Begrenzung der Einsatzmöglichkeiten von Kohle im Vergleich zu Öl. Grundsätzlich kann Öl sowohl als Treibstoff im Verkehr, als Brennstoff zur Beheizung von Gebäuden, als Rohstoff etwa in der Chemie, zur Erzeugung von Prozesswärme für die Produktion industrieller Güter sowie auch zur Stromerzeugung eingesetzt werden. Darüber hinaus hat Öl deutliche Anwendungsvorteile gegenüber Kohle selbst in den Bereichen, in denen Kohle vorrangig genutzt wird. Zentrale Einsatzbereiche der Kohle sind die Strom- und Wärmeerzeugung in Kraftwerken/Heizkraftwerken sowie die Stahl- und Zementindustrie. In der Gebäudeheizung spielt Kohle keine signifikante Rolle mehr.

Zusätzlich ist bei der Preisbildung für Kohle zwischen Kesselkohlen und Kokskohlen zu unterscheiden. Aufgrund der höheren Qualitätsanforderungen für die Prozesse etwa in der Stahlindustrie muss Kokskohle besondere Merkmale aufweisen, die Kesselkohle nicht in gleicher Weise erfüllen muss. Deshalb sind die Preise für Kokskohle deutlich höher als für Kesselkohle.

Die Preise für Kesselkohle frei Verladehäfen von für den Export wichtigen Förder-staaten hatten sich seit dem 4. Quartal 2021 und verstärkt ab Ende Februar 2022 stark erhöht (Abb. 1.45). Wichtigste Gründe waren die Zunahme der Nachfrage nach dem Corona-Jahr 2020, auch bedingt durch den starken Preisanstieg bei Erdgas. Im Jahr 2022 kam als weiterer Faktor der Krieg in der Ukraine hinzu. Der hat zu einer verstärkten Nachfrage nach Kohlen auf dem Weltmarkt geführt – mit dem Ziel, die Lieferungen aus Russland zu reduzieren beziehungsweise sogar zu beenden – und Erdgas, etwa in der Stromerzeugung, durch Kohle zu ersetzen. Außerdem hatten die Anbieter Preiserhö-hungsspielräume genutzt, die sich durch den Anstieg der Preise für Konkurrenzenergien auf dem Weltmarkt ergeben haben. Die 2022 erreichten Rekordpreise für international gehandelte Steinkohle erklären sich sowohl durch Entwicklungen auf der Nachfrage- als auch auf der Angebotsseite. Der weltweite Anstieg der Kohlenachfrage, mitverursacht durch die hohen Erdgaspreise, traf auf ein verengtes Angebot. So haben die gegen Russ-land gerichteten Sanktionen zu Einbußen in dessen Exportmöglichkeiten geführt. Hinzu kamen wetterbedingte Beeinträchtigungen in Australien (Überflutungen als Folge starker Regenfälle) sowie Probleme im Eisenbahn-Transport in Südafrika von den Gruben zum Exporthafen.

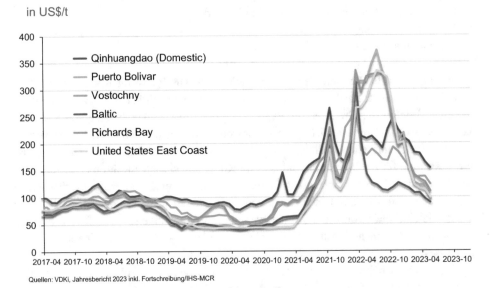

Entwicklung von fob-Preisen für Kesselkohle nach Rotterdam

in US$/t

Quellen: VDKi, Jahresbericht 2023 inkl. Fortschreibung/IHS-MCR

Abb. 1.45 Entwicklung von fob-Preisen für Kesselkohle nach Rotterdam seit 2017

Bei Betrachtung der Entwicklung der Preise für Kokskohle frei Verladehäfen der für Kokskohle wichtigsten Exportländer, Australien und USA, wird deutlich, dass die Entwicklung der Preise im Zeitraum 2017 bis 2023 zwar einen ähnlichen Verlauf wie bei Kesselkohle genommen hat, das Niveau der Preise aber durchgängig höher war als bei Kesselkohle. Der starke Anstieg der Nachfrage im Jahr 2021 hatte – wie bei Kesselkohle – zu einer massiven Erhöhung der Preise auf dem Weltmarkt geführt. Der Krieg in der Ukraine hatte eine weitere Verschärfung der Preissituation bewirkt (Abb. 1.46).

Für die Steinkohlepreise frei Importhäfen der Verbraucherländer spielen die Seefrachten eine wichtige Rolle (Abb. 1.47). Dies zeigen die Frachten für den Transport aus den Häfen bedeutender Exportstaaten, wie Kolumbien, USA, Russland, Südafrika und Australien zu den für die Versorgung Nordwesteuropas bedeutendsten Häfen im Raum Amsterdam/Rotterdam/Antwerpen (ARA).

Es wird deutlich: Die Frachtraten hängen sehr stark von der Transportentfernung ab. Die Frachten sind am höchsten für den Transport von Australien (Queensland) bis zu den ARA-Häfen und meist am niedrigsten zur Überwindung der Strecke von Russland (Murmansk) bis zur niederländischen/belgischen Küste. Dazwischen bewegen sich die Frachten für den Transport von Steinkohlen aus Kolumbien (Puerto Bolivar), Südafrika (Richards Bay) und USA Ostküste (Hampton Roads).

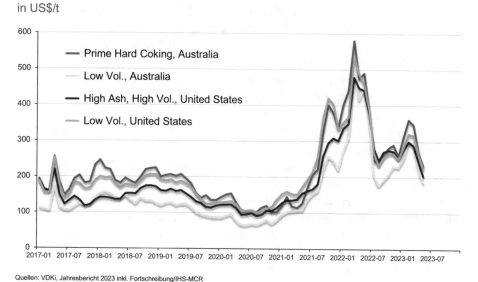

Entwicklung von fob-Preisen für Kokskohle frei Exporthafen mit Bestimmung Rotterdam

in US$/t

Quellen: VDKi, Jahresbericht 2023 inkl. Fortschreibung/IHS-MCR

Abb. 1.46 Entwicklung von fob-Preisen für Kokskohle nach Rotterdam seit 2017

Entwicklung der Seefrachten vom Exporthafen mit Bestimmung ARA-Häfen

in US$/t

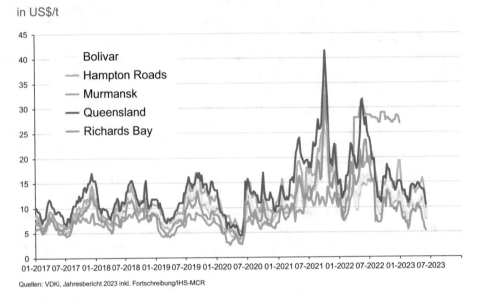

Quellen: VDKi, Jahresbericht 2023 inkl. Fortschreibung/IHS-MCR

Abb. 1.47 Entwicklung der Seefrachten zu den ARA-Häfen seit 2017

Der Verlauf der Frachtraten ist aber weitgehend parallel – bestimmt durch Angebot und Nachfrage nach seewärtigen Transporten von Massengütern. Da mit den Frachtern, die dem Transport von Steinkohle dienen, auch andere Schüttgüter transportiert werden können, ist die Nachfrage nicht nur nach Transporten von Steinkohle sondern auch etwa für Transporte von Eisenerz maßgeblich für die Höhe der Frachten. Seit dem 4. Quartal 2021 waren die Frachtraten durchgängig gestiegen. Das wurde durch die erhöhte Nachfrage bewirkt. Zudem haben auch die Ölpreise eine Rolle gespielt, da die Schiffe in der Regel mit Schweröl betrieben werden und die Ölpreise somit einen Kostenfaktor für die Transporte darstellen.

Die Preise für Kesselkohle frei Seehafen Rotterdam, also die Preise, die sich einschließlich cost/insurance/freight (cif) in den Jahren 2019 bis zum 1. Halbjahr 2022 bei Bezug am Standort Rotterdam eingestellt hatten, waren im 4. Quartal 2021 und dann – noch verstärkt – im ersten Halbjahr 2022, vor allem bedingt durch den Einmarsch russischer Truppen in die Ukraine, stark gestiegen. Im Durchschnitt des Jahres 2022 waren die Preise für Kesselkohle frei Lieferort Rotterdam mehr als fünfmal so hoch wie in den Jahren 2019 und 2020 (Abb. 1.48).

Ferner wird erkennbar, dass sich die Preise nicht durch Addition von Kosten für Förderung und Transport ergeben. Entscheidend sind vielmehr Angebot und Nachfrage, und Unsicherheiten auf den Märkten können darüber hinaus Preisausschläge auslösen. Dies

Entwicklung der Kesselkohle-Marker-Preise cif ARA-Seehäfen

in €/t SKE

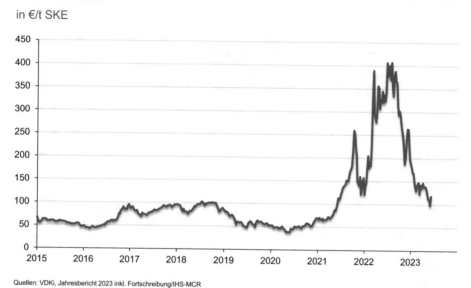

Quellen: VDKi, Jahresbericht 2023 inkl. Fortschreibung/IHS-MCR

Abb. 1.48 Entwicklung der Preise für Kesselkohle frei Seehäfen Rotterdam/Amsterdam/Antwerpen 2015 bis 2023

bedeutet, dass die Anbieter – je nach Marktlage – durchaus sehr unterschiedlich hohe Margen erzielen können. In den 25 Jahren von 1996 bis 2021 hatten sich die Preise für Kraftwerkskohle frei Nordwesteuropa meist zwischen 40 und 100 € pro Tonne Steinkohleneinheit (SKE) bewegt (Abb. 1.49). Die an dieser Stelle in Bezug genommenen Preise sind in Tonnen SKE umgerechnet und damit höher als die Preisangaben pro metrische Tonne. Dies liegt daran, dass der durchschnittliche Heizwert eines Kilogramms Kesselkohle meist niedriger ist als 1 kg Steinkohleneinheit, das definitionsgemäß 29,308 MJ entspricht.

Bei Differenzierung zwischen den Spotpreisen – ausgedrückt in € pro t SKE – frei Seehäfen Nordwesteuropa und dem durchschnittlichen BAFA-Preis (BAFA steht für Bundesamt für Wirtschaft und Ausfuhrkontrolle) für alle Steinkohlenmengen frei deutsche Grenze zeigt sich bis 2021 ein fast paralleler Verlauf. Die gleichwohl bestehenden Unterschiede zwischen den beiden Preisverläufen erklären sich vor allem durch zwei Faktoren: Der MCIS-Spotpreis berücksichtigt nur die Abschlüsse für kurzfristige Lieferungen. in den BAFA-Preis sind alle Steinkohlenlieferungen einbezogen, also auch die im Rahmen längerfristiger Verträge gehandelten Mengen, und es sind die Frachtraten vom ARA-Raum bis zur deutschen Grenze darin enthalten, soweit es sich um Mengen handelt, die

Preisentwicklungen: Kraftwerkskohle frei Nordwesteuropa und frei deutsche Grenze

€/t SKE

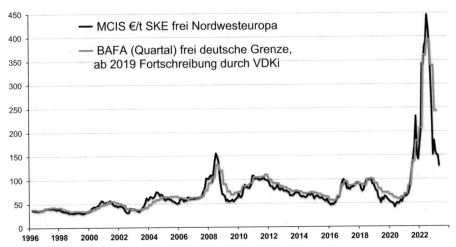

Quellen: IHS McCloskey Coal Report, Ausgaben 1/1996 bis 05/2023; BAFA,Drittlandskohlepreise nach Quartalen -
          ab 2019 Fortschreibung durch VDKi

Abb. 1.49 Entwicklung der Spotpreise für Kraftwerkskohle frei Nordwesteuropa und der durchschnittlichen Einfuhrpreise frei deutsche Grenze

über diese Seehäfen angelandet und über barges, also Lastschiffe, über den Rhein bis zur deutschen Grenze transportiert werden.

Seit dem 4. Quartal 2021 werden aufgrund der genannten Faktoren auch bei diesen Preisindikatoren Ausschläge nach oben in zuvor nicht dagewesener Höhe sichtbar.

1.7.3   Erdgas

Zu den Treibern der Gaspreise auf den internationalen Märkten zählen vor allem folgende Faktoren:

- Die weltweite Nachfrage nach Erdgas.
- Die Reserven-Höhe und deren Verteilung.
- Die Infrastruktur, geprägt durch Investitionen in den Aufschluss von Förderkapazitäten, Pipeline-Ausbau, Ausbau der LNG-Tankerflotte sowie Verlade- und Entladeeinrichtungen.
- Die Marktmacht der Anbieter.
- Die Kosten der Bereitstellung.

- Die Entwicklung der Ölpreise.
- Bestehende Unsicherheiten hinsichtlich der Versorgung, also „marktpsychologische" Faktoren.

Der letztgenannte Punkt hat vor allem ab Herbst 2021 eine starke Rolle gespielt.

Am EEX-Spotmarkt hatte sich das Tagessettlement für Erdgas im Jahresdurchschnitt 2021 auf 46,51 €/MWh belaufen. Für den Vergleichszeitraum 2020 war ein durchschnittlicher Tagesreferenzpreis von 9,55 €/MWh ermittelt worden. Im Jahresverlauf 2021 war der Preis aufgrund historisch niedriger Lagerbestände, der Erholung der globalen Gasnachfrage – vor allem auf den asiatischen Märkten – und einem geringeren Pipelineangebot deutlich angestiegen. Hier schöpften vor allem die russischen Lieferungen ihre möglichen Liefer-Potenziale bei weitem nicht aus. Als weitere Punkte sind Wetter bezogene Faktoren zu nennen. Dazu gehören ein kalter Winter auf der westlichen Hemisphäre, Trockenheit, die insbesondere die Stromerzeugung aus Wasserkraft in Brasilien (mit der Folge eines starken Anstiegs der LNG-Importe durch Brasilien) und andernorts beeinträchtigte und ungünstige Windverhältnisse in Europa. Zudem hatte der Hurrikan Ida die U.S. Offshore-Produktion unterbrochen sowie auch Offshore- und Onshore-Plattformen beschädigt. Schließlich hatten sich die weltweiten Investitionen in die Öl- und Gasförderung zwischen 2014 und 2021 halbiert. Letzteres erklärt sich durch Preiseinbrüche auf den Märkten in den Jahren 2014/2015 und 2020.

Die erwartete Entspannung durch vermehrte Gasflüsse über die Nord Stream 2-Pipeline zum Anfang das Gaswirtschaftsjahres 2021/2022 wurde durch die Entscheidung zunichte gemacht, dass der Zertifizierungsprozess und weitere EU-Genehmigungen den Start weit in das Jahr 2022 hinein verzögern würden. Seit dem Einmarsch russischer Truppen in die Ukraine ist nicht mehr mit einer Inbetriebnahme dieses neuen Pipeline-Strangs zu rechnen.

Diese Effekte übertrugen sich auf den Gas-Terminmarkt (Abb. 1.50). Nachdem das TTF-Frontjahr das Jahr 2021 bei rund 17 €/MWh begonnen hatte, erreichte es im Dezember 2021 einen Rekordpreis von 140 €/MWh, bevor es zum Jahreswechsel 2021/2022 wieder bei rund 90 €/MWh tendierte. Mit dem Einmarsch russischer Truppen in die Ukraine und als Folge der Lieferkürzungen von Erdgas seitens Gazprom schnellten die Preise erneut in die Höhe. Den Höchststand erreichten die Day-Ahead-Notierungen an der Energiebörse EEX am 26. August 2022 mit 319,56 €/MWh. In den folgenden zwei Monaten fielen die Preise wieder deutlich. Entscheidende Gründe waren die erfolgreichen Bemühungen Europas, sich von russischen Lieferungen vor allem durch verstärkte LNG-Lieferungen unabhängig zu machen und die Gasspeicher vor Beginn der Heizsaison plangerecht zu füllen. Hilfreich war auch das milde Wetter. Der niedrigste Stand des Jahres 2022 wurde mit 22,40 €/MWh am 1. November notiert. Am 3. Januar 2023 lag der Großhandelspreis bei 63,11 €/MWh. Damit wurde der vergleichbare Stand vom Jahresbeginn 2022, der mit 71,96 €/MWh angegeben wird, sogar unterschritten.

Terminmarkt Erdgas: Jahresfutures 2022 - 2026
01.01.2021 - 12.02.2023
in €/MWh

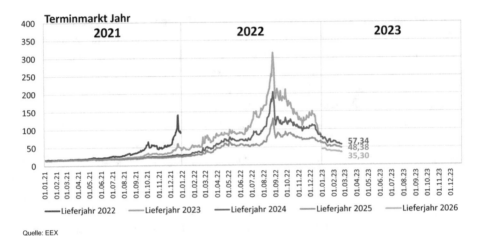

Quelle: EEX

Abb. 1.50 Jahresfutures 2022 bis 2026 für eine Belieferung mit Erdgas

Für das Lieferjahr 2024 lagen die Preise auf dem Gas-Terminmarkt am 12. Februar 2023 bei 57 €/MWh. Für die Folgejahre (Lieferjahre 2025 und 2026) wurde am 12. Februar 2023 eine Absenkung auf 48 €/MWh (2025) bzw. 35 €/MWh (Lieferjahr 2026) notiert.

1.7.4   Preisentwicklung für Energie-Rohstoffe frei deutsche Grenze

Die Entwicklung der Preise für Rohöl, Erdgas und Steinkohle (Kesselkohle) frei deutsche Grenze von 1973 bis 2022 – umgerechnet auf eine einheitliche Einheit, nämlich in €/ t SKE – weist parallele Verlaufstendenzen auf (Abb. 1.51). Es wird deutlich, dass die Preise für Rohöl in der Zeit bis 2021 in aller Regel höher waren als für Erdgas, und die Erdgaspreise die Preise für Kesselkohle deutlich überstiegen. Allerdings ist der Verlauf – vor allem von Erdgas- und Rohölpreisen – sehr ähnlich. Dies liegt daran, dass dem Ölpreis eine Leitfunktion bei der Preisbildung zukommt und in Langfristverträgen für Erdgas in der Regel eine zeitverzögerte Anpassung an die Preise für Mineralölprodukte verankert ist. 2022 herrschte allerdings eine Sondersituation – gekennzeichnet durch Erdgaspreise, welche die Rohölpreise sogar deutlich überschritten.

Die Preise für Steinkohle sind in der Regel nicht nur deutlich niedriger als die Preise für Rohöl und für Erdgas. Auch die Ausschläge der Preise waren in der Vergangenheit – abgesehen von 2022 – bei weitem nicht so stark. Allerdings zeigen auch die Preise für

**Entwicklung ausgewählter Primärenergiepreise
frei deutsche Grenze**

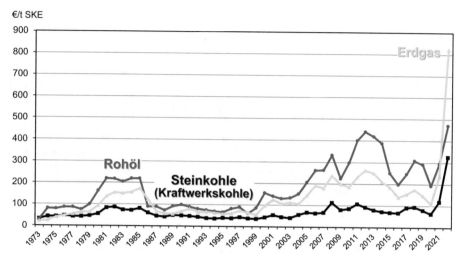

Quelle: Statistisches Bundesamt: Rohöl und Erdgas; Bundesamt für Wirtschaft und Ausfuhrkontrolle sowie VDKi: Steinkohle

Abb. 1.51 Entwicklung ausgewählter Primärenergiepreise frei deutsche Grenze seit 1973

Steinkohle aufwärts gerichtete Tendenzen zu den Zeiten, in denen die Preise für Öl und Erdgas gestiegen waren. Entscheidende Gründe sind:

- Bei hohen Preisen für Öl und Erdgas hat sich vielfach auch die Nachfrage nach Kesselkohle vergrößert.
- Die Kohleanbieter haben in diesen Zeiten Preiserhöhungs-Spielräume wahrgenommen, die sich durch veränderte Situation auf den Weltmärkten ergeben hatten.
- Und schließlich haben sich bei gestiegenen Ölpreisen auch die Kosten insbesondere für den Transport von Steinkohlen erhöht.

Neben der Situation auf den weltweiten Energiemärkten wirkt sich die Wechselkurs-Relation zwischen € und US$ auf die frei deutsche Grenze ermittelten Preise aus.

1.8 Vergleich der Klimarelevanz fossiler Energieträger

Starken Einfluss auf die Preise auf den internationalen Energiemärkten hat die Höhe der Nachfrage. Wichtiger Parameter für die Entwicklung der Nachfrage ist, wie effizient die eingesetzte Energie genutzt wird. Gleichzeitig ist die effiziente Nutzung von Energie auch von besonderer Relevanz bei der angestrebten Senkung der Treibhausgas-Emissionen.

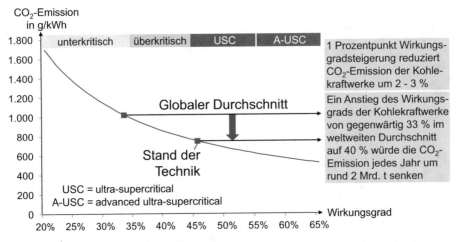

Abb. 1.52 Reduktion der CO_2-Emissionen aus Steinkohlenkraftwerken durch Effizienzverbesserungen

Am Beispiel der Nutzung von Steinkohle zur Stromerzeugung kann verdeutlicht werden, welche Rolle der Wirkungsgrad der Anlagen, in denen Steinkohle verstromt wird, auf die Höhe des spezifischen Energieverbrauchs und damit auf die CO_2-Emission pro erzeugter kWh Strom spielt (Abb. 1.52).

Die angewandte Technologie ist von ausschlaggebender Bedeutung. In einer Reihe von Staaten wird Steinkohle noch in Kraftwerken mit unterkritischen Dampfparametern verstromt. Damit können Wirkungsgrade von bis zu 35 % erreicht werden. Das heißt, es ist ein hoher Brennstoffeinsatz pro erzeugte kWh Strom erforderlich. Die CO_2-Emissionen pro erzeugte kWh Strom liegen in solchen Prozessen unter Einsatz von Kohle bei 1000 g pro kWh und mehr. Mit überkritischen Dampfparametern lassen sich Wirkungsgrade in Kohlekraftwerken zwischen 35 und 45 % erzielen. Damit verbunden ist eine Absenkung der CO_2-Emissionen pro erzeugte kWh Strom auf 1000 bis 800 g. Für die hochbeanspruchten Bauteile von Dampfturbinen sind zur Zeit Werkstoffe verfügbar, die einen Betrieb mit Dampfdrücken von bis zu 300 bar bei Temperaturen von 600°C erlauben. Mit diesen *ultra-supercritical* Prozessparametern lassen sich Netto-Wirkungsgrade für Steinkohlekraftwerke von bis zu 46 % realisieren.

Damit ist das Ende der Fahnenstange aber noch nicht erreicht. Vielmehr ist es möglich, mithilfe neuer Technologien den Nettowirkungsgrad von Dampfkraftwerken auf über 50 % zu steigern. Voraussetzung hierfür sind drastisch erhöhte Dampfparameter gegenüber dem heutigen Stand der Technik. Darunter sind Betriebstemperaturen bis etwa 720°C

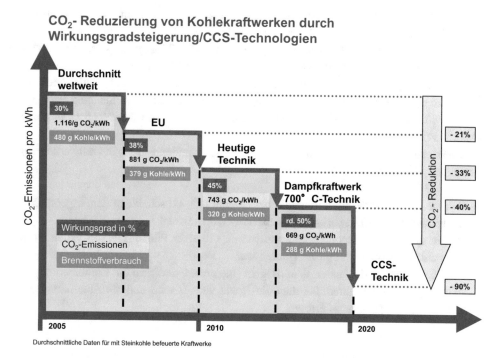

Abb. 1.53 Möglichkeiten zur CO_2-Reduzierung bei Kohlekraftwerken durch Wirkungsgradsteigerung und durch Einsatz von CCS-Technologie

und Drücke von rund 350 bar zu verstehen. Entsprechende Prozesse sind mit dem Begriff „advanced ultra-supercritical" belegt (Abb. 1.53).

Die Erhöhung des Wirkungsgrades hat somit starken Einfluss auf die CO_2-Emissionen pro erzeugte kWh Strom. 1 Prozentpunkt Wirkungsgradsteigerung reduziert die CO_2-Emissionen eines Kohlekraftwerkes um 2 bis 3 %. Würde es gelingen, den durchschnittlichen Wirkungsgrad aller weltweit betriebenen Kohlekraftwerke auf Werte von mindestens 40 % anzuheben, könnten die jährlichen CO_2-Emissionen um rund 2 Mrd. t gesenkt werden.

Den klimapolitischen Erfordernissen, den globalen Temperaturanstieg auf höchstens 2 Grad Celsius zu begrenzen, wird die Kohlekraftwerkstechnik jedoch allein über Wirkungsgradsteigerungen – selbst unter Nutzung der 700-Grad-Technik – noch nicht gerecht. Dafür ist es notwendig, die CO_2-Emissionen im Prozess der Stromerzeugung abzuscheiden und das CO_2 einer Nutzung zuzuführen oder es zu speichern. Mit der verfügbaren CC(U)S-Technik (carbon capture and usage respectively storage) können die CO_2-Emissionen pro kWh bei Erzeugung von Kohlestrom um 90 % gesenkt werden.

Geht man beispielhaft davon aus, dass künftig die Realisierung eines Braunkohle-Kraftwerks mit einem Wirkungsgrad von 50 % grundsätzlich möglich wäre, hätte man bei Berücksichtigung der CCS-Technologie im ersten Schritt Wirkungsgradeinbußen von etwa 10 Prozentpunkten hinzunehmen. Die CO_2-Emissionen lägen damit dann noch bei rund 1000 g pro erzeugte kWh Strom – gegenüber rund 800 g spezifischen Emissionen ohne Einsatz von CCS. Allerdings lässt sich in einem zweiten Schritt unter Abtrennung von Speicherung von 90 % des gebildeten CO_2 eine Reduktion der CO_2-Emissionen auf 100 g pro erzeugte Kilowattstunde Strom erreichen. Die effektive Vermeidung von CO_2 würde sich – unter Berücksichtigung des Gesamtprozesses – somit auf 87,5 % belaufen (Abb. 1.54).

Im Prinzip stehen drei Technologien zur CO_2-Abscheidung in Kohlekraftwerken zur Verfügung (Abb. 1.55).

- Das ist die CO_2-Rauchgasreinigung, bei der die CO_2-Abscheidung dem eigentlichen (konventionellen) Kraftwerksprozess nachgeschaltet erfolgt.
- Das ist die Oxyfuel-Technik, die beispielsweise in einer Pilotanlage von Vattenfall in Deutschland erfolgreich erprobt worden war.
- Und dazu gehört das unter dem Begriff Integrated Gasification Combined Cycle (IGCC) gefasste Verfahren, bei dem die Kohle vergast wird und die Abtrennung des CO_2 aus dem Synthesegas erfolgt.

Effektive CO_2-Vermeidungsmenge

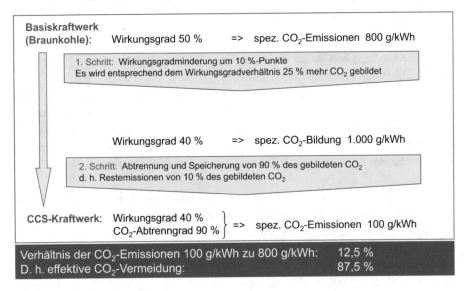

Abb. 1.54 Effektive CO_2-Vermeidungsmenge bei Einsatz von CCS am Beispiel eines Braunkohlenkraftwerks

Drei Technologien zur CO_2-Abscheidung

CO_2-Rauchgasreinigung:
> dem eigentlichen (konventionellen) Kraftwerksprozess nachgeschaltet
> CO_2 wird mit Hilfe chemischer Waschsubstanzen aus dem Rauchgas absorbiert
> Vorteil: Nachrüstbarkeit für moderne (capture ready) Kraftwerke

Oxyfuel:
> Herstellung reinen Sauerstoffs in einer Luftzerlegungsanlage
> Verwendung von reinem Sauerstoff statt Luft für den Verbrennungsprozess
> Durch hohen CO_2-Anteil im Rauchgas einfache Abtrennung möglich

IGCC:
> Vergasung des eingesetzten Brennstoffs (Kohlevergasung)
> Abtrennung des CO_2 aus dem katalytisch entstehenden wasserstoffreichen Synthesegas, Verstromung des Synthesegases in einer GuD-Turbine
> Vorteil: weitere Optionen für die Verwendung des Synthesegases

Abb. 1.55 Technologien zur CO_2-Abscheidung

Alle drei Verfahren sind auch im Großmaßstab umsetzbar. Gegenüber einer konventionellen Erzeugung ohne CCS entstehen naturgemäß deutlich höhere Kosten.

▶ Ein sachgerechter Vergleich der Treibhausgas-Emissionen verschiedener Energieträger zur Stromerzeugung muss die Gesamtkette der Nutzung von Erdgas, Steinkohle und Braunkohle berücksichtigen. Dazu gehören die Förderung, die Aufbereitung, der Transport, die Verteilung und Speicherung sowie die Verstromung dieser fossilen Energieträger (Abb. 1.56).

In den gängigen Vergleichen werden nur die Emissionen bei der Umwandlung der Energieträger in Strom in Rechnung gestellt. Das spiegelt aber nicht das Gesamtbild wider. Insbesondere mit der Förderung und dem Transport von Erdgas und auch von Steinkohle sind Methan- und CO_2-Emissionen verbunden, die erheblichen Einfluss auf die Gesamtbilanz der Treibhausgas-Exposition haben können. Für Erdgas ist zudem eine Differenzierung zwischen der Fördermethode (konventionell oder Fracking) und der Art des Transports (Pipeline-Gas oder Liquified Natural Gas – LNG) angebracht. Ferner spielt der Wirkungsgrad im Verstromungsprozess eine maßgebliche Rolle für die Höhe der Emissionen.

In den folgenden Darstellungen zur Quantifizierung der Gesamtkette der Emissionen bei der Nutzung von Erdgas, Steinkohle und Braunkohle zur Verstromung sind eine Reihe von Grundannahmen getroffen worden. Dazu gehören (Abb. 1.57):

Gesamtkette der Nutzung von Erdgas, Steinkohle und Braunkohle

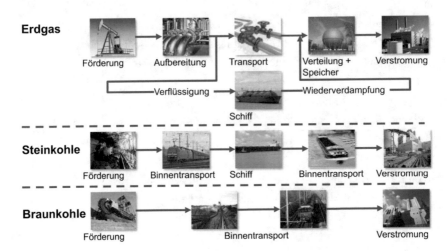

Abb. 1.56 Darstellung der Gesamtkette der Nutzung von Erdgas, Steinkohle und Braunkohle

Grundannahmen

- Betrachtung der Gesamtkette der Nutzung von Erdgas, LNG, Stein- und Braunkohle

- Einbezug relevanter Treibhausgase: CO_2 und CH_4

- Betrachtungshorizonte 100 Jahre (gemäß IPCC)

- GWP-Faktoren gemäß IPCC; für CH_4: GWP 28 - 34 bei 100 Jahren

- Daten: 2015

- Brutto-Wirkungsgrade für moderne Kraftwerke:
  Erdgas/LNG-GuD: η = 60 %, Steinkohle: η = 46 %, Braunkohle: η = 44 %

- CCS-Wirkungsgradverluste:
  Erdgas/LNG-GuD: 8 %-Punkte, Stein- und Braunkohle: 10 %-Punkte

- CCS-CO_2-Abscheidegrade am Kraftwerk:
  Erdgas/LNG-GuD: 86 %, Stein- und Braunkohle: 90 %

Umfassender Ansatz auf Basis bestehender Literatur

Abb. 1.57 Grundannahmen zur Abschätzung der Klimagas-Exposition bei der Stromerzeugung auf Basis von Erdgas, Steinkohle und Braunkohle

- Einbeziehung der relevanten Treibhausgase CO_2 und CH_4
- Betrachtungsperiode von 100 Jahren gemäß Ansatz des *Intergovernmental Panel on Climate Change* (IPCC)
- Global Warming Potenzial von CH_4 gemäß IPCC mit Faktor 28 bis 34 gegenüber CO_2bei einer Betrachtung über einen Zeitraum von 100 Jahren
- Berücksichtigung von Brutto-Wirkungsgraden für moderne Kraftwerke (60 % bei Erdgas, 46 % bei Steinkohle und 44 % bei Braunkohle)

Die Ermittlung der Daten (Stand: 2015) ist mit einem umfassenden Ansatz auf Basis bestehender Literaturquellen erfolgt.

Im Ergebnis zeigt sich, dass Erdgas – auch unter Berücksichtigung der Gesamtkette von der Gewinnung bis zur Nutzung – deutliche Vorteile bezüglich der Klimarelevanz gegenüber Steinkohle und Braunkohle aufweist. Braunkohle schneidet gegenüber Steinkohle ungünstiger ab – trotz der vergleichsweise geringen Methan-Emissionen (Abb. 1.58).

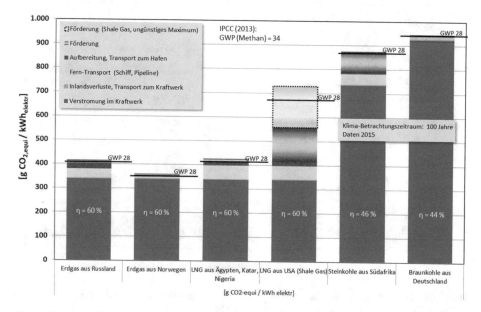

Abb. 1.58 Quantifizierung der Gesamtkette der Treibhausgas-Emissionen bei der Stromerzeugung auf Basis Erdgas, Steinkohle und Braunkohle ohne CCS

Bei Erdgas haben zusätzlich die Fördermethode und die Art des Transports Auswirkungen auf die gesamten Treibhausgas-Emissionen. LNG schneidet grundsätzlich ungünstiger ab als Pipeline-Transport, und bei Fracking können die Emissionen das Bild – je nach Höhe der mit dieser Förderart verbundenen Treibhausgas-Emissionen – verändern. Bezüglich der Höhe der Emissionen bei Fracking bestehen große Unsicherheiten. Dem kann durch Ansetzen einer Bandbreite hinsichtlich der Treibhausgas-Emissionen für Shale Gas aus den USA Rechnung getragen werden.

Es zeigt sich aber, dass – selbst unter Annahme hoher Treibhausgas-Emissionen bei Nutzung der Fracking-Methode für die Förderung von Erdgas – Steinkohle und Braunkohle in der Gesamtbilanz immer noch deutlich schlechter abschneiden. Diese Aussagen gelten, solange keine Abscheidung des CO_2 im Verstromungsprozess und dessen Nutzung oder Speicherung erfolgt.

Eine Quantifizierung der Gesamtkette der Emissionen bei Berücksichtigung von CC(U)S in der Verstromung führt zu zwei zentralen Ergebnissen (Abb. 1.59):

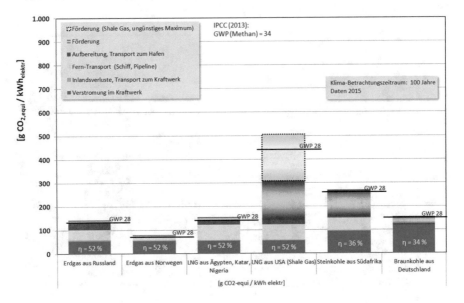

Abb. 1.59 Quantifizierung der Gesamtkette der Treibhausgas-Emissionen bei der Stromerzeugung auf Basis Erdgas, Steinkohle und Braunkohle mit CCS

- Die Treibhausgas-Emissionen sind bei allen betrachteten Energieträgern deutlich niedriger.
- Die Emissionsbilanz der verschiedenen Energieträger gleicht sich deutlich an; insbesondere die Treibhausgas-Exposition von Braunkohle stellt sich nicht mehr ungünstiger dar als diejenige von Erdgas. Braunkohle kann dann sogar Vorteile gegenüber Erdgas und auch gegenüber Steinkohle haben, sofern die Förderung von Steinkohle oder von Erdgas mit hohen Methan-Emissionen verbunden ist.

Der Unsicherheitsbereich bei den Methan-Emissionen ist sehr groß. Deshalb wird für LNG aus den USA eine Spannweite der möglichen Emissionen angegeben, um diesem Sachverhalt gerecht zu werden.

Wichtig ist in diesem Zusammenhang, dass von dem in der Europäischen Union bestehenden Treibhausgas-Emissionshandels-System (EU-ETS) nur die Emissionen bei der Nutzung der Brennstoffe erfasst werden. Die in der Kette vorgelagerten Emissionen, die außerhalb der Grenzen der EU entstehen, bleiben von den Auswirkungen des ETS unberührt.

Aus dem Ergebnis der Quantifizierung der Daten für die verschiedenen Energieträger können folgende Schlussfolgerungen abgeleitet werden: Für das Erreichen anspruchsvoller Klimaziele ist CC(U)S unverzichtbar. Nicht eine Substitution der Energieträger, etwa Kohle durch Erdgas, ist Schlüssel für wirksamen Klimaschutz. Vielmehr kommt es auf die Anwendung neuer fortgeschrittener Technologien an. Dazu gehören hocheffiziente Kraftwerke und die Abscheidung und Nutzung bzw. Speicherung von CO_2.

1.9 Abscheidung und Speicherung bzw. Nutzung von CO_2 als Schlüsselinstrument zur Einhaltung der Ziele des Pariser Klimaabkommens

Die Technologie der Abscheidung und Nutzung beziehungsweise Speicherung von CO_2 (Carbon Capture and Usage/Storage – CCUS) bietet vielfältige Möglichkeiten, den Eintritt von CO_2 in die Atmosphäre zu vermeiden. Darüber hinaus kann durch *Direct Air Capture* bereits emittiertes CO_2 der Atmosphäre entzogen werden.

Der Einsatz der CC(U)S-Technologie kommt in einer Vielzahl von energieintensiven Prozessen in Betracht. Dazu gehören sowohl Industrieprozesse als auch die Stromerzeugung auf Basis von Kohle und Erdgas sowie Biomasse – im letzteren Fall verbunden mit dem zusätzlichen positiven Effekt, negative CO_2-Emissionen zu erzeugen.

▶ Nicht eine Substitution zwischen fossilen Energieträgern, also beispielsweise ein Ersatz von Kohle durch Erdgas, ist ein Schlüssel zum Klimaschutz; vielmehr zählen dazu neue Technologien einschließlich des verstärkten Ausbaus erneuerbarer Energien und eines Hochlaufs von CO_2-arm erzeugtem Wasserstoff, Effizienzsteigerung sowie die Abscheidung und Nutzung bzw. Speicherung von CO_2.

1.9.1 Voraussetzungen und Umsetzungsmöglichkeiten zur Abscheidung von CO_2

Zu den zentralen Bereichen, in denen eine Abscheidung von CO_2 bereits erfolgt bzw. grundsätzlich möglich ist, gehören:[21]

- Zement-Herstellung
- Stahlproduktion
- Stromerzeugung aus Erdgas, Kohle und Biomasse
- Produktion von Wasserstoff – etwa aus Erdgas (blauer Wasserstoff)
- Produktionsprozesse in der Chemie
- Düngemittel-Erzeugung
- Erdgas-Aufbereitung

1.9.2 Weltweite Situation

Die weltweit installierte Kapazität zur Abscheidung von CO_2 betrug im Februar 2023 etwa 45 Mio. Tonnen pro Jahr. Bis 2050 ist ein Hochlauf auf mehr als das Hundertfache notwendig, um einen hinreichenden Beitrag zum Klimaschutz zu leisten. Dazu werden erhebliche Investitionen in die Gesamtkette von der Abscheidung über den Transport bis zur Nutzung beziehungsweise Speicherung in der Größenordnung von mehr als 1 Billionen US\$ für unverzichtbar gehalten.

Weltweit sind (Stand Februar 2023) nach Angaben des *Global CCS Institute* 32 kommerzielle CCS-Anlagen in Betrieb und zwölf Anlagen im Bau.[22] Diese 44 Anlagen repräsentieren eine Abscheidekapazität von 55 Mio. Tonnen pro Jahr. Darüber hinaus befinden sich 94 Anlagen mit einer Kapazität von 75 Mio. Tonnen pro Jahr in fortgeschrittener Entwicklung und 98 Anlagen mit einer Kapazität von 153 Mio. Tonnen pro Jahr in einem frühen Entwicklungsstadium (Abb. 1.60). Die Projektentwicklung hat in den Jahren 2018 bis 2023 damit deutlich an Fahrt aufgenommen (Abb. 1.61). Die insgesamt 236 Projekte verteilen sich auf eine Vielzahl von Industrie-Sektoren (Abb. 1.62). Regionale Schwerpunkte sind Europa und Nordamerika (Abb. 1.63, 1.64 und 1.65, 1.66).

Vorreiter der Entwicklung ist Nordamerika. Dort ist die weltweit größte Zahl an Projekten in Betrieb beziehungsweise geplant. Aber auch in Europa, in Südostasien, im Mittleren Osten, in Australien und in Südamerika sind CCS-Anlagen in Betrieb oder in der Entwicklung. In Kanada hatte im Jahr 2014 am Standort *Boundary Dam* erstmals ein Kraftwerkwerksblock (115 MW) auf Braunkohlenbasis mit einer jährlichen

---

[21] [11].
[22] [12].

Anzahl und Kapazität der kommerziellen Anlagen zur CO$_2$-Abscheidung weltweit

	In Betrieb	Im Bau	Fortge-schrittene Entwicklung	Frühes Ent-wicklungs-stadium	Insgesamt
Zahl der Anlagen	32	12	94	98	236
Kapazität in Mio. t/Jahr	44,69	10,19	74,89	152,79	282,56

Stand: Februar 2023

Quelle: Global CCS Institute

Abb. 1.60 Anzahl und Kapazität der kommerziellen Anlagen zur Abscheidung von CO$_2$

Pipeline kommerzieller CCS-Anlagen nach Abscheidekapazität

Kapazität der CCS-Anlagen in Mio.t/Jahr

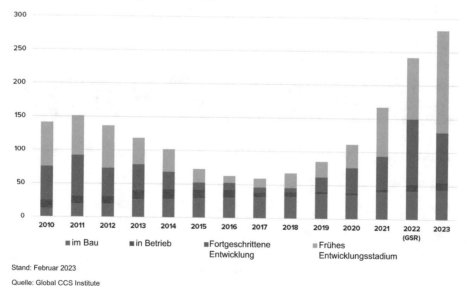

Stand: Februar 2023

Quelle: Global CCS Institute

Abb. 1.61 Pipeline der kommerziellen CCS-Projekte auf der Zeitachse von 2010 bis 2023

Weltweite Anlagen zur CO$_2$-Abscheidung nach Industriesektoren

Industrie	In Betrieb	Im Bau	Fortgeschrittene Entwicklung	Frühes Entwicklungsstatium	Gesamt
Bio-Energie			1	2	3
Zementproduktion		1	1	6	8
Chemie	2		2	5	9
Direct Air Capture	1	2	1	1	5
Ethanol Produktion	4		35	3	42
Ethanol und Dünger-produktion				1	1
Düngemittelproduktion	4		1	5	10
Wasserstoff	2	1	6	11	20
Eisen- und Stahl-Produktion	1			1	2
Kalk-Produktion				2	2
Methanol Produktion	1			1	2
Erdgasverarbeitung	13	4	6	9	32
Ölraffinerie	1		1	2	4
Stromerzeugung	2	1	15	20	38
Stromerzeugung und Wasserstoffproduktion				1	1
Stromerzeugung und Raffinerie				1	1
Synthetisches Erdgas	1				1
In Bewertung				2	2
Verschiedene			3	3	6
Müllverbrennung		1	1	2	4
Nur Transport und Lagerung		2	21	20	43
Total	32	12	94	98	236

Quelle: Global CCS Institute, Stand: Februar 2023

Abb. 1.62 Weltweite Anlagen zur CO$_2$-Abscheidung nach Industriesektoren

Weltweite Verteilung von Anzahl und Status der Anlagen zur Abscheidung von CO$_2$

	In Betrieb	Im Bau	Fortge-schrittene Entwicklung	Frühes Entwick-lungsstatium	Gesamt
Nord-Amerika	18	2	56	30	106
Süd-Amerika	1	-	-	1	2
Europa	4	5	29	56	94
Eurasien	3	1	2	1	7
Asien/Pazifik	6	4	7	9	26
Total	**32**	**12**	**94**	**98**	**236**

Stand: Februar 2023

Quelle: Global CCS Institute

Abb. 1.63 Weltweite Verteilung von Anzahl und Status der Anlagen zur Abscheidung von CO$_2$

Weltkarte der CCS-Anlagen nach Entwicklungsstufen

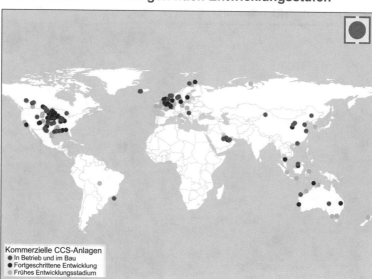

Abb. 1.64 Weltkarte der CCS-Anlagen nach Entwicklungsstufen

CO_2-Abscheidung von rund 1 Mio. Tonnen erfolgreich den kommerziellen Betrieb aufgenommen. Der Betreiber der Anlage, *SaskPower*, hat den größten Teil des abgeschiedenen CO_2 an *Cenovus Energy* zur Verpressung in dessen *Weyburn Oil Field* verkauft.

In den USA konnten an dem Kohlekraftwerk *Petra Nova* (Texas) in einer auf drei Jahre von Ende 2016 bis Mai 2020 angelegten Demonstrationsphase, die vom US-Department of Energy gefördert worden war, mehr als 90 % des CO_2 abgeschieden werden. Die Abscheidung von CO_2 ist somit auch in der Stromerzeugung eine erprobte Technologie. Das gilt auch für den Transport von CO_2.

In den USA existieren Pipelines zum Transport des CO_2 mit einer Länge von mehreren Tausend Kilometern (Abb. 1.67). Darüber wird das CO_2 zu EOR-Projekten (EOR steht für Enhanced Oil Recovery) transportiert. Das CO_2 wird durch Injektion in Öl-Lagerstätten verpresst – dies mit dem Ziel, die Ausbeute der Lagerstätte zu erhöhen.

Dies ist eine Form der Speicherung von CO_2, die gleichzeitig die Möglichkeit bietet, Erlöse zu generieren, weil das zur Steigerung der Ausbeute von Öl genutzte CO_2 einen Wert hat, der vom Markt vergütet wird. Eine weitere Speichermöglichkeit – neben ausgeförderten Öl- und Gas-Reservoirs – besteht in tiefen salinen Formationen (Abb. 1.68).

Weltweit sind 852 Lagerstätten für CO_2 in 30 Staaten identifiziert worden. Die Kapazität dieser Speicher wird mit insgesamt knapp 14.000 Mrd. Tonnen beziffert. Saline

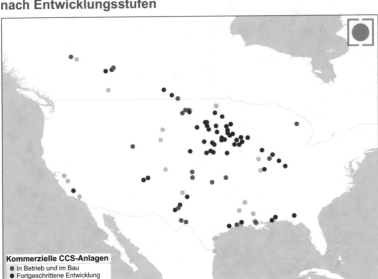

Abb. 1.65 Nordamerika-Karte der CCS-Anlagen nach Entwicklungsstufen

Aquifere machen 97 % dieses Potenzials aus, wobei der größte Teil noch als unerschlossen (undiscovered) ausgewiesen wird.[23]

Zu den Voraussetzungen für die sichere Speicherung in solchen salinen Aquiferen gehört:

1. Ausreichende Kapazität der Formation
2. Dichte abdeckende Schichten oberhalb der Speicher-Formation
3. Große Tiefenlage, mit der sichergestellt wird, dass das CO_2 keinen Phasenübergang zum Wiederaustritt an die Erdoberfläche hat.

Weltweit – auch in Deutschland – existieren entsprechend geeignete Formationen.

Neben der Speicherung des abgeschiedenen CO_2 besteht auch die Möglichkeit zu dessen Nutzung als Rohstoff – etwa durch Einbindung in Kunststoffe oder Dämmmaterialien. Zusätzlich können aus CO_2 mithilfe von erneuerbar erzeugtem Strom synthetische Kraftstoffe hergestellt werden, in denen Batterien aufgrund der begrenzten Speicherkapazität noch keine Alternative zum Verbrennungsmotor darstellen. Hierzu zählt der Flug- und Schiffsverkehr, aber auch der Güterverkehr auf der Straße.

---

[23] [13].

Europakarte der CCS-Anlagen nach Entwicklungsstufen

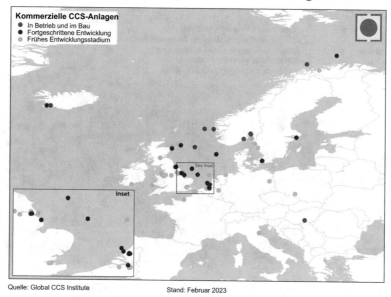

Quelle: Global CCS Institute   Stand: Februar 2023

Abb. 1.66 Europa-Karte der CCS-Anlagen nach Entwicklungsstufen

CO$_2$-Infrastruktur in den USA

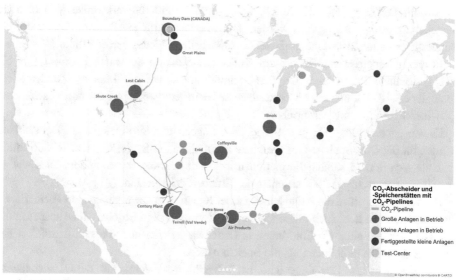

Quelle: Global CCS Institute CO2RE database, facilities report

Abb. 1.67 CO$_2$-Infrastruktur in den USA

CO₂ Speichermöglichkeiten

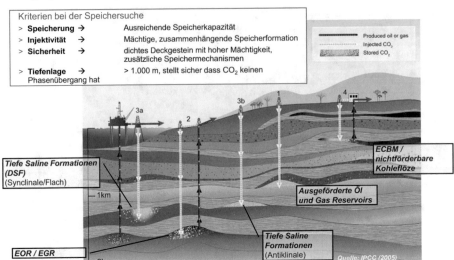

Abb. 1.68 Veranschaulichung verschiedener Speichermöglichkeiten für CO_2

1.9.3   Situation in Deutschland

In Deutschland waren zwischen den Jahren 2000 und 2010 sowie in den ersten Folgejahren sowohl die Technologie der Abscheidung von CO_2 im Kraftwerksprozess als auch die Speicherung erfolgreich erprobt worden. Die wissenschaftlichen Dienste des Deutschen Bundestages hatten 2018 eine umfassende Ausarbeitung hierzu veröffentlicht.[24]

In dieser Expertise werden die am Kraftwerks-Standort Schwarze Pumpe (2008 bis 2014) errichtete Pilotanlage (Oxyfuel-Technik) sowie die am Standort Niederaußem ebenfalls erfolgreich betriebene Pilotanlage zur dem Kraftwerksprozess nachgeschalteten CO_2-Rauchgasreinigung beschrieben.

Es war geplant, das CO_2 in entsprechende Lagerstätten zu injizieren. In Deutschland wurden für die CO_2-Speicherung geeignete Formationen in Schleswig–Holstein ermittelt. Es hätte sich dort in salinen Formationen mit dem Salzwasser verbunden. Dies war in einer Tiefe von mehr als 2000 m unter der Erdoberfläche geplant (Abb. 1.69).

Ein Wiederaustritt in die Atmosphäre ist bei Injektion in dafür geeigneten Formationen durch abdichtende Schichten zwischen Speicherformation und Erdoberfläche ausgeschlossen. Dies schließt auch ein Eindringen in Grundwasserleiter aus, die sich deutlich näher an der Erdoberfläche befinden als die Speicherstätte.

Es wird deutlich: Das CO_2 wird nach Injektion zunächst mit dem Lagerstätten-Salzwasser verbunden. Es erfolgt eine kapillare Bindung, und sehr langfristig ist eine

---

[24] [14]

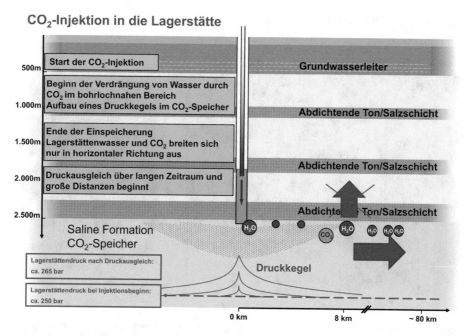

Abb. 1.69 Schematische Darstellung der CO_2-Injektion in eine saline Formation

Mineralisierung zu erwarten. Dadurch wächst die Speichersicherheit auf der Zeitachse, die aber ohnehin bereits von Beginn an aufgrund der Rückhaltung durch das Deckgebirge gegeben ist (Abb. 1.70). Im Ergebnis lässt sich CO_2 langfristig sicher im Untergrund speichern, da der größte Teil fixiert wird.

In Deutschland hat bisher die einzige Umsetzung einer geologischen CO_2-Speicherung im Pilotmaßstab am Standort Ketzin/Havel in Brandenburg durch das Deutsche GeoForschungsZentrum unter der Betriebsführung durch die Verbundnetz Gas AG stattgefunden. Dabei wurde unter dem größten ehemaligen Erdgasspeicher der DDR die Einlagerung von CO_2 in einem salinen Aquifer erprobt. Das Projekt lief von 2004 bis 2017/2018 und wurde dann planmäßig beendet. Von Juni 2008 bis August 2013 wurden etwas mehr als 67.000 t CO_2 (der Firma Linde AG) in einer Tiefe von 630 m bis 650 m in das tiefe Gestein injiziert. Dabei wurden 2011 im Rahmen eines Feldversuchs auch 1515 t CO_2 (mit einer Reinheit von > 99,7 %) aus der CO_2-Oxyfuel-Abscheidungs-Versuchsanlage des Braunkohlekraftwerks „Schwarze Pumpe" in Ketzin eingesetzt und verpresst. Dieses Experiment stellte zu diesem Zeitpunkt die weltweit erste Speicherung von abgeschiedenem CO_2 aus einem Kraftwerksprozess dar.

Der Einsatz weiterer Anlagen war geplant, scheiterte aber an zahlreichen Protesten aus der Bevölkerung und an nicht ausreichender oder dann abnehmender politischer Unterstützung.

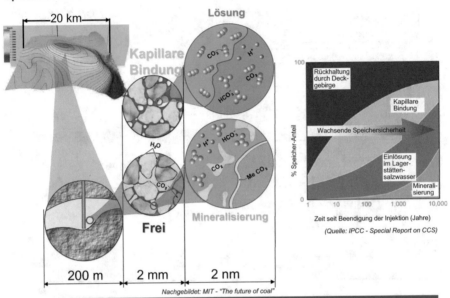

Abb. 1.70 Speichermechanismus in salinen Formationen

Zu jenen in der Planung weiter fortgeschrittenen, aber schließlich nicht umgesetzten CO_2-Speicherprojekten in Deutschland gehören: eine (für ab 2015) geplante CO_2-Verpressung in Schleswig–Holstein durch RWE für über 500 km per Pipeline zu transportierendes abzuscheidenes CO_2 aus einem neuen Braunkohlekraftwerk (Planungen 2006–2010) am Standort des Goldenbergwerks in Hürth; 2009 waren Bodenuntersuchungen zur möglichen Verpressung in Nordfriesland und Ostholstein als Speicherregion noch genehmigt worden. Bürgerinitiativen bildeten sich gegen die seismischen Tests; Kreistage und Gemeinden verabschiedeten einstimmige Resolutionen gegen das Projekt. Im Juni 2010 beschloss der Landtag daraufhin einstimmig eine Ablehnung des Speichervorhabens (und eine Ablehnung des damals sich noch im Abstimmungsprozess befindlichen Kohlendioxidspeicher-Gesetzes im Bundesrat). RWE nahm von seinen Plänen Abstand und beendete das CCS-Projekt.

Das Kohlendioxid-Speicherungsgesetz (KSpG), das am 24. August 2012 in Kraft getreten war, lässt in Deutschland nur noch die Erforschung, Erprobung und Demonstration der CO_2-Speicherung in begrenztem Ausmaß zu. Dabei schränkt es die Menge des jährlich zu speichernden CO_2 für Deutschland insgesamt sowie für die einzelnen Speichervorhaben ein. Zudem erlaubt das KSpG den Ländern gesetzlich zu bestimmen, in welchen Gebieten die Erprobung und Demonstration zulässig sein soll und in welchen nicht. Für die

Zulassung konkreter Speichervorhaben ist nach KSpG eine Planfeststellung erforderlich. Die Zulassungsentscheidungen nach dem KSpG treffen die Landesbehörden. Aufgrund der bestehenden Gesetzgebung ist die Realisierung dieser für einen kosteneffizienten Klimaschutz unverzichtbaren Technologie in Deutschland nicht konsequent weiterverfolgt worden.

Das in Umsetzung der europäischen Richtlinie 2009/31/EG erlassene KSpG erfordert allerdings alle vier Jahre einen Evaluierungsbericht über die Anwendung des Gesetzes und die national und international gewonnenen Erfahrungen zur Abscheidung und Speicherung von CO_2. In dem 2022 vorgelegten Evaluierungsbericht werden die national und international gewonnenen Erfahrungen sowie Erkenntnisse der Forschung und der industriellen Praxis zu Abscheidung, Transport, Nutzung und Speicherung von CO_2 seit Inkrafttreten des Gesetzes im Jahr 2012 zusammengefasst. „Der Bericht stellt den aktuellen Stand der Technik sowie den Umsetzungsstand der CCS-Technologie in den auf diesem Gebiet führenden Ländern dar und beschreibt darüber hinaus die Strukturen der europäischen und internationalen Zusammenarbeit. Der Bericht befasst sich ferner mit den Umweltauswirkungen der CCS-Technologie sowie den wirtschaftlichen Rahmenbedingungen für CCS."[25]

Da die Verstromung von Kohle in Deutschland spätestens 2038 beendet werden wird, ist auch aus heutiger Sicht – anders als im Ausland – nicht mehr mit dem Bau entsprechender Anlagen an Kohlekraftwerken zu rechnen. Dennoch bleibt auch in Deutschland die Anwendung der Technologie zur Abscheidung von CO_2 aus Industrieprozessen, in denen CO_2-Emissionen nicht vermieden werden können (Beispiel Zementindustrie), eine wichtige Option. Inzwischen plant der größte deutsche Gas-Pipeline-Betreiber *Open Grid Europe* (OGE) den Bau eines Transportnetzes für CO_2 in Deutschland. Danach soll ein etwa 1.000 km langes Röhrensystem die großen Industriegebiete in Deutschland verbinden, dort das CO_2 einsammeln und an die Küste transportieren. In Häfen, wie Brunsbüttel, Wilhelmshaven, Hamburg und Stade, kann das Treibhausgas in Tanker verladen und zur unterirdischen Verpressung im Ausland transportiert werden. Solche CO_2-Speicherstätten werden zum Beispiel vor den norwegischen, niederländischen und britischen Küsten vorbereitet.

Ferner haben der norwegische Energiekonzern Equinor und Wintershall Dea Ende August 2022 erklärt, die Abscheidung, den Transport und die Speicherung von CO_2 unter dem Meeresboden gemeinsam vorantreiben zu wollen. Das unter dem Namen NOR-GE laufende norwegisch-deutsche CCS-Projekt soll „kontinentaleuropäische CO_2-Emittenten mit Offshore-Lagerstätten auf dem norwegischen Festlandsockel verbinden." Konkret ist die Verlegung einer rund 900 km langen Pipeline „mit diskriminierungsfreiem Drittzugang" vom EnergyHub für CO_2 in Norddeutschland zu den Speicherstätten in Norwegen geplant. Noch vor 2032 soll die Leitung möglichst in Betrieb gehen. Die Pipeline hätte eine jährliche Kapazität von 20 bis 40 Mio. Tonnen CO_2, was etwa 20 % der deutschen

---

[25] [15].

Industrie-Emissionen entspricht. Die unterirdische Speicherung könnte bereits früher starten, wenn das CO_2 dann bis zur Fertigstellung der Pipeline per Schiff transportiert würde. Im Zuge der Entwicklung von „länderübergreifenden CCS-Wertschöpfungsketten in Europa" streben Wintershall Dea und Equinor auch an, „mit den Regierungen an der Gestaltung entsprechender regulatorischer Rahmenbedingungen zu arbeiten".[26]

1.10   Fazit

Der weltweite Energieverbrauch hat sich in den letzten Jahrzehnten stark erhöht. Entscheidende Ursachen sind der Anstieg der Bevölkerung und die Zunahme der Wirtschaftsleistung. Das Wachstum des Energieverbrauchs wurde vor allem durch fossile Energien, also Erdöl, Erdgas und Kohle, gedeckt. So basieren immer noch rund 80 % der globalen Energieversorgung auf der Nutzung fossiler Energien. Es bestehen weltweit große Vorkommen an Erdöl, Erdgas und Kohle. Allerdings sind die Reserven an Erdöl und Erdgas stark auf politisch instabile Weltregionen konzentriert. Das sind der Mittlere Osten und Russland. Die Reserven und Ressourcen an Kohle übersteigen die Vorkommen an Erdöl und Erdgas um ein Vielfaches. Zudem sind Kohle-Lagerstätten geographisch breit gestreut. Alle fossilen Energien werden international gehandelt. Dies gilt vor allem für Öl und Erdgas. Kohle wird dagegen überwiegend in den Ländern verbraucht, in denen deren Abbau erfolgt. Aber auch Kohle wird zu etwa einem Siebtel der weltweiten Förderung international gehandelt. Schwerpunkt ist der asiatische Markt. Die internationalen Preise für Öl, Erdgas und Kohle bilden sich nach Maßgabe von Angebot und Nachfrage, wobei beide Determinanten durch eine Vielzahl von Faktoren beeinflusst werden. Dabei bestehen Interdependenzen zwischen den Preisen der verschiedenen fossilen Energien. Die Vorkommen an Erdöl, Erdgas und Kohle stellen für die künftige wirtschaftliche Entwicklung keinen limitierenden Aspekt dar. Grenzen werden deren Nutzung dagegen durch die Klimaschutz-Vorgaben gesetzt. Für die bevorstehenden Jahrzehnte ist ein kontinuierlicher Ersatz fossiler Energien durch erneuerbare Energien vor allem aus Gründen des Klimaschutzes geboten. In allen Weltregionen erfolgt ein starker Ausbau der erneuerbaren Energien, insbesondere in der Stromerzeugung. China führt die Rangliste bei den Kapazitäten zur Stromerzeugung auf Basis erneuerbarer Energien an. Das gilt für Wasserkraft, Wind, Solarenergie und Bio-Energie. Trotzdem werden neben erneuerbaren Energien künftig auch noch Kernenergie und fossile Energien in erheblichem Umfang genutzt werden. Zur Begrenzung der CO_2-Emissionen aus der Verbrennung fossiler Energien ist der breite Einsatz der Technologie der Abscheidung und Nutzung bzw. Speicherung von CO_2 deshalb unverzichtbar. Dies hält nicht nur die *International Energy Agency* (IEA) und das *Intergovernmental Panel on Climate Change* (IPCC), sondern unter anderem auch die *International Renewable Energy Agency* (IRENA), Abu Dhabi, für zwingend geboten. Wenn die deutsche Bundesregierung neben der Suche nach neuen Gaslieferanten den Bau einer CO_2-Infrastruktur

---

[26] [16].

planen würde, wäre das für den Standort Deutschland von Vorteil. CO_2 könnte in ausländische Speicherstätten verbracht werden. Ein CO_2-Transportnetz, wie es die OGE plant, wäre ein wichtiger Baustein zur Realisierung der für Deutschland bis 2045 geplanten Klimaneutralität.

Literatur

1. Arbeitsgemeinschaft Energiebilanzen (2023) Energieverbrauch in Deutschland 2022. https://ag-energiebilanzen.de/
2. Energy Institute (2023) Statistical Review of World Energy 2023. https://www.energyinst.org/statistical-review
3. Weltbank (2023) https://data.worldbank.org/indicator/NY.GDP.MKTP.KD und https://data.worldbank.org/indicator/SP.POP.TOTL
4. Schiffer HW (2022) Wandel der Energiewirtschaft – Rückblick bis 1947 und Ausblick auf 2050. Energie Informationsdienst. 75 Jahre EID. 21.6.2022
5. Meadows D et al. (1972) The limits to growth. https://www.clubofrome.org/publication/the-limits-to-growth/
6. Bundesanstalt für Geowissenschaften und Rohstoffe (2022) Energiestudie 2021. https://www.geozentrum-hannover.de/DE/Themen/Energie/Produkte/energiestudie2021_Zusammenfassung.html?nn=1542226
7. World Nuclear Association (2023) Facts and Figures. https://world-nuclear.org/information-library/facts-and-figures/nuclear-generation-by-country.aspx
8. Deutscher Bundestag (2022) Antwort der Bundesregierung auf die Kleine Anfrage der Fraktion der CDU/CSU. Drucksache 20/3479 vom 16.09.2022; https://dserver.bundestag.de/btd/20/034/2003479.pdf
9. Verein der Kohlenimporteure (2023) Jahresbericht 2023. https://www.kohlenimporteure.de/publikationen/jahresbericht-2023.html
10. IRENA (2023) Renewable Capacity Statistics 2023. International Renewable Energy Agency, Abu Dhabi; https://mc-cd8320d4-36a1-40ac-83cc-3389-cdn-endpoint.azureedge.net/-/media/Files/IRENA/Agency/Publication/2023/Mar/IRENA_RE_Capacity_Statistics_2023.pdf?rev=b357baf054584e589c8ab635140d0596
11. Global CCS Institute (2022a) State of the Art: CCS Technologies 2022. https://www.globalccsinstitute.com/wp-content/uploads/2022/05/State-of-the-Art-CCS-Technologies-2022.pdf
12. Global CCS Institute (2022b) 2022 Status Report. https://status22.globalccsinstitute.com/2022-status-report/global-status-of-ccs/
13. Oil and Gas Climate Initiative (OGCI), Global CCS Institute, STOREGGA (2022) CO_2 Storage Resources Catalogue – Cycle 3 Report, March 2022. https://www.ogci.com/wp-content/uploads/2022/03/CSRC_Cycle_3_Main_Report_Final.pdf

14. Wissenschaftlicher Dienst des Deutschen Bundestages (2018) Erkenntnisse aus der Erprobung von Technologien zur CO_2-Abscheidung und CO_2-Speicherung (CCS) in Deutschland. https://www.bundestag.de/resource/blob/567342/f356ac5bb411dca92e8a18c8c3037c28/WD-8-055-18-pdf-data.pdf

15. Bundesministerium für Wirtschaft und Klimaschutz (2022) Evaluierungsbericht zum Kohlendioxid-Speicherungsgesetz (KSpG). https://www.bmwk.de/Redaktion/DE/Downloads/Energiedaten/evaluierungsbericht-bundesregierung-kspg.pdf?__blob=publicationFile&v=10

16. Wintershall Dea (2022) Wintershall Dea und Equinor entwickeln gemeinsam CCS-Infrastruktur in der Nordsee. Stavanger/Kassel, 30. August 2022. https://wintershalldea.com/de/newsroom/wintershall-dea-verstaerkt-das-bekenntnis-zu-aktivitaeten-norwegen

Prognosen und Szenarien zur weltweiten Energieversorgung

2

Verschiedene Institutionen veröffentlichen regelmäßig Studien zu den Perspektiven der weltweiten Energieversorgung. Dazu gehören internationale Organisationen, wie die Internationale Energie-Agentur (IEA), die International Renewable Energy Agency (IRENA), die U.S. Energy Information Administration (EIA) und der World Energy Council (WEC), Beratungsunternehmen, wie DNV, BloombergNEF und McKinsey & Company, sowie Energiekonzerne, wie BP, ExxonMobil, Shell und Equinor. Um die Analysen miteinander vergleichen zu können und Gemeinsamkeiten und Unterschiede herauszustellen, sind die jeweils zugrunde gelegten methodischen Ansätze und die getroffenen Annahmen von besonderer Relevanz. In diesem Kapitel werden die Charakteristika von Prognosen sowie von exploratorischen und normativen Szenarien skizziert, und es erfolgt eine Einordnung der von den genannten Institutionen verfolgten Ansätze. Die in den Studien vermittelten Schlüsselbotschaften werden vor dem Hintergrund der Entwicklung der vergangenen Jahrzehnte dargelegt. In einem Fazit werden Schlussfolgerungen gezogen, die sich aus den analysierten Studien ableiten lassen – dies vor allem mit Blick auf die Einhaltung der Klimaziele. Als zentrale technologische Weichenstellungen werden die zunehmende Elektrifizierung und eine vermehrte Nutzung von Wasserstoff identifiziert. Eine möglichst global harmonisierte Bepreisung von CO_2 sowie eine vermehrte internationale Zusammenarbeit sind die zentralen an die Politik adressierten Anforderungen.[1]

---

[1] [1].

H. Schiffer, *Einführung in die Energiewirtschaft*,
https://doi.org/10.1007/978-3-658-41747-5_2

Überblick über unterschiedliche Arten von
Zukunftsaussagen

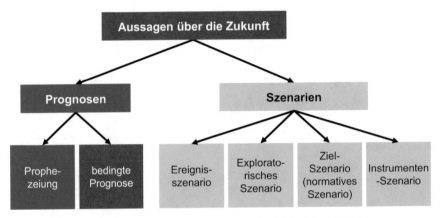

Quelle: ewi/gws/prognos, Entwicklung der Energiemärkte – Energiereferenzprognose, Basel/Köln/Osnabrück, Juni 2014 et al.

Abb. 2.1 Überblick über unterschiedliche Arten von Zukunftsaussagen

2.1 Kategorisierung von Projektionen und Szenarien

Sowohl in der Politik als auch in Unternehmen sind Prognosen und Szenarien ein vielfach genutztes Instrument als Grundlage für strategische Entscheidungen, die weitreichende Konsequenzen für die zukünftige Entwicklung haben. Internationale Institutionen und wissenschaftliche Organisationen bedienen sich ebenfalls dieses Werkzeugs – in diesen Fällen meist mittels mathematischer Modelle quantitativ unterlegt. Dem Aufzeigen der künftigen Entwicklung in der Energieversorgung kommt deshalb besondere Relevanz zu, da die Ergebnisse deutliche Implikationen bezüglich der Treibhausgas-Emissionen und damit für das Erreichen der von der Völkergemeinsacht verbindlich vereinbarten Klimaziele haben (Abb. 2.1).

Aussagen über die Zukunft können grundsätzlich in Form von Prognosen oder Szenarien getroffen werden. Dabei existieren sowohl für Prognosen als auch für Szenarien unterschiedliche Ansätze.[2]

- So kann zwischen bedingten und unbedingten Prognosen unterschieden werden. Bedingte Prognosen sind an das Eintreten definierter Bedingungen geknüpft. Unbedingte Prognosen – auch Prophezeiungen genannt – haben im Bereich des wissenschaftlichen Arbeitens keine Bedeutung. Zu den Aufgaben bedingter Prognosen zur Energieversorgung gehört die Darstellung, welche Entwicklungen unter bestimmten

---

[2] [2].

Voraussetzungen – z. B. hinsichtlich Bevölkerung, Wirtschaftswachstum, Energiepreisen sowie energie- und klimapolitischer Rahmensetzung – voraussichtlich eintreten werden. Die künftige Entwicklung wird somit auf Basis von als wahrscheinlich angenommenen Parametern zur Demografie, zur Wirtschaftsleistung, zu technologischen Innovationen, zu Weltmarktpreisen für Energie und erwarteter politischer Rahmensetzung dargelegt. Der Anspruch von Energieprognosen besteht darin, die aus heutiger Sicht voraussichtlich zu erwartende Entwicklung des künftigen Energiesystems – das gilt für die Nachfrage nach Sektoren und das Angebot nach Energietechnologien – zu beschreiben. Dabei steht das durch Modellierung gestützte Erzielen quantitativer Ergebnisse im Vordergrund.

- Bei Szenarien handelt es sich um plausible, nachvollziehbare, alternative Blicke in die Zukunft, die unterschiedliche Ansätze verfolgen können. Dabei kann es darum gehen, eine Auswahl denkbarer Ergebnisse darzulegen und damit zum Verständnis beizutragen, wie verschiedene Faktoren zusammenspielen und so die Zukunft formen können. Es können kritische Unsicherheiten, aber auch absehbare Trends, adressiert werden. Und es kann aufgezeigt werden, welche Wirkungen getroffene Annahmen über die Zukunft entfalten. Ferner kann die Szenario-Methode als Instrument dienen, um zu ermitteln, wie ein für die Zukunft vorgegebenes Ziel erreicht werden kann. Szenarien sind also ein Werkzeug, um anstehende Herausforderungen zu erkennen und zu bewältigen. Bei Szenarien handelt es sich nicht um Prognosen. Vielmehr können Szenarien eine Basis für eine erfolgreiche Strategie und Politik in einer von Unsicherheit geprägten Welt liefern.

Szenarien können zu unterschiedlichen Fragestellungen Antworten vermitteln. Entsprechend können Szenarien wie folgt charakterisiert werden.

- Ein *Ereignisszenario* veranschaulicht, was voraussichtlich passiert, wenn z. B. der Ölpreis als Folge der Entscheidung des OPEC-Kartells steigt oder etwa Russland die Erdgaslieferungen in die Europäische Union einschränkt oder stoppt.
- *Exploratorische Szenarien* sind plausible, nachvollziehbare, alternative Blicke in die Zukunft, die denkbare Ergebnisse aufzeigen. Mit exploratorischen Szenarien können Erkenntnisse darüber gewonnen werden, welche Wirkungen bestimmte Entscheidungen oder Rahmensetzungen auf der Zeitachse entfalten. Eintrittswahrscheinlichkeiten sind exploratorischen Szenarien nicht zugeordnet. Bei exploratorischen Szenarien kann zusätzlich danach typisiert werden, ob sie eher auf eine qualitative Ausrichtung angelegt sind oder ob die Quantifizierung im Vordergrund steht. Auch wenn der Fokus auf ein Narrativ gerichtet ist, kann dies modellgestützt quantitativ unterlegt sein.
- In einem *Ziel-Szenario*, auch *normatives Szenario* genannt, wird – ausgehend von einem Zielzustand – rückblickend ermittelt, welche Entwicklungen bzw. welche Maßnahmen zum Erreichen der definierten Zielvorgabe führen können. Anders ausgedrückt: es wird aufgezeigt, was passieren muss, damit ein bestimmtes Ziel oder ein

Zielbündel erreicht wird. Das kann z. B. Treibhausgasneutralität bis 2045 oder 2050 sein. Von diesem Startpunkt in der Zukunft aus wird ein technisch möglicher Pfad ermittelt, auf dem das angestrebte Ziel volkswirtschaftlich kostenminimal oder – alternativ – zu ökonomisch möglichst vertretbaren Bedingungen zu erreichen ist, soweit andere Randbedingungen Berücksichtigung finden sollen (z. B. keine Nutzung der Kernenergie oder Beendigung der Nutzung von Kohle zur Stromerzeugung oder Einschränkung auf bestimmte Technologien z. B. bei der Herstellung von Wasserstoff). Mit normativen Szenarien wird nicht angestrebt, eine Aussage darüber zu treffen, wie wahrscheinlich das Erreichen des vorgegebenen Ziels ist.

- Ein *Instrumenten-Szenario* gibt Auskunft darüber, was geschieht, wenn z. B. Grenzwerte zur Energieeinsparung verschärft oder eine CO_2-Steuer eingeführt werden.

▶ Das Ziel von Szenarien besteht somit darin, vor dem Hintergrund der jeweiligen Fragestellung mögliche Entwicklungen transparent zu machen und damit Handlungs- bzw. Reaktionsoptionen für Akteure aufzuzeigen.

In den folgenden Kapiteln werden die zentralen Ergebnisse von Prognosen sowie von exploratorischen und normativen Szenarien zur weltweiten Energieversorgung dargelegt, die von maßgeblichen Institutionen veröffentlicht worden sind. Bei einem Vergleich der Zukunftsaussagen, die in den verschiedenen Studien getroffen werden, ist von ausschlaggebender Bedeutung, welcher Ansatz jeweils verfolgt wurde.

2.2   Prognosen und Szenarien verschiedener Institutionen zur Entwicklung der globalen Energieversorgung

Den in jüngerer Zeit von verschiedenen Institutionen, Organisationen und Unternehmen vorgelegten Szenarien und Projektionen liegen unterschiedliche Ansätze zugrunde (Abb. 2.2). In einer Reihe von Studien werden sowohl exploratorische als auch normative Szenarien ausgewiesen. Dies gilt für die Internationale Energie-Agentur, für BloombergNEF sowie für die britischen Energiekonzerne Shell und BP sowie für den norwegischen Erdöl- und Erdgaskonzern Equinor. Das international tätige Beratungs- und Zertifizierungsunternehmen DNV hat dagegen eine Prognose vorgelegt, allerdings zusätzlich einen *Path to Net Zero* aufgezeigt. Der von ExxonMobil erstellte *Outlook for Energy* kann als Prognose klassifiziert werden. McKinsey hat fünf Zukunftspfade aufgelegt. Dabei handelt es sich um drei exploratorische Szenarien, ein normatives Szenario und einen Pfad, dem der Charakter einer Prognose beizumessen ist. Im Unterschied dazu hat der World Energy Council ausschließlich exploratorische Szenarien mit unterschiedlichen Ausprägungen veröffentlicht. Bei der International Renewable Energy Agency (IRENA) liegt der Schwerpunkt in der Präsentation eines normativen Szenarios, das die Einhaltung des 1,5 Grad-Celsius-Ziels als Vorgabe beinhaltet. Die U.S. Energy Information

Kategorisierung von Projektionen verschiedener Organisationen zur weltweiten Energieversorgung

	Prognosen	Szenarien		Normative Szenarien
		ergebnisoffene (exploratorische)		
		mehr qualitativ ausgerichtet	stärker quantitativ orientiert	
WEC (2019) World Energy Scenarios 2019 (to 2060)		– Modern Jazz (MJ) – Unfinished Symphony (US) – Hard Rock (HR)		
IEA (2022) World Energy Outlook 2022			– Stated Policies Scenario (STEPS) – Announced Pledges Scenario (APS)	– Net Zero Emissions by 2050 Scenario (NZE)
EIA (2021) International Energy Outlook 2021			– Reference Scenario (einschl. Sensitivitäten)	
Equinor (2022) Energy Perspectives 2022		– Walls		– Bridges
Shell (2021) The Energy Transformation Scenarios		– Waves – Islands		– Sky 1.5
BP (2023) Energy Outlook 2023 edition			– New Momentum – Accelerated	– Net Zero
ExxonMobil (2022) Outlook for Energy	– Forecast			
BloombergNEF (2022) New Energy Outlook 2022			– Energy Transition Scenario	– Net Zero Scenario
DNV (2022) Energy Transition Outlook 2022	– A single forecast of the energy future			– Pathway to Net Zero Emissions
McKinsey (2022) Global Energy Perspective 2022	– Further Acceleration	– Fading Momentum – Current Trajectory – Achieved Commitments		– 1.5 °C Pathway
IRENA (2022) World Energy Transitions Outlook 2022				– 1.5 °C Scenario (1.5-S)

Abb. 2.2 Kategorisierung von Projektionen verschiedener Institutionen zur weltweiten Energieversorgung

Administration beschränkt sich traditionell auf die Erstellung eines Referenzszenarios. Dieses Referenzszenario ist um unterschiedliche Sensitivitäten ergänzt, indem die Annahmen zur künftigen weltwirtschaftlichen Entwicklung und zu den Weltmarktpreisen für Energie variiert werden. Hierbei handelt es sich ausdrücklich nicht um eine Prognose. Vielmehr wird untersucht, welche Entwicklungen sich unter den gegebenen politischen Bedingungen und bestehenden gesetzlichen Regelungen einstellen könnten.

2.2.1 Ergebnisse aktuell veröffentlichter Prognosen im Vergleich

Prognosen zur weltweiten Energieversorgung wurden in jüngerer Zeit vor allem von ExxonMobil,[3] dem norwegischen Beratungs- und Zertifizierungskonzern DNV[4] sowie von McKinsey[5] veröffentlicht. Die zentralen Ergebnisse für den Zeithorizont bis 2050 stellen sich wie folgt dar:

---

[3] [3].
[4] [4].
[5] [5].

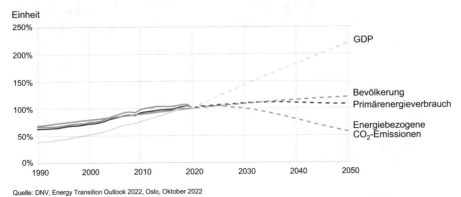

Abb. 2.3 Entkoppelung des Energieverbrauchs und der CO_2-Emissionen von der Entwicklung der Weltbevölkerung und der Wirtschaftsleistung

▶   Anders als in der Vergangenheit wird der Primärenergieverbrauch künftig praktisch nicht mehr zunehmen sondern – trotz eines weiteren Anstiegs der Bevölkerung und eines fortgesetzten Wachstums der Wirtschaftsleistung – weitgehend auf dem gegenwärtig erreichten Niveau verharren.

Die energiebedingten CO_2-Emissionen dürften ab Mitte der 2020er Jahre sinken und sich bis 2050 im Vergleich zum gegenwärtigen Niveau halbieren (Abb. 2.3).

Allerdings gibt es zu diesem überwiegend erwarteten Trend auch leicht abweichende Einschätzungen. So wird der Primärenergieverbrauch laut ExxonMobil noch leicht zunehmen. Der Energieverbrauch pro Kopf der Bevölkerung sinkt jedoch auch nach dieser Prognose deutlich. DNV geht demgegenüber davon aus, dass der Höchststand im Primärenergieverbrauch 2036 erreicht wird und danach mit einem Rückgang zu rechnen ist. Für 2050 rechnet DNV mit einem Primärenergieverbrauch, der nur geringfügig höher ist als 2021.

▶   Eine zweite Aussage – ebenfalls abweichend von den Trends der Vergangenheit – lautet gemäß DNV und McKinsey: Fossile Energieträger werden zunehmend ersetzt durch erneuerbare Energien.

Der Anteil von Erdöl, Erdgas und Kohle am Primärenergieverbrauch verringert sich von gegenwärtig noch mehr als 80 % bis 2050 nach Einschätzung von DNV auf 49 % (Abb. 2.4). ExxonMobil weist allerdings auch für 2050 noch einen Beitrag von Öl, Erdgas und Kohle in Höhe von 72 % zur Deckung des Primärenergieverbrauchs aus – gegenüber

**Entwicklung des weltweiten Primärenergieverbrauchs
nach Energieträgern**

Höchststand des weltweiten Primärenergieverbrauchs
im Jahr 2036 erwartet
Einheit: EJ/Jahr

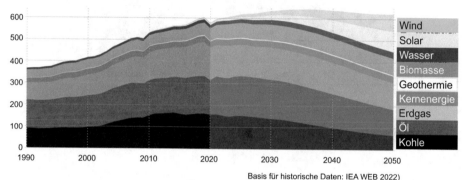

Basis für historische Daten: IEA WEB 2022)

Quelle: DNV, Energy Transition Outlook 2022, Oslo, Oktober 2022

Abb. 2.4 Globaler Primärenergieverbrauch 1990 bis 2050 nach Energieträgern

80 % im Jahr 2020. Die Projektion von ExxonMobil weicht somit von den Ergebnissen
der anderen genannten Studien ab. Der Outlook von ExxonMobil ist eher als Baseline-
Pfad zu bewerten, in dem die Transformation der Energieversorgung – anders als nach
der Einschätzung etwa von DNV oder McKinsey – sich nur sehr verhalten vollzieht.

Das Wachstum der erneuerbaren Energien wird vor allem von Windkraft und Solarenergie erbracht. Im Unterschied dazu können Wasserkraft, Biomasse und Geothermie
nur begrenzte Zuwächse erzielen. Zu diesem Ergebnis kommen DNV, aber unter anderem auch McKinsey. So weist DNV für 2050 einen Anteil der erneuerbaren Energien am
Primärenergieverbrauch von etwa 45 % aus. ExxonMobil erwartet demgegenüber einen
Anstieg des Beitrags erneuerbarer Energien zur Deckung des globalen Primärenergieverbrauchs von 15 % im Jahr 2020 auf lediglich 22 % im Jahr 2050. Kernenergie kommt bei
ExxonMobil im Jahr 2050 auf 6 % gegenüber 5 % im Jahr 2020.

Die fossilen Energien bleiben zwar auch künftig wichtig. Allerdings nimmt deren
Bedeutung deutlich ab (Abb. 2.5). Dies gilt vor allem für die Kohle. Der weltweite
Verbrauch an Kohle, der vor allem seit dem Jahr 2000 aufgrund der zunehmenden
Nutzung dieses Energieträgers insbesondere in China stark gestiegen war, könnte im
Jahr 2022 nach Einschätzung der meisten vorliegenden Studien seinen höchsten Stand
erreicht haben. Mit Peak Oil Demand wird von DNV und McKinsey für Mitte der 2020er
Jahre gerechnet. ExxonMobil rechnet allerdings auch danach noch mit weiteren – wenn
auch nur leichten – Zuwächsen der Ölnachfrage. Hinsichtlich der Erdgas-Nachfrage wird

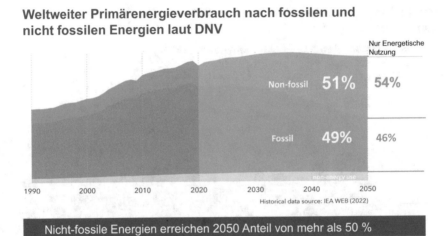

Abb. 2.5 Weltweiter Primärenergieverbrauch nach fossilen und nicht-fossilen Energieträgern bis 2050

zunächst noch von einem weiteren Anstieg ausgegangen. Dies gilt bis hinein in die 2030-er Jahre. DNV schätzt, dass der Scheitelpunkt der weltweiten Nachfrage nach Erdgas im Jahr 2036 erreicht wird. Laut McKinsey ist die höchste weltweite Nachfrage nach Erdgas ebenfalls in der zweiten Hälfte der 2030-er Jahre zu erwarten, bevor in der Folge ein stetiger Rückgang einsetzt. Nach Auffassung von ExxonMobil ist allerdings in allen bevorstehenden Jahrzehnten bis 2050 noch mit einer Zunahme des Bedarfs an Erdgas zu rechnen.

▶   Anders als für den Primärenergieverbrauch wird für die Nachfrage nach Strom von einem fortgesetzten starken Wachstum ausgegangen. Nach den vorliegenden Projektionen beschleunigt sich der aufwärts gerichtete Trend in den kommenden Jahrzehnten sogar noch. Dies führt bis 2050 zu einer Verdoppelung bis Verdreifachung der weltweiten Stromnachfrage im Vergleich zum Stand des Jahres 2020.

Die Abkehr von fossilen Energien vollzieht sich in der Stromversorgung noch deutlich stärker als dies in den Zahlen zum Primärenergieverbrauch zum Ausdruck kommt. Im Jahr 2021 war Kohle mit einem Anteil von 36 % der weltweit wichtigste Energieträger zur Stromerzeugung. Daran hat sich auch 2022 noch nichts geändert. Um die Mitte des laufenden Jahrzehnts verdrängen die erneuerbaren Energien aber die Kohle von dieser Position. Erdgas kann seine Rolle als zweitwichtigster Energieträger zur Stromerzeugung im Wechsel mit Kohle, die ab Beginn der 2030er Jahre auf den dritten Rang zurückfällt, zunächst noch halten. Öl spielt in der Stromerzeugung – anders als im Verkehrssektor und

Netzgekoppelte weltweite Stromerzeugung nach Technologien

70 % der Stromerzeugung aus erneuerbaren Energien im Jahr 2050
auf Basis Solar und Wind
Einheit: PWh/Jahr

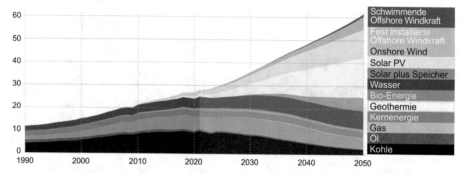

Quelle: DNV, Energy Transition Outlook 2022, Oslo, Oktober 2022

Abb. 2.6 Globale netzgekoppelte Stromerzeugung nach Technologien gemäß DNV

im Wärmemarkt – keine signifikante Rolle. Der Anteil aller fossilen Energieträger an der Stromerzeugung verringert sich laut DNV von gegenwärtig 59 % auf nur noch 12 % im Jahr 2050. Die Kernenergie leistet nur noch leicht erhöhte Beiträge zur Stromerzeugung. Als Gründe werden die hohen Kosten und die langen Planungs- und Bauzeiten genannt. Der Anteil der Kernenergie am globalen Stromerzeugungsmix wird deshalb laut DVN von heute 10 % auf 5 % im Jahr 2050 sinken (Abb. 2.6).

▶   Unter den erneuerbaren Energien erzielen Wind- und Solarenergie die mit weitem
     Abstand größten Zuwächse.

Bis Mitte des Jahrhunderts wird sich die Stromerzeugung aus Solarenergie verzwanzigfachen und aus Windkraft verzehnfachen. Damit kommen Photovoltaik im Jahr 2050 auf einen Anteil von 38 % und Windkraft von 31 % am Stromerzeugungsmix. Der Ausbau von Wasserkraft, gegenwärtig mit einem Anteil von 16 % noch wichtigste erneuerbare Energiequelle zur Stromerzeugung, kann aufgrund begrenzter Ausbaupotenziale nicht mit der Entwicklung bei Wind und Solar mithalten. Deren Anteil sinkt bis zur Mitte des Jahrhunderts auf 13 % der weltweiten Stromerzeugung. Auch McKinsey sieht eine vergleichbare Entwicklung. In deren Ausblick *Further Acceleration* wird davon ausgegangen, dass alle erneuerbaren Energien im Jahr 2050 zwischen 80 und 90 % zur globalen Stromerzeugung beitragen (Abb. 2.7).

**Entwicklung der globalen Stromerzeugung nach
Technologien gemäß Further Acceleration Scenario
von McKinsey**

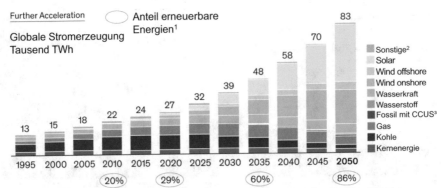

1. Einschließlich Solar, Wind, Wasserkraft, Biomasse, BECCS, Geothermie, Meeresenergie und mit Wasserstoff betriebene Gasturbinen.
2. Sonstige schließt Bioenergie (mit und ohne CCUS), Geothermie, Meeresenergie und Öl ein.
3. Schließt Gas- und Kohlekraftwerke mit CCS ein.

Innerhalb der kommenden 15 Jahre wird eine Verdopplung des
Anteils erneuerbarer Energien in der Stromerzeugung erwartet.

Quelle: McKinsey Global Energy Perspective 2022, Executive Summary, April 2022

Abb. 2.7 Entwicklung der globalen Stromerzeugung nach Technologien gemäß *Further Acceleration* von McKinsey

▶   Eine Schlüsselrolle im Rahmen der anstehenden Transformation der Energiever-
    sorgung kommt Wasserstoff – neben einer verstärkten Elektrifizierung – zu.

So wird etwa von DNV prognostiziert, dass sich die weltweite Nachfrage nach Wasserstoff von gegenwärtig knapp 100 Mio. t bis 2050 auf etwa 340 Mio. t vervierfacht.
McKinsey geht in *Further Acceleration* sogar von einer Versechsfachung auf 536 Mio. t
bis zur Mitte des Jahrhunderts aus. Vor allem in der Industrie kommt zunehmend Wasserstoff zum Einsatz, um die erforderliche Dekarbonisierung in diesem Sektor umzusetzen.
Beispiele sind die Chemie und die Stahlindustrie. Daneben wird Wasserstoff vor allem
in den Bereichen des Verkehrssektors eine wachsende Bedeutung zugeschrieben, die sich
nicht oder nur schwer elektrifizieren lassen. Das sind der Flugverkehr, die Schifffahrt und
der Schwerlastverkehr. Am gesamten globalen Energieverbrauch wird Wasserstoff laut
DNV im Jahr 2050 einen Anteil von 5 % erreichen (Abb. 2.8).
   Die Herstellung von Wasserstoff ist sowohl auf Basis fossiler Energien, als auch
unter Einsatz von Strom aus Kernkraftwerken sowie aus erneuerbaren Energien möglich. Einen Beitrag zum Klimaschutz kann Wasserstoff allerdings nur dann leisten, wenn
die Erzeugung weitestgehend CO_2-frei erfolgt. Das ist mittels Elektrolyse unter Einsatz
von Strom aus erneuerbaren Energien ebenso möglich wie unter Nutzung von Strom aus

Globale Wasserstoff-Nachfrage nach Sektoren bis 2050
Einheit: Mio. t H$_2$/Jahr

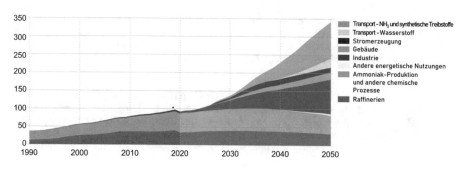

Reiner Wasserstoff für alle Nicht-Transport-Verwendungen

Quelle: DNV, Energy Transition Outlook 2022, Oslo, Oktober 2022

Abb. 2.8 Globale Wasserstoff-Nachfrage nach Sektoren

Kernkraftwerken. Ein Einsatz von Erdgas oder Kohle zur Produktion von Wasserstoff ist dagegen nur dann unter Klimaschutz-Gesichtspunkten vorteilhaft, wenn in dem Prozess eine Abscheidung und Nutzung beziehungsweise Speicherung des CO_2 (CCUS) erfolgt.

Nach Maßgabe des jeweils eingesetzten Energieträgers wird der Wasserstoff mit unterschiedlichen Farben klassifiziert. So steht die Farbe Grau für Wasserstoff, hergestellt aus fossilen Energien ohne Abscheidung und Speicherung von CO_2. Wasserstoff auf Basis Erdgas mit CCUS wird mit der Farbe Blau belegt. Als grün gilt der Wasserstoff, soweit das Produkt durch Strom aus erneuerbaren Energien produziert wurde. Während gegenwärtig die Erzeugung von Wasserstoff auf Basis fossiler Energien, insbesondere Erdgas, dominiert, sollen die erwarteten Zuwächse vor allem durch Strom aus Wind- und Solaranlagen verfügbar gemacht werden. Nach Einschätzung von McKinsey werden von den 2050 erwarteten 536 Mio. t etwa 72 % auf grünen, 23 % auf blauen und 5 % auf grauen Wasserstoff entfallen. Der globale Handel mit Wasserstoff wird bis 2050 eine Größenordnung erreichen, die 40 % der gegenwärtigen weltweiten LNG-Handelsmengen entsprechen.

2.2.2 Überblick über Methodik und Modellierung bei ausgewählten exploratorischen und normativen Szenarien

Die Methodik und Modellierung soll beispielhaft anhand von zwei Studien veranschaulicht werden. Dabei handelt es sich um die *World Energy Scenarios 2019* des *World Energy Council* und den *World Energy Outlook 2022* der *International Energy Agency*.[6]

---

[6] [6, 7].

Skizzierung der drei Szenarien

MODERN JAZZ
Markt-getriebener Ansatz - geprägt durch hohes Wirtschaftswachstum und starke technologische Entwicklung. Adressiert Nachhaltigkeit über Innovationen und neue Geschäftsmodelle. Führt infolge Umsetzung der wirtschaftlichsten Lösungen zu verbessertem Zugang aller Menschen zu bezahlbarer Energie.

UNFINISHED SYMPHONY
Durch Regierungen getriebener Ansatz - in globaler Kooperation werden durch umfassende politische Steuerung starke Anreize zur Umgestaltung der Energieversorgung gesetzt: Förderung erneuerbarer Energien; CO_2-Bepreisung; Energieeffizienz; Aufbau Infrastruktur. Die breit aufgestellte politische Steuerung ist vor allem auf den Nachhaltigkeitsaspekt Umwelt- und Klimaschutz fokussiert.

HARD ROCK
Patchwork aus staatlichen Politiken und Markt - gekennzeichnet durch eine zersplitterte Welt mit einem unterschiedlichen Set von Politiken. Nationale Interessen verhindern eine breit angelegte weltweite Zusammenarbeit bei begrenztem Interesse am Klimaschutz. Priorität in der Anwendung von Technologien nach Maßgabe der Verfügbarkeit eigener Ressourcen.

Abb. 2.9 Skizzierung der drei Szenarien des World Energy Council

2.2.2.1 Methodischer Ansatz und Skizzierung der Szenarien des World Energy Council

Der *World Energy Council* (WEC) hatte – unterstützt durch Accenture Strategy Energy – zum *World Energy Congress* im September 2019 in Abu Dhabi die Ergebnisse von drei plausiblen alternativen Pfaden für eine Transformation der weltweiten Energieversorgung bis 2060 vorgelegt.[7] Die drei Pfade sind einem einzigen Cluster zuzuordnen, nämlich der Kategorie exploratorische Szenarien. Bei der Benennung der berücksichtigten drei Szenarien hat sich der WEC zur Veranschaulichung mit *Modern Jazz, Unfinished Symphony* und *Hard Rock* verschiedener Musik-Richtungen bedient. Diese drei Szenarien können wie folgt charakterisiert werden (Abb. 2.9):

- *Modern Jazz* ist als marktgetriebener Ansatz zu verstehen, gekennzeichnet durch eine starke Umsetzung technologischer Innovationen. Unternehmen bestimmen in Umsetzung individuell getroffener Entscheidungen die Dynamik. Das Szenario führt infolge der Realisierung der wirtschaftlichsten Lösungen zu dem höchsten Wirtschaftswachstum und der stärksten Verbesserung des Zugangs aller Menschen zu bezahlbarer Energie.
- *Unfinished Symphony* folgt einem durch Regierungen getriebenen Ansatz, gekennzeichnet durch umfassende politische Steuerung zur Umgestaltung der Energieversorgung. Weitere Kennzeichen sind eine ausgeprägte globale Kooperation vor allem beim Schutz

---

[7] [6].

des Klimas. Auch aufgrund der angesetzten höchsten Bepreisung von CO_2 kommt es im Vergleich der Szenarien zu dem günstigsten Verlauf der Treibhausgas-Emissionen.

- *Hard Rock* ist durch ein Patchwork aus Markt und Staat sowie durch eine fragmentierte Welt mit geringer internationaler Kooperation gekennzeichnet. Die Verfolgung nationaler Interessen steht im Vordergrund. Dem Gesichtspunkt der Sicherheit der Versorgung unter möglichst weitgehender Nutzung heimischer Energiequellen wird der größte Stellenwert beigemessen. Den Nachhaltigkeitszielen wird dieses Szenario am wenigsten gerecht.

Im Vordergrund dieser exploratorischen Szenarien stehen qualitative *Storylines,* die plausible alternative Zukunftpfade beschreiben und mittels einer durch das *Paul Scherrer Institut* vorgenommenen Modellierung quantitativ unterstützt sind. Die Szenarien wurden von einer mit Experten aus der gesamten Welt besetzten Study Group, geleitet von der Londoner Zentrale des *World Energy Council,* entwickelt. Die Quantifizierung der Szenarien erfolgte durch das Paul Scherrer Institut unter Einsatz des *Global Multiregional MARKAL* (GMM)-Modells. Das Modell basiert auf Input-Parametern, welche die jeweiligen *Storylines* der verschiedenen Szenarien widerspiegeln, und es bestimmt die kostengünstigsten Konfigurationen des globalen Energiesystems aus der Perspektive eines Planers mit perfekter Voraussicht (Abb. 2.10). Das GMM-Modell repräsentiert das globale Energiesystem, disaggregiert in 17 Weltregionen einschließlich der spezifischen Charakteristika von Energie-Angebot und Nachfrage in den jeweiligen Regionen sowie der dadurch bedingten Treibhausgas-Emissionen. Die Iteration zwischen der Entwicklung der Narrative und ihrer Quantifizierung legte den Grundstein für das skizzierte belastbare Set von Szenarien.

Das GMM-Modell spiegelt im Detail das Energiesystem der verschiedenen Weltregionen von der Quelle der verschiedenen Ressourcen bis zum Endverbrauch an Energie. Es schließt mehr als 400 Energie-Umwandlungstechnologien mit ihren technischen, ökonomischen und umweltrelevanten Merkmalen ein. Neben konventionellen Technologien bezieht das Modell CO_2-freie Technologien sowie auch Optionen ein, mit denen negative CO_2-Emissionen erzielt werden können, wie mittels des Einsatzes von Biomasse zur Stromerzeugung unter Abscheidung und Speicherung des CO_2. Das Modell optimiert die gesamten diskontierten Energie-Systemkosten über den kompletten Modell-Horizont. Nicht durch Kosten belegbare Parameter sowie Verhaltensannahmen werden als Nebenbedingungen in der dem Modell zugrunde liegenden Zielfunktion berücksichtigt.

In allen drei Szenarien wird von einer Verlangsamung des Anstiegs der Weltbevölkerung im Vergleich zu Trends der Vergangenheit ausgegangen. So wird der Stand der Weltbevölkerung im Jahr 2060 auf 10,2 Mrd. angesetzt; dies entspricht einem Zuwachs um knapp ein Drittel im Vergleich zum gegenwärtigen Stand. Während die Bevölkerungszahl in den drei Szenarien in gleicher Höhe in das Modell eingeht, stellen sich die Annahmen zum Wirtschaftswachstum unterschiedlich dar. So wird von jahresdurchschnittlichen Wachstumsraten der weltweiten Wirtschaftsleistung von 3,3 % in *Modern*

Quantifizierung der Scenario Stories durch das Paul-Scherrer-Institute

Parameter	Einheit	Modern Jazz	Unfinished Symphony	Hard Rock
Weltbevölkerung 2060	Mrd.	10,2	10,2	10,2
Wirtschaftswachstum 2015 - 2060	%/a	+ 3,1	+ 2,7	+ 2,2
Primär-Energieintensität 2015 - 2060	%/a	- 2,6	- 2,3	- 1,4
CO_2-Intensität 2015 – 2060	%/a	- 3,7	- 4,8	- 1,9
CO_2-Preise	USD 2010/t	von 5 bis 20 im Jahr 2020, auf 60 bis 90 je nach Region ansteigend im Jahr 2060	von 5 bis 20 je nach Region im Jahr 2020, auf 110 ansteigend im Jahr 2060	von 2 bis 8 je nach Region im Jahr 2020, auf 19 - 45 je Region ansteigend im Jahr 2060

Quelle: World Energy Council, Paul Scherrer Institute, Accenture Strategy: World Energy Scenarios/2019, September 2019

Abb. 2.10 Quantifizierung von Parametern der Scenario-Stories des World Energy Council durch das Paul-Scherrer-Institut

Jazz, 2,7 % in *Unfinished Symphony* und 2,2 % in *Hard Rock* ausgegangen. Unterschiedliche Ansätze sind auch hinsichtlich der Preisannahmen für CO_2 getroffen. So steigen die CO_2-Preise in *Unfinished Symphony* am stärksten an. Die CO_2-Preise sind in den bevorstehenden Jahrzehnten zunächst noch unterschiedlich hoch nach Weltregionen angesetzt. Allerdings wird ab Mitte des Jahrhunderts in diesem Szenario von einem weltweit einheitlichen CO_2-Preis ausgegangen, der sich 2050 auf 90 US$ (in realen Größen, ausgedrückt im Geldwert des Jahres 2010) und 2060 auf 110 US$ (2010) pro Tonne beläuft. Im Unterschied dazu bleiben die CO_2-Preise in den anderen Szenarien deutlich niedriger und selbst im Jahr 2060 noch regional unterschiedlich hoch. Die für das Jahr 2060 berücksichtigten Spannen reichen von 19 bis 45 US$ (2010) pro Tonne im Szenario *Hard Rock* bis 60 bis 90 US$ (2010) pro Tonne im Szenario *Modern Jazz* (Abb. 2.11).

2.2.2.2 Szenarien der Internationalen Energie-Agentur

Ebenfalls drei Szenarien hat die Internationale Energie-Agentur (IEA) Ende Oktober 2022 veröffentlicht.[8] Allerdings haben die Szenarien der IEA einen anderen Charakter. Zwei der berücksichtigten Pfade, nämlich das *Stated Policies Scenario* und das *Announced Pledges Scenario,* sind der Kategorie Exploratorische Szenarien zuzuordnen. Bei dem dritten Pfad, *Net Zero Emissions by 2050 Scenario,* handelt es sich um ein normatives

---

[8] [7].

CO$_2$ prices
in US\$(2010) per tCO$_2$

Scenario	2010	2020	2030	2040	2050	2060
Modern Jazz	0	5 - 20	15 - 35	30 - 50	45 - 70	60 - 90
Unfinished Symphony	0	5 - 20	35 - 50	50 - 72	90	110
Hard Rock	0	2 - 8	5 - 15	6 - 25	11 - 35	19 - 45

> In Modern Jazz scenarios **carbon prices** is used as a model instrument to reflect the **willingness to pay** of the consumers for green energy, including the positive effects related to air pollution

> In **Unfinished Symphony** carbon prices reflect the value of carbon in a globally established emission trading scheme markets, as these are evolving in the storyline; the fragmented markets of the early decades, e.g. EU-ETS, Chinese-ETS, start to join in the mid horizon and a global ETS market is formed after 2040

> In **Hard Rock** the carbon prices are a mean to represent local environmental concerns such as for the internalisation of local air pollution costs

Quelle: Paul Scherrer Institute

Abb. 2.11 Den Szenarien des World Energy Council zugrunde gelegte CO$_2$-Preisannahmen bis 2060

Szenario. Wie die IEA ausweist, ist keines der drei Szenarien als Prognose zu verstehen. Vielmehr handelt es sich um – unter den getroffenen Annahmen – mögliche konsistente Zukunftsbilder.

- Das *Stated Policies* Scenario (STEPS) zeigt einen Pfad auf, wie sich das Energiesystem unter Zugrundelegung der in Kraft befindlichen Politiken bzw. der aktuell von den Regierungen verbindlich eingeleiteten Weichenstellungen zur Transformation der Energieversorgung entwickeln könnte. Als Ergebnis der Berechnungen in diesem Szenario wird mit einem globalen Temperaturanstieg bis zum Jahr 2100 um 2,5 Grad Celsius im Vergleich zum vorindustriellen Niveau gerechnet (mit einer Wahrscheinlichkeit von 50 %).
- Das *Announced Pledges Scenario* (APS) untersucht, wohin alle gegenwärtig angekündigten Energie- und Klimaschutz-Verpflichtungen – einschließlich der *Net Zero Pledges* und der übernommenen Verpflichtungen auf Feldern wie Zugang der gesamten Bevölkerung zu Energie – führen, sofern sie vollständig und rechtzeitig umgesetzt werden. Dieses Szenario wird verknüpft mit einem Temperaturanstieg um 1,7 Grad Celsius im Vergleich zum vorindustriellen Niveau (mit einer Wahrscheinlichkeit von 50 %).
- Das *Net Zero Emissions by 2050* Scenario (NZE) beschreibt einen integrierten Ansatz, mit dem das Ziel der Stabilisierung der globalen Temperatur auf 1,5 Grad Celsius im

Vergleich zum vorindustriellen Niveau, einschließlich der Verwirklichung der anderen energiebezogenen Aspekte der UN-Ziele für nachhaltige Entwicklung, erfüllt werden. Das bedeutet entschlossene Klimaschutzmaßnahmen im Einklang mit dem Pariser Klima-Abkommen, universeller Zugang zu zeitgemäßer Energie bis 2030 und drastische Reduzierung der Luftverschmutzung. Dies sind die drei Bereiche, in denen die Entwicklung in den anderen beiden Szenarien hinter den Erfordernissen zurückbleibt.

▶   Die Wahl der Szenarien macht, wie in der Szenario-Technik üblich, keine Aussage
    über die Wahrscheinlichkeit des Eintretens der verschiedenen Szenarien.

Der Modellierung unterliegt ein Ansatz, der kostenminimierende Lösungen unter Berücksichtigung der in den drei Szenarien jeweils unterschiedlich definierten staatlichen Rahmenbedingungen ausweist. Durch die Formulierung von Nebenbedingungen wird berücksichtigt, ob bestimmte Technologiepfade durch administrative Maßnahmen – losgelöst von den Kostenverhältnissen – begünstigt bzw. in ihrer Umsetzung begrenzt oder sogar ausgeschlossen werden. Beispielhaft können in diesem Zusammenhang der gesetzlich festgeschriebene Ausstieg aus der Kernenergie und aus der Kohle in Deutschland und der dort für die Verstromung fossiler Energien praktisch ausgeschlossene Technologiepfad der Abscheidung und Speicherung von CO_2 (siehe Abschn. 1.9.2) genannt werden.

Entscheidende Inputparameter für die Modellierung der IEA-Szenarien sind die getroffenen Annahmen zur Entwicklung der Weltbevölkerung, zum Wirtschaftswachstum, zu den Weltmarktpreisen für Energie und zu den CO_2-Preisen. Der Zeithorizont reicht bis 2050. Bis zu diesem Jahr geht die IEA von einem Anstieg der Weltbevölkerung von 7,8 Mrd. im Jahr 2021 auf 9,7 Mrd. Menschen aus. Es wird ein durchschnittliches reales Wirtschaftswachstum von 2,8 % pro Jahr im Zeitraum 2021 bis 2050 unterstellt (2021 bis 2030: 3,3 % und 2030 bis 2050: 2,6 %). Die Weltmarktpreise für Energie sind – je nach Szenario – unterschiedlich hoch angesetzt. Sie sind tendenziell am höchsten im *Stated Policies Scenario* und am niedrigsten im *Net Zero Emissions by 2050 Scenario* (Abb. 2.12). Dies erklärt sich durch die zwischen diesen Szenarien stark differierende Nachfrage nach fossilen Energieträgern.

Die CO_2-Preisannahmen unterscheiden sich ebenfalls sehr stark – nicht nur abhängig vom jeweiligen Szenario, sondern auch nach Staaten und Weltregionen. So bezieht STEPS bestehende und angekündigte Initiativen zur CO_2-Bepreisung ein, während das APS und das *NZE Scenario* zusätzliche Maßnahmen – in Stärke und Umfang unterschiedlich ausgeprägt – einschließt. Das führt beispielsweise im *NZE-Scenario* zu der Annahme, dass in allen Weltregionen eine Bepreisung von CO_2 eingeführt wird, die bis 2050 schrittweise auf durchschnittlich 250 US$ pro Tonne CO_2 in den Industrieländern, auf 200 US$ pro Tonne CO_2 in Entwicklungs- und Schwellenländern mit Verpflichtungen zu Net Zero Emissions (wie China, Indien, Indonesien, Brasilien und Südafrika) führt, wobei die Annahmen für andere Entwicklungs- und Schwellenländer niedriger angesetzt sind (Abb. 2.13).

Brennstoff-Preisannahmen im WEO 2022

(in $ 2021 – also geldwertbereinigt)

	Einheit*	2021	Stated Policies		Announced Pledges		Net Zero Emissions by 2050	
			2030	2050	2030	2050	2030	2050
Rohöl-Importpreise (IEA)	$/Barrel	69	82	95	64	60	35	24
Erdgas								
USA	$/MBtu	3,9	4,0	4,7	3,7	2,6	1,9	1,8
EU (Importe)	$/MBtu	9,5	8,5	9,2	7,9	6,3	4,6	3,8
China	$/MBtu	10,1	9,8	10,2	8,8	7,4	6,1	5,1
Japan (Importe)	$/MBtu	10,2	10,9	10,6	9,1	7,4	6,0	5,1
Kesselkohlen-Importpreise								
USA	$/t	44	46	44	42	24	22	17
EU	$/t	120	60	64	62	53	52	42
Japan	$/t	153	91	72	74	59	59	46
China (Küste)	$/t	164	89	74	73	62	58	48

Quelle: International Energy Agency, World Energy Outlook 2022, Seite 110

Abb. 2.12 Brennstoff-Preisannahmen im WEO 2022 der IEA

CO$_2$-Preisannahmen in WEO 2022 für Energieerzeugung und Industrie

(in $ 2021 pro Tonne)

Szenario	Region	2030	2040	2050
Stated Policies Scenario	Europäische Union	90	98	113
	Kanada	54	62	77
	Korea	42	67	89
	China	28	43	53
	Chile, Kolumbien	13	21	29
Announced Pledges Scenario	Industriestaaten mit Net Zero-Verpflichtungen[1]	135	175	200
	Entwicklungs- und Schwellenländer mit Net Zero-Verpflichtungen[2]	40	110	160
	Andere Entwicklungs- und Schwellenländer	-	17	47
Net Zero Emissions by 2050	Industriestaaten	140	205	250
	Entwicklungs- und Schwellenländer mit Net Zero-Verpflichtungen	90	160	200
	Andere Entwicklungs- und Schwellenländer	25	85	180

1) Alle OECD-Staaten außer Mexiko
2) Schließt China, Indien, Indonesien, Brasilien und Südafrika ein.

Quelle: International Energy Agency, World Energy Outlook 2022, Seite 465

Abb. 2.13 CO$_2$-Preisannahmen im WEO 2022 der IEA

2.2.3 Schlüsselbotschaften der exploratorischen Szenarien des World Energy Council

Ein Vergleich zwischen der Entwicklung in der Vergangenheit und den zentralen Ergebnissen, die sich in den verschiedenen Szenarien für die Zukunft ergeben, zeigt:

- In den vergangenen Jahrzehnten war der globale Energieverbrauch stärker als die weltweite Bevölkerung angestiegen. Das wird in Zukunft anders sein.
- Mit dem Einsatz neuer Technologien, die bis 2060 entwickelt werden, ist ein – im Vergleich zu historischen Trends – moderaterer Zuwachs des Energieverbrauchs zu erwarten. Dies trägt zu einer beschleunigten Transformation der Energieversorgung bei.
- Der weltweite Primärenergieverbrauch wird 2060 nur bis zu einem Drittel das heutige Niveau übersteigen.
- Der Höchststand im weltweiten Pro-Kopf-Energieverbrauch wird vor 2030 erreicht.
- Bis 2060 wird die Energieintensität der Wirtschaftsleistung in den Szenarien *Modern Jazz* und *Unfinished Symphony* zwei- bis dreimal schneller sinken als in der Vergangenheit.

Der globale Primärenergieverbrauch übersteigt 2060 das im Jahr 2015 erreichte Niveau von 13,5 Mrd. Tonnen Öleinheiten in allen drei Szenarien. So hatte die 2019 durchgeführten Modellrechnungen 18,5 Mrd. Tonnen Öleinheiten für das Szenario *Hard Rock,* 16,2 Mrd. Tonnen Öleinheiten für das Szenario *Modern Jazz* und 15,3 Mrd. Tonnen Öleinheiten für das Szenario *Unfinished Symphony* ergeben. Die Zusammensetzung des Energieverbrauchs stellt sich danach wie folgt dar (Abb. 2.14):

- In allen drei Szenarien wird ein Rückgang des Verbrauchs an Kohle erwartet, allerdings mit unterschiedlicher Intensität (Abb. 2.15).
- Der Verbrauch an Öl stabilisiert sich bis 2030 – gefolgt von einem Rückgang in *Modern Jazz* und *Unfinished Symphony* und einer stabilen Entwicklung in *Hard Rock.* Die Folge ist eine Verringerung des Anteils von Öl am Primärenergieverbrauch in allen Szenarien.
- Der Anstieg der Nachfrage nach Erdgas setzt sich auch künftig weiter fort. Allerdings variiert die Entwicklung zwischen den Szenarien stark, wobei verstärkt unkonventionelles Gas genutzt wird.
- Der Beitrag der Kernenergie nimmt nur verhalten zu.
- Der Anteil erneuerbarer Energien ist in allen Szenarien durch starkes Wachstum geprägt – insbesondere getrieben durch die Entwicklung bei Windkraft und Solar. Erneuerbare Energien decken den gesamten zusätzlichen Energieverbrauch in *Modern Jazz,* und in *Unfinished Symphony* werden darüber hinaus die konventionellen Energien zu Teilen ersetzt.

Globaler Primärenergieverbrauch nach Energieträgern
in Mrd. t Öläquivalent

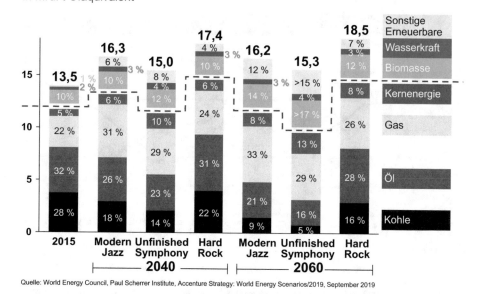

Quelle: World Energy Council, Paul Scherrer Institute, Accenture Strategy: World Energy Scenarios/2019, September 2019

Abb. 2.14 Globaler Primärenergieverbrauch nach Energieträgern bis 2060 gemäß den Szenarien des World Energy Council

Im Ergebnis sinkt der Anteil fossiler Energien an der Deckung des gesamten Energiever-brauchs bis 2060 auf 50 % in *Unfinished Symphony,* auf 63 % in *Modern Jazz* und auf 70 % in *Hard Rock.* Der Anteil erneuerbarer Energien steigt von 14 % im Jahr 2015 bis 2060 auf 22 % in *Hard Rock,* 29 % in *Modern Jazz* und 37 % in *Unfinished Symphony.* Der jeweils verbleibende Anteil wird durch Kernenergie gedeckt (Abb. 2.16).

Die durch neue Technologien veränderte Lebensweise der Menschen führt zu einer verstärkten Stromnachfrage. Das Wachstum der Mittelklasse, steigende Einkommen, die Zunahme in der Geräteausstattung und die fortgesetzte Dekarbonisierung bewirken, dass sich die Stromnachfrage bis 2060 im Szenario *Hard Rock* fast verdoppelt und in den Szenarien *Modern Jazz* und *Unfinished Symphony* mehr als verdoppelt. Der Anteil von Strom am gesamten Endenergieverbrauch wächst in allen Sektoren und in allen Szenarien gegenüber dem Stand von 18 % im Jahr 2015 auf bis zu 41 % im Szenario *Unfinished Symphony.*

Zur Deckung des wachsenden Strombedarfs mit saubereren Energiequellen sind sub-stanzielle Infrastruktur-Investitionen erforderlich. Allein für die Stromerzeugung werden künftige Investitionen zwischen 670 und 890 Mrd. US$ pro Jahr – in realen Größen mit dem Geldwert des Jahres 2010 gerechnet – als notwendig angesehen, hauptsächlich konzentriert auf Wind und Solaranlagen einschließlich des Ausbaus von Speichern und

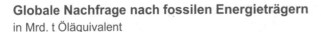

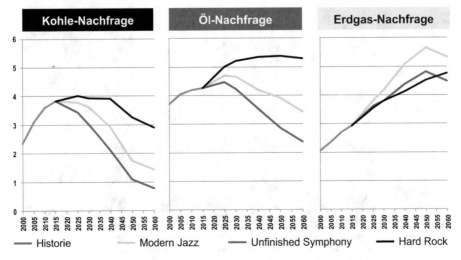

Quelle: World Energy Council, Paul Scherrer Institute, Accenture Strategy: World Energy Scenarios/2019, September 2019

Abb. 2.15 Globale Nachfrage nach fossilen Energieträgern gemäß den Szenarien des World Energy Council

Netzen. Investitionen werden auch in Gasanlagen als erforderlich angesehen, während die Investitionen in Kohle-Kraftwerke als vergleichsweise gering eingeschätzt werden.

Im Jahr 2015 betrug der Anteil erneuerbarer Energien an der globalen Stromerzeugung 23 %. Das ist dieselbe Zahl wie 1970. Das bedeutet, dass in den 45 Jahren von 1970 bis 2015 kein Anstieg im prozentualen Beitrag erneuerbarer Energien zur weltweiten Stromerzeugung erfolgt ist. Dies wird künftig gemäß allen Szenarien des World Energy Council anders sein. Es ist ein starker Zuwachs im Beitrag der erneuerbaren Energien zu erwarten. So wird sich deren Anteil im Jahr 2060 – je nach Szenario – zwischen 41 und 60 % bewegen (Abb. 2.17). Der zusätzliche Beitrag erneuerbarer Energien reicht aus, nahezu das gesamte Wachstum der Stromnachfrage abzudecken (Abb. 2.18).

Der weltweite Anstieg in der Nutzung von Wind und Sonne zur Stromerzeugung nimmt künftig mit einer bisher nie dagewesenen Dynamik zu. Die massiven Kostensenkungen in der vergangenen Dekade und die fortdauernde politische Unterstützung sind ein Booster für diese Technologien. Die Stromerzeugung aus Solarenergie wächst bis 2060 in *Hard Rock* auf das Fünfzehnfache, auf mehr als das Dreißigfache in *Modern Jazz* und auf mehr als das Fünfzigfache in *Unfinished Symphony* jeweils im Vergleich zum Stand des Jahres 2015. Die Stromerzeugung aus Wind verfünffacht sich in *Hard Rock* und in *Modern Jazz* und steigt auf mehr als das Zehnfache in *Unfinished Symphony* – bezogen auf dieselbe Zeitspanne. Der Anteil von Wasserkraft zur Stromerzeugung vermindert sich trotz der

**Globaler Primärenergieverbrauch an Kernenergie
und erneuerbaren Energien**

in Mrd. t Öläquivalent

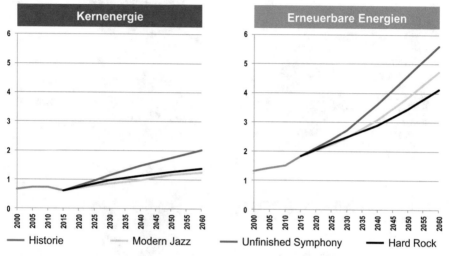

Quelle: World Energy Council, Paul Scherrer Institute, Accenture Strategy: World Energy Scenarios/2019, September 2019

Abb. 2.16 Globaler Primärenergieverbrauch an Kernenergie und erneuerbaren Energiequellen gemäß den Szenarien des World Energy Council

zu erwartenden Zuwächse in absoluten Größen, da das Wachstum hinter der allgemeinen Entwicklung des Stromverbrauchs zurückbleibt. Trotzdem gehört die Wasserkraft auch im Jahr 2060 – neben Sonne und Wind – zu den *Großen Drei* unter den zur Stromerzeugung genutzten erneuerbaren Energien. Die Stromerzeugung aus Biomasse verfünffacht sich bis 2060. Diese Entwicklung führt zu einem Anstieg des Anteils von Biomasse an der globalen Stromerzeugung von 2 % im Jahr 2015 auf 5 % im Jahr 2060. Trotz einer starken Wachstumsrate wird erwartet, dass der Beitrag von Geothermie und anderen erneuerbaren Energien während der bevorstehenden Dekaden auf 1 % begrenzt bleibt (Abb. 2.19).

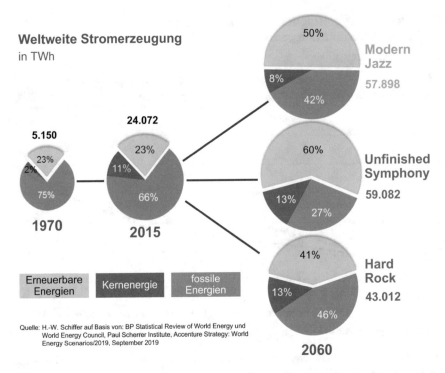

Abb. 2.17 Energiemix zur Stromerzeugung 1970 bis 2060 gemäß den Szenarien des World Energy Council

▶ Es ist davon auszugehen, dass der World Energy Council selbst in dem in *Unfinished Symphony* aufgezeigten Pfad, der unter den drei 2019 erstellten Szenarien die stärksten Zuwächse für die erneuerbaren Energien ausweist, die tatsächlich erwartbare Dynamik noch unterschätzt hat.

Die Energienachfrage des Transportsektors nimmt in allen drei Szenarien auch künftig noch weiter zu. Aufgrund von Wohlstandsgewinnen, insbesondere in Entwicklungs- und Schwellenländern, steigt die private Fahrzeugflotte mit einem Faktor zwischen 2,6 und 2,9 bis 2060 – verglichen mit 2015 – an. Vor allem in den Szenarien *Modern Jazz* und *Unfinished Symphony* findet eine Mobilitäts-Revolution statt – mit dem Potenzial, die gesamte Energielandschaft langfristig zu verändern. Der Elektroantrieb wird in den beiden genannten Szenarien zur dominierenden Technologie (Abb. 2.20).

Auch im kommerziellen Transport (Straßenverkehr, Schiffsverkehr und Flugverkehr) führen demnach eine Verringerung der Energieintensität aufgrund der Verwendung leichterer Materialien, effizienterer Motoren und erhöhter Effizienzstandards sowie eines Anstiegs in der Nutzung alternativer Brennstoffe, wie Bio-Treibstoffe und Wasserstoff, zu

Globale Stromerzeugung nach Energieträgern
in TWh

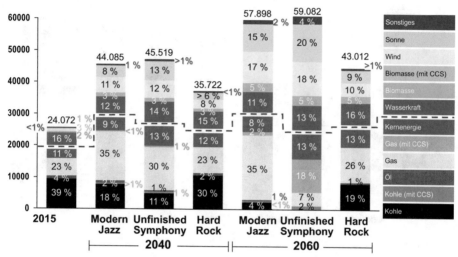

Quelle: World Energy Council, Paul Scherrer Institute, Accenture Strategy: World Energy Scenarios/2019, September 2019

Abb. 2.18   Globale Stromerzeugung nach Energieträgern 2015 bis 2060 gemäß den Szenarien des World Energy Council

Globale Stromerzeugung aus erneuerbaren Energien

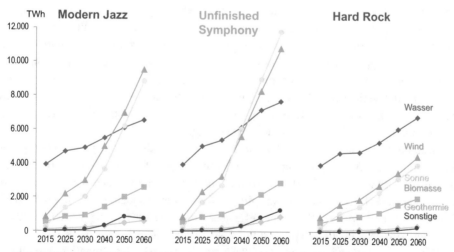

Quelle: World Energy Council, Paul Scherrer Institute, Accenture Strategy: World Energy Scenarios/2019, September 2019

Abb. 2.19   Globale Stromerzeugung aus erneuerbaren Energien 2015 bis 2060 gemäß den Szenarien des World Energy Council

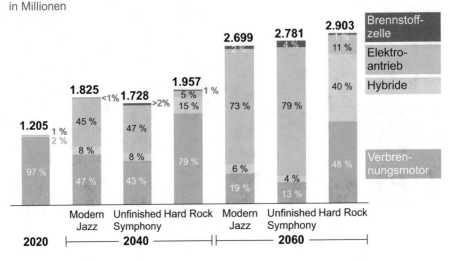

Abb. 2.20 Weltweiter Bestand an Pkw nach Antriebstechnologien gemäß den Szenarien des World Energy Council

massiven Veränderungen. Strom und Wasserstoff einschließlich synthetischer Treibstoffe gewinnen im kommerziellen Verkehr wachsende Bedeutung.

In der Industrie und im Gebäudesektor setzen sich zunehmend digitale Lösungen durch, mit deren Hilfe industrielle Prozesse und die Nutzung von Endverbrauchs-Geräten optimiert werden können. Dies führt zu fortgesetzten Effizienzverbesserungen. Diese Effekte begrenzen – in Kombination mit einer zunehmenden Elektrifizierung – das Wachstum des Verbrauchs. Die breite Spanne von sauberen Energien (einschließlich Wasserstoff), die künftig verstärkt genutzt werden, tragen dazu bei, die Entwicklung der CO_2-Emissionen vom Energieverbrauch zu entkoppeln.

Dazu trägt auch die zunehmende Implementierung der Abscheidung und Nutzung bzw. Speicherung von CO_2 (carbon capture and usage/storage – CCUS) bei. Es wird erwartet, dass diese Technologie ab 2040 beschleunigt zur Anwendung gebracht wird – unterstützt durch politische Rahmensetzung, wie die verstärkte Bepreisung von CO_2. Im Szenario *Unfinished Symphony* wird davon ausgegangen, dass 2060 nahezu drei Viertel der fossilbasierten Stromerzeugung in Anlagen mit CCUS erfolgt. Ungünstiger sieht die Situation in *Modern Jazz* und vor allem in *Hard Rock* aus. Entscheidender Grund ist, dass in diesen Szenarien nicht von einer hinreichenden politischen Unterstützung beim Ausbau der nötigen Infrastruktur ausgegangen wird. Auch für den Industriesektor wird ein zunehmendes Setzen auf CCUS erwartet. Das dort bestehende Potenzial könnte ab den 2030er

Jahren verstärkt abgerufen werden. Die CCUS-Technologie kann sich zu einem wichtigen Hebel in der angestrebten Dekarbonisierung erweisen, sofern fortgesetzte technologische Fortschritte realisiert und die Unterstützung der Politik mobilisiert werden können.

Trotz der absehbaren Transformation der Energieversorgung führt keines der drei Szenarien zu einem Erreichen der Ziele des Pariser Klimaabkommens, den globalen Temperaturanstieg auf höchsten 2 Grad Celsius, idealerweise auf 1,5 Grad Celsius, zu begrenzen. In *Unfinished Symphony*, das den ambitionierten Pfad unter den drei Szenarien repräsentiert, wäre von einem Anstieg der globalen Temperatur um 2 bis 2,3 Grad Celsius gegenüber dem vorindustriellen Niveau auszugehen. *Modern Jazz* führt nach den vorgelegten Berechnungen zu einem Temperaturanstieg um etwa 2,5 Grad Celsius. Und bei *Hard Rock* wären es sogar mehr als 3 Grad Celsius (Abb. 2.21).

▶ Es bedarf zunehmender politischer Aktivitäten zum Klimaschutz und einer verstärkten internationalen Zusammenarbeit, um eine Trendwende zum Erreichen des *well below 2 degrees target* zu erreichen.

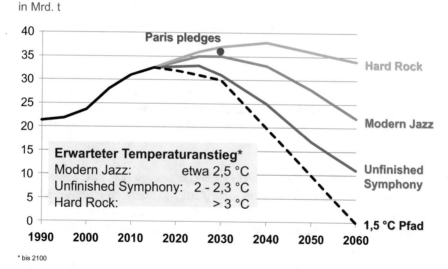

Globale CO$_2$-Emissionen gemäß den Szenarien des World Energy Council

in Mrd. t

Quelle: World Energy Council, Paul Scherrer Institute, Accenture Strategy World Energy Scenarios/2019, September 2019

Abb. 2.21 Globale CO$_2$-Emissionen gemäß der Szenarien des World Energy Council

2.2.4   Ergebnisse der exploratorischen und normativen Szenarien der IEA

Im Herbst 2022 hatte die *International Energy Agency* (IEA) den *World Energy Outlook 2022 (WEO-2022)* vorgestellt.[9] Die Publikation war als Signal an die *UNFCCC Conference of the Parties* (COP27) zu verstehen – ausgerichtet im November 2022 in Sharm El-Sheikh (Ägypten). Bei der Präsentation dieser Studie wurden folgende Punkte durch die IEA hervorgehoben:

- Die von den Staaten abgegebenen Verpflichtungen zur Begrenzung der Treibhausgas-Emissionen müssen verschärft werden.
- Die Entwicklungs- und Schwellenländer sind entscheidend für die künftige Entwicklung des Energiesystems. Dort sind die Investitionen in saubere Energien zu steigern – dies mit Unterstützung der Industrieländer.
- Die Investitionen in saubere Energien müssen massiv verstärkt werden.

Mit Umsetzung dieser Anliegen soll die Transformation zu einer weltweit nachhaltigen Energieversorgung beschleunigt werden. Die bestehende Herausforderung, die Klimaziele von Paris zu erreichen, wird anhand der skizzierten zwei exploratorischen und des normativen Szenarios veranschaulicht.

Die für die verschiedenen Szenarien (Abb. 2.22) ermittelten Ergebnisse unterscheiden sich stark. Nachfolgend werden die bis zum Jahr 2050 aufgezeigten Entwicklungen skizziert.

> ▶   Zu den Schlüsselergebnissen des World Energy Outlook 2022 der IEA gehört: Die aktuelle Energiekrise wird die Transformation der weltweiten Energieversorgung beschleunigen. Neben Klimaschutz wird die Verbesserung der Sicherheit der Versorgung zu den Haupttreibern eines verstärkten Ausbaus der erneuerbaren Energien gezählt.

Die IEA hat die Perspektiven der weltweiten Energieversorgung in zwei exploratorischen und einem normativen Szenario bis 2050 modelliert. Das *Stated Policy Scenario* (STEPS) berücksichtigt alle Maßnahmen, die bereits in Kraft gesetzt wurden bzw. sich zumindest in der Umsetzung befinden, um angekündigte energie- und klimapolitische Ziele zu erreichen. Das *Announced Pledges Scenario* (APS) nimmt alle von Regierungen weltweit eingegangenen Verpflichtungen (NDCs) sowie die längerfristigen Net-Zero-Ziele auf und unterstellt, dass diese vollständig und fristgerecht erfüllt werden. In dem normativen *Net Zero Emissions by 2050 Scenario* (NZE) wird ein Weg aufgezeigt, der bis

---

[9] [7].

World Energy Outlook 2022 der IEA

Zwei exploratorische Szenarien und ein normatives Szenario:

❯ Das **Stated Policies Scenario (STEPS)** berücksichtigt die Maßnahmen, die tatsächlich in Kraft gesetzt wurden bzw. sich zumindest in der Umsetzung befinden (wie z. B. das Fit-for-55-Package der EU), um angekündigte energie- und klimapolitische Ziele zu erreichen. Es stellt einen exploratorischen Ansatz zur künftigen Entwicklung dar, der bis zum Jahr 2100 zu einem globalen Temperaturanstieg um 2,5 Grad Celsius im Vergleich zum vorindustriellen Niveau führt.

❯ Das **Announced Pledges Scenario (APS)** nimmt alle von Regierungen weltweit eingegangenen Klimaverpflichtungen, einschließlich der *Nationally Determined Contributions* (NDCs) sowie der längerfristigen Net-Zero-Ziele, auf und geht davon aus, dass diese vollständig und fristgerecht erfüllt werden. Der globale Temperaturanstieg bleibt bis 2100 auf 1,7 Grad Celsius begrenzt.

❯ Das **Net Zero Emissions by 2050 Scenario (NZE)** ist ein normatives Szenario, das einen schmalen, aber gangbaren Weg für das globale Energiesystem aufzeigt, um bis 2050 auf Netto-Null-Emissionen zu kommen, wobei fortgeschrittene Volkswirtschaften dies bereits vor anderen umsetzen. Dieses Szenario wird auch dem Anspruch weiterer energiebezogener UN-Ziele gerecht. Dazu gehören der Zugang aller Menschen zu Energie bis 2030 und die Verbesserung der Luft-qualität. Im NZE wird die Spitze im globalen Temperaturanstieg 2050 mit 1,5 Grad Celsius erreicht.

Abb. 2.22 Skizzierung der drei Szenarien des WEO 2022 der IEA

2050 zu Netto-Null-Emissionen und damit zur Einhaltung Ziels führt, den Temperaturanstieg in der zweiten Hälfte dieses Jahrhunderts auf 1,5 Grad Celsius im Vergleich zum vorindustriellen Niveau zu begrenzen (Abb. 2.24).

In STEPS wird der bis 2030 noch erwartete leichte Anstieg des weltweiten Energieverbrauchs fast vollständig durch Zuwächse bei erneuerbaren Energien gedeckt. Um das Jahr 2030 ist mit dem Höchststand der weltweiten Nachfrage nach fossilen Energien zu rechnen. Ein Rückgang im Verbrauch an Kohle wird in den nächsten Jahren einsetzen. Der Verbrauch an Erdgas steigt zwischen 2021 und 2030 nur noch um weniger als 5 % an und geht danach in eine Plateauphase über. Die Ölnachfrage erreicht Mitte der 2030-er Jahre den Höchststand. Mit verstärkter Nutzung von Elektrizität in der Mobilität wird sich der Bedarf an Mineralölprodukten danach verringern. Der Anteil der fossilen Energien, der in den letzten Jahrzehnten bis heute etwa 80 % ausgemacht hat, sinkt auf weniger als 75 % im Jahr 2030 und auf 62 % im Jahr 2050.

In APS erfolgt ein noch stärkerer Wandel. Der gesamte Energieverbrauch ist gemäß diesem Szenario in den kommenden Jahrzehnten nicht mehr höher als 2021, und dies trotz eines Anstiegs der Weltbevölkerung von 7,8 Mrd. im Jahr 2021 auf 9,7 Mrd. im Jahr 2050 und einer jahresdurchschnittlichen Zunahme der globalen Wirtschaftsleistung von 2,8 % in diesem Zeitraum. Der Anteil fossiler Energien verringert sich bis 2030 auf 70 % und bis 2050 und weniger als 40 %. Erneuerbare Energien tragen dann zu mehr als 50 % zur Deckung des globalen Energieverbrauchs bei (Abb. 2.23).

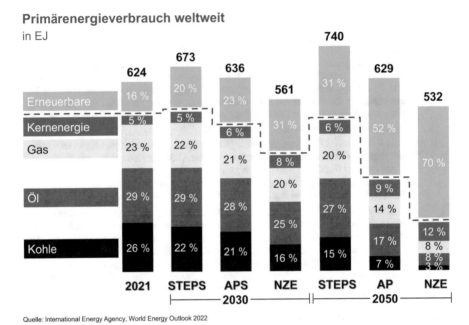

Abb. 2.23 Primärenergieverbrauch weltweit 2021 bis 2050 gemäß den Szenarien des WEO-2022 der IEA

Die energiebezogenen CO_2-Emissionen verzeichneten 2021 mit 36,6 Mrd. Tonnen den bis dahin höchsten Stand. Sie erreichen in den 2020er Jahren ein Plateau um 37 Mrd. Tonnen und fallen danach auf 32 Mrd. Tonnen bis 2050 zurück. Dieser Pfad wäre mit einem globalen Temperaturanstieg um 2,5 Grad Celsius bis 2100 gegenüber dem vorindustriellen Niveau verbunden. Dies ist immerhin 1 Grad weniger als für den Baseline-Pfad vor dem Pariser Klimaabkommen errechnet worden war und zeigt den seitdem erreichten Fortschritt an. In APS erreichen die CO_2-Emissionen Mitte der 2020-er Jahre den Höchststand und vermindern sich danach auf 12 Mrd. Tonnen im Jahr 2050. Dies würde auf einen Temperaturanstieg um 1,7 Grad Celsius bis 2100 hinauslaufen (Abb. 2.24).

▶ Um das 1,5 Grad-Ziel zu erreichen, müssen die CO_2-Emissionen bis 2030 auf 23 Mrd. Tonnen reduziert werden und 2050 bei Net Zero landen.

Investitionen in saubere Energien steigen in STEPS von gegenwärtig jährlich etwa 1,2 Billionen US\$ um mehr als 50 % auf 2 Billionen US-Dollar im Jahr 2030. Für die Realisierung des NZE-Pfades wird eine Zunahme dieser Investitionen auf etwa 4 Billionen US-Dollar pro Jahr für erforderlich gehalten. Dies beinhaltet Investitionen in den Ausbau erneuerbarer Energien, in Speichersysteme, in Wasserstoff und Kernenergie sowie

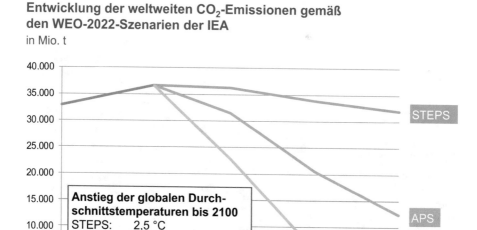

Quelle: International Energy Agency, World Energy Outlook 2022

Abb. 2.24 Entwicklung der weltweiten CO_2-Emissionen gemäß den Szenarien des WEO-2022 der IEA

die nötige Infrastruktur. Eine verstärkte Nutzung von Strom wird als einer der Schlüssel gesehen, um die Energiewende Wirklichkeit werden zu lassen (Abb. 2.25).

Bis 2050 erhöht sich der weltweite Stromverbrauch – je nach Szenario – zwischen 75 % in STEPS, mehr als 100 % in APS und über 150 % in NZE. Der Anteil erneuerbarer Energien an der Deckung des globalen Stromverbrauchs vergrößert sich von heute 28 % bis 2050 auf 65 % in STEPS, 80 % in APS und 88 % in NZE. Die bei weitem größten Zuwächse werden für Wind und Solarenergie ausgewiesen Abb. 2.26). Der Anteil von Kernenergie vermindert sich – trotz einer Zunahme in absoluten Größen – in allen drei Szenarien von gegenwärtig 10 % auf 8 %. Fossile Energien fallen von 62 % im Jahr 2021 bis 2050 auf 26 % in STEPS, auf 11 % in APS und auf 2 % in NZE zurück. Wasserstoff und Ammoniak kommen in NZE ebenfalls auf 2 %. Die Technologie der Abscheidung und Nutzung bzw. Speicherung von CO_2 (CC(U)S) gewinnt zwar in der Stromerzeugung an Bedeutung. Allerdings werden auch 2050 nach Einschätzung der IEA nicht mehr als 2 % der globalen Stromerzeugung auf Gas- und Kohleanlagen mit CC(U)S basieren.

Vor Beginn des Angriffskriegs in der Ukraine war Russland der weltweit größte Exporteur fossiler Energien. Mit Verlust ihres größten Exportmarktes in Europa wird Russland eine deutlich verringerte Rolle im internationalen Energiehandel einnehmen. Dieser Effekt wird andauern, da das Vertrauen in die Zuverlässigkeit Russlands als Lieferant verloren

Globale Stromerzeugung
in TWh

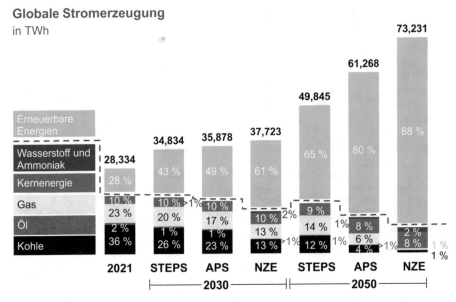

Quelle: International Energy Agency, World Energy Outlook 2022

Abb. 2.25 Globale Stromerzeugung 2021 bis 2050 gemäß den Szenarien des WEO-2022 der IEA

Globale Stromerzeugung aus erneuerbaren Energien
in TWh

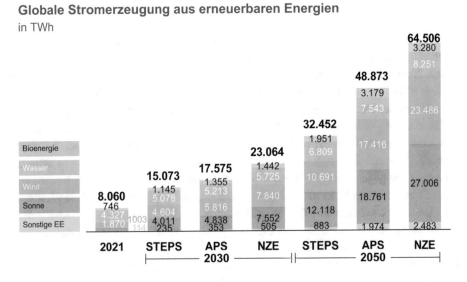

Quelle: International Energy Agency, World Energy Outlook 2022

Abb. 2.26 Globale Stromerzeugung aus erneuerbaren Energien 2021 bis 2050 gemäß den Szenarien des WEO-2022 der IEA

gegangen ist. Nach Einschätzung der IEA besteht auf absehbare Zeit kein Weg zurück zu den Lieferbeziehungen zwischen der EU und Russland.[10] Der Anteil des Landes am international gehandelten Erdgas wird gemäß WEO 2022 von 30 % im Jahr 2021 in STEPS auf 15 % und in APS auf 10 % im Jahr 2030 zurückgehen. Verstärkte Bezüge von China oder anderen Staaten werden nicht in der Lage sein, die erwarteten Einbußen zu kompensieren.

2.2.5 Vergleich der Ergebnisse von normativen Szenarien

Den veröffentlichten normativen Szenarien liegt eine vergleichbare Zielvorgabe zur Herstellung von Klimaneutralität bis 2050 zugrunde. Es werden aber unterschiedliche Ansätze verfolgt und durchaus abweichende Pfade aufgezeigt.

2.2.5.1 Verschiedene Ansätze zur Herstellung von Klimaneutralität bis 2050

Die Vorlage normativer Szenarien erfolgt regelmäßig im jährlich von der Internationalen Energie-Agentur veröffentlichten World Energy Outlook. Daneben haben auch Equinor, Shell, BP, BloombergNEF, DNV, McKinsey und IRENA jeweils ein Zielszenario entwickelt. In diesen Szenarien geht es darum, einen Weg aufzuzeigen, wie das 1,5 Grad Ziel zum Klimaschutz erreicht werden könnte.

Beispielhaft kann das Szenario *Net Zero* von BP genannt werden.[11] Die für dieses Szenario erzielten Ergebnisse weichen naturgemäß stark von Entwicklungen ab, die in den beiden exploratorischen Szenarien *New Momentum* und *Accelerated* dargelegt werden. Im Unterschied zu Net Zero soll das Szenario *New Momentum* (Neue Impulse) den breiten Pfad widerspiegeln, auf dem sich das globale Energiesystem derzeit entwickelt. Es stützt sich einerseits auf die in den letzten Jahren deutlich gestiegenen globalen Ambitionen zur Dekarbonisierung und auf die Wahrscheinlichkeit, dass diese Ziele und Ambitionen erreicht werden und andererseits auf die Art und Geschwindigkeit der Fortschritte in der jüngsten Vergangenheit. Dem Szenario *Accelerated* liegt die Annahme zugrunde, dass eine Verschärfung der Klimapolitik zu einem deutlichen und nachhaltigen Rückgang der CO_2-Emissionen führt. *Net Zero* geht allerdings noch weiter: In diesem Szenario wird zusätzlich eine Änderung des gesellschaftlichen Verhaltens und der Präferenzen unterstellt, die zu signifikanten Fortschritten bei der Steigerung der Energieeffizienz und beim Einsatz kohlenstoffarmer Energiequellen beiträgt. Die Auswirkungen der getroffenen unterschiedlichen Annahmen in diesen drei Szenarien werden in der Entwicklung der globalen CO_2-Emissionen deutlich (Abb. 2.27).

---

[10] [7].

[11] [8].

Drei Szenarien zur Veranschaulichung der Unsicherheiten in Bezug auf Geschwindigkeit und Ausgestaltung der Energiewende bis 2050

Mrd. t CO_2e

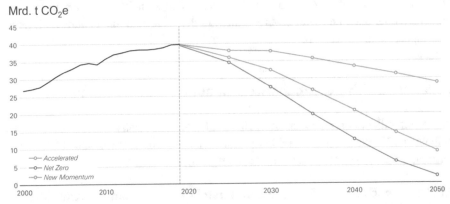

Erfasst sind CO_2-Emissionen aus dem Energieverbrauch, Industrieprozessen, dem Abfackeln von Erdgas und Methan-Emissionen aus der Förderung von Energie.

Quelle: BP Energy Outlook 2023 edition

Abb. 2.27 Entwicklung der energiebedingten globalen CO_2-Emissionen in den drei Szenarien von BP

Eine wachsende Nutzung von Strom kommt im *Net Zero Scenario* von BP, ebenso wie in den normativen Szenarien der anderen Institutionen, eine Schlüsselrolle für die Einhaltung des 1,5 Grad-Ziels zu. Der im Vergleich zu den anderen beiden Szenarien deutlich stärkere Ausbau der erneuerbaren Energien zur Stromerzeugung – verbunden mit einer erheblichen Substitution von fossilen Energien durch Elektrizität in der Industrie, im Gebäudesektor und im Transportbereich – sind wesentliche Faktoren für das Erreichen der günstigeren Verlaufskurve bei den CO_2-Emissionen (Abb. 2.28).

2.2.5.2 Ergebnisse der normativen Szenarien im Vergleich

Die Ergebnisse der von verschiedenen Institutionen abgeleiteten normativen Szenarien weisen eine Reihe von Gemeinsamkeiten auf. Dazu gehört:

- Der globale Primärenergieverbrauch steigt künftig entweder nur noch leicht an bzw. sinkt sogar trotz des erwarteten Anstiegs der Weltbevölkerung und der fortgesetzten Erhöhung der Wirtschaftsleistung.
- Der Anteil erneuerbarer Energien an der Deckung des weltweiten Energieverbrauchs vergrößert sich von weniger als einem Fünftel im Jahr 2021 auf bis zu drei Viertel im Jahr 2050.

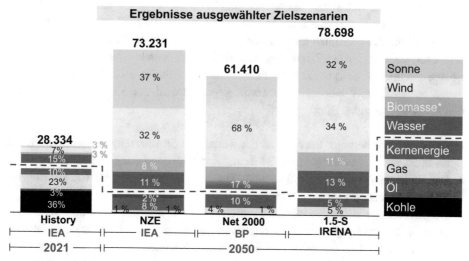

Abb. 2.28 Ergebnisse ausgewählter normativer Szenarien zur weltweiten Stromerzeugung nach Energieträgern

- Kernenergie kommt in den meisten normativen Szenarien eine wachsende Bedeutung zu. Sie stellt aber keinen *Game Changer* dar.
- Den stärksten Rückgang muss die Kohle hinnehmen. Deren Beitrag zur Deckung des globalen Primärenergieverbrauchs vermindert sich von 26 % im Jahr 2021 auf weniger als 5 % im Jahr 2050.
- Auch Öl, heute noch Energieträger Nr. 1, büßt stark an Bedeutung an. Der Beitrag von Öl zur Deckung des Primärenergieverbrauchs geht von heute noch knapp 30 % auf weniger als 10 % im Jahr 2050 zurück. Nur Equinor misst Öl – anders als die IEA und BP – auch dann noch eine stärkere Rolle bei.
- Erdgas kann sich unter allen fossilen Energieträgern noch am stärksten behaupten, verliert aber gegen Ende der Betrachtungsperiode ebenfalls an Bedeutung. Der Anteil von Erdgas macht dann – je nach Studie – zwischen 10 und 20 % aus – gegenüber knapp einem Viertel im Jahr 2020.
- Wasserstoff gewinnt in allen normativen Szenarien stark an Bedeutung. Die quantitativen Ergebnisse unterscheiden sich allerdings – je nach Studie und in Abhängigkeit vom Szenario –signifikant.

Die Transformation der Energieversorgung, die sich in allen untersuchten normativen Szenarien sehr deutlich zeigt, wird in ihren Auswirkungen am sichtbarsten bei Betrachtung der Ergebnisse zur weltweiten Stromerzeugung bis 2050.

Für Strom wird in verschiedenen normativen Szenarien bis 2050 mit einer Verdrei- bis Vervierfachung der erzeugten elektrischen Arbeit gegenüber dem Stand des Jahres 2020 gerechnet. Gleichzeitig wird erwartet, dass sich die Dynamik beim Ausbau der erneuerbaren Energien verstärkt, wobei erneuerbar erzeugter Strom auch für den wachsenden Bedarf an Wasserstoff in erheblichem Umfang genutzt wird. Nach Einsatzenergien ergibt sich bis 2050 folgendes Bild:

- Der Anteil erneuerbarer Energien an der weltweiten Stromerzeugung verdreifacht sich bis 2050, von gegenwärtig knapp 30 % auf eine Größenordnung von bis zu 90 %.
- Der Hauptanteil entfällt auf Solar- und Windenergie, denen Anteile von jeweils etwa 35 Prozentpunkten zugerechnet werden.
- Wasserkraft und Biomasse werden ebenfalls verstärkt genutzt. Allerdings verdrängen Solar- und Windenergie die Wasserkraft vom gegenwärtig noch gehaltenen Platz 1 in der weltweiten Stromerzeugung aus erneuerbaren Energien.
- Fossile Energien und Kernenergie kommen zusammen gerechnet im Jahr 2050 nur noch auf einen Beitrag bis zu etwa 10 % zur Stromerzeugung, wobei die Aufteilung auf Kernenergie und fossile Energien in den einzelnen Studien voneinander abweicht. So kommt die Kernenergie 2050 auf Anteile zwischen 4 und 8 % – gegenüber 10 % im Jahr 2020. Fossile Stromerzeugung verbleibt im Wesentlichen – allerdings nur noch in geringem Umfang – auf Erdgasbasis.

In den meisten der Zielszenarien, welchen ein Erreichen der Treibhausgas-Neutralität bis 2050 als Vorgabe zugrunde liegt, spielt die verstärkte Nutzung von erneuerbar erzeugtem Strom die entscheidende Rolle.

2.2.5.3 Rolle einer verstärkten Elektrifizierung und von Wasserstoff für die Realisierung der Klimaneutralität bis 2050

Die Sektorenkoppelung, also der Ersatz von fossilen Energien im Wärmemarkt und im Transportsektor durch erneuerbar erzeugten Strom, ist somit ein wesentlicher Hebel zur Einhaltung des 1,5-Grad-Ziels. Daneben spielt Wasserstoff eine Schlüsselrolle bei der angestrebten Transformation der Energieversorgung. Der Hochlauf von blauem und grünem Wasserstoff beschleunigt sich in den 2030er und 2040er Jahren.

Mehr als 50 Staaten – darunter auch Deutschland – haben Wasserstoffstrategien erlassen oder geplant. McKinsey hat in einer 2021 vorgelegten Studie 228 Wasserstoff-Projekte weltweit identifiziert, wovon ein Großteil auf Europa entfällt. Aber auch andere Weltregionen setzen stark auf Wasserstoff. Dies gilt vor allem für Asien, Nord- und Südamerika, Australien, Afrika und den Mittleren Osten. Sofern alle geplanten und angekündigten Projekte realisiert werden, würde eine Investitionssumme für Wasserstoff von rund 300 Mrd.

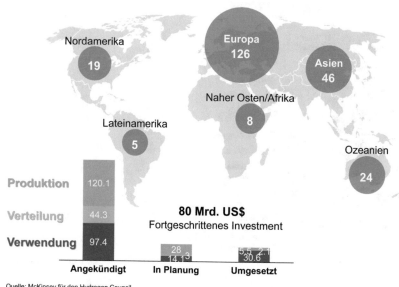

Abb. 2.29 Zahl der Wasserstoff-Projekte nach Weltregionen

US$ bis 2030 mobilisiert. Von dieser Investitionssumme sind mehr als 80 Mrd. US$ durch Projekte abgedeckt, die sich bereits in Umsetzung beziehungsweise in einem konkreten Planungsstadium befinden. Der Aufbau eines globalen Markts für Wasserstoff bietet große Chancen für internationale Kooperationen, Handelsbeziehungen und die Etablierung neuer Wertschöpfungsketten (Abb. 2.29).

In Europa kann der dort künftig benötigte Wasserstoff nur zu einem kleinen Teil erzeugt werden, da ausreichende kosteneffizient nutzbare Potenziale nicht zur Verfügung stehen. Das gilt in vergleichbarer Weise auch für Staaten wie Japan oder Korea. Einer verstärkten internationalen Zusammenarbeit kommt deshalb eine herausragende Bedeutung zu (Abb. 2.30). Entsprechend sind bilaterale und trilaterale Partnerschaften bereits geschlossen oder in Aussicht genommen worden. Beispielhaft kann in diesem Zusammenhang das *Hydrogen Energy Supply Chain (HESC)-Pilotprojekt* genannt werden, bei dem Wasserstoff im australischen Bundesstaat Victoria produziert und per Schiff nach Japan transportiert werden soll. Der Wasserstoff wird aus Braunkohle gewonnen werden. Es ist geplant, die dabei anfallenden CO_2-Emissionen abzuscheiden und mithilfe der CCS-Technik unter dem Meeresboden zu lagern, um blauen Wasserstoff zu gewinnen. Ein weiteres zwischenstaatliches Projekt ist *HySupply*. Ziel der im Jahr 2020 begründeten und auf zwei Jahre angelegten deutsch-australischen Zusammenarbeit ist die Identifizierung und Analyse möglicher Geschäftsmodelle für die Lieferung von grünem Wasserstoff

Internationale Wasserstoff-Partnerschaften

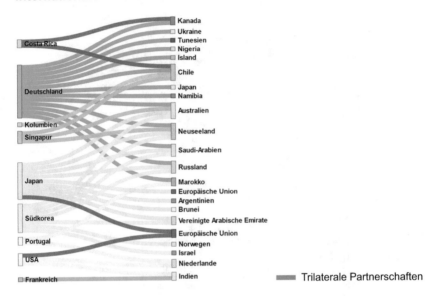

Abb. 2.30 Internationale Wasserstoff-Partnerschaften

zwischen beiden Industriestaaten. „Auf regionaler Ebene ist im Dezember 2020 zudem das *Important Project of Common European Interest (IPCEI) Hydrogen* lanciert worden, mit welchem der Markthochlauf für H_2-Technologien innerhalb der EU entlang der gesamten Wertschöpfungs- und Nutzungskette unterstützt werden soll."[12] 22 EU-Staaten sowie Norwegen unterzeichneten das *Manifesto for the development of a European „Hydrogen Technologies and Systems" value chain.* Darin wird bekräftigt, dass die Staaten gemeinsame Wasserstoffprojekte in ganz Europa fördern wollen. Mittlerweile wurden auf EU-Ebene über 400 Projekte aus 18 Staaten registriert. Am 28. Mai 2021 war der Startschuss für die Realisierungsphase gefallen.[13]

Die 228 weltweit angekündigten Projekte erstrecken sich über die gesamte Wertschöpfungskette – von der Produktion über die Infrastruktur, den Transport und die Nutzung von Wasserstoff (Abb. 2.31). Es wird erwartet, dass längerfristig der größte Teil des Wasserstoffs durch Elektrolyse mittels Strom aus erneuerbaren Energien erzeugt wird. Daneben eröffnet auch Strom aus Kernkraftwerken die Möglichkeit einer CO_2-freien Produktion von Wasserstoff. Eine CO_2-arme Erzeugung ist auch auf Basis von Erdgas und Kohle möglich, soweit das CO_2 in dem Produktionsprozess abgeschieden und genutzt oder gespeichert wird. Projekte zur Nutzung von Wasserstoff richten sich insbesondere

---

[12] [9], Berlin, Juni 2021 (Seite 55).

[13] Bundesministerium für Wirtschaft und Energie, Pressemitteilung vom 28. Mai 2021.

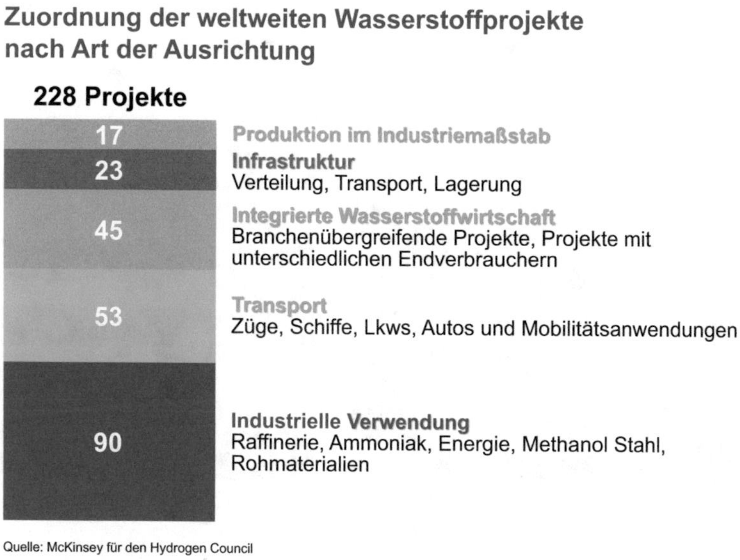

**Zuordnung der weltweiten Wasserstoffprojekte
nach Art der Ausrichtung**

228 Projekte

17	Produktion im Industriemaßstab
23	**Infrastruktur** Verteilung, Transport, Lagerung
45	**Integrierte Wasserstoffwirtschaft** Branchenübergreifende Projekte, Projekte mit unterschiedlichen Endverbrauchern
53	**Transport** Züge, Schiffe, Lkws, Autos und Mobilitätsanwendungen
90	**Industrielle Verwendung** Raffinerie, Ammoniak, Energie, Methanol Stahl, Rohmaterialien

Quelle: McKinsey für den Hydrogen Council

Abb. 2.31   Zuordnung der weltweiten Wasserstoff-Projekte nach Art der Ausrichtung

auf den Transportsektor und die Industrie und dort auf Bereiche, die nur schwer zu elektrifizieren sind. Ferner wird Wasserstoff künftig eine wichtige Rolle als Speichermedium
zugeschrieben.

2.2.5.4   Vergleich der Ergebnisse von Prognosen und Szenarien zum globalen Primärenergieverbrauch

In einem Vergleich der verschiedenen Prognosen wird deutlich, dass ExxonMobil
die geringste Veränderung gegenüber den Trendverläufen der Vergangenheit markiert
(Abb. 2.32). Nach Einschätzung dieses Konzerns werden auch 2050 noch mehr als zwei
Drittel des weltweiten Primärenergieverbrauchs auf fossilen Energien basieren. Eine sehr
viel stärkere Abkehr von Kohle, Öl und Gas sagen dagegen die Vorausschätzungen von
DNV und auch von McKinsey vorher. Diese beiden Beratungsunternehmen gehen zudem
von sehr viel höheren Anteilen der erneuerbaren Energien an der Deckung des Verbrauchs
im Jahr 2050 aus.

Die in den Vergleich einbezogenen exploratorischen Szenarien weisen einen in den
nächsten Jahren nur noch geringen Anstieg des Primärenergieverbrauchs aus (Abb. 2.33).
In der Folge wird eine weitgehende Stabilisierung der globalen Energienachfrage erwartet. Zum künftigen Energiemix werden allerdings – abhängig von den jeweils getroffenen
unterschiedlichen Annahmen – differierende Ergebnisse ausgewiesen. Der Anteil der
erneuerbaren Energien am gesamten Primärenergieverbrauch bewegt sich 2050 – je nach
Szenario – zwischen einem und zwei Drittel.

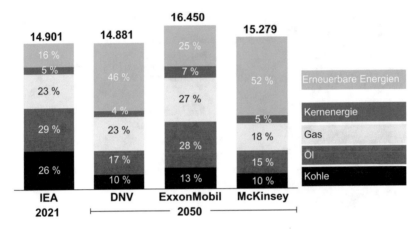

Abb. 2.32 Synopse ausgewählter Prognosen zum globalen Primärenergieverbrauch

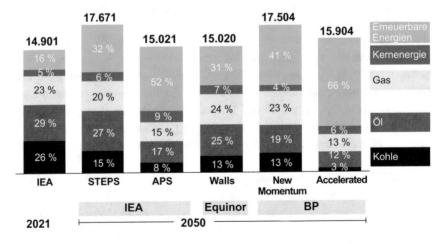

Abb. 2.33 Synopse ausgewählter exploratorischer Szenarien zum globalen Primärenergieverbrauch

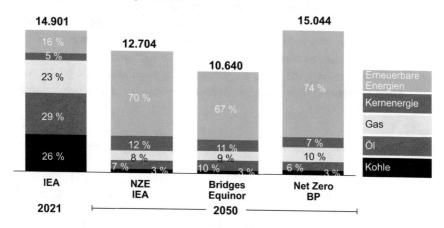

Primärenergieverbrauch weltweit - Synopse der Zielszenarien von IEA, Equinor und BP

in Millionen Tonnen Öläquivalenten

Quelle: IEA, World Energy Outlook 2022; BP Energy Outlook 2023 (Net Zero); Equinor, Energy Perspectives 2022

Abb 2.34 Synopse ausgewählter normativer Szenarien zum globalen Primärenergieverbrauch

In den normativen Szenarien, deren Ausgangspunkt durchgängig eine Einhaltung des 1,5 Grad-Ziels ist, werden deutlich abweichende Ergebnisse aufgezeigt. So gehen etwa die IEA, Equinor und BP in den modellierten Net Zero-Szenarien, bei Equinor als *Bridges* bezeichnet, davon aus, dass die erneuerbaren Energien im Jahr 2050 dominieren, und zwar mit Anteilen am Primärenergieverbrauch zwischen zwei Drittel und drei Viertel. Der Beitrag der Kernenergie verdoppelt sich in etwa im Vergleich zum heutigen Stand. Der Anteil fossiler Energien vermindert sich von gegenwärtig noch rund 80 % auf etwa 20 % im Jahr 2050 (Abb. 2.34). In der Stromerzeugung sind die Anteile der erneuerbaren Energien noch höher. Sie rangieren in den Net Zero-Szenarien etwa von BloombergNEV, DNV, McKinsey, Shell und IRENA zwischen 80 und 90 %.[14]

2.3   Fazit

Die Zukunft der Energieversorgung sieht deutlich anders aus als die Vergangenheit. Dies zeigen die Projektionen und Szenarien, die in den letzten Monaten von internationalen Organisationen und von global agierenden Konzernen vorgelegt wurden. Es vollzieht sich ein Wandel von einem durch fossile Energien gekennzeichneten Zeitalter zu einer Welt, in der die erneuerbaren Energien dominieren. Entscheidende Schlüssel für das Erreichen

---

[14] [14, 15]

der ehrgeizigen Klimaziele sind die beschleunigte Verbesserung der Energieeffizienz, die breite Umsetzung der Technologie der Abscheidung und Nutzung beziehungsweise Speicherung von CO_2, der massive Ausbau der erneuerbaren Energien bei der Deckung des stark wachsenden Strombedarfs sowie das Setzen auf Wasserstoff, in den Sektoren, die für eine Elektrifizierung nur schwer zu erschließen sind.[15] Die Bepreisung von CO_2, möglichst weltweit in vergleichbarer Höhe umgesetzt, Technologie neutrale Fördermechanismen durch Regierungen und verstärkte internationale Zusammenarbeit werden als entscheidend angesehen, um die Nachhaltigkeitsziele zu erreichen. Dazu gehört vor allem das Ziel einer Begrenzung des globalen Temperaturanstiegs auf deutlich unter 2 Grad Celsius.

Literatur

1. Schiffer H-W (2023) Prognosen und Szenarien zur weltweiten Energieversorgung. ew 3, 12–19, (2023)
2. EWI/GWS/Prognos (2014) Entwicklung der Energiemärkte – Energiereferenzprognose. Basel/Köln/Osnabrück, Juni 2014
3. ExxonMobil (2022) Outlook for Energy. Irving, Texas, Oktober 2022. https://corporate.exxonmobil.com/energy-and-innovation/outlook-for-energy
4. DNV (2022) Energy Transition Outlook 2022. Oslo, Oktober 2022. https://www.dnv.com/energy-transition-outlook/download.html
5. McKinsey & Company (2022) Global Energy Perspective 2022. New York City. https://www.mckinsey.com/~/media/McKinsey/Industries/Oil%20and%20Gas/Our%20Insights/Global%20Energy%20Perspective%202022/Global-Energy-Perspective-2022-Executive-Summary.pdf
6. World Energy Council (2019) World Energy Scenarios 2019, London. https://www.worldenergy.org/assets/downloads/Scenarios_FINAL_for_website.pdf
7. International Energy Agency (2022) World Energy Outlook 2022, Paris. https://iea.blob.core.windows.net/assets/75cd37b8-e50a-4680-bfd7-0424e04a1968/WorldEnergyOutlook2022.pdf
8. BP (2023) Energy Outlook 2023 edition. London, Januar 2023. https://www.bp.com/content/dam/bp/business-sites/en/global/corporate/pdfs/energy-economics/energy-outlook/bp-energy-outlook-2023.pdf
9. Weltenergierat Deutschland (2021) Prognosen und Szenarien zur globalen Energieversorgung. Energie für Deutschland 2021, Berlin. https://www.weltenergierat.de/wp-content/uploads/2021/06/WEC_Energie-für-Deutschland-2021.pdf
10. BloombergNEF (2022) New Energy Outlook 2022. New York City, Dezember 2022. https://about.bnef.com/new-energy-outlook/
11. Energy Information Administration (2021) International Energy Outlook 2021. Washington DC, Oktober 2021. https://www.eia.gov/outlooks/ieo/
12. Equinor (2022) Energy Perspectives 2022. Stavanger, September 2022. https://www.equinor.com/news-and-media/energy-perspectives-2022-presentation
13. Hydrogen Council, McKinsey & Company (2021) Hydrogen Insights Report 2021, Brüssel. https://hydrogencouncil.com/wp-content/uploads/2021/02/Hydrogen-Insights-2021-Report.pdf

---

[15] [16, 17]

14. IRENA (2022) World Energy Transition Outlook: 1.5 ^{0}C Pathway. International Renewable Energy Agency, Abu Dhabi. https://www.irena.org/-/media/files/irena/agency/publication/2022/mar/irena_weto_summary_2022.pdf?la=en&hash=1da99d3c3334c84668f5caae029bd9a076c10079

15. Shell (2021) The Energy Transformation Scenarios, London. https://www.shell.com/promos/energy-and-innovation/download-full-report/_jcr_content.stream/1627553067906/fba2959d9759c5ae806a03acfb187f1c33409a91/energy-transformation-scenarios.pdf

16. World Energy Council (2021) Innovation Insights Briefing: Hydrogen on the Horizon, London. https://www.worldenergy.org/assets/downloads/Working_Paper_-_National_Hydrogen_Strategies_-_September_2021.pdf?v=1646390984

17. World Energy Council (2022) Regional Insights into Low-Carbon Hydrogen Scale up, London. https://www.worldenergy.org/assets/downloads/World_Energy_Insights_Working_Paper_Regional_insights_into_low-carbon_hydrogen_scale_up.pdf?v=1654526979

Strukturen des deutschen Energiemarktes 3

Dieses Kapitel behandelt die Strukturen auf den Energiemärkten für Mineralöl, Braunkohle, Steinkohle, Erdgas und Elektrizität in Deutschland. Berücksichtigt ist dabei die gesamte Wertschöpfungskette von der Gewinnung bzw. dem Import der genannten Energieträger, deren Umwandlung, Transport und Verteilung bis hin zum Absatz an Endverbraucher. Zur Erklärung des gegenwärtigen Standes wird auch ein Abriss über die historische Entwicklung von Daten und Fakten gegeben. Der russische Einmarsch in die Ukraine am 24. Februar 2022 hat die Situation auf dem deutschen Energiemarkt maßgeblich verändert. Dem wird vor allem im Abschnitt zur Versorgung mit Erdgas Rechnung getragen. Dort sind die stärksten Auswirkungen sichtbar geworden – verknüpft mit dem Stichwort „Zeitenwende". Die erneuerbaren Energien werden in Kap. 4 gesondert behandelt. Damit wird der wachsenden Bedeutung von Windkraft, Solarenergie und anderen erneuerbaren Technologien für die angestrebte Energiewende Rechnung getragen.

3.1 Aufkommen und Verwendung von Energie – Struktur des Aufkommens nach der Herkunft und der Verwendung nach Energieträgern und Verbrauchssektoren

Der Begriff Primärenergie erfasst Energieträger, wie sie in der Natur vorkommen. Dazu zählen die fossilen Brennstoffe, Kernbrennstoffe und erneuerbare Energien. Die Primärenergien werden teilweise unmittelbar einer Nutzung zugeführt. Das gilt beispielsweise für Erdgas, soweit dieser Energieträger beispielsweise direkt für Industrieprozesse oder zur Deckung des Raumwärmebedarfs eingesetzt wird. Allerdings geht zu weiten Teilen der Nutzung eine Umwandlung der Primärenergie in Sekundärenergie voraus. Das betrifft

H. Schiffer, *Einführung in die Energiewirtschaft*,
https://doi.org/10.1007/978-3-658-41747-5_3

etwa die Erzeugung von Strom oder Wärme in Kraftwerken oder die Produktion von Kraftstoffen, Heizölen und anderen Mineralölprodukten in Raffinerien. Dieser Umwandlungsprozess ist mit Energieverlusten verbunden, die für die Veredlung der Primärenergie in Kauf genommen werden müssen.

Von der energetischen Nutzung unterschieden wird der sogenannte nichtenergetische Verbrauch. Darunter versteht man die stoffliche Nutzung von Energie, etwa zur Erzeugung von Kunststoffen in der Chemie. Weitere Beispiele für eine stoffliche Nutzung sind der Einsatz von Bitumen, das bei der Raffination von Rohöl als Rückstand anfällt, für den Straßenbau oder auch das Motorenöl.

Subtrahiert man vom gesamten erfassten Primärenergieverbrauch den nichtenergetischen Verbrauch, die bei der Umwandlung in Sekundärenergie entstehenden Verluste und den Eigenverbrauch in den Energiesektoren sowie die Leitungsverluste, die etwa beim Transport von Strom oder Erdgas auftreten, ergibt sich der Endenergieverbrauch. Angesichts der dargestellten Zusammenhänge macht der Endenergieverbrauch nur rund zwei Drittel des Primärenergieverbrauchs aus.

Durch die Umwandlung von Endenergie in Nutzenergie entstehen aufseiten der Verbraucher in den konkreten Anwendungsbereichen weitere Verluste, deren Höhe von der Effizienz der jeweiligen Anlagen abhängig ist. Als Faustregel lässt sich festhalten, dass diese bei den Verbrauchern anfallenden Verluste im Mittel einer Größenordnung von mehr als einem Drittel entsprechen. Die Nutzenergie in Form von Kraft, Wärme und Licht entspricht somit nur etwa 30 % des gesamten Primärenergie-Aufkommens. Das liegt zu weiten Teilen an den Verlusten, die innerhalb der gesamten Prozesskette entstehen, daneben aber auch daran, dass der nichtenergetische Verbrauch in Abzug gebracht und nicht der Nutzenergie zugerechnet wird (Abb. 3.1).

Die einzelnen Energieträger können wie folgt klassifiziert werden. Es wird grundsätzlich zwischen nicht-erneuerbaren Energien und erneuerbaren Energien unterschieden. Zu den nicht-erneuerbaren Energien zählen Erdöl, Erdgas, Stein- und Braunkohle sowie die Kernbrennstoffe. Bei erneuerbaren Energien handelt es sich um Wasserkraft, Wind- und Solarenergie, Biomasse, Geothermie und auch Meeresenergie (Abb. 3.2).

Die allgemeinen Ausführungen zum Energieflussdiagramm können am Beispiel der Situation in der Bundesrepublik Deutschland im Jahr 2021 mit konkreten Zahlen unterlegt werden. Dabei wird zunächst auf die offiziell verwendete Energieeinheit Joule abgestellt. Es zeigt sich, wie sich das Energieaufkommen im Inland, das sich im Wesentlichen aus Importen und Gewinnung im Inland zusammensetzt, in verschiedene 'Flüsse' aufteilt. Abzüglich der Exporte und der Nutzung für Seeschiffe (Bunkerung) ergibt sich der Primärenergieverbrauch. Primärenergie- und Endenergieverbrauch unterscheiden sich durch den nichtenergetischen Verbrauch, die Umwandlungsverluste und den Verbrauch in den Energiesektoren. Ferner wird im Energieflussbild transparent gemacht, welche Anteile des Endenergieverbrauchs auf die einzelnen Sektoren entfallen (Abb. 3.3).

Das gleiche Energieflussbild kann – statt in Petajoule – unter Umrechnung mit dem Heizwert auch in anderen Energieeinheiten dargestellt werden. Vielfach wird auch

Energieflussdiagramm
Von der der Primärenergie zur Nutzenergie

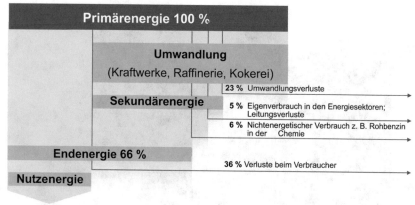

Quelle: Institut für ökonomische Bildung Oldenburg, Hrsg., Ökonomie mit Energie, Braunschweig 2007

Abb. 3.1 Energieflussdiagramm – Von der Primärenergie zur Nutzenergie

Klassifizierung der Energieträger

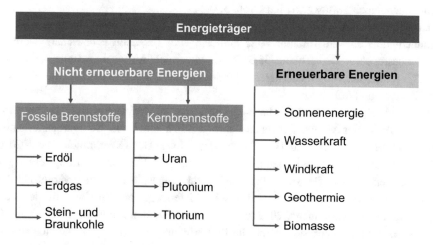

Abb. 3.2 Klassifizierung der Energieträger

Energieflussbild 2021* für die Bundesrepublik Deutschland
in Petajoule (PJ)

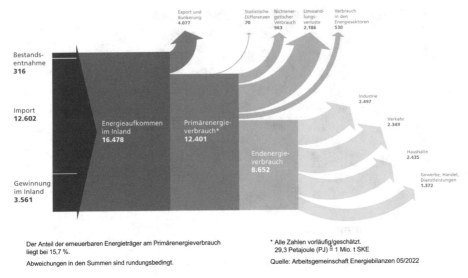

Der Anteil der erneuerbaren Energieträger am Primärenergieverbrauch liegt bei 15,7 %.

Abweichungen in den Summen sind rundungsbedingt.

* Alle Zahlen vorläufig/geschätzt.
29,3 Petajoule (PJ) ≙ 1 Mio. t SKE

Quelle: Arbeitsgemeinschaft Energiebilanzen 05/2022

Abb. 3.3 Energieflussbild 2021 für die Bundesrepublik Deutschland in Petajoule

gegenwärtig noch – im Wesentlichen erklärbar durch historische Gründe – auf die Steinkohleneinheit zurückgegriffen (Abb. 3.4).

Hinsichtlich des Primärenergieverbrauchs kommt dem Mineralöl nach wie vor eine dominierende Rolle zu. Im Jahr 2022 entfielen vom gesamten Primärenergieverbrauch der Bundesrepublik Deutschland 35,3 % auf Mineralöl. An zweiter Stelle steht Erdgas mit 23,6 %, gefolgt von erneuerbaren Energien mit 17,2 % sowie Braunkohle, Steinkohle und Kernenergie (Abb. 3.5).

Im Vergleich zum Jahr 2020 hat sich 2021 und 2022 eine Entwicklung eingestellt, die vom Trend der vorangegangenen Jahre deutlich abweicht. So wurden erhebliche Zuwächse bei Steinkohle und Braunkohle verzeichnet. Der Ölverbrauch war 2020 und 2021 als Folge des Lockdowns deutlich zurückgegangen; 2022 war allerdings ein Wiederanstieg zu verzeichnen. Der starke Preisanstieg für Erdgas, insbesondere verursacht durch die Verknappung des Angebots im Gefolge des Lieferstopps aus Russland, führte zu einer Verminderung des Verbrauchs, 2022 zusätzlich verstärkt durch die milde Witterung. Der Anstieg bei Kohle erklärt sich durch die Preiserhöhungen für Erdgas, die sich seit dem vierten Quartal 2021 eingestellt und im dritten Quartal 2022 zu Notierungen auf den Großhandelsmärkten in zuvor noch nie dagewesener Höhe geführt hatten. Für den Rückgang der erneuerbaren Energien im Jahr 2021 waren vor allem die – im Vergleich zum Vorjahr – ungünstigeren Windverhältnisse verantwortlich. 2022 verzeichnete die Solarenergie, bedingt durch die Zunahme an Neuinstallationen von PV-Anlagen, deutliche Zuwächse.

Energieflussbild 2021* für die Bundesrepublik Deutschland
in Mio. t SKE

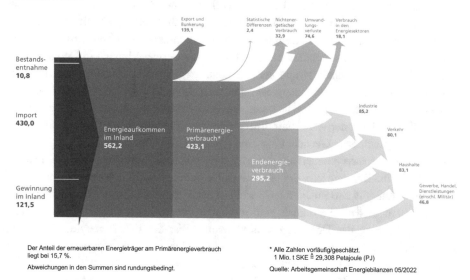

Der Anteil der erneuerbaren Energieträger am Primärenergieverbrauch liegt bei 15,7 %.

Abweichungen in den Summen sind rundungsbedingt.

* Alle Zahlen vorläufig/geschätzt.
1 Mio. t SKE ≙ 29,308 Petajoule (PJ)

Quelle: Arbeitsgemeinschaft Energiebilanzen 05/2022

Abb. 3.4 Energieflussbild 2021 für die Bundesrepublik Deutschland in Millionen Tonnen Steinkohleneinheiten

Primärenergieverbrauch in Deutschland nach Energieträgern 2022

Insgesamt: 401,6 Millionen Tonnen Steinkohleneinheiten (11.769 Petajoule)

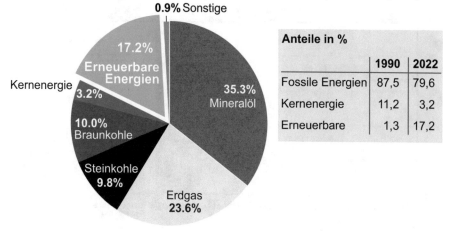

Anteile in %		
	1990	2022
Fossile Energien	87,5	79,6
Kernenergie	11,2	3,2
Erneuerbare	1,3	17,2

Quelle: Arbeitsgemeinschaft Energiebilanzen, April 2023

Abb. 3.5 Primärenergieverbrauch in Deutschland nach Energieträgern 2022

Aber auch die hohe Sonneneinstrahlung trug zu dem ermittelten Anstieg bei. Der Zuwachs des Beitrags der Windenergie im Jahr 2022 geht vornehmlich auf die günstigen Windverhältnisse zurück. Der Beitrag der Kernenergie halbierte sich 2022 im Vergleich zum vorangegangenen Jahr. Grund war die zum Jahresende 2021 erfolgte Stilllegung der drei Kernkraftwerksblöcke Gundremmingen C, Grohnde und Brokdorf (Abb. 3.6).

In den letzten drei Jahrzehnten hat sich der Primärenergieverbrauch in Deutschland – trotz des Bevölkerungsanstiegs und der Zunahme der Wirtschaftsleistung – um rund ein Fünftel vermindert. Der Primärenergieverbrauch erreichte 2022 den niedrigsten Stand seit dem Jahr 1990. Wichtigste Ursachen sind die Verbesserung der Energieeffizienz und der strukturelle Wandel in der Wirtschaft. Energieintensive Produktionen haben zugunsten des Dienstleistungssektors an Gewicht eingebüßt (Abb. 3.7). Für das Bild nach Energieträgern ist kennzeichnend, dass erneuerbare Energien und Erdgas an Bedeutung gewonnen haben, während sich die Beiträge von Kohlen, Mineralöl und Kernenergie vermindert haben.

Die erste Energiekrise im Jahr 1973 stellt einen Wendepunkt in der Entwicklung des Energieverbrauchs dar. Die damals stark erhöhten Preise für Öl führten zu einer deutlichen Verringerung der Dominanz von Mineralöl. War der Primärenergieverbrauch in Deutschland 1973 fast zur Hälfte durch Mineralölprodukte gedeckt worden, so lag deren Anteil 2022 nur noch bei gut einem Drittel. Im Unterschied dazu hat sich der Anteil von Erdgas in dieser Zeit verdreifacht. Der Beitrag von Kohle – dies gilt für Steinkohle

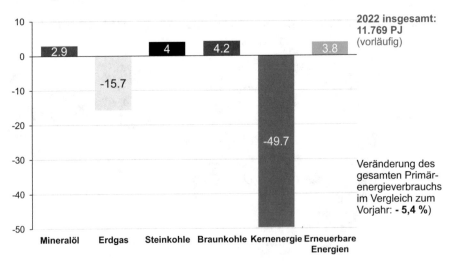

Abb. 3.6 Primärenergieverbrauch in Deutschland – Änderungsraten 2022 gegenüber 2021 nach Energieträgern

Entwicklung des Primärenergieverbrauchs seit 1990 - 2022
in Petajoule (PJ)

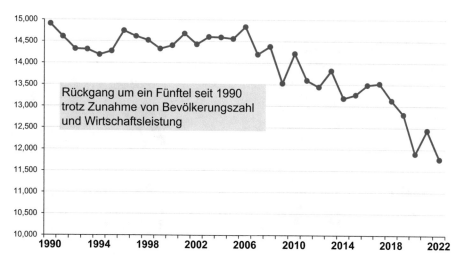

Rückgang um ein Fünftel seit 1990
trotz Zunahme von Bevölkerungszahl
und Wirtschaftsleistung

Quelle: Arbeitsgemeinschaft Energiebilanzen, April 2023

Abb. 3.7 Entwicklung des Primärenergieverbrauchs in Deutschland nach Energieträgern seit 1990 in Petajoule

und für Braunkohle, wenn auch aus unterschiedlichen Gründen – hat sich auf weniger als die Hälfte vermindert. Wesentlicher Grund für den Rückgang der Steinkohle war die fehlende Wettbewerbsfähigkeit der in vorangegangenen Jahrzehnten noch stark genutzten Mengen aus inländischer Förderung. Bei der Braunkohle erklärt sich die Entwicklung vor allem durch deren Ablösung als zuvor in den neuen Bundesländern primär genutzter Energieträger nach der Wiedervereinigung. Der Beitrag erneuerbarer Energien hat sich stark vergrößert. So tragen erneuerbare Energien inzwischen mit 17,2 % zur Deckung des Primärenergieverbrauchs bei. 1973 war deren Anteil noch auf 1 % begrenzt. Der Primärenergieverbrauch an Kernenergie, der sich nach 1973 zunächst deutlich erhöht hatte, ist seit der Reaktorkatastrophe in Fukushima als Folge der dadurch in Deutschland ausgelösten Entscheidung zum schrittweisen Ausstieg aus der Nutzung dieser Energieform stark verringert worden und seit Mitte April 2023 auf Null gesunken (Abb. 3.8).

Auch in der Zusammensetzung des Primärenergieverbrauchs nach Sektoren war im Zeitraum 1973 bis 2022 ein starker Wandel festzustellen. So nahm der Endenergieverbrauch des Verkehrssektors während der vergangenen fast fünf Jahrzehnte stark zu, wobei der Trend lediglich durch die Corona-Pandemie unterbrochen wurde. Im Sektor Private Haushalte wird heute fast ebenso viel Energie verbraucht wie 1973. Demgegenüber ist der Energieverbrauch der Industrie stark gesunken, und auch der Verbrauch des Sektors Handel/Gewerbe/Dienstleistungen hat sich verringert (Abb. 3.9).

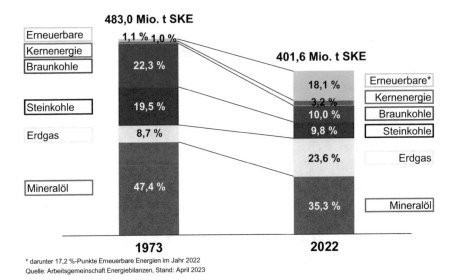

Primärenergieverbrauch in Deutschland nach Energieträgern 1973 bis 2022

* darunter 17,2 %-Punkte Erneuerbare Energien im Jahr 2022
Quelle: Arbeitsgemeinschaft Energiebilanzen, Stand: April 2023

Abb. 3.8 Primärenergieverbrauch in Deutschland nach Energieträgern 1973 bis 2022

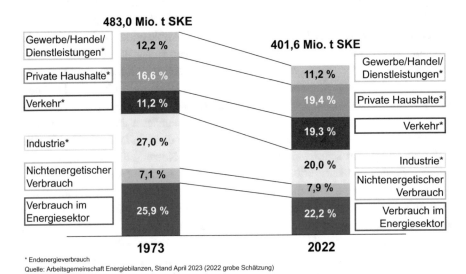

Primärenergieverbrauch in Deutschland nach Sektoren 1973 bis 2022

* Endenergieverbrauch
Quelle: Arbeitsgemeinschaft Energiebilanzen, Stand April 2023 (2022 grobe Schätzung)

Abb. 3.9 Primärenergieverbrauch in Deutschland nach Sektoren 1973 bis 2022

Wichtige Substitutionsmöglichkeiten in der Energieumwandlung und -nutzung

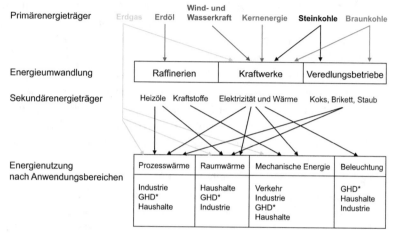

* Gewerbe/Handel/Dienstleistungen

Abb. 3.10 Wichtige Substitutionsmöglichkeiten in der Umwandlung und Nutzung von Energie

Die Verbraucher sind im Prinzip nicht an den Energieträgern, wie Öl, Gas, Kohle oder Strom, als solchen interessiert, sondern an den Energiedienstleistungen, die unter Einsatz von Energieträgern bereitgestellt werden. Die Nachfrage nach Energie ist also eine abgeleitete Nachfrage, abgeleitet aus dem Bedarf unter anderem an Wärme, Helligkeit, Kühlung, motorischer Kraft.

▶ Weil die Energienachfrage eine abgeleitete Nachfrage ist,

- bestehen weitreichende Substitutionsmöglichkeiten zwischen Energieträgern sowie auch zwischen Energie- und Kapitaleinsatz;
- bewertet der Nachfrager nicht isoliert die Energieträger, sondern die Gesamtsysteme (Energienutzungssysteme), die zur Erstellung von Energiedienstleistungen zusammenwirken.

Substitutionsmöglichkeiten zwischen Energieträgern bestehen zum Beispiel in der Stromerzeugung, in der Bereitstellung von Prozesswärme in der Industrie und von Raumwärme unter anderem in Wohnungen sowie – grundsätzlich – auch im Verkehrssektor.

Substitutionsmöglichkeiten zwischen Energie- und Kapitaleinsatz ergeben sich, weil Energie nicht „roh", sondern in einem System zur Bereitstellung von Energiedienstleistungen genutzt wird. Hauptbestandteile dieser Energiebereitstellungssysteme sind unter anderem Kraftwerke, Fahrzeugmotoren, Heizungsanlagen und stationäre Motoren. Diese Energiewandler können unterschiedlich effizient sein. So erfordert die Erzeugung einer bestimmten Strommenge in einem Kraftwerk mit hohem Wirkungsgrad einen geringeren Energieeinsatz als in einer weniger effizienten Anlage (Abb. 3.11 und 3.12). Die Errichtung einer effizienteren Anlage ist vielfach allerdings mit einem – im Vergleich zu einer weniger effizienten Anlage – höheren Kapitaleinsatz verbunden. Die Realisierung der letzten Zehntel-Prozentpunkte zur technisch möglichen Steigerung des Wirkungsgrades ist in der Regel am kostenaufwendigsten. Wie weit die technischen Möglichkeiten zur Nutzung einer höchstmöglichen Effizienz ausgenutzt werden, stellt somit eine ökonomische Optimierungsaufgabe dar.

Vergleichbares gilt für die Umwandlung von Energie auf der Endverbraucherstufe (z. B. in Heizungsanlagen oder in Fahrzeugen). Die Höhe des Energieverbrauchs wird beispielsweise aber auch durch die Bausubstanz von zu beheizenden oder zu kühlenden Gebäuden beeinflusst. Der Einsatz von Kapital für Dämmungsmaßnahmen eröffnet somit weitreichende Möglichkeiten zur Energieeinsparung.

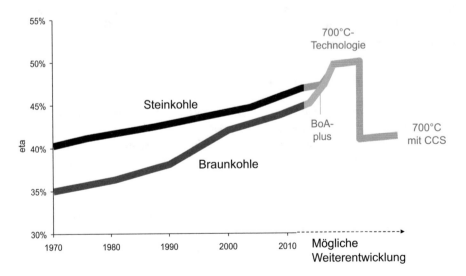

Abb. 3.11 Entwicklung der Wirkungsgrade bei Braun- und Steinkohlekraftwerken

Wirkungsgradentwicklung von Gasturbinen

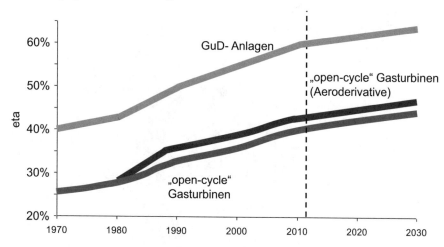

Abb. 3.12 Entwicklung der Wirkungsgrade von Gas- und Dampfturbinen-Kraftwerken und von Gasturbinen

Nach Anwendungsbereichen stellt sich der gesamte Endenergieverbrauch in Deutschland im Jahr 2021 wie folgt dar: Den größten Anteil hält die mechanische Energie mit 35,9 %, gefolgt von der Raumwärme mit 28,0 %. Auf Prozesswärme entfallen 22,6 %. Auf die Warmwasserbereitung entfallen 5,5 %. Der Klima- und Prozesskälte sind 2,7 % zuzurechnen. Die Beleuchtung macht 2,8 % aus. Informations- und Kommunikationstechnik kommen auf 2,5 % (Abb. 3.13).

Zur Deckung des Energiebedarfs muss Deutschland aufgrund geringer im eigenen Land verfügbarer Energierohstoffe in hohem Maße auf Importe zurückgreifen. Die Abhängigkeit von Energieimporten hat sich in den vergangenen Jahrzehnten deutlich vergrößert. So ist die Energiegewinnung im Inland seit dem Jahr 1990 um mehr als 40 % zurückgegangen (Abb. 3.14). Die Förderung an Steinkohle war Ende 2018 eingestellt worden. Der Abbau von Braunkohle wurde seit 1990 bis 2022 um 61 % reduziert. Die Gewinnung von Erdgas ist im gleichen Zeitraum um 72 % gesunken. Die Förderung von Erdöl hat sich halbiert. Zuwächse wurden einzig bei den erneuerbaren Energien verzeichnet. Die Nutzung erneuerbarer Energien in Deutschland hat sich seit 1990 verzehnfacht. Trotz dieses starken Anstiegs konnten die Einbußen bei der inländischen Förderung der fossilen Energien nicht vollständig kompensiert werden.

► Der Anteil der Einfuhren an der Deckung des Primärenergieverbrauchs hat sich in Deutschland von 58 % im Jahr 1990 auf 69 % im Jahr 2022 erhöht.

**Endenergieverbrauch im Jahr 2021
nach Anwendungsbereichen**

8.667 Petajoule entsprechend 296 Mio. t SKE

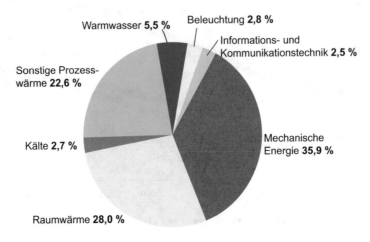

Quelle: AGEB, Stand: 01/2023

Abb. 3.13 Endenergieverbrauch im Jahr 2021 nach Anwendungsbereichen

Energiegewinnung in Deutschland 1990 bis 2022
in Mio. t SKE

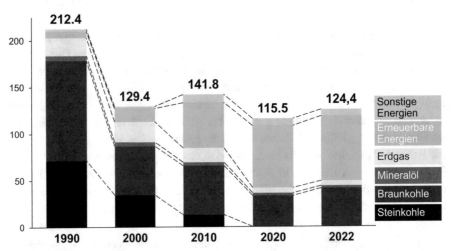

Quelle: Arbeitsgemeinschaft Energiebilanzen (AGEB), Auswertungstabellen, September 2022 sowie Jahresbericht 2022, April 2023

Abb. 3.14 Energiegewinnung in Deutschland 1990 bis 2022

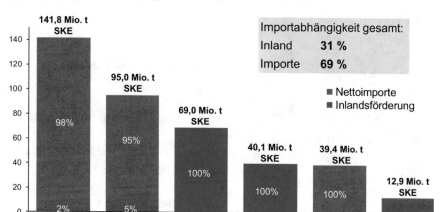

Energie-Importabhängigkeit Deutschlands im Jahre 2022

Quelle: Arbeitsgemeinschaft Energiebilanzen 04/2023 (Prozentzahlen als Anteile der Inlandsförderung am jeweiligen Primärenergieverbrauch errechnet); einschließlich Sonstiger Energien, wie o. a. Außenhandelssaldo Strom, von 3,4 Mio. t SKE ergibt sich der gesamte Primärenergieverbrauch von 401,6 Mio. t SKE.

Abb. 3.15 Importabhängigkeit Deutschland im Jahr 2022 nach Energieträgern

Dabei stellt sich das Bild für die einzelnen Energieträger sehr unterschiedlich dar. Bei Öl und Erdgas ist Deutschland fast vollständig und bei Steinkohle zu 100 % auf ausländische Lieferquellen angewiesen. Erneuerbare Energien und Braunkohle sind die einzigen heimischen Energien, auf die Deutschland zurückgreifen kann. Kernenergie ist eine Importenergie, wird aber in internationalen Statistiken den heimischen Energien zugerechnet, auch wenn das Uran importiert werden muss. Grund ist, dass die Kernenergie praktisch den gleichen Grad an Versorgungssicherheit gewährleistet wie heimische Energien (Abb. 3.15).

Auf einer Deutschlandkarte wird sichtbar, auf welche Standorte sich die Förderung von fossilen Energien in Deutschland konzentriert. Im Falle der Braunkohle sind das drei Regionen. Das sind das Rheinland, die Lausitz und Mitteldeutschland. Dort existieren zehn Tagebaue, in denen Braunkohle abgebaut wird. Die – geringe – Öl- und Erdgasförderung konzentriert sich auf den Norden der Bundesrepublik Deutschland (Abb. 3.16).

Erneuerbare Energien werden in allen Teilen Deutschland zur Erzeugung von Strom und Wärme genutzt. Schwerpunkte der Windstrom-Erzeugung ist eher der Norden der Republik, während Solarenergie in etwas stärkerem Umfang südlich der Main-Linie genutzt wird. Das Gleiche gilt für die Wasserkraft. Eine gleichmäßigere Verteilung über die Fläche der Bundesrepublik Deutschland gilt für die Biomasse. Die Tiefen-Geothermie spielt in Deutschland keine signifikante Rolle.

Schwerpunkte der Energiegewinnung

Fläche des Landes:
357.000 km²

Bevölkerung: 83 Millionen

Bruttoinlandsprodukt 2021:
3.567 Mrd. €

Ranking nach globaler Wirtschaftsleistung:
Nr. 4 hinter USA, China und Japan

Stand: Februar 2022

Quelle: H.-W. Schiffer, Energiemarkt Deutschland

Abb. 3.16   Schwerpunkte der fossilen Energiegewinnung in Deutschland

Die bedeutendsten Energie-Rohstofflieferanten der Bundesrepublik Deutschland waren 2022 Russland, Norwegen, USA, Kasachstan und Großbritannien. Die Einfuhrmengen an Rohöl, Steinkohle und an Erdgas aus Russland dürften sich zwar im Vergleich zu 2021 fast halbiert haben. Trotzdem stand Russland bei Rohöl und Steinkohle noch auf Platz 1 der für Deutschland wichtigsten Energie-Rohstofflieferanten. Norwegen hat 2022 Russland als stärkstes Lieferland für Erdgas abgelöst. Neben Erdgas hat Deutschland Rohöl aus Norwegen bezogen. Die USA waren 2022 zweitgrößter Lieferant für Steinkohle und – nach Kasachstan – drittgrößter Lieferant für Rohöl. Steinkohle. Zudem wurde LNG aus den USA über Importterminals in nordwesteuropäischen Nachbarländern bezogen. Weitere für Deutschland wichtige Ursprungsländer waren Großbritannien für Rohöl und Erdgas, die Niederlande und Katar für Erdgas sowie Kolumbien, Australien und Südafrika für Steinkohlen (Abb. 3.17).

Energie-Rohstofflieferanten Deutschlands 2022 – TOP 10

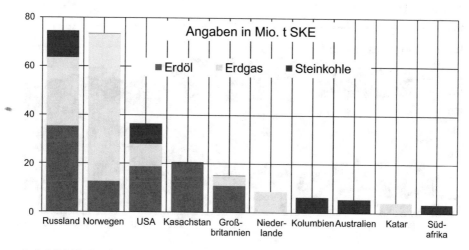

Quelle: H.-W. Schiffer; Datenquellen: Rohöl und Steinkohle: Basis AGEB; Erdgas: Bruegel, April 2023

Abb. 3.17 Wichtigste Energie-Rohstofflieferanten Deutschlands im Jahr 2022

3.2 Mineralölversorgung in Deutschland

Das Aufkommen an Mineralöl in Deutschland von insgesamt rund 129,3 Mio. t im Jahr 2022 setzte sich aus 1,7 Mio. t inländischer Förderung, aus 88,2 Mio. t Rohöleinfuhren, aus 35,3 Mio. t Importen an Mineralölprodukten und aus 4,1 Mio. t sonstige Mengen, wie Chemieprodukte und Zusätze, zusammen. Innerhalb der vergangenen vier Jahrzehnte hat sich das Aufkommen leicht vermindert. Die Einfuhren von Öl und insbesondere die Inlandsförderung sind gesunken. Allerdings hat sich diese Struktur des Aufkommens dadurch nicht signifikant verändert (Abb. 3.18).

3.2.1 Unternehmensstruktur auf der Aufkommensstufe

Das Mineralölaufkommen erbringen im Wesentlichen rund 50 Unternehmen. Diese Gesellschaften sind mit unterschiedlichem Gewicht, differierenden Funktionen innerhalb der Versorgungskette und verschiedenen regionalen Schwerpunkten auf dem deutschen Markt tätig. Im Einzelnen können die Unternehmen der Mineralölindustrie in Deutschland folgenden Anbietergruppen zugeordnet werden:

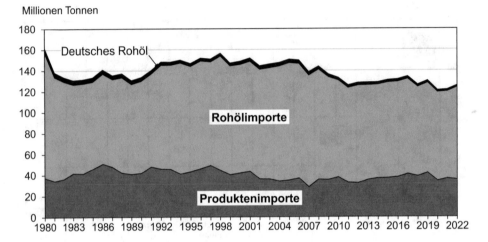

Abb. 3.18 Mineralölaufkommen in Deutschland 1980 bis 2022

- Fünf Töchter aus dem Kreis der sechs weltweit größten privaten Ölgesellschaften; das sind die Shell Deutschland Oil GmbH, die ESSO Deutschland GmbH, die BP Europa SE, die Total Deutschland GmbH und Phillips 66.
- Tochtergesellschaften europäischer Mineralölunternehmen. Beispielhaft genannt werden können: ENI Deutschland GmbH (Italien), Nynas AB (Schweden), PKN Orlen (Polen) und OMV Deutschland GmbH (Österreich). Im September 2022 hatte die Bundesnetzagentur die Treuhandverwaltung über die beiden in Berlin ansässigen Unternehmen Rosneft Deutschland sowie RN Refining & Marketing übernommen. Die beiden Unternehmen hielten Anteile an deutschen Raffinerien und Pipelines in Deutschland und der Europäischen Union, darunter auch an der brandenburgischen Raffinerie PCK sowie an den Raffinerien Miro und Bayernoil.
- Unternehmensbeteiligungen internationaler Investorengruppen; dazu können beispielsweise die Holborn Investment Company Ltd., die Varo Energy Refining GmbH, die Klesch & Company Ltd. und die Gunvor Group gezählt werden.

Ein Unternehmen mit hauptsächlich deutscher Beteiligung, das von der Rohölförderung über die Raffinerieverarbeitung bis zum Tankstellengeschäft alle Stufen der Wertschöpfungskette kontrolliert, existiert nicht mehr.

Daneben trägt eine von der Mineralölindustrie unabhängige Anbietergruppe zur Mineralölversorgung bei. Die Gesellschaften beziehen Mineralölprodukte von inländischen Raffinerien und importieren diese auch selbst. Die Produkteinfuhren des Handels konzentrieren sich vornehmlich auf Gasöle (Diesel und leichtes Heizöl), Ottokraftstoffe, schwere

Heizöle und Flugkraftstoffe. Dominierend sind Gasöle, für die der Handelsanteil in den zurückliegenden Jahren zwischen einem Drittel und der Hälfte der Importmengen lag.

3.2.2 Versorgung mit Rohöl und dessen Verarbeitung

Das Rohöl-Aufkommen in Deutschland wurde im Jahr 2022 zu 98 % aus Importen erbracht. Die Mehrheit der auf dem deutschen Markt tätigen Mineralölgesellschaften bezieht den überwiegenden Teil des Rohöls zum Teil direkt, zum Teil über ihre Muttergesellschaften von den Anbietern auf dem Weltölmarkt. Während Rohöl noch bis zur zweiten Ölkrise 1979/80 ganz überwiegend im Rahmen langfristiger Verträge gehandelt worden war, haben seitdem Spotgeschäfte stark an Bedeutung gewonnen.

► Der größte Teil des inländischen Ölverbrauchs wird durch Mineralölprodukte gedeckt, die in Raffinerien an unterschiedlichen Standorten in Deutschland aus dem dort eingesetzten Rohöl erzeugt werden.

Hinsichtlich der Herkunft der in deutschen Raffinerien eingesetzten Importrohöle ist ebenfalls ein beträchtlicher Strukturwandel festzustellen. 2022 wurde Deutschland aus insgesamt 30 Staaten mit Rohöl versorgt. Russland hatte sich in den letzten Jahren zum bedeutendsten Lieferanten entwickelt. 2022 war der Anteil Russlands, der 2021 noch gut ein Drittel erreicht hatte, auf ein Viertel zurückgegangen. In der Rangliste der wichtigsten Lieferländer folgten nach Ermittlungen der Arbeitsgemeinschaft Energiebilanzen (AGEB) Kasachstan, USA, Norwegen und das Vereinigte Königreich. (Abb. 3.19).

Rund drei Fünftel der weltweit geförderten Erdölmenge werden mit Tankschiffen in die Bestimmungsregionen transportiert. In dem jeweiligen Seehafen, in dem das Rohöl angelandet wird, erfolgt eine Einspeisung in eine Pipeline und fließt auf diesem Weg zur Raffinerie. Zu den Raffinerien in Deutschland geschieht dies über grenzüberschreitende Rohöl-Pipelines sowie über die Häfen Wilhelmshaven, Brunsbüttel, Hamburg und Rostock. Im Jahr 1958 hatte in Deutschland die erste Rohölpipeline den Betrieb aufgenommen. Das war die Nord-West Oelleitung (NWO), die eine Verbindung zwischen dem Seehafen Wilhelmshaven und den Raffinerien im Emsland und im Rhein-Ruhr-Gebiet herstellte. Weitere für die Versorgung von Raffinerien in Deutschland besonders wichtige Rohöl-Pipelines sind die Rotterdam-Rhein-Pipeline (RRP), die Transalpine Pipeline (TAL), die von Triest aus die Versorgung der süddeutschen und südwestdeutschen Raffinerien gewährleistet sowie die Drushba, die in der Vergangenheit die ostdeutschen Raffinerien Schwedt und Leuna mit russischem Rohöl versorgt hat (Abb. 3.20).

In Deutschland werden in 13 Raffinerien Rohöl und auch Fertigprodukte verarbeitet. Die Standorte verteilen sich auf den Norden (Hamburg, Heide und Lingen), den Westen (Gelsenkirchen, Köln-Godorf und Wesseling), den Südwesten (Karlsruhe), den Süden (Ingolstadt, Vohburg und Burghausen) sowie den Osten (Schwedt und Leuna). Die Verarbeitungskapazität belief sich Ende 2022 auf 105,7 Mio. t/Jahr. Die Raffinerien befinden

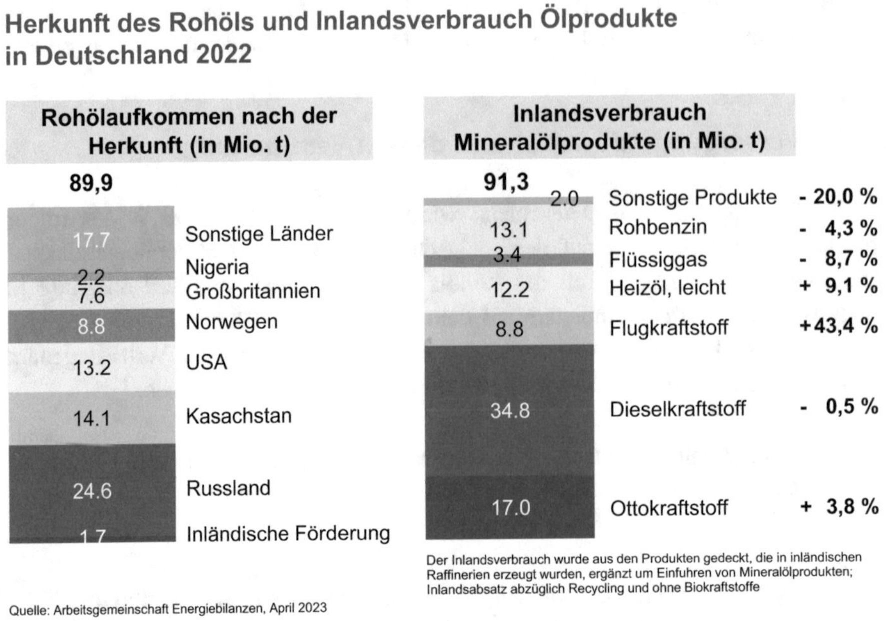

Herkunft des Rohöls und Inlandsverbrauch Ölprodukte in Deutschland 2022

Rohölaufkommen nach der Herkunft (in Mio. t)	Inlandsverbrauch Mineralölprodukte (in Mio. t)

89,9

17.7	Sonstige Länder
2.2	Nigeria
7.6	Großbritannien
8.8	Norwegen
13.2	USA
14.1	Kasachstan
24.6	Russland
1.7	Inländische Förderung

91,3

2.0	Sonstige Produkte	- 20,0 %
13.1	Rohbenzin	- 4,3 %
3.4	Flüssiggas	- 8,7 %
12.2	Heizöl, leicht	+ 9,1 %
8.8	Flugkraftstoff	+43,4 %
34.8	Dieselkraftstoff	- 0,5 %
17.0	Ottokraftstoff	+ 3,8 %

Der Inlandsverbrauch wurde aus den Produkten gedeckt, die in inländischen Raffinerien erzeugt wurden, ergänzt um Einfuhren von Mineralölprodukten; Inlandsabsatz abzüglich Recycling und ohne Biokraftstoffe

Quelle: Arbeitsgemeinschaft Energiebilanzen, April 2023

Abb. 3.19 Herkunft des Rohöls und Inlandsverbrauch an Ölprodukten in Deutschland 2022

sich zum Teil im Eigentum einer einzigen Gesellschaft; zum Teil handelt es sich aber auch über Gemeinschaftsraffinerien mit mehreren Anteilseignern. Letzteres gilt für die Raffinerien in Karlsruhe, Vohburg und Schwedt.

3.2.3 Importe von Mineralölprodukten

Neben der Raffination von Produkten in inländischen Raffinerien werden auch Mineralölerzeugnisse aus ausländischen Raffinerien nach Deutschland eingeführt. 2022 betrug deren Anteil am Gesamtaufkommen von Mineralöl etwa 27 %. Die regionalen Versorgungsschwerpunkte für importierte Fertigerzeugnisse liegen im Einzugsbereich der Küsten sowie entlang der Rheinschiene, also im Norden, im Westen und im Südwesten der Bundesrepublik Deutschland. Haupthandelsplatz für die Importmengen ist Rotterdam im Verbund mit Antwerpen und Amsterdam (ARA). Dieser Standort besitzt als Raffineriezentrum und als Umschlaghafen für die Produktenversorgung des deutschen Marktes die größte Bedeutung; er ist über den Rhein sowie die Rhein-Main-Rohrleitung (RMR) unmittelbar mit wichtigen Ballungsräumen in Deutschland verbunden.

Bei der Einfuhr von Mineralölprodukten bedienen sich die Raffineriegesellschaften neben Zukäufen von Dritten auf dem Weltmarkt ihrer eigenen weltweiten logistischen Versorgungssysteme. Ein Großteil der Importe von Mineralölprodukten erfolgt durch

Raffinerien und Pipelines in Deutschland

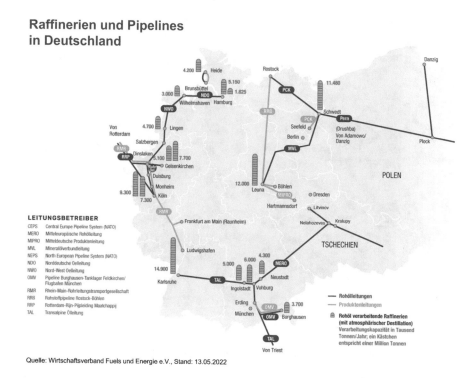

Quelle: Wirtschaftsverband Fuels und Energie e.V., Stand: 13.05.2022

Abb. 3.20 Raffinerien und Pipelines in Deutschland

Handelsunternehmen, die unabhängig von den Raffineriegesellschaften operieren. Das gesamte Importvolumen an Mineralölprodukten dürfte sich in den letzten Jahren in etwa jeweils zur Hälfte auf die Raffineriegesellschaften und auf Handelsfirmen verteilt haben.

3.2.4   Vertrieb von Mineralölerzeugnissen

Der Inlandsverbrauch an Mineralölprodukten belief sich 2022 auf 91,3 Mio. t (netto). Die wichtigsten Einsatzbereiche der Mineralölprodukte sind der Verkehrsbereich, der Wärmemarkt mit den Teilmärkten Industrie, Haushalte sowie Handel/Gewerbe/Dienstleistungen. Hinzu kommen Sektoren für Spezialprodukte, u. a. zur Umwandlung in Elektrizität und Chemieerzeugnisse. Bei der Belieferung mit Produkten schließen die in Deutschland tätigen Raffineriegesellschaften, die meist nur an einzelnen Standorten über eigene Verarbeitungskapazitäten verfügen, regionale Tauschabkommen ab, um auf diese Weise die erheblichen Transportkosten zu den großen Mineralölhändlern und zu den Verbrauchern zu reduzieren. Für die einzelnen Produkte existieren unterschiedliche Teilmärkte, die durch erhebliche strukturelle und regionale Besonderheiten gekennzeichnet sind (Abb. 3.21).

Mineralöl-Bilanz Deutschland 2021

in Millionen Tonnen

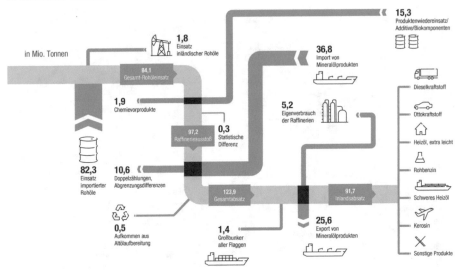

Quelle: Wirtschaftsverband Fuels und Energie e.V.

Abb. 3.21 Übersicht über die Mineralöl-Bilanz vom Aufkommen bis zur Verwendung

Der für Ottokraftstoffe und für Dieselkraftstoff wichtigste Absatzkanal ist der Vertrieb über Tankstellen. Zur Jahresmitte 2022 waren in Deutschland 14.460 Tankstellen erfasst worden. Dabei handelt es sich um 14.101 Straßentankstellen und 359 Autobahnstationen. Die zusammen 52 Mio. t Otto- und Dieselkraftstoff, die 2022 in Deutschland abgesetzt wurden, entsprechen umgerechnet rund 64 Mrd. Liter. Davon sind mehr als zwei Drittel über die erwähnten Straßentankstellen und Stationen an Bundesautobahnen vermarktet worden, während der verbleibende Anteil über Betriebstankstellen direkt an Lkw, Busse, Bau- und landwirtschaftliche Fahrzeuge sowie an die Bahn geliefert wurde. Die Unternehmen mit der größten Zahl an Tankstellen in Deutschland sind i. d. R. Konzerngesellschaften, wie Aral (im Eigentum von BP), Shell, Total, Esso, Jet (Phillips 66), Agip (ENI) oder OMV. Für den Wettbewerb auf dem Tankstellenmarkt spielen aber auch mittelständische Unternehmen eine wichtige Rolle, die zu weiten Teilen im Bundesverband freier und unabhängiger Tankstellen (bft) und im UNITI Bundesverband mittelständischer Mineralölunternehmen organisiert sind.

Zu den volumenmäßig wichtigsten Produkten zählt auch das leichte Heizöl. 2022 entsprach der Absatz dieses Erzeugnisses in Deutschland 12,2 Mio. t. Der auf dem Markt für leichtes Heizöl herrschende direkte Wettbewerb zwischen den Anbietern erstreckt sich auf zwei Versorgungsstufen. Auf der Großhandelsstufe versorgen die inländischen Raffineriegesellschaften sowie die Großhändler und Importeure ein Netz von etwa 2000 überwiegend mittelständisch strukturierten Handelsbetrieben. Die Endverbraucherstufen mit rund 5 Mio. Kunden versorgt in erster Linie der örtliche Brennstoffhandel.

Der Absatz an Flugkraftstoffen hatte sich 2022 im Vergleich zum Vorjahr um 43,4 % auf 8,8 Mio. t erhöht. Allerdings unterschritten die Vertankungen auf deutschen Flughäfen, die sich 2019 auf 10,2 Mio. t belaufen hatten und 2020 pandemiebeding auf weniger als die Hälfte eingebrochen waren, auch 2022 noch das Niveau von 2019. Als weitere Mineralölprodukte sind Rohbenzin und Flüssiggas (LPG) zu nennen. Unter Einbeziehung auch der anderen Mineralölprodukte, wie u. a. Bitumen oder Petrolkoks, teilt sich der gesamte Inlandsabsatz – bezogen auf das Jahr 2022 – wie folgt auf: Zwei Drittel entfielen auf den Verkehrssektor. Das verbleibende Drittel verteilte sich auf die Industrie sowie den Sektor Haushalte sowie Gewerbe/Handel/Dienstleistungen. Der Einsatz von Öl in Kraftwerken war gering.

3.3   Die Rolle der Braunkohle

In Deutschland wurden 2022 rund 130,8 Mio. t Braunkohle – entsprechend 40,7 Mio. t SKE – gefördert, und zwar ausschließlich im Tagebau. Der Anteil der Inlandsgewinnung am Aufkommen liegt bei 99,9 %. Die deutsche Braunkohlenförderung konzentriert sich auf drei Regionen: Das Rheinische Revier im Westen von Köln, das Lausitzer Revier im Nordosten von Dresden und das Mitteldeutsche Revier in der Umgebung von Leipzig. 2022 entfielen von der Gesamtförderung 50 % auf das Rheinland, 37 % auf die Lausitz und 13 % auf Mitteldeutschland (Abb. 3.22 und 3.23).

3.3.1   Rechtliche Grundlagen

Das Bergrecht stellt die wesentliche rechtliche Grundlage für alle bergbaulichen Tätigkeiten dar. Es umfasst die für den Bergbau geltenden speziellen Normen (Gesetze, Verordnungen), die wegen der Besonderheiten des Bergbaus von dem allgemeinen Recht abweichende, das heißt auf den Bergbau zugeschnittene und nur für diesen Wirtschaftszweig geltende Regelungen enthalten. Daneben gelten auch für den Bergbau die allgemeinen Rechtsvorschriften, wie das Wasserrecht und das Immissionsschutzrecht. Regeln allgemeine Rechtsvorschriften und das Bergrecht denselben Sachverhalt, hat das Bergrecht als Sonderrecht für den Bergbau Vorrang vor den Vorschriften des allgemeinen Rechts. Den Kern des Bergrechts bildet das Bundesberggesetz, das insbesondere in Fragen der Umweltprüfungen sowie Öffentlichkeitsbeteiligung kontinuierlich aktualisiert und über höchstrichterliche Anwendungsvorgaben fortgeschrieben wurde.

Gemäß Bundesberggesetz erstreckt sich das Eigentum an einem Grundstück nicht automatisch auf alle darunter liegenden Bodenschätze. Solche, die nicht dem Grundeigentum zufallen, werden bergfreie Bodenschätze genannt. Hierzu zählt die Braunkohle. Zur Aufsuchung und Gewinnung dieser Bodenschätze bedarf es einer Bergbauberechtigung. Das

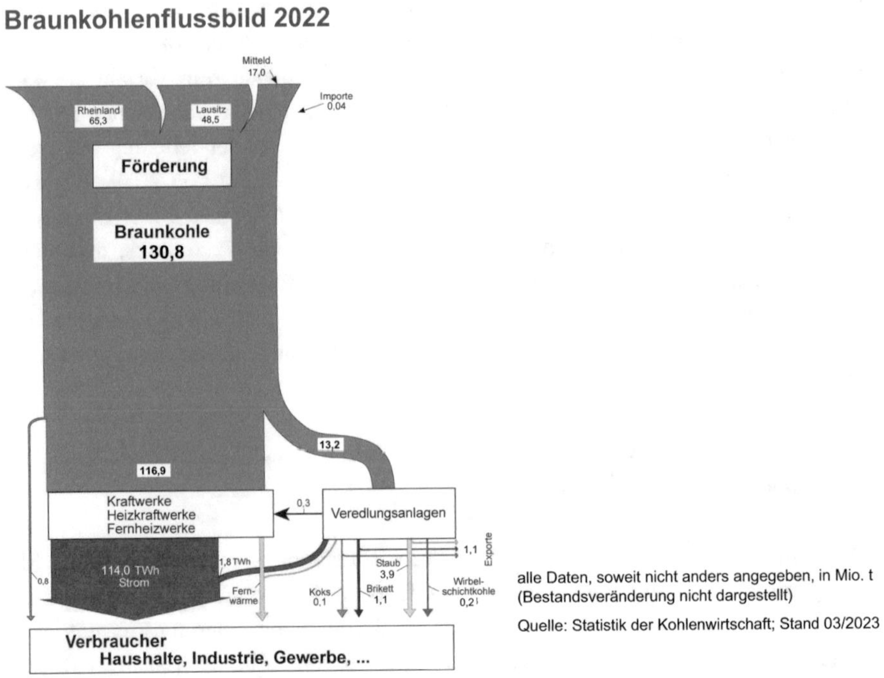

Braunkohlenflussbild 2022

Abb. 3.22 Braunkohlenflussbild 2022

Bundesbergesetz unterscheidet zwischen drei Bergbauberechtigungen: die Erlaubnis, die Bewilligung und das Bergwerkseigentum. Die Erlaubnis dient nur zur Aufsuchung der Bodenschätze. Bewilligung und Bergwerkseigentum gewähren das ausschließlich Recht, in einem bestimmten Feld bestimmte Bodenschätze aufzusuchen, zu gewinnen und das Eigentum an den Bodenschätzen zu erwerben. Die Erteilung der Bergbauberechtigungen erfolgt durch die zuständige Behörde.

Das Bundesberggesetz regelt ferner die Ausübung der Bergbauberechtigung. Erforderlich hierfür sind Betriebspläne, die vom Bergbauunternehmen aufgestellt und der zuständigen Behörde zur Genehmigung vorgelegt werden müssen. Gemäß Bundesberggesetz wird zwischen verschiedenen Arten von Betriebsplänen unterschieden. Dies sind insbesondere:

- Rahmenbetriebspläne,
- Hauptbetriebspläne,
- Sonderbetriebspläne und
- Abschlussbetriebspläne.

Braunkohle in Deutschland

Abb. 3.23   Standorte der Braunkohlen-Tagebaue in Deutschland

Rahmenbetriebspläne müssen mindestens allgemeine Angaben über das beabsichtigte Vorhaben, über dessen technische Durchführung und den voraussichtlichen zeitlichen Ablauf
enthalten. Hauptbetriebspläne sind vom Unternehmen für die Errichtung und Führung
eines Bergbaubetriebes vorzulegen. Sie erstrecken sich in der Regel über Zeiträume von
zwei bis fünf Jahren. Sonderbetriebspläne sind auf Verlangen der Behörde für bestimmte
Teile des Betriebes oder bestimmte Vorhaben vorzulegen, die außerhalb des Regelbe-
triebs liegen. Für die Einstellung des Betriebes ist schließlich ein Abschlussbetriebsplan
zu erarbeiten. Dieser regelt unter anderem die Wiedernutzbarmachung der Oberfläche
und gewährleistet, dass nach Abschluss des Betriebes von diesem keine Gefahren mehr
ausgehen.

Neben der Erfüllung der Vorschriften nach dem Bundesberggesetz ist für den Aufschluss und Betrieb eines Braunkohlentagebauvorhabens nach Maßgabe des jeweiligen Landesrechts vorlaufend ein besonderes landesplanerisches Genehmigungsverfahren
durchzuführen. Dieses Verfahren mündet in der Aufstellung und Genehmigung eines
Braunkohlenplans.

3.3.2   Gewinnung der Braunkohle

Zum Abbau der Braunkohle kommt Großgerätetechnik zum Einsatz. Im Rheinland wurde die Schaufelradbaggertechnologie, die aus der Förderkombination *Bagger – Bandanlagen bzw. Zugbetrieb – Absetzer* besteht, fortlaufend weiterentwickelt. Seit 1978 sind Gerätegruppen mit einer Leistung von 240.000 m^3 pro Tag im Einsatz. Damit wurde die Voraussetzung für effiziente und somit kostengünstige Massenbewegungen geschaffen (Abb. 3.24).

In einem ersten Schritt tragen Schaufelradbagger die obere Bodenschicht selektiv ab und gewinnen anschließend die darunter liegenden Sedimente, die insgesamt als Abraum bezeichnet werden, um die Kohle freizulegen. Das Leistungsverhältnis zwischen Abraum und Kohle liegt im Bundesdurchschnitt bei etwa 5:1 (jeweils m^3 Abraum zu t Kohle).

Förderbandanlagen oder Eisenbahnzüge liefern die gewonnene Kohle zu den Kraftwerken und Veredlungsbetrieben des Reviers. Dort wird die Kohle zur Stromerzeugung eingesetzt bzw. zu festen Brennstoffen und Filterkoks weiterverarbeitet. Der Abraum wird per Band auf die bereits ausgekohlte Tagebauseite transportiert und dort verkippt. Direkt hiervon wird der kulturfähige Boden bis zur geplanten Geländeoberfläche aufgetragen. Mit dem Beginn der Rekultivierung erfolgt die Gestaltung der neuen Landschaft.

Im Lausitzer Revier wird die Förderbrückentechnik eingesetzt. Bei dieser Technik sind bevorzugt Eimerkettenbagger im Einsatz. Die großen Förderbrücken stellen mit einer

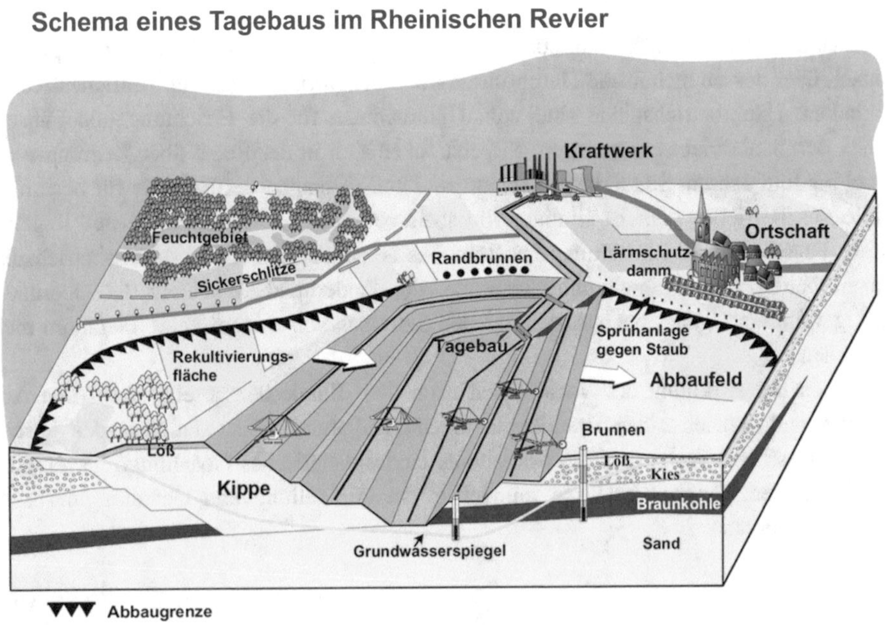

Schema eines Tagebaus im Rheinischen Revier

Abb. 3.24 Schema eines Tagebaus im Rheinischen Revier

Schema eines Förderbrückentagebaues

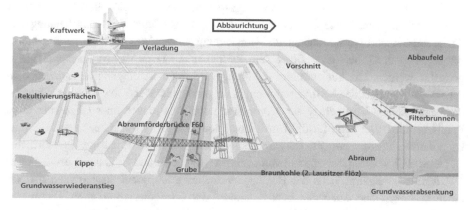

Abb. 3.25 Schema eines Förderbrückentagebaus

Tagesleistung von bis zu 450.000 m^3 eine kostengünstige Massenbewegung sicher. Allerdings sind die Einsatzmöglichkeiten für eine Förderbrücke maßgeblich von der Geologie der Lagerstätte bestimmt. Voraussetzung ist eine gleichmäßige Ablagerung in geringer Tiefe (Abb. 3.25).

In Mitteldeutschland hatte sich – wie im Rheinland – die Bandanlagentechnik durchgesetzt. Zur Gewinnung von Restkohlenbeständen und bei für Großgeräte schwierigen Abbauverhältnissen kommt zusätzlich mobile Fördertechnik mit Schwerlastwagen zum Einsatz.

3.3.3 Ausgleichsmaßnahmen

Die planerisch und genehmigungsrechtlich abgesicherten Tagebaufelder werden schrittweise vom Bergbau in Anspruch genommen und jeweils unmittelbar nach der Kohlengewinnung kontinuierlich rekultiviert. Der Tagebau bedingte Flächenbedarf steht dabei notwendigerweise in Konkurrenz zu den bestehenden Nutzungen. Diese sind überwiegend landwirtschaftlich, in einigen Fällen auch forstwirtschaftlich geprägt. Darüber hinaus liegen in den Abbaufeldern regelmäßig Siedlungen, gewerbliche Nutzungen, Verkehrswege und Gewässer, die im Zuge des Tagebaufortschritts verlegt werden müssen. Von Eingriffen durch den Tagebau ist auch der Grundwasserhaushalt betroffen. Zur Gewährleistung des sicheren Betriebs der Tagebaue muss der Grundwasserspiegel abgesenkt werden. Braunkohlenbergbau ist also unvermeidlich mit Eingriffen in den Lebensraum von Mensch und Natur verbunden.

In dicht besiedelten Regionen ist es nicht möglich, Tagebaue ohne Eingriffe in die vorhandene Siedlungs- und Infrastruktur zu betreiben. Innerhalb der Abbaugrenzen liegende Ortschaften können beim Abbau nicht ausgespart werden. Energiepolitische, technische und betriebswirtschaftliche Gründe erfordern eine Umsiedlung. Die Entscheidung über die grundsätzliche Notwendigkeit der Umsiedlung eines Ortes muss je nach Lage im Abbaugebiet u. U. bereits weit vor dem Zeitpunkt der tatsächlichen Inanspruchnahme getroffen werden. Die konkrete Ausgestaltung wird unter Beteiligung der umzusiedelnden Bewohner und der betroffenen Kommune erarbeitet. Dabei hat sich das Angebot der gemeinsamen Umsiedlung zur Minimierung der Belastungen über Jahrzehnte in der Praxis bewährt. Der neue für die Umsiedlung gewählte Ort wird in einem mehrjährigen kooperativen Prozess mit den Bürgern geplant und soll einen Erhalt der innerörtlichen Gemeinschaft und den Fortbestand von sozialen Strukturen und Bindungen ermöglichen.

Die Entschädigungspraxis der Bergbauunternehmen ist darauf ausgerichtet, die Vermögenssubstanz und damit den Lebensstandard der Umsiedler zu erhalten. Damit wird jedem an der gemeinsamen Umsiedlung beteiligten Eigentümer grundsätzlich der Neubau am neuen Standort ermöglicht. Für die Umsiedlung von Mietern wird in jedem Ort ein spezielles Handlungskonzept erarbeitet. Bei der Umsiedlung gewerblicher und landwirtschaftlicher Betriebe gilt der Grundsatz, dass die Existenz aller betroffenen Betriebe im bisherigen Umfang erhalten bleiben soll.

Grundvoraussetzung für den Betrieb von Tagebauen sind standfeste Böschungen und tragfähige Arbeitsebenen für die Fördergeräte. Hierzu sind die Entwässerung von wasserführenden Schichten über der Kohle sowie eine ausreichende Druckspiegelreduzierung unter dem tiefsten Kohleflöz, die sogenannte Sümpfung, notwendig. Zu diesem Zweck wird eine Vielzahl an Brunnen gebaut, mit deren Hilfe das Grundwasser abgesenkt wird. Ein großer Teil des gewonnenen Wassers dient in der Region der Trink- und Brauchwasserversorgung. Darüber hinaus wird es gezielt in den Grund- und Oberflächenwasserkreislauf eingebracht.

Aufgrund der hydrogeologischen Gegebenheiten kann die Grundwasserabsenkung in der Regel nicht auf den engeren Tagebauraum beschränkt werden. Deshalb ergeben sich Auswirkungen auf Wasserwirtschaft und Landschaft der Umgebung. Die Auswirkungen auf die Wasserversorgung werden durch Ersatzwassermaßnahmen kompensiert. Dies können Wasserlieferungen, Brunnenvertiefung oder Übernahme von Fördermehrkosten sein. Bedeutsame Gewässer werden durch Einspeisung von Wasser und schützenswerte Feuchtgebiete durch Versickerung von Wasser erhalten. Daneben wird auch Wasser in Gräben und Bäche eingeleitet.

Nach Beendigung der Braunkohlengewinnung werden die entstandenen Restlöcher in der Regel zu Seen ausgestaltet und geflutet. Diese Bergbau-Restseen stabilisieren den Wasserhaushalt in den Revieren und beleben die Bergbaufolgelandschaft.

Die Wiedernutzbarmachung der durch den Tagebau in Anspruch genommenen Flächen ist darauf ausgerichtet, eine Landschaft zu schaffen, die an dem bestehenden Umfeld und dem Status vor der Inanspruchnahme ausgerichtet ist. Dies drückt sich in den Zielen der

Rekultivierung aus, die aufgrund der voneinander abweichenden Ausgangslandschaft von Revier zu Revier unterschiedlich sind. So unterscheiden sich die rheinische Bördenland-schaft mit ihren hochwertigen Ackerböden und die Lausitzer Wald- und Teichlandschaft hinsichtlich der dort vorherrschenden Böden, der Besiedlung und ihrer wirtschaftli-chen Nutzung beträchtlich. Dennoch gibt es für die Rekultivierungsplanung in ganz Deutschland drei wesentliche gemeinsame Grundsätze: Die rekultivierten Flächen sollen nachhaltig nutzbar, ökologisch stabil und ein Ausdruck des vorherrschenden regionalen Landschaftscharakters sein.

3.3.4   Unternehmensstrukturen im deutschen Braunkohlenbergbau

Die drei Tagebaue im Rheinland sowie die Braunkohlenkraftwerke und die Veredlungs-anlagen in diesem Revier stehen im Eigentum der RWE Power AG (Abb. 3.26).

In der Lausitz war nach der Wiedervereinigung ein umfangreicher Prozess der Neu-ausrichtung vom planwirtschaftlich geführten Kombinat hin zu marktwirtschaftlichen Strukturen erfolgt. Seit dem Jahr 2003 befanden sich Bergbau und Stromerzeugung

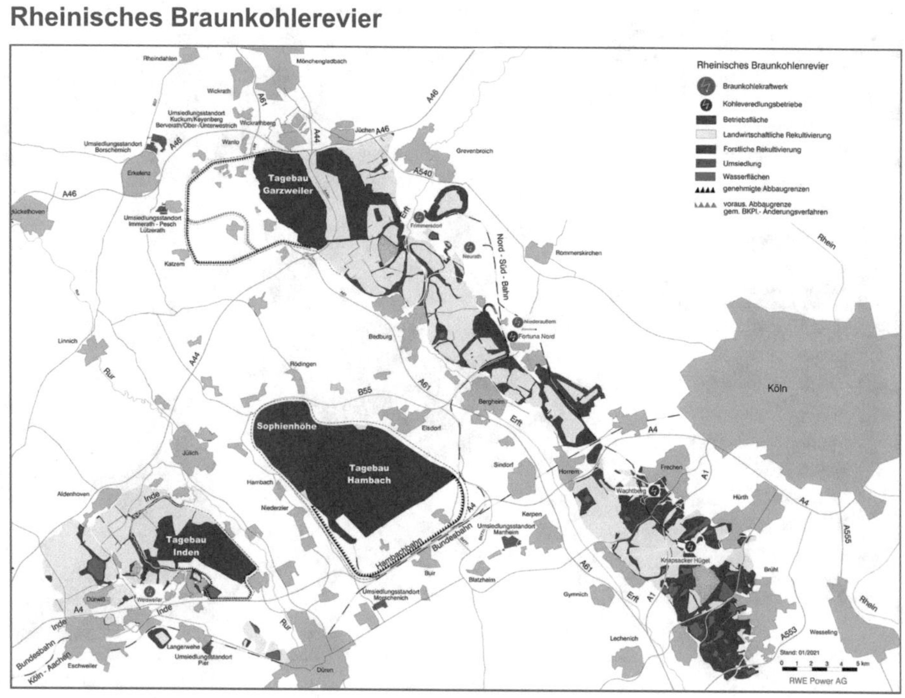

Rheinisches Braunkohlerevier

Quelle: DEBRIV

Abb. 3.26 Übersichtskarte zum Rheinischen Revier

zunächst im Eigentum des schwedischen Vattenfall-Konzerns. Mit dem Verkauf der deutschen Braunkohlensparte von Vattenfall entstanden aus dem Vorgängerunternehmen Vattenfall Europe Mining AG und Vattenfall Europe Generation AG die Lausitz Energie Bergbau AG und die Lausitz Energie Kraftwerke AG unter der gemeinsamen Marke LEAG. Die LEAG Holding, unter der beide Unternehmen firmieren, gehören zu je 50 % den tschechischen Konsortien EPH und PPF Investments (Abb. 3.27 und 3.28).

Wichtigstes Unternehmen des Mitteldeutschen Reviers ist die MIBRAG. Die MIBRAG gehört zur tschechischen EPH-Gruppe. Zum Unternehmen gehören im Mitteldeutschen Revier die zwei Tagebaue Profen und Vereinigtes Schleenhain sowie Veredlungsanlagen. Die Geschäftstätigkeit der MIBRAG ist insbesondere auf die Versorgung der beiden Kraftwerke Lippendorf in Sachsen und Schkopau in Sachsen-Anhalt gerichtet. Ebenfalls im Mitteldeutschen Revier unterhält die Romonta GmbH am Standort Amsdorf (Sachsen-Anhalt) einen kleinen Tagebau (Abb. 3.29). Aus der dort gewonnenen Braunkohle wird insbesondere Rohmontanwachs extrahiert.

Die bundeseigene Lausitzer und Mitteldeutsche Bergbauverwaltungsgesellschaft (LMBV) ist Projektträgerin der Braunkohlensanierung in den Neuen Bundesländern.

Lausitzer Braunkohlerevier

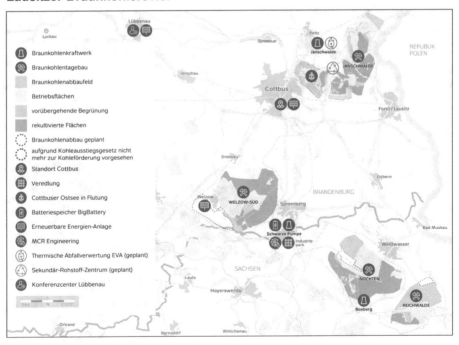

Quelle: LEAG

Abb. 3.27   Übersichtskarte zum Lausitzer Revier

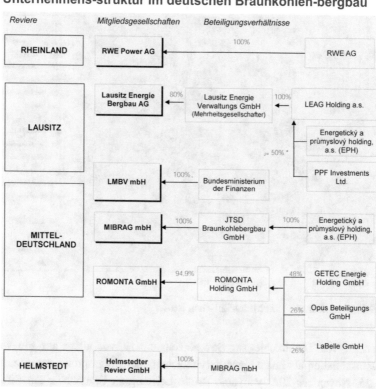

Abb. 3.28 Unternehmensstrukturen im deutschen Braunkohlenbergbau

3.3.5 Verwendung der Braunkohle

Die ausschließlich im Tagebau gewonnene Braunkohle wird ganz überwiegend in inländischen Kraftwerken eingesetzt.

▶ Schwerpunkt der Braunkohlennutzung ist die Stromerzeugung. Die Braunkohle konnte bisher wettbewerbsfähig im Vergleich zu Konkurrenzenergien zur Stromerzeugung in Deutschland beitragen.

Schwerpunkt der Braunkohlennutzung ist die Stromerzeugung. 2022 wurden 117 Mio. t Braunkohle an Kraftwerke zur Strom- und Wärmeerzeugung geliefert. Das entsprach 90 % der gesamten Inlandsgewinnung (Abb. 3.30). Der seit 2020 verzeichnete Anstieg

Mitteldeutsches Revier

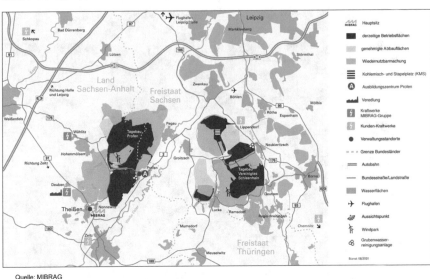

Quelle: MIBRAG

Abb. 3.29 Übersichtskarte zum Mitteldeutschen Revier

des Einsatzes von Braunkohle zur Stromerzeugung ist vor allem auf die veränderte Wettbewerbssituation als Folge einer Vervielfachung der Erdgaspreise zurückzuführen.[1]

Zum 25. November 2022 war eine Brutto-Leistung an Braunkohle zur Stromerzeugung in Höhe von 18.691 Megawatt (MW) installiert.[2] Die Brutto-Stromerzeugung aus Braunkohle belief sich 2022 auf 115,8 TWh (Abb. 3.31).

Neben den Kraftwerken repräsentieren die Veredlungsbetriebe den wichtigsten Abnahmebereich der Rohbraunkohle. 2022 wurden 13,2 Mio. t Braunkohle zur Veredelung von Braunkohle in feste Produkte und in Kraftwerken des Braunkohlenbergbaus eingesetzt. Der Absatz an sonstige Abnehmer belief sich 2022 auf 0,7 Mio. t. In den Veredlungsbetrieben des Bergbaus wurden 5,276 Mio. t marktgängige Produkte, wie Brikett, Braunkohlenstaub, Wirbelschichtkohle und Koks erzeugt. Der weit überwiegende Teil der Veredlungsprodukte wird in der Industrie genutzt. In Industrieanlagen werden Veredlungsprodukte für die Prozessdampferzeugung (z. B. in der Papierindustrie), zur Abgas- und Abwasserreinigung sowie als Kohlenstoffkonzentrat in metallurgischen, in chemischen und in anderen Prozessen eingesetzt. Zudem werden Industrie und Stadtwerke aus Veredlungsanlagen mit Fernwärme versorgt. Die Herstellung von Briketts ist im Rheinischen Revier Ende 2022 beendet worden.

---

[1] [1].

[2] [2].

Braunkohlenförderung und deren Verwendung in Deutschland 2022

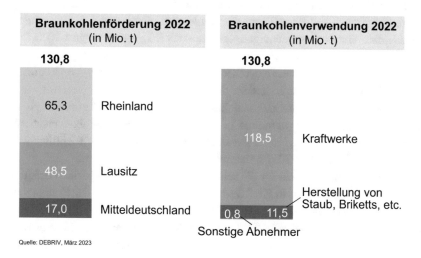

Quelle: DEBRIV, März 2023

Abb. 3.30 Braunkohlenförderung und deren Verwendung in Deutschland 2022

Die Stellung der Braunkohle in der Energiewirtschaft Deutschlands 2022

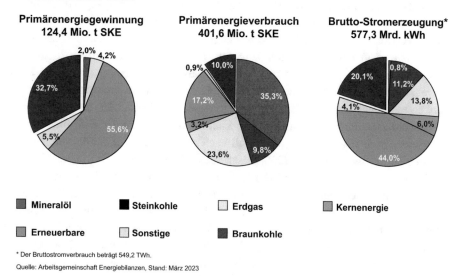

* Der Bruttostromverbrauch beträgt 549,2 TWh.

Quelle: Arbeitsgemeinschaft Energiebilanzen, Stand: März 2023

Abb. 3.31 Stellung der Braunkohle in der Energiewirtschaft Deutschlands 2022

3.3.6   Energie- und Klimapolitik mit Relevanz für die Braunkohle

Für die Braunkohle wichtige gesetzliche Regelungen auf nationaler Ebene sind das Gesetz zur Reduzierung und zur Beendigung der Kohleverstromung und zur Änderung weiterer Gesetze (Kohleverstromungsbeendigungsgesetz – KVBG) vom 8. August 2020,[3] die 2021 vom Bundestag beschlossene Verschärfung des Bundes-Klimaschutzgesetzes sowie die ebenfalls 2021 in Kraft getretene Novellierung des Erneuerbare-Energien-Gesetzes (EEG). Von besonderer Relevanz ist außerdem das von der Europäischen Kommission am 14. Juli 2021 vorgeschlagene energie- und klimapolitische Arbeitsprogramm „Fit for 55". Zu Schwerpunkten dieses Programms gehören unter anderem die Zielverschärfung im Rahmen des Europäischen Emissionshandelssystems (ETS) und der Richtlinienvorschlag zur Lastenverteilung im Nicht-ETS-Bereich.

   Im KVBG sind ein Fahrplan für die schrittweise, geordnete und sozialverträgliche Verminderung der Kohlenutzung in Kraftwerken und eine Beendigung der Kohlenutzung zur Stromerzeugung bis spätestens Ende 2038 festgelegt (Abb. 3.31). Der öffentlich-rechtliche Vertrag mit den Braunkohlekraftwerksbetreibern ist am 13. Januar 2021 vom Bundestag bestätigt worden. Der Vertrag wurde am 10. Februar 2021 zwischen der Bundesrepublik Deutschland auf der einen Seite sowie den Betreibern von Braunkohle-Großkraftwerken – RWE, LEAG, EnBW und Saale Energie – auf der anderen Seite geschlossen. Die Anlagenbetreiber haben in diesem Vertrag einen umfassenden Klageverzicht zugesagt. Ferner sind darin Entschädigungszahlungen zugunsten der betroffenen Betreiber von Braunkohle-Kraftwerken geregelt. Die Vereinbarkeit der getroffenen Regelungen mit den EU-Beihilfevorschriften wird durch die Europäische Kommission geprüft.

   Am 4. Oktober 2022 wurde die Verständigung von RWE mit dem Bundesministerium für Wirtschaft und Klimaschutz sowie dem Ministerium für Wirtschaft, Industrie, Klimaschutz und Energie des Landes Nordrhein-Westfalen bekannt gegeben, die Braunkohleverstromung bereits 2030 zu beenden (Abb. 3.32). Das vereinbarte Vorziehen des Braunkohleausstiegs um acht Jahre entspricht einer Halbierung der bisher vorgesehenen Zeitspanne. Dadurch werden rund 280 Mio. t Braunkohle in der Erde bleiben. „Um eine sichere Stromversorgung in jedem Fall auch nach 2030 zu gewährleisten, kann die Bundesregierung bis spätestens 2026 entscheiden, ob die letzten Kraftwerke noch bis Ende 2033 in eine Sicherheitsbereitschaft überführt werden. Dazu zählen ein 600 MW-Block sowie die drei modernen BoA-Anlagen, insgesamt rund 3.600 MW Leistung. Sollte eine solche Reserve notwendig werden, ist dafür keine Änderung der Tagebauplanung mehr notwendig; auch die ab 2030 laufende Rekultivierung wird unverändert fortgeführt."[4] Damit wird ein Beitrag dazu geleistet, dass Deutschland seine nationalen Klimaschutzziele erreichen kann. Die gesetzliche Regelung zur Beschleunigung

---

[3] Gesetz zur Reduzierung und zur Beendigung der Kohleverstromung und zur Änderung weiterer Gesetze (Kohleverstromungsbeendigungsgesetz – KVBG) vom 8. August 2020, Bundesgesetzblatt Jahrgang 2020 Teil I Nr. 37, ausgegeben zu Bonn am 13. August 2020.

[4] [3].

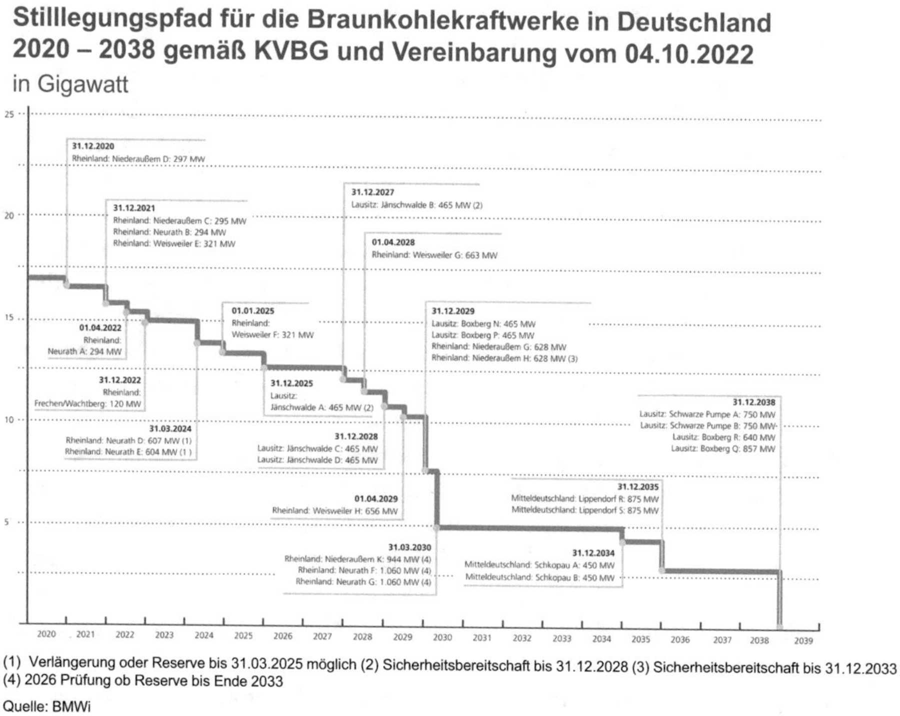
Stilllegungspfad für die Braunkohlekraftwerke in Deutschland 2020 – 2038 gemäß KVBG und Vereinbarung vom 04.10.2022
in Gigawatt
25
20
15
10
5
31.12.2020 Rheinland: Niederaußem D: 297 MW
31.12.2021 Rheinland: Niederaußem C: 295 MW Rheinland: Neurath B: 294 MW Rheinland: Weisweiler E: 321 MW
01.04.2022 Rheinland: Neurath A: 294 MW
31.12.2022 Rheinland: Frechen/Wachtberg: 120 MW
31.03.2024 Rheinland: Neurath D: 607 MW (1) Rheinland: Neurath E: 604 MW (1)
01.01.2025 Rheinland: Weisweiler F: 321 MW
31.12.2025 Lausitz: Jänschwalde A: 465 MW (2)
31.12.2027 Lausitz: Jänschwalde B: 465 MW (2)
01.04.2028 Rheinland: Weisweiler G: 663 MW
31.12.2028 Lausitz: Jänschwalde C: 465 MW Lausitz: Jänschwalde D: 465 MW
01.04.2029 Rheinland: Weisweiler H: 656 MW
31.12.2029 Lausitz: Boxberg N: 465 MW Lausitz: Boxberg P: 465 MW Rheinland: Niederaußem G: 628 MW Rheinland: Niederaußem H: 628 MW (3)
31.03.2030 Rheinland: Niederaußem K: 944 MW (4) Rheinland: Neurath F: 1.060 MW (4) Rheinland: Neurath G: 1.060 MW (4)
31.12.2034 Mitteldeutschland: Schkopau A: 450 MW Mitteldeutschland: Schkopau B: 450 MW
31.12.2035 Mitteldeutschland: Lippendorf R: 875 MW Mitteldeutschland: Lippendorf S: 875 MW
31.12.2038 Lausitz: Schwarze Pumpe A: 750 MW Lausitz: Schwarze Pumpe B: 750 MW Lausitz: Boxberg R: 640 MW Lausitz: Boxberg Q: 857 MW
2020 2021 2022 2023 2024 2025 2026 2027 2028 2029 2030 2031 2032 2033 2034 2035 2036 2037 2038 2039
(1) Verlängerung oder Reserve bis 31.03.2025 möglich (2) Sicherheitsbereitschaft bis 31.12.2028 (3) Sicherheitsbereitschaft bis 31.12.2033
(4) 2026 Prüfung ob Reserve bis Ende 2033
Quelle: BMWi

Abb. 3.32 Stilllegungspfad für die Braunkohlekraftwerke in Deutschland 2020 bis 2038

des Braunkohleausstiegs im Rheinischen Revier hat der Bundestag im Dezember 2022 beschlossen.[5]

Gemäß der im Juni 2021 vom Bundestag beschlossenen Verschärfung des Bundes-Klimaschutzgesetzes wird das Ziel des Erreichens von Klimaneutralität für Deutschland um fünf Jahre auf 2045 vorgezogen. Zudem wird das nationale Treibhausgas-Minderungsziel für 2030 von zuvor 55 % auf 65 % gegenüber dem Stand von 1990 erhöht. Den größten Teil der zusätzlichen Minderung bis 2030 sollen die Sektoren Energiewirtschaft und Industrie übernehmen. Der Energiesektor soll 2030 nur noch 108 Mio. t CO_{2e} emittieren dürfen. Das erfordert eine Senkung um 56 % im Vergleich zu den für das Jahr 2021 für den Energiesektor ausgewiesenen Treibhausgas-Emissionen.

Die Novelle des EEG von 2021 legt die Geschwindigkeit des Ausbaus von Anlagen auf Basis erneuerbarer Energien fest, um zu gewährleisten, dass die in diesem

[5] [4].

Gesetz verankerte Zielvorgabe eines 65 %igen Anteils erneuerbarer Energien am Brutto-Inlandsstromverbrauch 2030 erreicht wird.[6] Im Koalitionsvertrag der im November 2021[7] geschlossen worden war, ist die Zielvorgabe für den Anteil erneuerbarer Energien an der Deckung des Brutto-Stromverbrauchs für das Jahr 2030 auf 80 % verschärft worden. Dazu sollen Planungs- und Genehmigungsverfahren für Anlagen auf Basis erneuerbarer Energien Vorrang erhalten. Unter anderem soll das Ausbauziel für PV-Anlagen bis 2030 auf 200 GW und für Offshore-Wind auf 30 GW erhöht werden. 2 % der bundesdeutschen Flächen sollen für Onshore-Wind vorgesehen werden, und es sollen 10 GW Elektrolyseure zugebaut werden. Der in Deutschland für 2030 erwartete Brutto-Stromverbrauch wurde mit einer Bandbreite von 680 bis 750 TWh heraufgesetzt. Das übertrifft den Brutto-Stromverbrauch des Jahres 2021 um 20 bis 32 %. Der Ausstieg aus der Kohleverstromung soll „idealerweise" bis 2030 erfolgen. Die sich daraus ergebende Versorgungslücke soll u. a. durch wasserstofffähige Gaskraftwerke geschlossen werden.[8]

Laut Koalitionsvertrag steht ein möglicher, nochmals beschleunigter Kohleausstieg, auf den sich die zuständigen Ministerien inzwischen für das Rheinische Revier mit RWE verständigt haben, in enger Verbindung mit dem Erreichen der deutlich erhöhten Ausbauziele für erneuerbare Energien, der Entwicklung bei der Errichtung von Gaskraftwerken und dem Erhalt wettbewerbsfähiger Energiepreise. Die 2022 verschärfte Situation bei der Versorgung mit importiertem Erdgas dürfte bei dieser Prüfung von erheblicher zusätzlicher Relevanz sein.

Die vom Europäischen Rat und vom Europäischen Parlament 2021 beschlossene Verschärfung des Treibhausgas-Minderungsziels der EU-27 auf 55 % im Vergleich zum Stand von 1990 bedeutet für die Sektoren, die vom EU-ETS erfasst sind, also Energiewirtschaft und energieintensive Industrie, eine Zielanhebung um 18-%-Punkte von zuvor minus 43 % auf minus 62 % für 2030 gegenüber 2005. Damit ist eine Erhöhung des linearen Reduktionspfads von 2,2 % auf 4,3/4,4 % pro Jahr verknüpft, rückwirkend ab 2021 mit Inkrafttreten der neuen ETS-Richtlinie. Dadurch wird ein „re-basing" mit der Löschung von voraussichtlich 117 Mio. t EUA im Jahr 2024 erforderlich. Die Vorgaben zur Emissionsminderung für die nicht in das ETS einbezogenen Sektoren sind ebenfalls verschärft worden. Sie lauten jetzt für die EU-27 minus 40 % bis 2030 gegenüber 2005 im Vergleich zu minus 30 % zuvor. Anders als für den bestehenden ETS-Sektor, der nur eine EU-weite Zielvorgabe beinhaltet, gelten für die Nicht-ETS-Sektoren nationale Verschärfungen auf Basis der Effort-Sharing-Regulation. Im Zuge dieser Lastenverteilung soll Deutschland nun im Nicht-ETS-Bereich, der die Sektoren Gebäude, Verkehr, Landwirtschaft, Abfallwirtschaft und kleinere Unternehmen erfasst, die Emissionen um 50 % (statt zuvor um 39 %) bis 2030 im Vergleich zu 2005 mindern.

---

[6] [5].
[7] Koalitionspartner waren SPD, Bündnis90/Die Grünen und FDP.
[8] [6].

3.3.7 Konsequenzen der politischen Vorgaben für die einzelnen Reviere

Die nordrhein-westfälische Landesregierung hatte am 23. März 2021 die neue „Leitentscheidung 2021: Neue Perspektiven für das Rheinische Braunkohlenrevier" beschlossen und veröffentlicht.[9] Der für die Braunkohlenpläne in der Regionalplanungsbehörde Köln zuständige Braunkohlenausschuss hat in seiner Sitzung am 28. Mai 2021 die ersten Beschlüsse gefasst, die zur Umsetzung der Leitentscheidung in Änderungsverfahren zu Braunkohleplänen erforderlich sind. Dies betrifft die Änderung des Braunkohleplans Hambach Teilplan 12/1, die Änderung/Ergänzung des Braunkohleplans Rheinwassertransportleitung Garzweiler zur Befüllung des Tagebausees Hambach, die Änderung des Braunkohleplans Garzweiler II sowie die Ankündigung eines Braunkohleplanverfahrens für den Ablauf des zukünftigen Tagebausees Hambach.

Der Tagebau Inden und der Tagebau Hambach werden 2029 stillgelegt. Das laufende Verfahren zur Änderung des Braunkohlplans Garzweiler II sah auf Basis der Leitentscheidung 2021 eine Inanspruchnahme des dritten Umsiedlungsabschnitts vor. Mit dem am 4. Oktober 2022 bekannt gegebenen „Vorziehen des Kohleausstiegs im Rheinischen Revier auf 2030 wird die Kohlemenge aus Garzweiler etwa halbiert, sodass im Tagebau Garzweiler der dritte Umsiedlungsabschnitt mit den Ortschaften Keyenberg, Kuckum, Oberwestrich, Unterwestrich und Berverath inklusive der drei Holzweiler Höfe (Eggeratherhof, Roitzerhof, Weyerhof) erhalten bleibt. Die Kohle unter der früheren Siedlung Lützerath, im unmittelbaren Vorfeld des Tagebaus wird hingegen benötigt, um die Braunkohlenflotte in der Energiekrise mit hoher Auslastung zu betreiben und gleichzeitig ausreichend Material für eine hochwertige Rekultivierung zu gewinnen. Die erforderlichen Genehmigungen und gerichtlichen Entscheidungen hierfür liegen vor und alle ursprünglichen Einwohner haben den Ort bereits verlassen."[10]

Im Lausitzer Revier hat die LEAG das Revierkonzept aus dem Jahr 2017 an die Vorgaben des KVBG angepasst. In Brandenburg sind davon vor allem der Tagebau Welzow-Süd und in Sachsen der Tagebau Reichwalde betroffen. Die uneingeschränkte Inanspruchnahme des Teilfeldes Mühlrose im Tagebau Nochten bleibt indessen aufgrund seiner Lage, der Beschaffenheit der Reichwalder Kohle sowie des Tagebaufortschritts notwendig, um insbesondere das Kraftwerk Boxberg langfristig zu versorgen.[11]

Folgende Eckpunkte ergeben sich aus der veränderten Unternehmensplanung:

Tagebau Welzow-Süd: Entgegen dem Braunkohleplan von 2014 erfolgt keine Inanspruchnahme des räumlichen Teilabschnitts II. Dies beinhaltet einen Förderverlust von mehr als 200 Mio. t Kohle, die in diesem Feld lagern. Damit trägt die LEAG auch dem im Koalitionsvertrag der brandenburgischen Landesregierung festgelegten Beschluss zum Tagebau Welzow-Süd Rechnung.

---

[9] [7].

[10] [3].

[11] [8].

Tagebau Reichwalde: Aufgrund der Vorgaben des KVBG muss der Umfang des Tagebaus Reichwalde im Vergleich zu den bisherigen Planungen reduziert werden. Damit wird der Bereich der Kommandantur des Bundeswehr-Truppenübungsplatzes Oberlausitz am Standort Haide nicht mehr in Anspruch genommen.

Tagebau Nochten: Auch die angepasste Lausitzer Revierplanung sieht analog dem Lausitzer Revierkonzept 2017 die Inanspruchnahme des Teilfeldes Mühlrose vor. Aufgrund seiner Lage, der Beschaffenheit der Reichwalder Kohle sowie des Tagebaufortschritts gibt es keine Alternative, um insbesondere das Kraftwerk Boxberg langfristig zu versorgen. Dazu wird die Umsiedlung des Trebendorfer Ortsteils Mühlrose weiter fortgeführt.

Die MIBRAG hat die Bergbauplanung für den Tagebau Vereinigtes Schleenhain an die Bedingungen angepasst, die durch das Gesetz zur Beendigung der Kohleverstromung vorgegeben werden. Die Verkürzung der Laufzeit des von MIBRAG mit Kohle belieferten Kraftwerks Lippendorf auf Ende 2035 hat zur Folge, dass der Ort Pödelwitz und das Abbaufeld Groitzscher Dreieck mit der Ortschaft Obertitz für die Kohleförderung nicht mehr in Anspruch genommen werden.[12]

3.4   Steinkohle

Im Jahr 2022 betrug der Primärenergieverbrauch an Steinkohle 39,4 Mio. t SKE. Nach Beendigung des Steinkohlenbergbaus in Deutschland Ende 2018 wurde das Aufkommen ausschließlich durch Importe erbracht. Die deutschen Steinkohlenimporte (einschließlich Koks und Briketts) betrugen 44,4 Mio. t bzw. – umgerechnet in Steinkohleneinheiten – etwa 39 Mio. t SKE. Davon entfielen 67,0 % auf Kraftwerkskohle, 29,9 % auf Kokskohle, 1,9 % auf Anthrazit und Briketts sowie 5,2 % auf Steinkohlenkoks.

3.4.1   Entwicklung des deutschen Steinkohlenbergbaus

In den 1950-er Jahren hatte die in Deutschland geförderte Steinkohle die wichtigste Grundlage für die deutsche Energieversorgung gebildet. Die Fördermenge hatte in der Spitze (1957) 149 Mio. t betragen. In der Folge war der Abbau von Steinkohle in Deutschland kontinuierlich vermindert worden. Grund sind die im Vergleich zu überseeischen Vorkommen deutlich höheren Förderkosten. Wichtigste Ursachen sind die günstigeren geologischen Verhältnisse in den Abbaugebieten in Übersee. Sie sind vor allem bedingt durch die geringeren Teufen und den hohen Anteil von im Tagebau gewinnbarer Steinkohle. In Deutschland wurde Steinkohle dagegen ausschließlich unter Tage abgebaut. Des Weiteren spielen die – beispielsweise in Südafrika, China oder Kolumbien – niedrigeren Arbeitskosten eine Rolle, und schließlich haben auch die vielfach unterschiedlichen Umwelt- und Sicherheitsstandards einen Einfluss auf die Höhe der Förderkosten.

---

[12] [9].

Kohlepolitische Beschlüsse im Kontext der energiepolitischen Programmatik

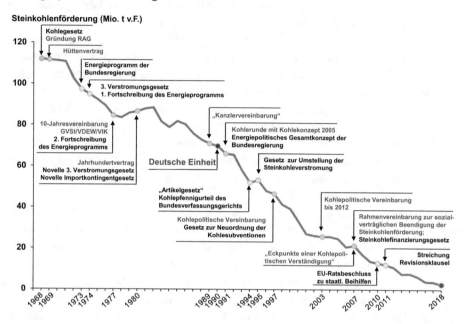

Abb. 3.33 Kohlepolitische Beschlüsse zur Steinkohle in Deutschland

Obwohl auch im deutschen Steinkohlenbergbau erhebliche Produktivitätsfortschritte in den vergangenen Jahrzehnten gemacht werden konnten, hatte sich die Schere zwischen den Kosten der Förderung von Steinkohle in Deutschland und in Übersee kontinuierlich geöffnet. Dies erklärt sich vornehmlich durch – im Vergleich zum europäischen Bergbau – noch größere Produktivitätssteigerungen in Übersee.

Trotz der mangelnden Wettbewerbsfähigkeit konnte der Rückgang der Steinkohlenförderung in Deutschland verlangsamt werden. Entscheidend dafür war die politische Unterstützung, die mit Blick auf die Sicherheit der Versorgung und die Sozialverträglichkeit beim Abbau der Beschäftigtenzahl erfolgt war. So waren in den Hauptabsatzbereichen der Steinkohle, der Elektrizitätswirtschaft und der Stahlindustrie, die Lieferbeziehungen zu den Abnehmern durch – staatlich flankierte – umfassende Vertragswerke geregelt worden (Abb. 3.33).

Ein zentrales Element war der sogenannte Jahrhundertvertrag, der die Lieferbeziehungen zwischen dem westdeutschen Steinkohlenbergbau und der westdeutschen Elektrizitätswirtschaft im Zeitraum 1980 bis 1995 geregelt hatte.[13] Mit Finanzierungshilfen, unter anderem über die als „Kohlepfennig" bezeichnete Ausgleichsabgabe in Form

---

[13] [10].

eines Prozentsatzes auf die Stromerlöse der Energieversorger bzw. – bei Eigenerzeugern – auf den Wert der im eigenen Unternehmen erzeugten und verbrauchten Elektrizität, wurde der Bergbau unterstützt. Dieser Kohlepfennig war vom Bundesverfassungsgericht mit Beschluss vom 11. Oktober 1994 für verfassungswidrig erklärt worden. In der hierzu am 8. Dezember 1994 veröffentlichten Verlautbarung der Pressestelle des Bundesverfassungsgerichts heißt es dazu: „Der Kohlepfennig belastet die inländischen Stromverbraucher, die lediglich ein gemeinsames Interesse an einer Stromversorgung kennzeichnet, das heute so allgemein ist wie das Interesse am täglichen Brot. Der Kreis der Stromverbraucher ist nahezu konturenlos und geht in der Allgemeinheit der Steuerzahler auf. Diese Verbraucher trifft keine besondere Verantwortlichkeit für die Finanzierung der Kohleverstromung. Die Sicherstellung der Strom- oder Energieversorgung ist ein Interesse der Allgemeinheit, das nicht durch eine Sonderabgabe finanziert werden darf."[14] In der Folge erfolgte die Finanzierung des Einsatzes deutscher Steinkohle in der Verstromung aus öffentlichen Haushalten (Bund und Bergbauländer).

Auch für die zweite Säule des Steinkohlenabsatzes in Deutschland, die Stahlindustrie, hatte zwischen den beteiligten Wirtschaftskreisen im Zeitraum 1969 bis 1988 mit dem Hüttenvertrag eine Regelung bestanden, die eine Deckung des Kokskohlenbedarfs der westdeutschen Stahlindustrie mit deutscher Steinkohle vorsah. Nach diesem Bedarfsdeckungsvertrag war die zwischen deutscher Kokskohle und Importkohle bestehende Preisdifferenz – abgesehen von einem Selbstbehalt des Bergbaus – durch staatliche Zuschüsse ausgeglichen worden. Für den Zeitraum 1989 bis 2000 war eine Anschlussregelung getroffen worden. Allerdings war die bis zum Jahr 1997 erteilte Genehmigung für den Hüttenvertrag durch die EU-Kommission nicht verlängert worden. Die Stahlindustrie schloss daraufhin bilaterale Bezugsverträge mit dem Bergbauunternehmen RAG.

Innerhalb des Wärmemarktes, der durch drastische Absatzeinbußen gekennzeichnet war, bestanden keine spezifischen Zuschussregelungen zu Gunsten der deutschen Steinkohle.

Die gesamten Zuschüsse, die dem deutschen Steinkohlenbergbau seit 1960, dem Beginn der Bezuschussung der deutschen Steinkohle, bis zur Einstellung der Förderung Ende 2018 von der öffentlichen Hand gewährt worden waren, addieren sich auf etwa 150 Mrd. €.

Zusätzlich zur Gewährung dieser finanziellen Zuschüsse waren die Einfuhren von Steinkohle aus Drittländern zum Schutz der deutschen Steinkohle Beschränkungen unterlegen. Die einschlägige Rechtsvorschrift zur Begrenzung der Einfuhren von Drittlandskohle war das Kohlezollkontingentgesetz. Die Kontingente waren in der Vergangenheit wegen der im Verhältnis zur gesamten Steinkohlennachfrage hohen Abnahmeverpflichtungen an deutscher Steinkohle durch Elektrizitätswirtschaft und Stahlindustrie allerdings nie ausgeschöpft worden.

Im Laufe der Jahrzehnte hatte sich die Förderung von Steinkohle in Deutschland von 149 Mio. t im Jahr 1957 auf 3 Mio. t im Jahr 2018 vermindert (Abb. 3.34).

---

[14] [11].

Steinkohlenförderung in Deutschland

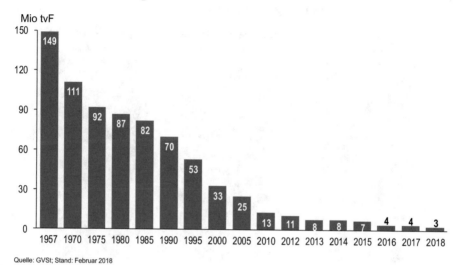

Quelle: GVSt; Stand: Februar 2018

Abb. 3.34 Steinkohlenförderung in Deutschland 1957 bis 2018

Die Zahl der Bergwerke hatte sich von 173 im Jahr 1957 auf 2 im Jahr 2018 reduziert. Die Belegschaft wurde von noch 607.000 im Jahr 1957 auf weniger als 4000 im Jahr 2018 abgebaut (Abb. 3.35).

Seit 2019 wird der Bedarf an Steinkohle in Deutschland ausschließlich durch Importe gedeckt.

3.4.2 Aufkommen und Verwendung an Steinkohle im Jahr 2022

Der Steinkohleverbrauch in Deutschland belief sich 2022 auf 39,4 Mio. t SKE. Davon entfielen 20,3 Mio. t SKE auf den Einsatz in Kraftwerken, 18,2 Mio. t SKE auf die Stahlindustrie und 1,6 Mio. t SKE auf den Wärmemarkt. 0,7 Mio. t SKE wurden statistischen Differenzen zugeordnet (Abb. 3.36).

▶ Steinkohle wird überwiegend in Kraftwerken zur Erzeugung von Strom und Wärme sowie in der Stahlindustrie genutzt. Der Wärmemarkt spielt nur eine untergeordnete Rolle.

Die Struktur der Steinkohlenimporte nach Kohlenarten und nach Herkunftsländern stellt sich 2022 wie folgt dar: Der Anteil Russlands an den gesamten Importen von Steinkohlen verminderte sich von 50 % im Jahr 2021 auf knapp 30 % im Jahr 2022. Als Teil des Fünften EU-Sanktionspakets, das am 9. April 2022 in Kraft getreten war, gilt ein Kauf-

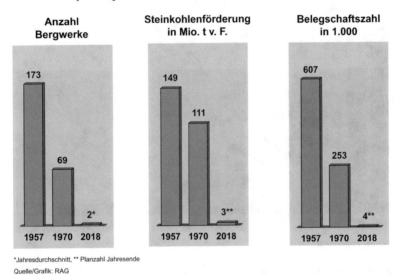

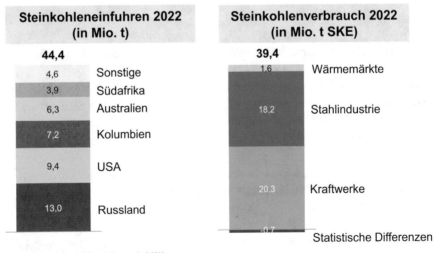

Abb. 3.35 Umstrukturierung des deutschen Steinkohlenbergbaus seit dem Spitzenjahr 1957 und seit 1970

Abb. 3.36 Aufkommen und Verbrauch an Steinkohle in Deutschland 2022

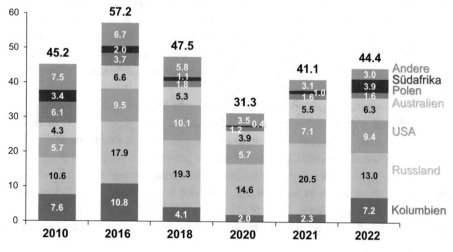

Steinkohlenimporte Deutschland einschließlich Koks
nach Provenienzen 2010 bis 2022

Quelle: VDKi, Berlin und AGEB, Berlin

Abb. 3.37 Deutsche Steinkohlenimporte nach Herkunftsländern 2010 bis 2022

und Importverbot für russische Kohle und andere feste fossile Brennstoffe. Bestandsverträge, die vor diesem Datum geschlossen wurden, durften noch bis zum 10. August 2022 ausgeführt werden. Der Abschluss neuer Kaufverträge ist seit dem 9. April 2022 ohne Übergangsfrist verboten.[15] Trotz des Embargos, das seit dem 11. August 2022 die Einfuhr von Kohle aus Russland in EU-Staaten verbietet, war Russland auch 2022 noch der größte Steinkohlenlieferant für Deutschland. Der Anteil der Vereinigten Staaten an den Gesamtimporten hat sich von 17 % im Jahr 2021 auf 21 % erhöht. Die stärksten Zuwächse verzeichneten die Einfuhren aus Kolumbien und Südafrika, die 2022 auf einen Anteil von 16 % bzw. 9 % kamen. Die Einfuhren aus Australien blieben weitgehend konstant. Australien war damit – hinter Russland, USA und Kolumbien – mit einem Anteil von 14 % das viertwichtigste Lieferland (Abb. 3.37). Bei Differenzierung nach Kohlenarten zeigt sich eine unterschiedliche Rangfolge. Im Falle der Kesselkohlen wurden die ersten vier Plätze von Russland, Kolumbien, USA und Südafrika gehalten, während bei Kokskohle Australien und USA dominieren.

---

[15] [12].

3.4.3   Ausstieg aus der Kohleverstromung

Das Kohleverstromungsbeendigungsgesetz (KVBG) von August 2020 regelt eine schritt-
weise Reduzierung der Nettoleistung von Steinkohle-Anlagen sowie von Braunkohle-
Kleinanlagen am Strommarkt auf 15 GW im Kalenderjahr 2022, auf 8 GW im Kalen-
derjahr 2030 und auf 0 GW bis spätestens zum Ablauf des Kalenderjahres 2038. Das
KVBG normiert einen Ausstiegspfad in Form jährlicher Zielniveaus für die noch am
Markt befindliche Kohlekraftwerksleistung.[16]

Für die Abschaltung der Steinkohlekraftwerke sieht das im Juli 2021 geänderte Gesetz
zwei Verfahren vor: zunächst die freiwillige Abschaltung gegen den in sieben Ausschreibungsrunden ermittelten Steinkohlezuschlag und ab dem Zieldatum 2027 bis zum
Zieldatum 2038 ordnungsrechtliche Anordnungen (sogenannte gesetzliche Reduzierung).
Bis Ende 2021 hatten vier Ausschreibungstermine stattgefunden, und zwar am 1. September 2020 sowie am 4. Januar, am 30. April und am 1. Oktober 2021. Das gesamte
Ausschreibungsvolumen dieser vier Runden betrug 8414 MW. Im Rahmen der Ausschreibungen konnten die Anlagenbetreiber Gebote abgeben, für die sie bereit sind, in der
jeweiligen Anlage keine Kohle mehr zu verfeuern. In den genannten Ausschreibungen
waren 8967 MW bezuschlagt worden. Die Ausschreibungen waren zum Teil deutlich
überzeichnet. Im Fall einer Überzeichnung wird das letzte Gebot, dessen Zuschlag
das Ausschreibungsvolumen übersteigt, noch voll bezuschlagt. Die Rechtsfolge eines
Zuschlags ist ein Kohleverfeuerungs- und Vermarktungsverbot. Die bezuschlagten Anlagen müssen also nicht zwangsläufig stillgelegt werden, sondern können auch mit anderen
Energieträgern weiter betrieben werden.[17]

Mit der erfolgten Verabschiedung des *Gesetzes zur Bereithaltung von Ersatzkraftwerken
zur Reduzierung des Gasverbrauchs im Stromsektor im Falle einer drohenden Gasmangel-
lage* am 7./8. Juli 2022 ist – befristet bis zum 31. März 2024 – die Möglichkeit geschaffen
worden, dass Anlagen aus der Sicherheitsbereitschaft Braunkohle, aus der Netzreserve
auf Basis Steinkohle und Mineralölprodukte und vorläufig stillgelegte Anlagen auf Basis
Braunkohle und Mineralölprodukte am Strommarkt eingesetzt werden können. Konkret erlaubt es das Ersatzkraftwerkebereithaltungsgesetz, dass Steinkohlekraftwerke oder
Ölkraftwerke aus der Netzreserve und bei den ersten drei Steinkohlestilllegungsausschrei-
bungen, die zur Stilllegung in den Jahren 2022 und 2023 anstanden und stehen, bis
Frühjahr 2024 auf eigenes Risiko wieder betrieben werden können. Die hierzu erlassene
Verordnung hatte den Betrieb der Steinkohlekraftwerke zudem zunächst bis Ende April
2023 begrenzt.

---

[16] [13].
[17] [14].

3.5 Aufkommen und Verwendung von Erdgas

Die Geschichte der Nutzung von Erdgas beginnt in Deutschland in den 1960er Jahren. Das zuvor zumeist auf Basis Kohle gewonnene Stadtgas mit hohem Wasserstoffanteil wurde im ersten Schritt der Entwicklung durch Erdgas ersetzt. Einen starken Schub bekam die Entwicklung mit der Entdeckung von großen Gasvorkommen in den Niederlanden – insbesondere dem Feld Groningen, das als eines der größten jemals entdeckten Gasfelder weltweit gilt. Damit bot sich die Chance, die stark gestiegene Abhängigkeit Deutschlands von Öl aus ausländischen Vorkommen zumindest in Teilen durch die Nutzung von Erdgas zu verringern. Der Anteil von Öl am Primärenergieverbrauch in Deutschland war von erst 6 % im Jahr 1957 auf 55 % im Jahr 1972 gestiegen. Die Energiekrisen 1973/74 und 1979/80 führten zu einer Neuausrichtung der Energiepolitik unter dem Schlagwort „weg vom Öl". Angesichts der Risiken, die sich bei der Ölversorgung gezeigt hatten, wurde der schnelle Ausbau jener kostengünstigen Energieträger angestrebt, die zu einer Verminderung der Risiken der Energieversorgung in der Lage waren. Die besten Chancen dafür wurden – neben einer verstärkten Nutzung von Kernenergie und Braunkohle – dem Erdgas eingeräumt.

3.5.1 Ausbau der Erdgasversorgung in Deutschland

Hatte der Anteil von Erdgas an der Deckung des Primärenergieverbrauchs 1965 erst bei 1 % gelegen, so vergrößerte sich dessen Beitrag in der Folge kontinuierlich auf 14 % im Jahr 1980 und verdoppelte sich bis zum Jahr 2020 auf 27 %. In den 1970er Jahren war – neben der in den ersten Jahrzehnten der Erdgasnutzung erreichten Steigerung der inländischen Förderung und den wachsenden Importen aus den Niederlanden – mit den verstärkt erschlossenen Gasvorkommen in der Nordsee vor allem Norwegen als Lieferant hinzugekommen. 1977 erfolgten erste Erdgaslieferungen aus Norwegen und ab 1984 auch kleinere Mengen aus Dänemark.

Ein weiterer Meilenstein war das „Erdgas-Röhren-Geschäft" zwischen westdeutschen Unternehmen und Banken und der Sowjetunion im Jahr 1970. Im Rahmen dieses Geschäfts lieferte Westdeutschland Röhren für Pipelines, die Sowjetunion im Gegenzug Erdgas, während deutsche Banken die Finanzierung übernahmen. Mit dem Abschluss von langfristigen Beschaffungsverträgen zwischen Produzenten und der damaligen Ruhrgas AG als Importeur wurde der Aufbau der erforderlichen Infrastruktur ermöglicht. Erste Lieferungen aus Russland erfolgten ab 1973. In den Folgejahren erhöhte sich der Anteil der Importe aus Russland und stieg im Jahr vor der Wiedervereinigung bis auf 30 % an.

Mit dem Beitritt der Neuen Bundesländer zur Bundesrepublik Deutschland vergrößerten sich die Bezugsmengen an Erdgas aus Russland. Die von der DDR aus Russland bezogenen Erdgasmengen hatten sich auf etwa 8 Mrd. Kubikmeter pro Jahr belaufen. Damit stieg der Anteil russischen Erdgases an der Deckung des inländischen Bedarfs auf mehr als ein Drittel. Seit 1969 hatte die VEB Verbundnetz Gas die Versorgung mit Erdgas in Ostdeutschland wahrgenommen. Dieses Unternehmen war nach der Wiedervereinigung das erste privatisierte Großunternehmen Ostdeutschlands. Erste Aktionäre der unter dem Namen VNG geführten Firma waren mit einem Anteil von 35 % die Essener Ruhrgas AG (spätere E.ON Ruhrgas) und mit 10 % die BEB Brigitta Erdgas und Erdöl. Die restlichen Aktien waren zunächst bei der Treuhandanstalt verblieben. Im Sommer 1991 waren die bei der Treuhand verbliebenen Anteile verkauft worden. Damit wurde die Privatisierung abgeschlossen. Als Aktionäre kamen hinzu die Wintershall, der ostdeutsche Gasproduzent Erdöl-Erdgas Gommern, ostdeutsche Städte bzw. kommunale Betriebe sowie eine Reihe ausländischer Energieunternehmen. Im Rahmen weiterer Neuordnungen der Beteiligungsverhältnisse konnte das Oldenburger Unternehmen EWE durch Zukäufe von Aktienpaketen bisheriger Anteilseigner eine Mehrheit von 74,2 % an VNG erreichen. Im Jahr 2015 verkaufte EWE seinen VNG-Anteil an die Energie Baden-Württemberg (EnBW). Im Gegenzug trennte sich EnBW von seiner Beteiligung an EWE. Die einseitige Abhängigkeit von russischen Erdgaslieferungen hatte VNG bereits im Jahr 1993 durch Abschluss eines langfristigen Erdgas-Liefervertrages für norwegisches Erdgas aufgehoben.[18]

3.5.2 Strategien der Preisdurchsetzung

In den letzten Jahrzehnten erfolgte eine starke Verzahnung der Beziehungen zwischen BASF und der russischen Erdgaswirtschaft. 1994 unterstützte die BASF den Bau der Yamal-Gaspipeline Gazproms von Russland über Belarus und Polen nach Deutschland. Seit 2008 ist das Chemieunternehmen am Bau von Nord Stream 1 beteiligt. Die BASF-Tochter Wintershall verkaufte im Jahr 2015 das Gashandels- und Speichergeschäft an Gazprom. Dazu gehörten der größte Gasspeicher Europas in Rehden und der Erdgasspeicher Jemgum; diese Speicher wurden an die Gazprom-Tochtergesellschaft Astora übereignet. Im Gegenzug erhielt die BASF-Tochter Wintershall DEA Zugriff auf Erdgasfelder in Sibirien.[19]

3.5.3 Neuordnung der Unternehmensstrukturen auf dem deutschen Erdgasmarkt

Ein weiterer zentraler Schritt zur Neuordnung der Unternehmensstrukturen auf dem deutschen Gasmarkt bestand in der Übernahme der Ruhrgas durch den Energieversorger E.ON im Jahr 2002. Diese Transaktion erfolgte auf der Grundlage einer Ministererlaubnis gemäß Paragraph 24 des Gesetzes gegen Wettbewerbsbeschränkungen. Der

---

[18] [15].
[19] [16].

Genehmigung vorangegangen war eine aus Wettbewerbsgründen erfolgte Ablehnung des Zusammenschlusses durch das Bundeskartellamt und die Monopolkommission. Voraussetzung für die Aushebelung dieser Entscheidung ist, dass „die gesamtwirtschaftlichen Vorteile" die Wettbewerbsbeschränkungen aufwiegen oder der Zusammenschluss durch ein „überragendes Interesse der Allgemeinheit" gerechtfertigt ist. Diese Voraussetzungen sah das Bundeswirtschaftsministerium in dem Fall als gegeben an. Die Genehmigung war allerdings mit Auflagen verknüpft. Dazu gehörte unter anderem, dass sich der fusionierte Konzern von seinen Beteiligungen an der VNG und an dem Regionalversorger EWE trennen musste.

2016 erfolgte ein weiterer Schritt mit der Abspaltung der konventionellen Stromerzeugung aus Kohle und Gas (einschließlich Wasserkraft, aber ohne Kernenergie) sowie des globalen Energiehandels aus der E.ON unter Übertragung auf Uniper. Damit verfügte das mehrheitlich der finnischen Fortum gehörende Unternehmen über das bei weitem bedeutendste vertraglich gebundene Gasbeschaffungsvolumen aus Russland. Ende 2022 wurde das aufgrund der ausbleibenden Erdgas-Lieferungen aus Russland angeschlagene Unternehmen Uniper, der größte Gasimporteur und Gas-Großhändler in Deutschland, verstaatlicht.

Bereits im April 2022 war die *Gazprom Germania* auf der Grundlage des Außenwirtschaftsgesetzes unter Treuhandverwaltung der Bundesnetzagentur gestellt worden. Diese auf sechs Monate befristete Lösung wurde im Juni 2022 durch die Treuhänderverwaltung *Securing Energy for Europe GmbH* (SEFE) auf der Grundlage des Energiesicherungsgesetzes längerfristig abgesichert. Die neue Rechtsgrundlage der Treuhänderschaft auf Basis des Energiesicherungsgesetzes ist zwar ebenfalls auf sechs Monate befristet, sie ermöglicht aber eine kontinuierliche Verlängerung der Treuhandverwaltung um jeweils weitere sechs Monate. Zur Aufrechterhaltung der Versorgungssicherheit in Deutschland wurde SEFE – ebenso wie zuvor bereits Uniper – mit hohen Milliardenbeträgen gestützt.[20]

3.5.4 Gasaufkommen in Deutschland im Jahr 2022

Die Versorgung mit Erdgas vom Import bzw. der Förderung im Inland bis zum Verbrauch kann anhand eines für das Jahr 2022 vom BDEW erstellten Gasflussbildes veranschaulicht werden (Abb. 3.38). In der Vergangenheit war Deutschland ausschließlich per Pipeline mit Erdgas versorgt worden. Die Struktur des Aufkommens an Erdgas zur Versorgung in Deutschland hatte sich in den vergangenen Jahren deutlich verändert. Die Erdgas-Nettoimporte Deutschlands haben sich leicht erhöht (Abb. 3.39). Demgegenüber hat sich die inländische Förderung auf weniger als die Hälfte reduziert (Abb. 3.40). Damit ist der Anteil der Inlandsförderung an der Deckung des Verbrauchs von 13 % im Jahr 2011 auf 5 % im Jahr 2021 gesunken.

---

[20] [12].

Gasfluss
Von Import und Förderung zum Verbrauch

Erdgasfluss 2022* in Mrd. Kilowattstunden

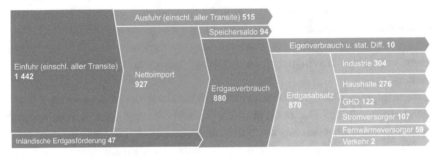

2022 wurden zudem 10,4 Mrd. kWh auf Erdgasqualität aufbereitetes **Biogas** in das deutsche Erdgasnetz eingespeist.

* vorläufig

Quellen: Destatis, BVEG, Entsog, BDEW, dena; Stand 05/2023 Rundungsdifferenzen

Abb. 3.38 Gasfluss von Import und Förderung zum Verbrauch

Entwicklung der Erdgas-Nettoimporte Deutschlands
in Mrd. kWh

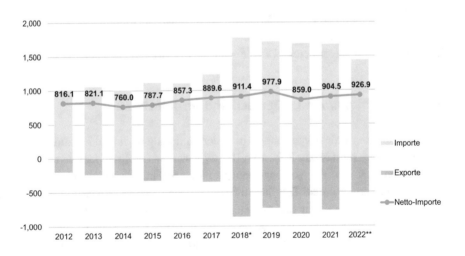

* ab 2018 physische Mengen einschließlich sämtlicher Transite   ** vorläufig

Quellen: Destatis, BAFA, BNetzA, FNB, BDEW; Stand 04/2023

Abb. 3.39 Entwicklung der Erdgas-Nettoimporte Deutschlands 2012 bis 2022

Entwicklung der inländischen Erdgasförderung
in Mrd. Kilowattstunden

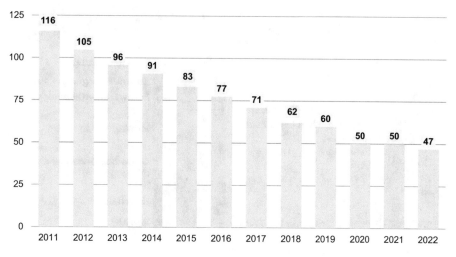

Quelle: BVEG, Stand 12/2022

Abb. 3.40 Entwicklung der inländischen Erdgasförderung 2011 bis 2022

Nach Angaben des Bundesverbandes der Energie- und Wasserwirtschaft (BDEW) hat sich die gesamte Einfuhr an Erdgas 2022 – einschließlich Transite – auf 1442 Mrd. kWh belaufen. Abzüglich der Ausfuhren (einschließlich aller Transite) ergibt sich ein Nettoimport von 927 Mrd. kWh (Abb. 3.41). Hinzu kamen 47 Mrd. kWh aus inländischer Förderung. Diese Menge von insgesamt 974 Mrd. kWh stand zur Deckung der inländischen Nachfrage und für eine Einspeicherung zur Verfügung. Davon wurden 880 Mrd. kWh in Deutschland verbraucht und 94 Mrd. kWh eingespeichert. Vermindert um den Eigenverbrauch und unter Berücksichtigung statistischer Differenzen von 10 Mrd. kWh wird ein Erdgasabsatz von 870 Mrd. kWh ausgewiesen.[21]

Der Beitrag von Lieferungen aus Russland zur Deckung des inländischen Bedarfs war von knapp einem Drittel im Jahr 2011 auf mehr als die Hälfte im Jahr 2021 gestiegen (Abb. 3.42). Rückgänge waren vor allem bei den Lieferungen aus den Niederlanden zu verzeichnen, die aufgrund technischer Probleme (durch die Erdgasförderung im Feld Groningen ausgelöste Erdbeben) ihre Exporte nach Deutschland einschränken mussten. 2022 sind die Lieferungen aus Russland zunächst deutlich gesunken und seit Anfang September 2022 komplett eingestellt worden. Der Anteil von Russland hat sich im Jahr 2022 im Vergleich zu 2021 in etwa halbiert. Norwegen hat im Jahr 2022 Russland als Herkunftsland Nr. 1 für Einfuhren von Erdgas abgelöst. Daneben wurde Deutschland aus

---

[21] [17].

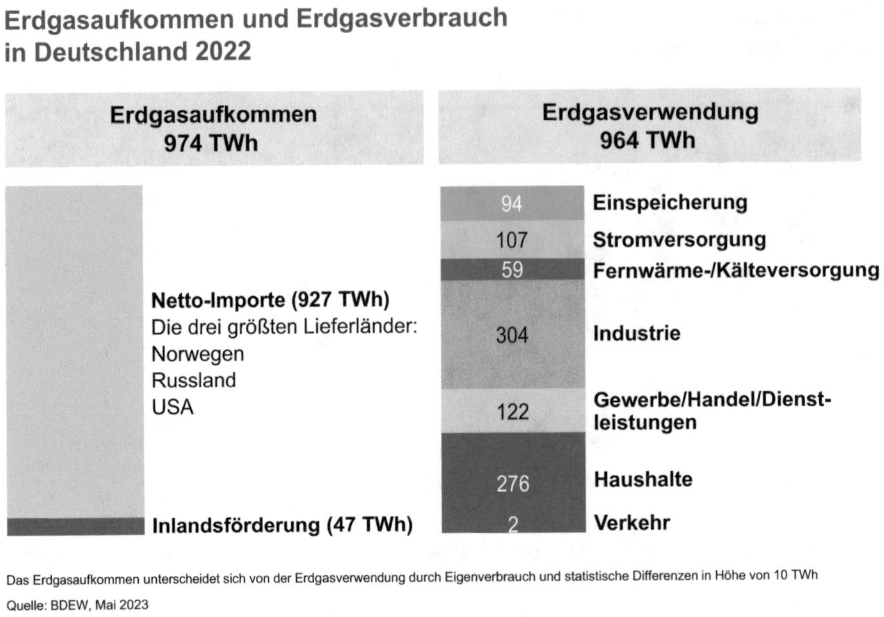

**Erdgasaufkommen und Erdgasverbrauch
in Deutschland 2022**

Erdgasaufkommen 974 TWh	Erdgasverwendung 964 TWh

	94 — Einspeicherung
	107 — Stromversorgung
	59 — Fernwärme-/Kälteversorgung
Netto-Importe (927 TWh) Die drei größten Lieferländer: Norwegen Russland USA	304 — Industrie
	122 — Gewerbe/Handel/Dienstleistungen
	276 — Haushalte
Inlandsförderung (47 TWh)	2 — Verkehr

Das Erdgasaufkommen unterscheidet sich von der Erdgasverwendung durch Eigenverbrauch und statistische Differenzen in Höhe von 10 TWh

Quelle: BDEW, Mai 2023

Abb. 3.41 Erdgasaufkommen und Erdgasverwendung in Deutschland 2022

niederländischen Vorkommen sowie mit LNG aus verschiedenen Staaten, wie vor allem USA und daneben auch Katar, über die in Nordwesteuropa bestehenden Importterminals versorgt. Die Vereinigten Staaten rangierten 2022 an dritter Stelle in der Rangliste der für Deutschland wichtigsten Erdgaslieferanten.

3.5.5 Ausbau der Gasinfrastruktur in Deutschland und Maßnahmen zur Sicherung der Versorgung nach Kriegsbeginn in der Ukraine im Februar 2022

Deutschland verfügt über ein auf die gesamte Landesfläche verteiltes Gasrohrnetz, dessen Länge auf 437.800 km beziffert wird (Abb. 3.43). Die schließt die Hoch-, Mittel- und Niederdruck-Leitungen ein, nicht jedoch die Hausanschlussleiten, deren Gesamtlänge von 170.200 km beträgt.

Ferner existieren in Deutschland 46 Untertage-Gasspeicher an 32 verschiedenen Standorten, die knapp 24 Mrd. Kubikmeter Erdgas aufnehmen können (Abb. 3.44). Das entspricht etwa einem Viertel der in Deutschland im Jahr 2021 verbrauchten Erdgasmenge. Bei 15 der 45 Speicher handelt es sich um Porenspeicher (ehemalige Erdöl-Erdgaslagerstätten oder Salzwasser-Aquifere). Sie dienen grundsätzlich der saisonalen

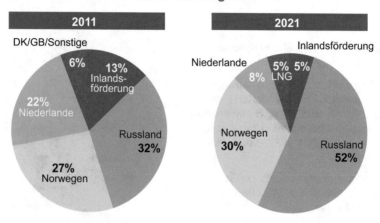

Erdgasaufkommen zur Versorgung in Deutschland nach der Herkunft 2011 und 2021 im Vergleich

Quelle: H.-W. Schiffer (Datenbasis: BAFA, Bruegel und eigene Schätzung)

Abb. 3.42 Erdgasaufkommen zur Versorgung in Deutschland nach der Herkunft 2011 und 2021 im Vergleich

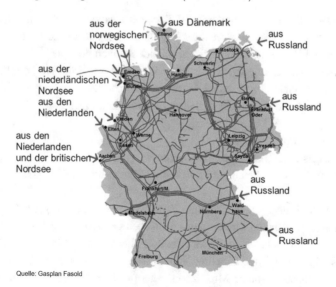

Netz- bzw. Versorgungsstrukturen
Erdgasleitungen in Deutschland (Stand: 2020)

Quelle: Gasplan Fasold

Abb. 3.43 Netz- und Versorgungsstrukturen bei Erdgas in Deutschland

Gasspeicher in Deutschland
Gesicherte Erdgasversorgung

Standorte der deutschen Untertage-Erdgasspeicher

Die 46 deutschen Untertage-Gasspeicher an 32 verschiedenen Standorten können knapp 24 Mrd. m³ Arbeitsgas aufnehmen. Das entspricht gut einem Viertel der in Deutschland im Jahr 2020 verbrauchten Erdgasmenge.

Insgesamt verfügt die deutsche Gaswirtschaft über das größte Speichervolumen in der Europäischen Union.

Quellen: Niedersächsisches Landesamt für Bergbau, Energie und Geologie, BDEW; Stand 06/2021

Abb. 3.44   Gasspeicher in Deutschland

Grundlastabdeckung. Bei den anderen 30 Speichern handelt es sich um Kavernenspeicher (Salzkavernen). Diese sind in ihrer ein- und Ausspeicherrate leistungsfähiger und daher besonders für tageszeitliche Spitzenlastabdeckungen geeignet.[22]

Das deutsche Gasversorgungsnetz ist über Pipelines mit Erdgasvorkommen vor allem in Norwegen, Russland und Niederlande verknüpft. Die wichtigsten Verbindungen zwischen Russland und Deutschland stellen folgende Leitungen dar:

- Yamal über Belarus und Polen
- Sojus/Transgas über Ukraine und Tschechien
- Nord Stream 1 von St. Petersburg durch die Ostsee nach Greifswald

Die 2011 in Betrieb genommene Pipeline Nord Stream 1 hatte maßgeblich zur Erhöhung des russischen Anteils an der Deckung des deutschen Gasverbrauchs von etwa einem Drittel im Jahr 2011 auf mehr als 50 % im Jahr 2021 beigetragen. Für die inzwischen fertig gestellte rund 1220 km lange Pipeline Nord Stream 2, die – wie Nord Stream 1 – eine Kapazität zum Transport von 55 Mrd. Kubikmeter pro Jahr hat, wurde von deutscher Seite nach dem am 24. Februar 2022 eingesetzten Angriffskrieg Russlands gegen die Ukraine

---

[22] [17].

keine Betriebsgenehmigung erteilt. Die Finanzierung dieses parallel zu Nord Stream 1 verlegten Pipeline-Strangs mit einem Investitionsvolumen von 11 Mrd. € war zur einen Hälfte durch Gazprom und zur anderen Hälfte durch die Unternehmen Shell, OMV, Engie, Uniper und Wintershall Dea erfolgt.

► Deutschland verfügte bis Herbst 2022 im Unterschied zu anderen europäischen Staaten nicht über ein Flüssiggas-Terminal. Allerdings bieten sich insbesondere über die in Belgien und den Niederlanden bestehenden Terminals Möglichkeiten zum Bezug von LNG über das von dort nach Deutschland bestehende Pipeline-Netz.

Ruhrgas hatte zwar bereits 1979 die Genehmigung zum Bau eines Anlande-Terminals in Wilhelmshaven, allerdings war es mangels Wirtschaftlichkeit nicht zu einer Errichtung gekommen. Der Bezug von Pipeline-Gas war die für Deutschland deutlich preisgünstigere Option.

Unmittelbar nach dem Kriegsbeginn in der Ukraine hat die Bundesregierung Aktivitäten unternommen, um die Energieversorgung in Deutschland zu sichern und gleichzeitig die Abhängigkeit von Russland zu reduzieren. Bereits am 30. März 2022 war die Frühwarnstufe des Notfallplans Gas ausgerufen worden. Am 23. Juni 2022 hat die Bundesregierung die Alarmstufe, und damit die zweite von drei Krisenstufen des Notfallplans Gas, ausgerufen. Die zweite Stufe beschränkt sich auf marktbasierte Maßnahmen und ist – anders als die dritte Stufe, die Notfallstufe – noch nicht mit staatlichen Eingriffen in die Gasversorgung verbunden.

Zur Sicherung der Erdgasversorgung wurden angebotsseitig folgende Maßnahmen ergriffen:[23]

- Optionierung von vier schwimmenden LNG-Terminals (Floating Storage and Regasification Units – FSRU) über die Unternehmen RWE und Uniper. Hierfür hat die Bundesregierung Haushaltsmittel in Höhe von 2,94 Mrd. Euro bereitgestellt. Am 4. Juli 2022 hat das Gewerbeaufsichtsamt Oldenburg grünes Licht für den Baustart des ersten schwimmenden LNG-Terminals am Standort Wilhelmshaven erteilt. Vorgesehen ist, dass in Wilhelmshaven dann etwa 5 Mrd. m^3/Jahr ins Gasnetz eingespeist werden können. Für die FRSU in Brunsbüttel wird ebenso eine Regasifizierungskapazität von 5 Mrd. m^3/Jahr erwartet. Aufgrund von Restriktionen im Gasnetz wird der Realisierung des maximalen Werts erst für den Winter 2023 gerechnet. Die FSRU-Schiffe für die Standorte in Stade und Lubmin werden voraussichtlich ab Mai 2023 verfügbar sein. Die Betriebsbereitschaft beider Standorte könnte bis Ende 2023 hergestellt sein. In Lubmin soll bis Ende des Jahres 2022 noch ein weiteres und damit insgesamt fünftes LNG-Terminal in Deutschland entstehen, realisiert von einem privaten Konsortium.

---

[23] [18].

Bereits im Dezember 2022 soll das Terminal 4,5 Mrd. m^3 in das deutsche Ferngaslei-tungsnetz einspeisen können. Langfristig wird auch eine Diversifizierung durch weitere Pipeline-Verbindungen zwischen Lieferländern und Deutschland angestrebt. Unter der Annahme, dass die FSRUs in Stade und Lubmin ebenso 5 Mrd. m^3 Kapazität haben, erhält man eine Gesamtkapazität von 24,5 Mrd. m^3. Durch diese LNG-Kapazitäten soll ein guter Teil des russischen Erdgases, dessen Bezug sich 2021 in Deutschland noch auf 46 Mrd. m^3 belief, ersetzt werden.

- „Das Ankaufprogramm der Bundesregierung vom 1. März 2022 zur Beschaffung von Gas durch den Marktgebietsverantwortlichen Gas (Trading Hub Europe, THE) ist mittlerweile abgeschlossen. Insgesamt konnten rd. 950 Mio. m^3 Erdgas erworben werden, die in die Speicher eingebracht wurden. Zusätzlich hat die Bundesregierung weitere 15 Mrd. € für die Speicherbefüllung zur Verfügung gestellt. Diese hatte der Haushaltsausschuss des Bundestages am 22.06.2022 bestätigt."[24]

- Als weiterer wichtiger Schritt zur Verbesserung der Versorgungssicherheit hatte der Deutsche Bundestag Ende April 2022 eine Änderung des Energiewirtschaftsgesetzes zur Einführung von Füllstandsvorgaben für Gasspeicheranlagen („Gasspeichergesetz") beschlossen. Mit dem am 30. April 2022 in Kraft getretenen Gesetz soll gewährleistet werden, dass die Gasspeicher in Deutschland – im Rahmen des tatsächlichen Gasange-bots – zu Beginn des Winters ausreichend befüllt sind. Die Verantwortung dafür tragen primär die Marktakteure. Mit Ministerverordnung vom 29. Juli 2022 wurden die Füll-standsvorgaben gegenüber den im Speichergesetz formulierten Anforderungen erhöht. So müssen zum 1. Oktober die Speicher zu 85 % (statt 80 %), zum 1. November zu 95 % (statt 90 %) und zum 1. Februar immer noch zu 40 % befüllt sein. Ein neues Zwischenziel von 75 % zum 1. September, das bereits Mitte August 2022 erreicht wurde, soll zu einem beschleunigten Einspeisen führen. In der Praxis wird die Trading Hub Europe GmbH (THE) – die THE kümmert sich operativ um Ein-, Ausspei-sung und Transport von Erdgas im deutschen Hochdruckleitungssystem – verpflichtet, die Gasspeicher schrittweise zu füllen. Die THE erhält dafür einen umfassenden Instrumentenkasten, um vor allem für den Winter die Versorgungssicherheit zu gewähr-leisten. Dies erfasst auch die Befüllung von Speichern mit niedrigen Füllständen, zu denen insbesondere die Speicher in der Hand von *Gazprom Germania* (inzwischen als SEFE unter Treuhandverwaltung der Bundesregierung) gehören. Am 17. Juni 2022 war die Treuhänderverwaltung *Securing Energy for Europe Gmbh* (SEFE) der vormaligen *Gazprom Germania* auf Grundlage des Energiesicherungsgesetzes längerfristig abge-sichert worden. Zuvor hatte die Treuhandverwaltung der Bundesnetzagentur ab dem 4. April 2022 auf der Grundlage des Außenwirtschaftsgesetzes nur auf sechs Monate befristet bestanden.

- Mit der Schaffung der FSRU-Kapazitäten allein ist die Versorgung mit Erdgas aus alternativen Quellen aber noch nicht sichergestellt. Vielmehr müssen die erforderlichen

---

[24] [12].

Mengen auf den internationalen Märkten beschafft werden. Zu den potenziellen Lieferanten zählen die USA, die ihre LNG-Exportkapazitäten erheblich ausgebaut haben, mittelfristig auch Kanada, sowie insbesondere Staaten des Mittleren Ostens und des afrikanischen Kontinents. Auch Australien gehört – neben USA und Katar – zu den drei größten Anbietern von LNG und kommt grundsätzlich ebenfalls als Lieferant für Deutschland in Betracht. Flankiert durch politische Gespräche sind die Versorgungsunternehmen dabei, ausreichende LNG-Bezugs-Verträge mit möglichen Lieferanten unter anderem aus Katar und den USA abzuschließen.

- Daneben hat die Bundesregierung ein Finanzierungsprogramm für durch hohe Sicherheitsleistungen (Margining) gefährdete Unternehmen, die an den Terminbörsen mit Strom, Erdgas und Emissionszertifikaten handeln, aufgesetzt und am 17.06.2022 gestartet. Das dafür vorgesehene Kreditvolumen wurde auf insgesamt bis zu 100 Mrd. € angesetzt. Dieses Programm ist ebenfalls zur Aufrechterhaltung der Versorgungssicherheit wichtig.

3.5.6 Änderung der Gasflüsse und des Füllstandes der Gasspeicher in Deutschland nach Kriegsbeginn in der Ukraine

Seit dem Einmarsch russischer Truppen in die Ukraine am 24. Februar 2022 haben sich die Gasflüsse nach Deutschland deutlich verändert. Bis Ende Mai 2022 war Russland noch der für Deutschland wichtigste Erdgas-Lieferant geblieben. Danach setzte eine drastische Verringerung bis zum Sommer 2022 ein – gefolgt von einer kompletten Einstellung der Lieferungen ab Anfang September 2022. Die Lieferungen aus Norwegen waren weitgehend konstant. Das gilt auch für die Gasflüsse aus niederländischen Vorkommen. Deutlich erhöht haben sich die Importe aus anderen Ländern. Dabei handelt es sich vor allem um Bezüge von LNG, vornehmlich aus den USA, über die Nordsee-Anlandeterminals in den Niederlanden und Belgien (Abb. 3.45 und 3.46).

Besonders deutlich wird der Rückgang der russischen Lieferungen bei gesonderter Darstellung der verzeichneten Flüsse im Vorjahresvergleich. Über Nord Stream 1 waren bis Ende Mai 2022 noch – ebenso wie im Vorjahr die größten Importmengen aus Russland nach Deutschland erfolgt. Danach wurden die Lieferungen auch über Nord Stream 1 zunächst sukzessive reduziert und schließlich komplett eingestellt (Abb. 3.47 und 3.48).

Damit hat sich die Struktur der Herkunft des in Deutschland verbrauchten Erdgases massiv verändert. Der Anteil Russlands ist von noch 53 % im Januar 2021 auf Null gesunken. Demgegenüber ist der Beitrag Norwegens auf 38 % gestiegen. Die Niederlande haben die Position behauptet. Starke Zuwächse wurden aus sonstigen Ländern (LNG vor allem aus den USA) verzeichnet, die im September 2022 mit knapp 27 % zur Bereitstellung des in Deutschland verbrauchten Erdgases beigetragen haben. Die Inlandsförderung trug weitgehend unverändert mit etwa 5 % zur Versorgung bei (Abb. 3.49).

Direkte physische Gasflüsse nach Deutschland

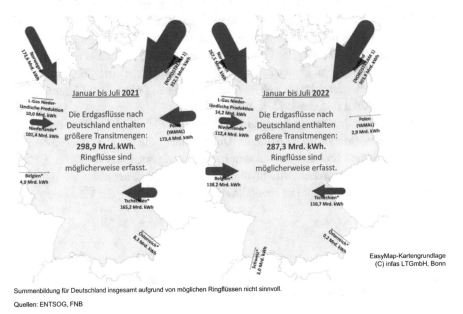

Abb. 3.45 Direkte physische Gasflüsse nach Deutschland 2021 und 2022

Gasflüsse nach Deutschland nach Herkunft des Erdgases bis 31.12.2022

in Mrd. kWh

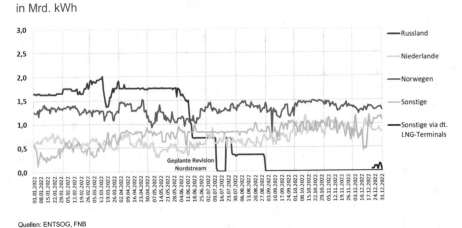

Abb. 3.46 Gasflüsse nach Deutschland aus Russland, Niederlande, Norwegen und sonstigen Ländern seit dem 1. Januar 2022

Gasflüsse aus Russland im Vorjahresvergleich, bis 21.09.2022

in Mrd. kWh

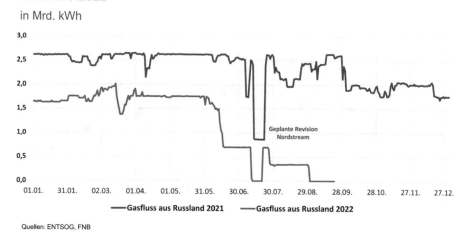

Quellen: ENTSOG, FNB

Abb. 3.47 Gasflüsse aus Russland 2021 und 2022 im Vergleich

Gasflüsse über Nordstream 1 im Vorjahresvergleich, bis 21.09.2022

in Mrd. kWh

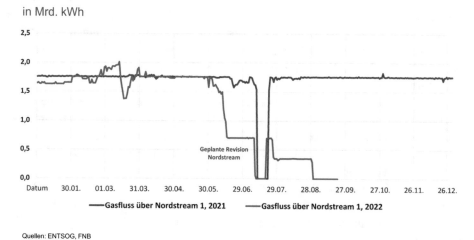

Quellen: ENTSOG, FNB

Abb. 3.48 Gasflüsse über Nord Stream 1 im Vorjahresvergleich bis 21.09.2022

Struktur des Erdgasaufkommens in Deutschland
in Mrd. kWh

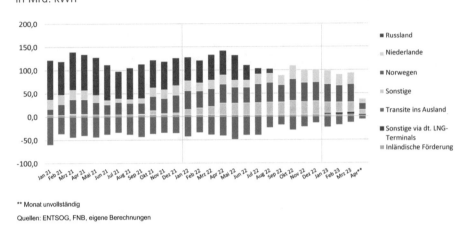

** Monat unvollständig

Quellen: ENTSOG, FNB, eigene Berechnungen

Abb. 3.49 Entwicklung der Herkunft des in Deutschland verbrauchten Erdgases nach Lieferländern von Januar 2021 bis Dezember 2022

Trotz der zunächst verringerten und schließlich komplett eingestellten Lieferungen aus Russland konnten die Erdgasspeicher in Deutschland bis Herbst 2022 auf ein Niveau aufgefüllt werden, das den vergleichbaren Ständen in den Vorjahren entsprach bzw. sogar teilweise sogar darüber lag (Abb. 3.50). Der zum 1. Oktober 2022 mit 85 % gesetzlich vorgeschriebene Füllstand wurde bereits Ende September mit gut 90 % überschritten (Abb. 3.51). Für den 1. November 2022 gilt eine Zielvorgabe von 95 %, die ebenfalls erreicht wurde.

Der größte Erdgasspeicher in Deutschland (Rehden), der bis zur Übernahme in die Treuhandverwaltung zu Gazprom Germania gehört hatte und bis Anfang Juni fast komplett leer war, konnte bis Ende September 2022 auf rund 33 Mrd. kWh aufgefüllt werden. Damit war mit einem Füllstand von immerhin 75 % auch in diesem Speicher eine hohe Bevorratung erreicht worden.

Mit einer gesamten Speicherkapazität von 243 Mrd. kWh verfügt Deutschland über die EU-weit größten Speicherkapazitäten (Abb. 3.52). Mit der erfolgten Auffüllung der Speicher in Deutschland erhöht sich damit auch die Sicherheit der Versorgung im EU-Binnenmarkt.

Absolute Speicherfüllstände der deutschen Erdgasspeicher

absolut in Mrd. kWh

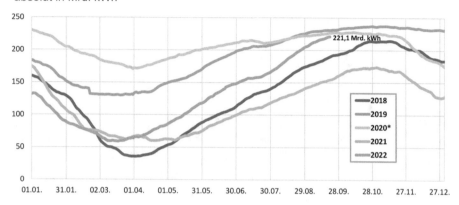

* aus Gründen der Vergleichbarkeit Wert des Schalttages 2020 ausgeblendet

Die Darstellung beinhaltet die Daten aller auf gie.eu zum angegebenen Datum erfassten Speicher.

Quelle: Gas Infrastructure Europe; Stand 22.09.2022

Abb. 3.50 Absolute Speicherfüllstände der deutschen Erdgasspeicher

Prozentuale Speicherfüllstände der deutschen Erdgasspeicher

in % der Maximalbefüllung

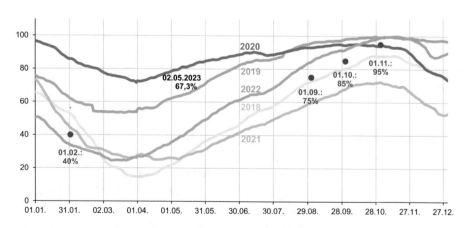

• Füllstandsvorgabe gemäß EnWG/GasSpFüllstV; gesetzliche Vorgabe gilt für jeden einzelnen Speicher

Die Darstellung beinhaltet die Daten aller auf gie.eu zum angegebenen Datum (Gas Day Start) erfassten Speicher.

Quelle: Gas Infrastructure Europe; Stand 04/2023

Abb. 3.51 Prozentuale Speicherfüllstände der deutschen Erdgasspeicher

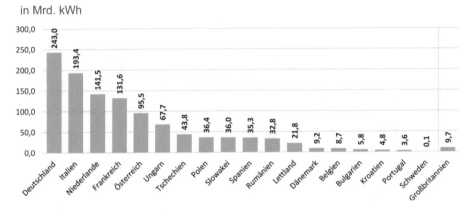

Quelle: Gas Infrastructure Europe; Stand 22.09.2022

Abb. 3.52 Gas-Speicherkapazitäten in Deutschland im Vergleich zu anderen europäischen Ländern

3.5.7 Unternehmensstrukturen auf den verschiedenen Wertschöpfungsstufen der deutschen Gasversorgung

In der Gaswirtschaft kann grundsätzlich zwischen folgenden Wertschöpfungsstufen unterschieden werden:

- Inländische Produktion und Import
- Großhandelsebene
- Transportnetz
- Speicherung
- Verteilung
- Vertrieb

Auf diesen Ebenen betätigt sich eine Vielzahl von Unternehmen unterschiedlicher Größe und Geschäftsausrichtung (Abb. 3.53 und 3.54).

Die Upstream-Ebene gliedert sich in die Förderung im Inland und die Importe. Der BDEW erfasst sieben Gesellschaften, die im Inland Erdgas gewinnen.[25] Dazu zählen u. a. BEB Erdgas und Erdöl sowie Mobil Erdgas-Erdöl. Die größten Importeure sind GasTerra (Niederlande), Equinor (Norwegen) und in der Vergangenheit insbesondere Gazprom. Neben diesen Pipeline-Gaslieferanten gewinnen seit 2022 zunehmend LNG-Importe auch für die deutsche Versorgung an Bedeutung.

---

[25] [17].

Strukturschema zum deutschen Gasmarkt

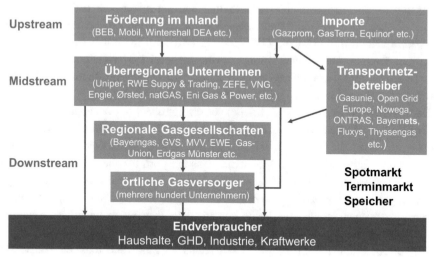

* zuvor Statoil – 2018 erfolgte Namensänderung in Equinor

Abb. 3.53 Strukturschema der deutschen Gaswirtschaft

Unternehmen der Gasversorgung nach Wertschöpfungsstufen

Zahl der Unternehmen in den einzelnen Marktbereichen*

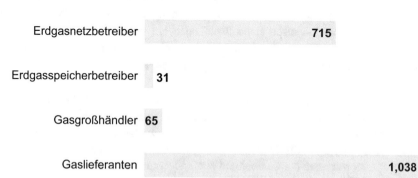

* Addition nicht möglich, da viele der Unternehmen in mehreren Sparten und auf mehreren Wertschöpfungsstufen tätig sind und somit mehrfach erfasst wurden, teilweise gerundet.

Quellen: BDEW, 12/2022

Abb. 3.54 Zahl der Unternehmen nach Wertschöpfungsstufen

Überregional tätige Handelsunternehmen stellen ein Bindeglied zwischen der Upstream- und der Downstream-Ebene dar. Sie verfügen über Bezugsverträge mit den Erdgasförder- und Erdgasimportgesellschaften und vertreiben das Erdgas an regionale Gasgesellschaften, Stadtwerke und Industriekunden. Zu den großen Playern auf dieser Marktstufe zählen u. a. Uniper, ZEFE (vormals Gazprom Germania), VNG und RWE Supply & Trading. Der Handel erfolgt sowohl bilateral („over-the-counter – OTC) als auch über die Börse. In beiden Fällen wird sowohl der Handel im Rahmen längerfristiger Verträge als auch auf kurzfristiger Basis (Spothandel) praktiziert.

Der Ferntransport von Gas in Rohrleitungen erfolgt über vom Großhandel unabhängige Unternehmen. In Deutschland gibt es 16 Betreiber der Gasfernleitungsnetze. Zu den größten Gesellschaften auf dieser Wertschöpfungsstufe gehören Open Grid Europe, ONTRAS Gastransport, Thyssengas, Gasunie, Gascade Gastransport, terranets bw, Fluxys und bayernets. An der Nutzung der Netze interessierte Unternehmen benötigen einen Netzzugang. Zur Ermöglichung eines diskriminierungsfreien Zugangs zu den Netzen im Gassektor ist in den vergangenen Jahren eine Reihe von für den Wettbewerb wichtigen Änderungen erfolgt. Dazu gehörte u. a. das Unbundling.

Bis zur Änderung des Energiewirtschaftsrechts im Jahr 2006 mussten Transporteure von Gas einen Transportpfad zwischen dem ersten Einspeisepunkt und der Entnahmestelle festlegen und mit den auf dem fiktiven Transportpfad betroffenen Leitungsnetzbetreibern einzelne Verträge schließen (Punkt-zu-Punkt-Modell). Dabei waren Ein- und Ausspeisungen in die Netze als physische Gasflüsse betrachtet worden, die im Rahmen einzelner Netznutzungskontrakte zu regeln waren. Seit Oktober 2006 ersetzt das Zweivertragsmodell (Entry-/Exit-Modell) das alte Punkt-zu-Punkt-Modell. Das System funktionierte in Deutschland auf der Grundlage der Zusammenlegung der Versorgungsgebiete mehrerer Fernleitungsnetzbetreiben zu Marktgebieten.

Gaslieferanten konnten mit den jeweiligen Ein- und Ausspeisenetzbetreiben Verträge abschließen, in denen die jeweiligen Kapazitäten an den Ein- und Ausspeisepunkten festgelegt wurden. Automatisch stand damit auch ein virtueller Handelspunkt zur Verfügung. Dort konnten Gasmengen übergeben bzw. übernommen werden. Sowohl für die Einspeisung als auch für die Entnahme der Gasmenge war ein Entgelt fällig (Abb. 3.55).

▶ Die Zahl der Marktgebiete, innerhalb derer Transportkunden flexibel Ein- und Ausspeiseverträge abschließen und die entsprechend gebuchten Kapazitäten nutzen konnten, war seit 2006 kontinuierlich reduziert worden. Zum 1. Oktober 2021 fand die letzte Stufe dieser Konsolidierung mit der Zusammenführung der noch zuvor zwei Marktgebiete *Gaspool* und *NetConnect* zu einem neuen bundesweiten Gasmarkt *Trading Hub Europe* (THE) statt.

Gemäß Angaben des BDEW existieren in Deutschland 31 Unternehmen, die Erdgasspeicher betreiben und vermarkten. Neben den in Deutschland bestehenden Speichern

Zusammenführung der zuvor zwei Marktgebiete zu einem neuen bundesweiten Gasmarkt (THE) zum 1. Oktober 2021

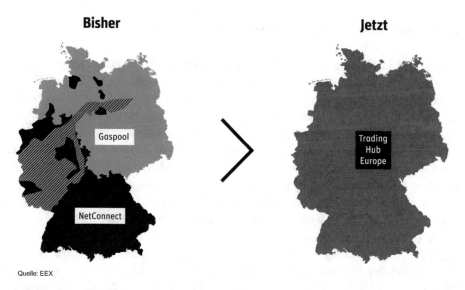

Quelle: EEX

Abb. 3.55 Zusammenführung der zuvor zwei Marktgebiete zu einem neuen bundesweiten Gasmarkt zum 1. Oktober 2021

existieren auch zwei auf österreichischem Gebiet liegende Speicher, die zur Versorgung in Deutschland herangezogen werden können. Das sind Haidach und 7Fields.

In Deutschland agieren insgesamt 715 Gas-Verteilnetz-Gesellschaften. Zu den Aufgaben der Unternehmen auf dieser Wertschöpfungsstufe gehören die Verteilung von Gas an Kunden sowie Betrieb, Wartung und Ausbau des Rohleitungsnetzes.

Auch die Vertriebsstufe des deutschen Gasmarktes ist durch eine große Zahl von Anbietern gekennzeichnet. So verfügt Deutschland mit 1038 Gaslieferanten über den europaweit heterogensten Gasmarkt. Auf der Endverbraucherstufe agiert neben Stadtwerken eine Vielzahl weiterer inländischer und auch ausländischer Anbieter. Damit zeichnet sich der deutsche Gasmarkt durch hohe Wettbewerbsintensität aus.[26]

Die deutsche Gaswirtschaft ist somit durch eine arbeitsteilige und dezentrale Struktur gekennzeichnet. Durch die Aufsplittung von früher vielfach integrierten Unternehmen in Handels-, Transport- und Speicher- bzw. Verteilnetz- und Vertriebsgesellschaften hat sich die Anzahl der Gasversorgungsunternehmen im Gefolge der seit Ende der 1990er Jahre erfolgten Marktliberalisierung erhöht. Zu berücksichtigen ist dabei, dass viele der Unternehmen in mehreren Sparten und auf mehreren Wertschöpfungsstufen tätig sind. Somit

---

[26] [19].

ist die Gesamtzahl der auf dem deutschen Markt tätigen Unternehmen deutlich niedriger, als die Summe, die sich bei Addition der für die einzelnen Wertschöpfungsstufen ausgewiesenen Unternehmenszahlen ergibt.

3.5.8   Nutzung von Erdgas und dessen Vertrieb

Erdgas wird in Deutschland vor allem energetisch genutzt. Haupteinsatzbereich ist die Erzeugung von Wärme. Hierzu wird Erdgas in privaten Haushalten, im Sektor Gewerbe/Handel/Dienstleistungen und in der Industrie eingesetzt. In privaten Haushalten hat Erdgas das leichte Heizöl als wichtigste Energiequelle zur Deckung des Raumwärmebedarfs abgelöst. Eine weitere energetische Nutzung von Erdgas stellt dessen Umwandlung in Strom dar. Darüber hinaus ist neben der energetischen auch die stoffliche Verwendbarkeit von Erdgas von Bedeutung. Dies betrifft vor allem die chemische Industrie. Etwa 30 % des in der Chemiebranche bezogenen Erdgases werden zu diesem Zweck eingesetzt – zur Gewinnung von Ammoniak (zur weiteren Herstellung von Düngemitteln), von Methanol (als Grundstoff zur Essigsäureherstellung) oder zur Wasserstoffherstellung.

Am gesamten Erdgasabsatz in Deutschland waren die Industrie mit 35 % und private Haushalte 2022 mit 32 % beteiligt. Von privaten Haushalten wird Erdgas insbesondere zur Wohnungsheizung und zur Warmwasserbereitung genutzt. 2022 war von den insgesamt 43,1 Mio. Wohnungen in Deutschland fast die Hälfte mit Erdgas beheizt. Das entspricht 21,2 Mio. mit Erdgas beheizten Wohnungen (Abb. 3.56).

Bei den 2022 zum Bau genehmigten Wohnungen (Abb. 3.57) hat sich der Anteil an Erdgas von noch 50 % im Jahr 2011 auf 17 % im Jahr 2022 verringert. Die elektrische Wärmepumpe hält unter den neu zum Bau genehmigten Wohneinheiten inzwischen mit 51 % den größten Anteil (Abb. 3.58).[27]

Private Haushaltskunden haben in 55 % der Netzgebiete die Wahl zwischen mehr als 100 Lieferanten. In 37 % der Netzgebiete kommen 51 bis 100 Lieferanten für Haushaltskunden in Betracht. In 7 % der Netzgebiete sind es 21 bis 50 Lieferanten. Die Zahl der Netzgebiete, in denen Haushaltskunden auf lediglich 1 bis 20 Lieferanten zurückgreifen können, ist auf 1 % begrenzt.[28]

3.6   Strommarkt in Deutschland

Besonderes Kennzeichen der deutschen Elektrizitätswirtschaft ist die Vielfalt der Anbieterstruktur. Während der Strommarkt europäischer Nachbarländer vielfach durch eine Dominanz einer kleinen Zahl von Unternehmen geprägt ist, gibt es in Deutschland mehr

---

[27] [17].
[28] [19].

Beheizungsstruktur des Wohnungsbestandes in Deutschland 2022[4]

Wohnungsbestand: 43,1 Mio.[1]

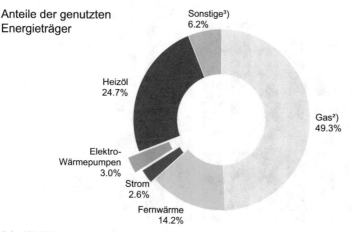

Anteile der genutzten Energieträger

Sonstige[3]) 6.2%

Heizöl 24.7%

Gas[2]) 49.3%

Elektro-Wärmepumpen 3.0%

Strom 2.6%

Fernwärme 14.2%

1) Anzahl der Wohnungen in Gebäuden mit Wohnraum; Heizung vorhanden; vorläufig, teilweise geschätzt
2) einschließlich Bioerdgas und Flüssiggas

3) Sonstige (u. a. Holzpellets, Solarthermie, Koks/Kohle)
4) vorläufig, teilweise geschätzt

Quelle: BDEW; Stand 05/2023

Abb. 3.56 Beheizungsstruktur des Wohnungsbestandes in Deutschland 2022

als 1.000 Stromversorger. Diese Unternehmen unterscheiden sich unter anderem hinsichtlich Größe, Integrationsgrad, Struktur, Leistungsangebot, Eigentümern und Rechtsform; ihre Geschäftstätigkeit, die vor der Liberalisierung ganz überwiegend auf regionale Schwerpunkte konzentriert war, ist in vielen Fällen deutlich ausgedehnt worden – teilweise über die Grenzen der Bundesrepublik Deutschland hinaus. Gleichzeitig haben ausländische Anbieter vermehrt Geschäftsaktivitäten auf dem deutschen Markt entfaltet.

3.6.1 Aufbau der Elektrizitätswirtschaft nach Wertschöpfungsstufen

In der Elektrizitätswirtschaft stellt sich die Struktur der Unternehmen – differenziert nach den Wertschöpfungsstufen Erzeugung, Handel, Netz und Vertrieb – sehr unterschiedlich dar.

In der Stromerzeugung betätigen sich folgende Unternehmensgruppen:

- Stromversorger (allgemeine Versorgung)
- Industrielle Kraftwirtschaft
- Andere Betreiber von Erzeugungsanlagen

**Entwicklung der Baugenehmigungen für neue
Wohnungen nach Gebäudeart und Wohnungsgröße***

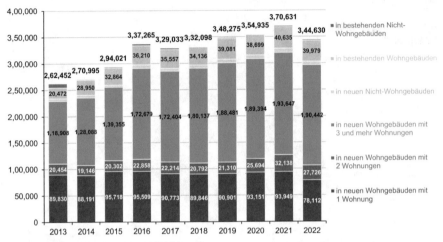

* ohne Baumaßnahmen in neuen oder bestehenden Wohnheimen

Quelle: Destatis; Stand 03/2023

Abb. 3.57 Entwicklung der zum Bau genehmigten Wohnungen in Deutschland

Kennzeichen der Stromversorger ist, dass sie Dritte – also Industrie, private Haushalte, Handel und Gewerbe, öffentliche Einrichtungen, Verkehr und Landwirtschaft – mit Elektrizität beliefern und/oder ein Netz zur Versorgung mit Strom betreiben.

Zur industriellen Kraftwirtschaft werden einige hundert Betriebe gerechnet, die mit eigenen Kraftwerken ihren Strom- und Wärmebedarf ganz oder teilweise decken. Neben der praktizierten Eigenversorgung beziehen diese Unternehmen in der Regel zusätzlich Strom aus dem Netz der allgemeinen Versorgung. Sie speisen auch Überschussstrom in das Netz der Stromversorger ein.

In der drittgenannten Kategorie dominierten bis Anfang der 1990er Jahre private Wasserkraftwerke. Mit der Verbesserung der Förderbedingungen für erneuerbare Energien hat sich die Zahl anderer Betreiber von Stromerzeugungsanlagen, unter anderem auf Basis Wind, Photovoltaik und Biomasse, seitdem erheblich vergrößert.

Neben den konventionellen Anlagen und den Erneuerbare-Energien-Anlagen der Stromversorger wurde in Deutschland inzwischen aber in hohem Maße auch von anderen Investoren, u. a. auch Privatpersonen im Falle von PV, in entsprechende Kapazitäten investiert. Daneben verfügt die Industrie über Anlagen, die sowohl der Erzeugung von Prozesswärme als auch der Produktion von Strom dienen. Die Anbieterstruktur bei der Stromerzeugung ist also durch eine große Vielfalt gekennzeichnet. Kennzeichen der Stromversorger ist, dass sie Dritte – also Industrie, private Haushalte, Handel und Gewerbe, öffentliche Einrichtungen, Verkehr und Landwirtschaft – mit Elektrizität

Entwicklung der Beheizungsstruktur im Wohnungsneubau* in Deutschland

Anteile der Energieträger in %

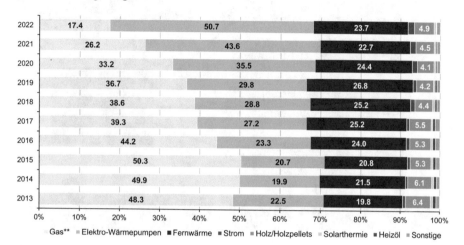

* zum Bau genehmigte neue Wohneinheiten; primäre Heizenergie ** einschließlich Biomethan

Quellen: Statistische Landesämter, BDEW; Stand 05/2023

Abb. 3.58 Entwicklung der Beheizungsstruktur im Wohnungsneubau in Deutschland

beliefern und/oder ein Netz zur Versorgung mit Strom betreiben. Die Stromerzeugung in der Industrie dient der Eigenversorgung der jeweiligen Unternehmen. Daneben wird aus Industrieanlagen auch Strom in das Netz der allgemeinen Versorgung eingespeist (Abb. 3.59).

Eigentümer des Übertragungsnetzes sind in Deutschland vier Unternehmen. Das sind:

- Amprion GmbH, Dortmund
- TenneT TSO GmbH, Bayreuth
- TransnetBW GmbH, Stuttgart
- 50 Hz Transmission GmbH, Berlin

Diese Transmission System Operator (TSO) betreiben die Übertragungsanlagen, sie sind für die Frequenz-Leistungsregelung des Höchstspannungsnetzes verantwortlich, das eine Länge von fast 40.000 km hat, und sie sind an der überregionalen Reservevorhaltung beteiligt. Sie vermarkten ferner den von den Produzenten erneuerbarer Energien erzeugten EEG-Strom über die Börse und führen den physischen Energieaustausch mit in- und ausländischen Energieversorgern durch.

Auf der Verteilnetzebene (Hochspannung, Mittelspannung und Niederspannung) sind 895 Unternehmen in Deutschland tätig. Bei diesen Distribution System Operator (DSO)

Strukturschema zum deutschen Strommarkt

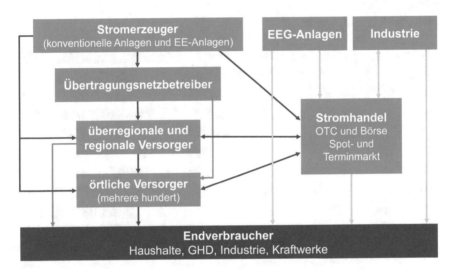

Abb. 3.59 Strukturschema zum deutschen Strommarkt

handelt es sich zum einen um Stromnetzbetreiber, die zwar eigentumsrechtlich zu einem der größeren Unternehmen gehören, aber aufgrund rechtlicher Vorgaben gesellschaftsrechtlich, organisatorisch und buchhalterisch entflochten sind, zum anderen um regionale und lokale Stromversorger. Die regionalen Stromversorger veräußern von überregional tätigen Anbieter und anderen Unternehmen erzeugte, aber auch in eigenen Anlagen produzierte Elektrizität an lokale Versorger und auch an Kunden auf der Letztverbraucherebene.

Das Tätigkeitsfeld der lokalen Stromversorger war in der Vergangenheit im Allgemeinen auf einzelne Gemeindegebiete beschränkt. Hier haben sie – häufig im Querverbund mit Gas, Fernwärme, Wasser/Abwasser sowie teilweise Verkehrsbetrieben und anderen Infrastruktureinrichtungen – überwiegend Verteiler- und Vertriebsfunktionen wahrgenommen. Den größten Teil des Strombedarfs decken die meisten dieser Unternehmen, die sich überwiegend im Eigentum der jeweiligen Gemeinde befinden, vorzugsweise durch Bezüge von Gesellschaften vorgelagerter Marktstufen. Diese Bezüge werden allerdings zum Teil durch Stromerzeugung in eigenen Kraftwerken ergänzt. Insgesamt gibt es mehr als 800 lokale und kommunale Unternehmen im Bereich der Stromversorgung. Daneben existiert eine Vielzahl von Anbietern, die Strom an Endkunden vermarkten, ohne über eine eigene Stromerzeugung oder ein Netz zu verfügen.

Nach Ende der 1990er Jahre erfolgten Liberalisierung des Strommarkts ist mit dem Stromhandel ein neues strategisches Geschäftsfeld entstanden. Die großen deutschen

Strom - Beschaffung und Vertrieb

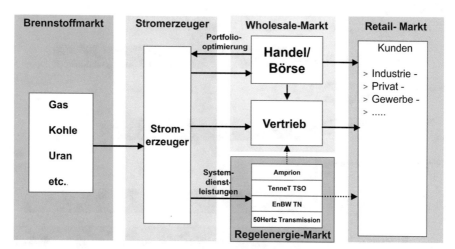

Abb. 3.60 Aufbau der Stromwirtschaft – von der Erzeugungs- bzw. Beschaffungsstufe bis zum Vertrieb

Energiekonzerne und auch die größeren Stadtwerke haben eigene Handelsgesellschaften aufgebaut. Kleinere Energieversorger haben Stromhandelsaktivitäten durch Zusammenschlüsse und Kooperation gebündelt. Daneben sind neue Akteure aufgetreten, die ein Stromhandelsgeschäft betreiben, ohne über eigene Erzeugungsanlagen, Netze oder einen Vertrieb zur Versorgung von Endkunden zu verfügen (Abb. 3.60).

Nach Marktfunktionen hat der BDEW folgende Anzahl der Unternehmen erfasst, die in dem jeweils genannten Marktsegment tätig sind (Stand: Dezember 2022):[29]

- Stromerzeuger (ohne die privaten EEG-Anlagen gerechnet): 1156
- Übertragungsnetzbetreiber: 4
- Stromverteilnetzbetreiber: 895
- Stromspeicherbetreiber: 137
- Stromhändler (i.S. Bilanzkreisverantwortliche): 1277
- Stromlieferanten: 1359

Viele der Unternehmen sind in mehreren Sparten und auf mehreren Wertschöpfungsstufen tätig und somit mehrfach erfasst. Deshalb führt eine Summation der genannten Zahlen nicht zu einem sachgerechten Ergebnis. Vielmehr kann man sagen, dass etwa 2300 Firmen im Bereich der leitungsgebundenen Energieversorgung aktiv sind – unter Einbeziehung von Erdgas und Fernwärme (Abb. 3.61).

---

[29] [17].

Unternehmen der Elektrizitätsversorgung nach Wertschöpfungsstufen

Zahl der Unternehmen in den einzelnen Marktbereichen*

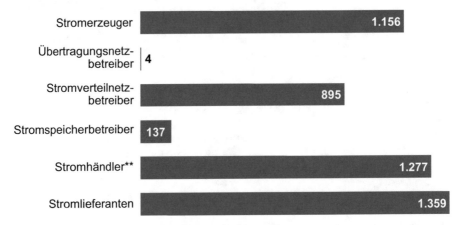

* Addition nicht möglich, da viele der Unternehmen in mehreren Sparten und auf mehreren Wertschöpfungsstufen tätig sind und somit mehrfach erfasst wurden, teilweise gerundet. Insgesamt sind 2.300 Firmen auf dem Strom-/Gas- und Fernwärmemarkt aktiv.

** Händler im Sinne Bilanzkreisverantwortliche

Quellen: BDEW, Dezember 2022

Abb. 3.61 Zahl der Unternehmen der Elektrizitätsversorgung nach Wertschöpfungsstufen

Die Unternehmen auf den einzelnen Wertschöpfungsstufen unterliegen unterschiedlichen Rahmenbedingungen (Abb. 3.62).

▶   Seit der Liberalisierung des Strommarktes sind die Erzeugung, der Handel und der Vertrieb wettbewerblich organisiert. Demgegenüber sind der Transport- und Verteilungsbereich staatlich reguliert. Direkter Wettbewerb ist in diesem Bereich praktisch nicht möglich, da eine Doppelverlegung von Leitungen nicht gegeben ist und auch zu ineffizienten Lösungen führen würde. Entsprechend sind die Netzentgelte genehmigungspflichtig. Die dafür zuständige Behörde ist die Bundesnetzagentur.

Ab dem Jahr 2023 gelten erstmals bundeseinheitliche Übertragungsnetzentgelte. Mithilfe des dritten Entlastungspakets der Bundesregierung werden die für 2023 gültigen Netzentgelte auf dem Niveau des Jahres 2022 stabilisiert. Auf dieser Basis liegen die Netzentgelte für die Übertragungsstufe bei 3,12 Cent pro Kilowattstunde.[30]

---

[30] [20].

Aufgebrochene Wertschöpfungskette

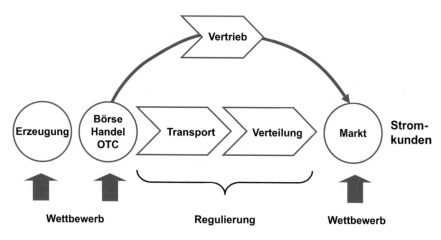

Abb. 3.62 Aufgebrochene Wertschöpfungskette

3.6.2 Stromerzeugung in Deutschland

Der weit überwiegende Teil des in Deutschland verbrauchten Stroms wird in inländischen Kraftwerken erzeugt. Deutschland ist stromwirtschaftlich aber eng verbunden mit den Nachbarländern. So existieren sowohl Stromflüsse aus dem Ausland nach Deutschland als auch in umgekehrter Richtung. Der Saldo aus Exporten und Importen war in den vergangenen Jahren allerdings positiv. Es wurde also mehr Strom aus- als eingeführt. Das entsprechende Netto-Aufkommen an Strom dient der Versorgung der Verbraucher, insbesondere in der Industrie, im Sektor Haushalte/Gewerbe/Dienstleistungen und in privaten Haushalten. Im der Mobilität wird Strom bisher erst in vergleichsweise geringem Umfang genutzt (Abb. 3.63).

Die Erzeugungsstandorte verteilen sich über das Gesamtgebiet der Bundesrepublik Deutschland. Dabei unterscheidet sich die Situation nach Einsatzenergien sehr deutlich. Die Braunkohlenkraftwerke sind im Wesentlichen auf die drei Reviere Rheinland, Lausitz und Mitteldeutschland konzentriert. Steinkohlekraftwerke waren in der Vergangenheit vornehmlich im Ruhrgebiet, in Norddeutschland in der Nähe der Seehäfen und entlang der Rheinschiene (Duisburg bis Karlsruhe) gebaut worden. Erdgaskraftwerke finden sich in nahezu allen Regionen, wobei die Anbindung an das bestehende Rohrleitungsnetz eine wichtige Rolle für die jeweiligen Standorte spielt. Wasserkraftwerke sind naturgemäß vornehmlich an Flussläufen in den Mittelgebirgen und in den Alpen gebaut werden. Für Windkraftanlagen ist eine stärkere Konzentration auf den Norden Deutschlands im Vergleich zu Baden-Württemberg und Bayern festzustellen, während sich die Situation für Solarenergie umgekehrt darstellt (Abb. 3.64).

Stromfluss
Von der Erzeugung zum Verbrauch

Stromfluss 2022 (vorläufig) in Mrd. Kilowattstunden

Quellen: Destatis, AGEB, BDEW; Stand 04/2023
Rundungsdifferenzen

Abb. 3.63 Stromfluss von der Erzeugung zum Verbrauch

Die Stromerzeugungskapazität hat sich in Deutschland in den letzten Jahren stark erhöht. Sie belief sich mit Stand Ende 2022 auf 232 Gigawatt (GW). Das entspricht dem Dreifachen der in Deutschland erreichten Lastspitze. Der bei weitem größte Zuwachs erfolgte auf Basis von Wind und Solarenergie, deren Beitrag zur gesicherten Leistung bekanntlich aufgrund der Volatilität der Einspeisung gering ist. Der jahresdurchschnittliche Zuwachs der Kapazität auf Basis aller erneuerbaren Energien betrug im Zeitraum 2000 bis 2022 mehr als 12 %. Damit hat sich deren Leistung in dem genannten Zeitraum verzwölffacht. Erneuerbare Energien halten inzwischen einen Anteil von 64 % an der gesamten Stromerzeugungsleistung (Abb. 3.65).

Die jährliche Brutto-Stromerzeugung in Deutschland betrug in den Jahren 2000 bis 2022 zwischen 570 und 650 TWh. 2020 war – bedingt durch die Corona-Pandemie – ein deutlicher Rückgang im Vergleich zu den Jahren bis 2018 verzeichnet worden. Die Stromerzeugung lag 2020 praktisch auf dem gleichen Niveau wie im Jahr 2000. Die konkrete Höhe in den einzelnen Jahren ist vor allem stark durch die Höhe der jeweiligen Wirtschaftsleistung in den einzelnen Jahren bestimmt worden. Für das Jahr 2022 wird die Brutto-Stromerzeugung mit 575 TWh angegeben (Abb. 3.66).

Starken Änderungen war allerdings der Energie-Einsatzmix zur Stromerzeugung unterworfen. Hielten die erneuerbaren Energien im Jahr 2000 erst einen Anteil von knapp 7 % an der Bruttostromerzeugung – dabei hatte es sich im Wesentlichen um Wasserkraft gehandelt, erhöhte sich deren Anteil bis 2022 auf 44 %. Der Beitrag der Kernenergie verminderte sich demgegenüber von noch fast 30 % im Jahr 2000 auf 6 % im Jahr 2022. Einbußen in ähnlicher Größenordnung musste die Steinkohle hinnehmen. Deren Anteil

Kraftwerke und Verbundnetze in Deutschland

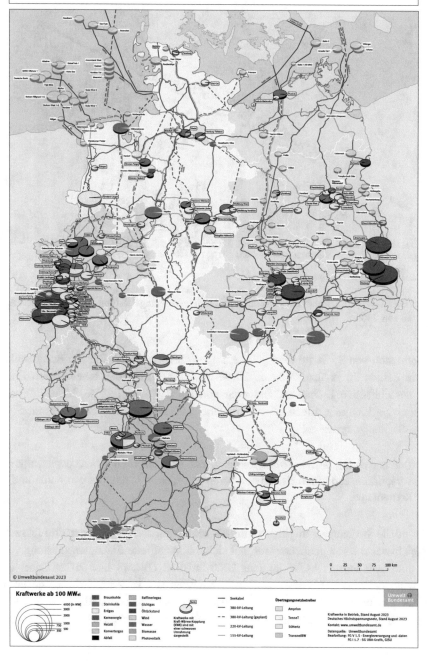

Abb. 3.64 Kraftwerke und Verbundnetze in Deutschland

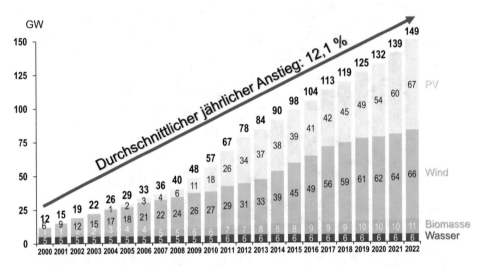

Quelle: AGEE-Stat und Umweltbundesamt sowie BDEW, Mai 2023

Abb. 3.65 Verzwölffachung der installierten Stromerzeugungsleistung auf Basis erneuerbarer Energien seit 2000

halbierte sich von 25 % im Jahr 2000 auf 11 % im Jahr 2022. Für die Braunkohle lauten die Zahlen 26 % für 2000 und 20 % für 2022. Außer den erneuerbaren Energien legte ausschließlich Erdgas zu, und zwar von gut 8 % auf 13,5 %. Mineralölprodukte und sonstige Energien trugen sowohl im Jahr 2000 als auch im Jahr 2022 mit 5 % zur Brutto-Stromerzeugung bei.

▶   Der Energiemix in der Stromerzeugung hat sich seit dem Jahr 2000 drastisch verändert – zugunsten der erneuerbaren Energien und zulasten von Kohle und Kernenergie.

Während die Stromerzeugungsmenge in Deutschland in den vergangenen drei Jahrzehnten vergleichsweise stabil geblieben war, hat sich die installierte Erzeugungsleistung verdoppelt, und zwar von 117 GW im Jahr 2000 auf 232 GW im Jahr 2022. Dabei ist die Erzeugungsleistung auf Basis erneuerbarer Energien auf das Zwölffache gestiegen, während die Leistung der fossil gefeuerten Kraftwerke weitgehend stabil geblieben ist. Die Leistung der Kernkraftwerke ist im Zuge des 2011 beschlossenen schrittweisen Ausstiegs

Entwicklung der Brutto-Stromerzeugung in Deutschland nach Energieträgern

in Mrd. Kilowattstunden

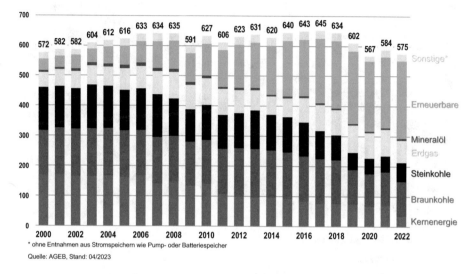

* ohne Entnahmen aus Stromspeichern wie Pump- oder Batteriespeicher

Quelle: AGEB, Stand: 04/2023

Abb. 3.66   Entwicklung der Brutto-Stromerzeugung in Deutschland nach Energieträgern

aus der Kernenergie zum 15. April 2023 auf Null reduziert worden. Der Anteil der erneuerbaren Energien an der gesamten Stromerzeugungsleistung hat sich von erst weniger als 10 % im Jahr 2000 auf 64 % im Jahr 2022 erhöht (Abb. 3.67 und 3.68).

In der Vergangenheit war zur Bestimmung eines investitionsplanerisch optimierten Kraftwerksparks zwischen folgenden Kraftwerksarten unterschieden worden: Grundleistungskraftwerke, Mittelleistungskraftwerke und Spitzenleistungskraftwerke. Dabei war die Grundleistung als der Teil der gesamten Engpassleistung eines Kraftwerks zu verstehen, „der – von der technischen Auslegung (Investitionsplanung) her und/oder im Hinblick auf die aktuellen Relationen der Brennstoffwärmepreise – aufgrund seiner Kostenstruktur (insbesondere niedrige Arbeitspreise) zur Erzielung des Kostenminimums eine möglichst hohe Einsatzpriorität erhält."[31] Hieraus folgt eine hohe Ausnutzungsdauer. Die Ausnutzungsdauer kennzeichnet den Einsatz der Kraftwerke. Sie geht von der Netto-Leistung und den 8760 h des Jahres aus. In diesem Sinne wurden als Grundleistungskraftwerke Anlagen auf Basis von Laufwasser, Braunkohle und Kernenergie sowie auch auf Basis Biomasse und Geothermie gezählt.

▶„Mittelleistung ist derjenige Teil der gesamten Netto-Engpassleistung eines Kraftwerksparks, der für den Betrieb mit häufig wechselnder Leistung und für tägliches An-

---

[31] [21].

Installierte Erzeugungsleistung in Deutschland seit 2000
Installierte Leistung in GW; Anteile jeweils zum 31.12.

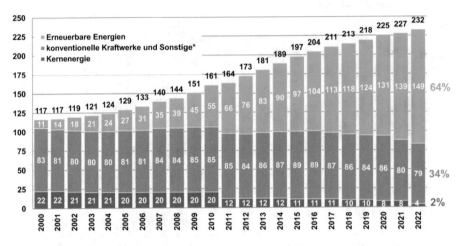

* ohne PSW; PSW-Leistung wird als Speicher bilanziert

Quelle: BDEW und AGEE-Stat, Mai 2023

Abb. 3.67 Installierte Erzeugungsleistung in Deutschland seit 2000 – differenziert nach konventionellen Kraftwerken und nach Anlagen auf Basis erneuerbarer Energien

und Abfahren ausgelegt ist und der – von der technischen Auslegung (Investitionsplanung) her und/oder im Hinblick auf die aktuellen Relationen der Brennstoffwärmepreise – aufgrund seiner Kostenstruktur (mittlere Arbeitskosten) zur Erzielung des Kostenminimums eine nachgeordnete Einsatzpriorität erhält."[46] Zur Kategorie Mittelleistungskraftwerke sind vor allem Steinkohle-, Gas- und Speicherwasserkraftwerke gerechnet worden. Biomasse- und Biogas-Kraftwerke können grundsätzlich auch in der Mittellast eingesetzt werden.

▶„Spitzenleistung ist derjenige Teil der gesamten Netto-Engpassleistung eines Kraftwerksparks, der aufgrund seiner technischen Auslegung (Investitionsplanung) mehrmaliges Anfahren je Tag, kurze Anfahrzeiten und hohe Leistungsänderungsgeschwindigkeiten zulässt, jedoch wegen seines meist begrenzten Arbeitsvermögens und/oder seiner Kostenstruktur (hohe Arbeitskosten) zur Erzielung des Kostenminimums nur in jenen speziellen Bedarfsfällen eingesetzt wird, in denen seine besonderen betrieblichen Eigenschaften zur Geltung kommen."[46]Mit dieser Zuordnung ist eine geringe Ausnutzungsdauer verknüpft worden. Zu Spitzenleistungskraftwerken werden Pumpspeicherkraftwerke und Gasturbinen gerechnet. Ferner werden Öl- und Gaskraftwerke – neben dem Ausgleich saisonbedingter Bedarfsspitzen – als Reserveleistung bei Ausfall von Kraftwerkskapazitäten

Stromerzeugung: Installierte Leistung* ab 2012
in GW

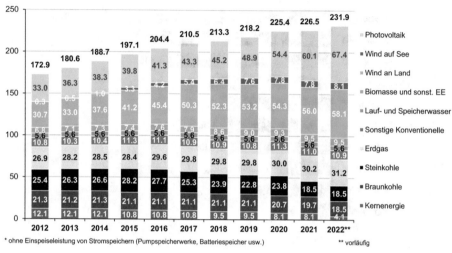

* ohne Einspeiseleistung von Stromspeichern (Pumpspeicherwerke, Batteriespeicher usw.)   ** vorläufig

Quelle: BDEW; Stand 05/2023

Abb. 3.68 Installierte Erzeugungsleistung 2012 bis 2022 nach Technologien

genutzt. Auch Biogas-Kraftwerke können grundsätzlich im Spitzenlastbereich eingesetzt werden.

Windkraft und Solarenergie lassen sich keinem der genannten Lastbereiche zuordnen, da die Erzeugung von Strom aus diesen Anlagen – neben den Standortbedingungen – von der Witterung sowie von den Jahres- und Tageszeiten abhängig ist. Der starke Ausbau an Erzeugungsleistung auf Basis Wind und Sonne hat – in Verbindung mit der gesetzlich geregelten Vorrangeinspeisung – zu veränderten Anforderungen an den Betrieb der thermischen Kraftwerke geführt. Die klassische Arbeitsteilung in Grund-, Mittel- und Spitzenlast ist durch die Anforderung an die konventionellen Kraftwerke abgelöst worden, die jeweilige – nicht durch Strom aus erneuerbaren Energien gedeckte – Last (Stromnachfrage) zur Aufrechterhaltung der Systemstabilität flexibel zu decken. Die thermischen Kraftwerke müssen flexibel hoch- und runtergefahren werden können, um den Erfordernissen des Lastfolgebetriebs gerecht zu werden. In Deutschland sind die bestehenden Kohle- und Gaskraftwerke mit entsprechender Leittechnik nachgerüstet worden.

Die durchschnittliche Ausnutzungsdauer der Stromerzeugungsanlagen unterscheidet sich stark. Die größte Zahl an Volllaststunden haben 2021 die noch verbliebenen Kernkraftwerke mit mehr als 8000 h erreicht. Für Braunkohlekraftwerke wurden im Durchschnitt 5860 Volllaststunden berechnet. Mit mittlerer Auslastung waren Anlagen auf Basis Biomasse und Wasserkraft sowie Erdgas und Steinkohle eingesetzt worden.

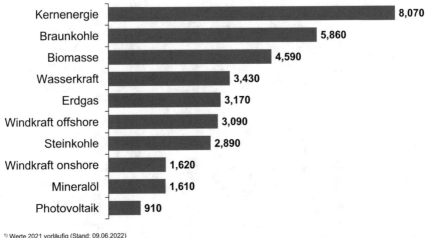

Jahresvolllaststunden[1)2)] 2021

Gesamte Elektrizitätswirtschaft; Kraftwerke im Markt

Kernenergie	**8,070**
Braunkohle	**5,860**
Biomasse	**4,590**
Wasserkraft	**3,430**
Erdgas	**3,170**
Windkraft offshore	**3,090**
Steinkohle	**2,890**
Windkraft onshore	**1,620**
Mineralöl	**1,610**
Photovoltaik	**910**

[1)] Werte 2021 vorläufig (Stand: 09.06.2022)
[2)] bedeutsame unterjährige Leistungsveränderungen sind entsprechend berücksichtigt

Quelle: BDEW

Abb. 3.69 Jahresvolllaststunden der Stromerzeugungsanlagen in Deutschland 2021

Mit Mineralölprodukten gefeuerte Anlagen kamen auf durchschnittlich 1610 Einsatzstunden. Die Jahresvolllaststunden von Anlagen auf Basis Wind und Solar sind stark von den jeweiligen Standort- und den Wetterbedingungen abhängig. Im Durchschnitt kamen die bestehenden Offshore-Windanlagen 2021 auf 3090 h, Onshore-Windanlagen auf 1620 h und Photovoltaik auf 910 h (Abb. 3.69).

Entsprechend der unterschiedlichen Auslastung der Anlagen bestehen starke Differenzen zwischen den Anteilen an der Erzeugungsleistung und der produzierten Stromerzeugungsmenge. Waren die Anlagen auf Basis erneuerbaren Energien 2022 mit 64 % an der gesamten Erzeugungsleistung beteiligt, so betrug deren Anteil an der Stromerzeugungsmenge nur 44 %. Für die konventionellen Energien gelten umgekehrte Relationen (Abb. 3.70).

Die Kernenergie hat in Deutschland eine wechselvolle Geschichte erfahren. 1961 ging in Deutschland das erste Kernkraftwerk (KKW) ans Netz. Insgesamt waren seitdem 37 KKW errichtet worden, wovon 36 den kommerziellen Leistungsbetrieb aufgenommen hatten. Eine weitere Anlage (Greifswald 5) hatte am 1. November 1989 den Probebetrieb aufgenommen (bis 24. November 1989), aber keinen Strom ins Netz eingespeist. 18 Anlagen waren bis zum Jahr 2000 stillgelegt worden, darunter fünf bereits bis Ende 1980. Die dreizehn im Zeitraum 1981 bis 2000 stillgelegten KKW umfassen sechs Anlagen der ehemaligen DDR (ein Block in Rheinsberg und fünf Blöcke in Greifswald – erbaut von

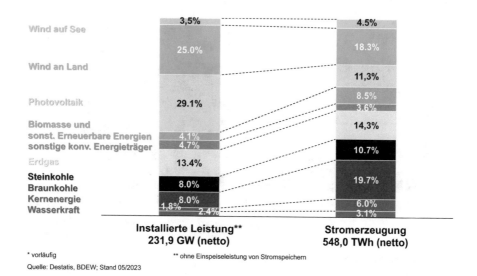

Abb. 3.70 Stromerzeugungskapazität und Stromerzeugung 2022

1966 bis 1989), die 1990 außer Betrieb genommen worden waren. Ende 2000 waren noch 19 KKW im kommerziellen Leistungsbetrieb. Nach Stilllegung der KKW Stade im November 2003 und Obrigheim im Mai 2005 verringerte sich die Zahl auf 17 KKW. Im Gefolge der Reaktorkatastrophe in Fukushima im März 2011 war in Deutschland entschieden worden, die Nutzung der Kernenergie bis Ende 2022 zu beenden. Gemäß dem 13. Gesetz zur Änderung des Atomgesetzes vom 31. Juli 2011 wurde ein schrittweiser Ausstieg aus der Kernenergie bis Ende 2022 geregelt. Mit Inkrafttreten dieser Atomgesetznovelle wurde den sieben ältesten deutschen Kernkraftwerken (Biblis A, Neckarwestheim 1, Biblis B, Brunsbüttel, Isar 1, Unterweser und Philippsburg 1) sowie dem KKW Krümmel, die bereits während des vorangegangenen Moratoriums abgeschaltet worden waren, die weitere Betriebserlaubnis entzogen. Mit Beendigung des Leistungsbetriebs dieser acht Anlagen Anfang August 2011 reduzierte sich die Zahl auf neun noch am Netz befindliche KKW. Für diese verbliebenen neun KKW wurde ein gestaffelter Ausstiegsfahrplan vorgesehen, der bis Mitte April 2023 feste Enddaten für die verbleibende „Berechtigung zum Leistungsbetrieb" vorsieht (Abb. 3.71 und 3.72).

Die seit dem Jahr 2000 verzeichnete Entwicklung war Folge einer Reihe von politisch bestimmten Kehrtwenden. Mit der Vereinbarung zwischen der damaligen Bundesregierung (SPD/Die Grünen) und den Energieversorgungsunternehmen vom 14. Juni 2000

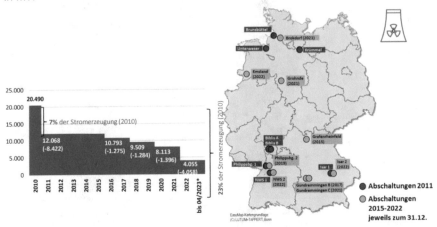

* mit kontinuierlich abnehmender Leistung von Januar bis 15.04.

Quelle: Atomgesetz (AtG) §7

Abb. 3.71 Ausstiegsfahrplan aus der Kernenergie bis Mitte April 2023

war eine Beendigung der Nutzung der Kernenergie geregelt worden. Dieser *Atomkonsens* war am 11. Juni 2001 unterzeichnet und im Jahr 2002 durch die Novellierung des Atomgesetzes rechtlich abgesichert worden. Die Novelle war am 22. April 2002 in Kraft getreten. Nach dem Regierungswechsel in der 17. Wahlperiode erfolgte ein „Ausstieg aus dem Ausstieg". Die neue Regierungskoalition aus CDU/CSU/FDP schloss mit den vier großen Betreiberunternehmen der KKW einen Vertrag zur Verlängerung der Laufzeit der KKW. Dieser Vertrag vom 5. September 2010 wurde mit einer erneuten Novellierung des Atomgesetzes, die am 14. Dezember 2010 in Kraft trat, rechtsverbindlich umgesetzt. In Reaktion auf den Reaktorunfall von Fukushima am 11. März 2011 erfolgte unter der gleichen Regierung eine erneute Wende. Nach dem im 13. Atomgesetz verankerten Ausstiegspfad sollte die Stromerzeugung durch die letzten drei im Jahr 2022 noch am Netz befindlichen KKW zum 31.12.2022 endgültig beendet werden (Abb. 3.73).

Im Zuge der Energiekrise als Folge des Einmarsches russischer Truppen in die Ukraine war allerdings Ende 2022 beschlossen worden, diese drei verbliebenen Anlagen, und zwar Emsland, Isar 2 und Neckarwestheim 2, noch bis zum 15. April 2023 weiter zu betreiben. Der Anteil der Kernenergie an der Stromerzeugung in Deutschland, der 2021 noch 11,7 % betrug und sich 2022 auf 6 % halbiert hat (Abb. 3.74), dürfte damit auf etwa 1 % im Gesamtjahr 2023 sinken.

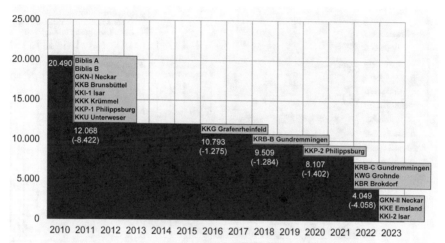

Abb. 3.72 Abschaltung der Kernkraftwerke gemäß Novelle des Atomgesetzes von 2011

Angesichts der Altersstruktur und der bestehenden Regelungen zur Stilllegung von KKW und Kohlekraftwerken ist auch in Zukunft ein Neubau von Stromerzeugungskapazitäten unverzichtbar. Der größte Teil der Neuinstallation wird absehbar auf Wind- und Solarenergie entfallen. Zusätzlich ist aber regelfähige Leistung notwendig, um die volatile Einspeisung von Strom aus Wind- und Solaranlagen auszugleichen. Dafür dürften – künftig auch für den Einsatz von Wasserstoff – geeignete Gaskraftwerke in Betracht kommen. In der Neubauplanung spielen verschiedenste Einflussfaktoren eine maßgebliche Rolle (Abb. 3.74). Dazu gehört unter anderem auch das Marktdesign. Bei dem gegenwärtig in Deutschland herrschenden Strommarktdesign erzielen die Kraftwerksbetreiber nur Erlöse aus der Veräußerung der erzeugten Kilowattstunden. Das Vorhalten von Leistung zur Gewährleistung der Versorgungssicherheit – etwa bei einer Windflaute – wird am Markt nicht vergütet.

Zu den wesentlichen Faktoren für die Beurteilung der Wirtschaftlichkeit eines geplanten Projektes gehören die Kosten für dessen Realisierung. Wesentliche Kostenparameter sind die Leistungs- und die Arbeitskosten. Zu den Leistungskosten werden die Investitions- und Stilllegungskosten sowie auch die vom laufenden Betrieb unabhängigen Betriebskosten, insbesondere die Personalkosten, gerechnet. Diesen weitgehend fixen Kosten stehen Arbeitskosten gegenüber, die als variable – also vom Einsatz der Anlage

Reichweiten der Reststrommengen[1]

(Basis: 85% Arbeitsausnutzung)

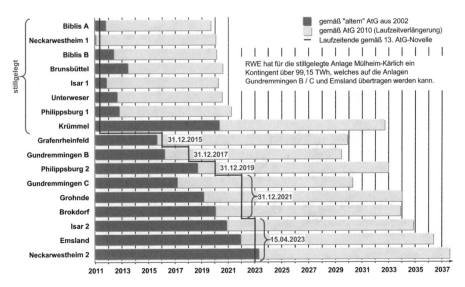

Abb. 3.73 Regelungen zur Nutzung der Kernenergie gemäß den Atomgesetzen von 2002, 2010 und 2011

abhängige – Kosten bezeichnet werden. Die wichtigsten variablen Kosten fossil gefeuerter Kraftwerke sind die Brennstoffkosten und die Kosten für CO_2-Emissionszertifikate (Abb. 3.75).

Die Wirtschaftlichkeit eines Kraftwerksprojekts hängt nicht nur von der Höhe der Kosten ab. Zu den weiteren entscheidenden Parametern zählen die Entwicklung auf den Beschaffungs- und Absatzmärkten, die politischen Rahmenbedingungen und die Akzeptanz für die Errichtung der Anlagen (Abb. 3.76). Ein Projekt kann als erwartbar wirtschaftlich eingestuft werden, wenn die abgezinsten Erlöse die abgezinsten Ausgaben während Planung, Bau und Betrieb der Anlage übersteigen (Abb. 3.77).

Bei Feststellung der Wirtschaftlichkeit eines Projektes werden die erforderlichen Schritte zur Realisierung des Projektes eingeleitet. Dazu gehören die Aufstellung des Bebauungsplans und das Durchlaufen der Genehmigungsverfahren. Im Fall von Gaskraftwerken kommt ggf. die Planung des Anschlusses an das Pipeline-Netz hinzu. Insgesamt ist für Planung und Bau eines Gaskraftwerkes ein Zeitraum von fünf bis sechs Jahren zu veranschlagen. Der Zeitrahmen hängt auch davon ab, ob die Anlage an einem bestehenden Standort („Greenfield") oder an einem neuen Standort („Brownfield") errichtet werden soll (Abb. 3.78).

Energiemix in der Stromerzeugung 2022

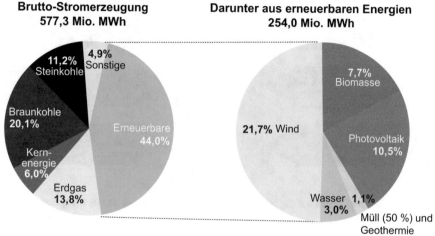

Quelle: Arbeitsgemeinschaft Energiebilanzen, April 2023

Abb. 3.74 Energiemix in der Stromerzeugung 2022

Wirtschaftlichkeit des Projekts

Leistungs-kosten	**Kapitalkosten**	→ Investition	● Angebotspreise, Preisgleitung ● Bauherreneigenleistung ● Bauzeitzinsen, Bauzeitsteuern
		→ Finanzierung	● Eigenkapital-/Fremdkapitalzinsen ● Steuern
	Stillegungkosten	→ Bewachung → Demontage → Gesicherter Einschluß	
	Betriebskosten	→ Personal	● Betriebsführungskonzept, Löhne, Gehälter ● Soziale Abgaben, Altersversorgung
		→ Material	● Verbrauchsmaterial ● Verschleißteile ● Fremdleistungen (Service)
		→ Sonstige	● Rückstellungen ● Umlagen ● Versicherungen, Gebühren
Arbeits-kosten	**Einsatzstoffkosten**	→ Brennstoffe	● Hauptbrennstoffe, Zündstaub/-öl
		→ Hilfsstoffe	● Kühlwasser, Chemikalien Wasseraufb.
		→ Entsorgung	● Asche, Gips ● Schlamm, Abfälle ● Deponiekosten
		→ Emissionen	● CO_2

Variable Kosten	Teilvariable Kosten	Fixe Kosten

Abb. 3.75 Kostenarten als Grundlage für die Beurteilung der Wirtschaftlichkeit eines Kraftwerks

Einflussfaktoren auf die Neubauplanung

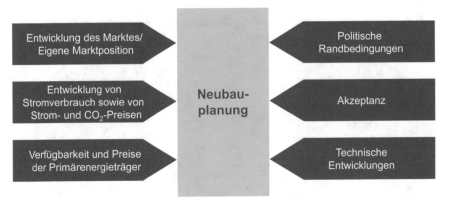

Abb. 3.76 Einflussfaktoren auf die Neubauplanung von Anlagen zur Stromerzeugung

Wirtschaftlichkeit des Projekts (2)
(Einnahmen und Ausgaben, DCF*-Methode)

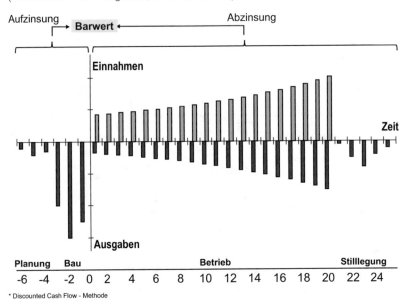

Abb. 3.77 Darstellung der Discounted Cash Flow-Methode zur Beurteilung der Wirtschaftlichkeit von Kraftwerksprojekten

Typischer Zeitplan für ein gasbefeuertes Kraftwerk

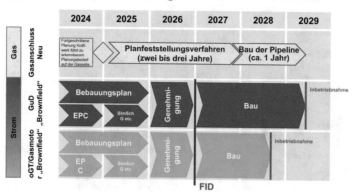

Bebauungsplan (verbindlicher Bauleitplan): Instrument der Raumplanung in Deutschland
EPC: Engineering, Procurement and Construction, kurz EPC, (zu Deutsch: Detail-Planung und Kontrolle, Beschaffungswesen, Ausführung der Bau- und Montagearbeiten)
BImSchG: Bundes-Immissionsschutzgesetz (Langform: Gesetz zum Schutz vor schädlichen Umwelteinwirkungen durch Luftverunreinigungen, Geräusche, Erschütterungen und ähnliche Vorgänge)
FID: Final Investment Decision (endgültige Investitionsentscheidung)
GuD: Gas-und-Dampfturbinen-Kraftwerk
oGT: offenes Gasturbinen-Kraftwerk

Abb. 3.78 Typischer Zeitplan für ein gasbefeuertes Kraftwerk

3.6.3 Übertragungs- und Verteilnetz

Das deutsche Stromnetz hat eine Länge von rund 1,9 Mio. km. Der größte Teil entfällt mit 1,5 Mio. km auf Erdverkabelung. Damit macht die unterirdische Verlegung von Kabeln einen Anteil von mehr als 80 % am deutschen Stromnetz aus. Knapp 0,4 Mio. km werden durch Freileitungen abgedeckt. Differenziert nach Spannungsebenen verteilt sich die Gesamtlänge wie folgt: 65 % entfallen auf die Niederspannung, 28 % auf die Mittelspannung und 7 % auf die Hoch- und Höchstspannung (Abb. 3.79).

Die Niederspannung (bis einschließlich ein Kilovolt) versorgt vor allem Haushalte, kleine Gewerbebetriebe und die Landwirtschaft lokal mit Strom. Die regionalen Verteilnetze sind in der Mittelspannungsebene angesiedelt (über 1 bis einschließlich 72,5 Kilovolt). Die Kunden der Hochspannungsebene (über 72,5 bis einschließich125 Kilovolt) sind insbesondere lokale Stromversorger, Industrie sowie größere Gewerbebetriebe. Die überregionalen Stromautobahnen sind die Höchstspannungsnetze (über 125 Kilovolt). Kunden in diesem Großhandelsbereich sind regionale Stromversorger und sehr große Industriebetriebe. Darüber hinaus verbinden die Höchstspannungsleitungen Deutschland auch mit dem Ausland. Das deutsche Höchstspannungsnetz ist in das europäische Verbundnetz integriert.

Die Einspeisung von Strom aus Kraftwerken und Erneuerbare-Energien-Anlagen erfolgt auf verschiedenen Spannungsebenen. Kernkraftwerke, Kohlekraftwerke und Hochsee-Windparks speisen in der Regel in das Höchstspannungsnetz ein. Das kann auch

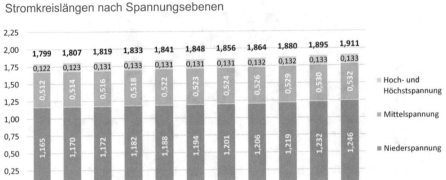

Abb. 3.79 Entwicklung der Stromnetze in Deutschland

bei großen Wasserkraftwerken der Fall sein. Für die Einspeisung von Strom aus Erdgas-
kraftwerken und mittelgroßen Wasserkraftwerken kommt eher die Hochspannungsebene
in Betracht. Solarparks, Windparks und auch größere Stromspeicher (Ein- und Ausspei-
sung) sind vielfach mit der Mittelspannungsebene verknüpft. Seit dem starken Ausbau von
PV- und Windanlagen wird Strom auch vermehrt in der Niederspannungsebene eingespeist
(Abb. 3.80).

Betreiberunternehmen auf der Übertragungsnetz-Ebene sind in Deutschland vier Transmission System Operator (TSO). Dazu zählen Amprion, Dortmund, TenneT, Bayreuth,
TransnetBW, Stuttgart und 50 Hz, Berlin. Das Netz von Amprion konzentriert sich auf
den Westen der Bundesrepublik Deutschland, TransnetBW auf den Südwesten, TenneT
auf die Mitte einschließlich der Nordsee-Offshore-Gebiete und 50 Hz auf den Osten
einschließlich der Ostsee-Offshore-Gebiete (Abb. 3.81).

Vor allem im Zuge der verstärkten Installation von Anlagen auf Basis erneuerbarer
Energien besteht auf allen Netzebenen ein starker Ausbaubedarf. Die frühere Auslegung elektrischer Netze orientierte sich an der Energieverteilung von Großkraftwerken
zum Endverbraucher. Mit der verstärkten Einspeisung von Strom aus erneuerbaren Energien ist eine starke Regionalisierung erfolgt. In vielen Fällen geschieht die Einspeisung
auf der Niederspannungs- oder auch Mittelspannungsebene. Aufgrund der Einspeisung
von Strom aus Offshore-Windparks ist auch die Höchstspannungsebene von Ausbau-
Notwendigkeiten betroffen. Der Ausbaubedarf erstreckt sich deshalb inzwischen auf
sämtliche Netzebenen (Abb. 3.82).

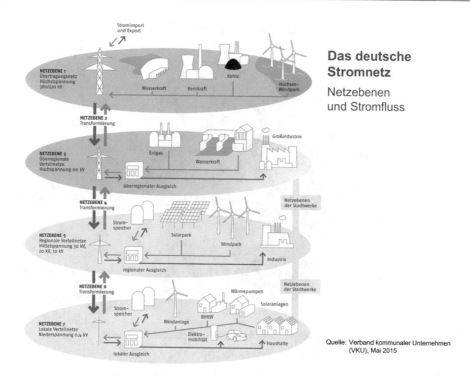

Abb. 3.80 Das deutsche Stromnetz – Netzebenen und Stromfluss

Hinzu kommt, dass sich eine starke regionale Verschiebung in der Einspeisung von Strom eingestellt hat und sich diese Entwicklung künftig noch weiter fortsetzt. Gründe sind die erfolgte Stilllegung von Kernkraftwerken und darüber hinaus der beschlossene schrittweise Ausstieg aus der Kohleverstromung. Dem Entfall von Einspeisung aus diesen Anlagen steht ein starker Anstieg an Einspeisung von Anlagen vor allem auf Basis Windkraft gegenüber. Der Ausbau der Windkraft erfolgt schwerpunktmäßig im Norden Deutschlands einschließlich der Offshore-Gebiete in Nord- und Ostsee. Diese Entwicklung ist verbunden mit Leistungsüberschüssen im Norden und Leistungsdefiziten im südlicheren Deutschland. Aus dieser Situation ergibt sich ein starker Ausbaubedarf vor allem des Höchstspannungsnetzes zum Transport des Stroms vom Norden in den Süden (Abb. 3.83).

Konkret erfolgt die Planung des Übertragungsnetz-Ausbaus in fünf Schritten (Abb. 3.84):

- Die Übertragungsnetzbetreiber erarbeiten den Entwurf eines Netzentwicklungsplans. Die Erarbeitung des Netzentwicklungsplans beginnt mit der Erstellung eines sogenannten Szenariorahmens. Der Szenariorahmen bildet die Grundlage für die Bedarfsermittlung, die konkrete Planung der Trassenkorridore und der Trassen sowie deren

Regelzonen der Übertragungsnetzbetreiber in Deutschland

Quelle: Übertragungsnetzbetreiber

Abb. 3.81 Regelzonen der Übertragungsnetzbetreiber in Deutschland

Netzausbaubedarf aufgrund verstärkter Nutzung Erneuerbarer Energien

- Frühere Auslegung elektrischer Netze orientierte sich an der Energieverteilung von Großkraftwerken zum Endverbraucher für einen Stark- und Schwachlastfall

- Dargebotsabhängige EE-Einspeisung als zusätzliche auslegungsrelevante Netznutzungsfälle (Einspeisung ist unabhängig von Last)

- Aufgrund der Dargebotsabhängigkeit ist eine starke Regionalisierung der EE-Einspeisung erkennbar

- Insbesondere in Schwachlastfällen erfolgt bereits heute häufig eine Rückspeisung aus den Verteilungs-netzen

- EE-Einspeisung ist oftmals heute schon bei der Netzplanung für Auslegung dominant

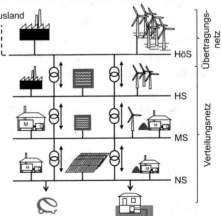

Abb. 3.82 Netzausbaubedarf aufgrund verstärkter Nutzung erneuerbarer Energien

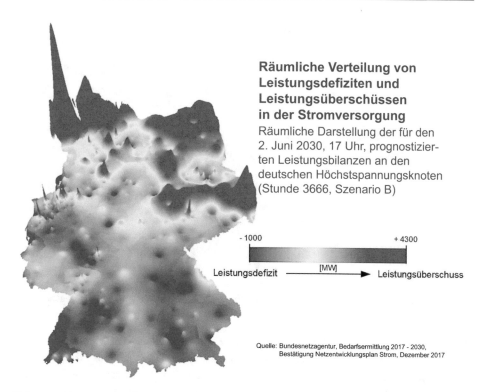

Räumliche Verteilung von Leistungsdefiziten und Leistungsüberschüssen in der Stromversorgung
Räumliche Darstellung der für den 2. Juni 2030, 17 Uhr, prognostizierten Leistungsbilanzen an den deutschen Höchstspannungsknoten (Stunde 3666, Szenario B)

- 1000   + 4300

Leistungsdefizit ———— [MW] ————▶ Leistungsüberschuss

Quelle: Bundesnetzagentur, Bedarfsermittlung 2017 - 2030,
Bestätigung Netzentwicklungsplan Strom, Dezember 2017

Abb. 3.83 Räumliche Verteilung von Leistungsdefiziten und Leistungsüberschüssen in der Stromversorgung

Umsetzung. In den Szenarien werden Pfade skizziert, welche die Bandbreite wahrscheinlicher Entwicklungen vor dem Hintergrund der energiepolitischen Ziele der Bundesregierung abdecken sollen. Konkret ermitteln die vier Übertragungsnetzbetreiber in dem jährlich aufzustellenden Szenariorahmen die wahrscheinlichen Entwicklungen bei den Erzeugungskapazitäten – differenziert nach Energietechnologien und dem Stromverbrauch. Es sind mindestens drei Szenarien aufzustellen, mit denen die Entwicklung der kommenden 10 bis 20 Jahre abgedeckt werden.

- Auf der Grundlage des von der Bundesnetzagentur zu genehmigenden Szenariorahmens wird von den Übertragungsnetzbetreibern in definierten Abständen (zweijährlich) ein Netzentwicklungsplan (NEP) aufgestellt, der alle optimierungs-, Verstärkungs- und Ausbaumaßnahmen des Netzes auflistet. Der NEP zeigt den Stromübertragungsbedarf zwischen Anfangs- und Endpunkt auf. Dabei liegen Anfangspunkte in der Regel in Regionen mit Erzeugungsüberschuss, Endpunkte in Gebieten mit hohem Verbrauch bzw. an Standorten, an denen Kraftwerke stillgelegt wurden oder zur Stilllegung anstehen.

Gesamtablauf zur Umsetzung von Leitungsvorhaben im Strom-Übertragungsnetz

Bedarfsermittlung			Planung		Umsetzung	
Szenarien	Netz-entwicklungsplan	Bundes-bedarfsplan	Trassen-korridore	Konkrete Trassen	Bau / Umsetzung	Betrieb
Wahrscheinliche Entwicklung	Welche Maßnahmen?	Welche Maßnahmen?	In welchen Korridoren?	Welcher Verlauf?		
		Bundes-bedarfsplan	Bundesfach-planung / Raumordnung	Planfeststellungs-verfahren		
alle 2 Jahre	alle 2 Jahre	mind. 4-jährig	auf Antrag	auf Antrag		
Bedarfsermittlung			Planung		Umsetzung	

Quelle: Übertragungsnetzbetreiber

Abb. 3.84 Gesamtablauf zur Umsetzung von Leitungsvorhaben im Strom-Übertragungsnetz

- In einem Bundesbedarfsplan wird festgehalten, welche konkreten Maßnahmen erforderlich sind. Dabei ist der von der Bundesnetzagentur genehmigte NEP die Basis für den Entwurf des Bundesbedarfsplans, der an die Bundesregierung übermittelt wird. Wesentlicher Teil des Bundesbedarfsplans ist eine Liste künftiger Höchstspannungsleitungen. Für die Summe der ausgewiesenen Vorhaben sind mit dem Erlass des Bundesbedarfsplangesetzes die energiewirtschaftliche Notwendigkeit und der vordringliche Bedarf verbindlich festgestellt.
- Mit dem Erlass des Bundesbedarfsplangesetzes stehen die Anfangs- und Endpunkte der künftigen Höchstspannungsleitungen fest. Nun müssen Trassenkorridore, d. h. bis zu 1000 m breite Streifen, festgelegt werden, in denen später die Leitungen verlaufen sollen. Zunächst schlägt der zuständige Übertragungsnetzbetreiber einen Korridorverlauf vor. Für alle Vorhaben im Bundesbedarfsplan, die nur ein einzelnes Bundesland betreffen, führt die zuständige Landesbehörde ein Raumordnungsverfahren durch, um über den Antrag zu entscheiden. Die Verantwortung für Höchstspannungsleitungen, die durch mehrere Bundesländer oder ins Ausland führen sollen, liegt dagegen gemäß Netzausbaubeschleunigungsgesetz (NABEG) bei der Bundesnetzagentur. Eine sogenannte Bundesfachplanung ersetzt für die länderübergreifenden und für die grenzüberschreitenden Vorhaben das Raumordnungsverfahren.
- Abschließend legt ein Planfeststellungsbeschluss (wie eine Baugenehmigung) alle wichtigen Details der zukünftigen Höchstspannungsleitung, wie den Trassenverlauf sowie die Übertragungstechnik, fest.

Der Stromnetzausbau ist zwingend erforderlich, um die Ziele der Energiewende zu erreichen. Insgesamt sind für den Ausbau des Übertragungsnetzes 14.019 km Stromleitungen geplant. Der Stand der Vorhaben aus dem Bundesbedarfsplangesetz (BBPlG) und dem Energieleitungsausbaugesetz (EnLAG) stellt sich nach dem ersten Quartal 2023 wie folgt dar (Abb. 3.85):[32]

Noch nicht im Genehmigungsverfahren:	2756 km
Im Raumordnungs- oder Bundesfachplanungsverfahren:	1395 km
Im/vorm Planfeststellungs- oder Anzeigeverfahren:	6277 km
Genehmigt bzw. im Bau:	1085 km
Realisiert:	2506 km

Beispielhaft ist die angespannte Situation am 15. Januar 2023 im Stromnetz der Regelzone von TransnetBW deutlich geworden. Der ÜNB hatte eine Warnmeldung – verbunden mit einem Appell zum Stromsparen – veröffentlicht. Hintergrund war ein erwartetes hohes Windstromaufkommen in Norddeutschland. Wegen fehlender Übertragungskapazitäten zwischen Nord- und Süddeutschland ist auch in Baden-Württemberg die Verfügbarkeit von ausreichend Strom zur Gewährleistung der Stabilität des Netzes zu gewährleisten. Dazu mussten mehr als 500 MW Kraftwerksleistung aus der Schweiz zur Deckung des Redispatch-Bedarfs in Baden-Württemberg beitragen. Zur Begrenzung der damit verbundenen Kosten sollte der Stromverbrauch am Sonntagabend des 15. Januar 2023 möglichst reduziert werden.[33]

Neben dem Ausbau des Übertragungsnetzes ist auch eine Aufrüstung des Verteilnetzes notwendig. Ein Großteil der Erneuerbare-Energien-Anlagen, insbesondere PV-, Wind- und Biogasanlagen speisen in das Verteilnetz ein. Das Verteilnetz dient somit – anders als in der Vergangenheit – nicht nur der Zuleitung des Stroms an Verbraucher, sondern muss auch der zunehmenden Einspeisung von Strom gerecht werden. Weitere Faktoren, die eine Verstärkung des Verteilnetzes erfordern, sind der wachsende Einsatz von Wärmepumpen und die zunehmende Elektromobilität. Die bestehenden Netze sind vielfach nicht auf die geforderte Wärmepumpenlast und die Ladeleistung für batteriebetriebene Fahrzeuge ausgelegt. Der Investitionsbedarf in die Verteilnetze wird bis 2030 auf 32 Mrd. € und bis 2050 auf 111 Mrd. € beziffert.[34]

Am 11. Januar 2023 hat das Bundeskabinett einen Gesetzentwurf zum Neustart der Digitalisierung der Energiewende verabschiedet. Mit dem Gesetz soll der Rollout intelligenter Messsysteme (Smart Meter) beschleunigt werden. Smart Meter können nicht nur den Stromverbrauch besser veranschaulichen als herkömmliche Stromzähler, sondern ermöglichen auch digitale Anwendungsfälle mit Kundennutzen. Zudem sorgen sie für eine

---

[32] [22].

[33] [23].

[34] [24].

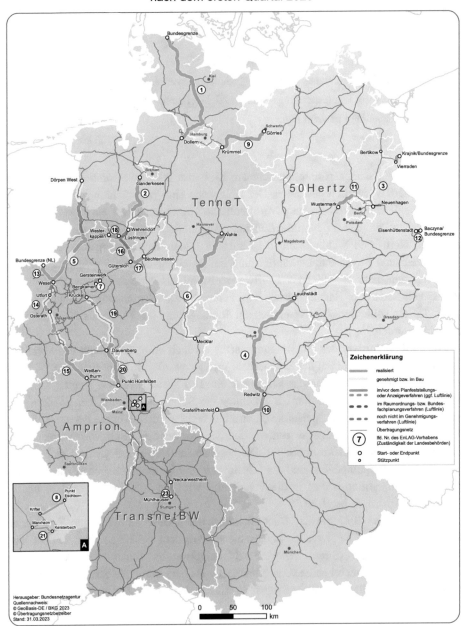

Abb. 3.85 Stand der Vorhaben aus dem Bundesbedarfsplangesetz

sichere Steuerung des Stromnetzes, wenn im Zuge der Energiewende künftig verstärkt erneuerbare Energien und neue Lasten wie Elektromobilität, Wärmepumpen und Speicher in das Stromverteilnetz eingebunden werden. Sie können damit zu einem wichtigen Baustein für einen effizienten und sicheren Netzbetrieb werden.[35]

3.6.4 Stromhandel

Im Gefolge der Liberalisierung der Elektrizitätswirtschaft hat die Bedeutung des Stromhandels deutlich zugenommen. Der eröffnete allgemeine Zugang zu den Netzen in Verbindung mit diskriminierungsfreien Durchleitungsentgelten haben die Voraussetzungen für den Stromhandel zwischen sehr unterschiedlichen Marktakteuren geschaffen.

Grundsätzlich ist zwischen verschiedenen Formen von Stromhandel zu unterscheiden: zur Optimierung des physischen Energiebedarfs (Beschaffungshandel), zur risikolosen Ausnutzung von Preisdifferenzen (Arbitragehandel) und zur Gewinnerzielung aus Preisdifferenzen durch Eingehen offener Positionen (spekulativer Handel).

Eine der wesentlichen Funktionen des Stromhandels zur Beschaffungsoptimierung ist das Portfoliomanagement. Ein Portfolio besteht aus verschiedenen Produkten, die zu unterschiedlichen Zeitpunkten gehandelt werden. Dabei orientiert sich die Beschaffung an den Anforderungen im Vertrieb und umgekehrt. Der Energiehandel ist also eine wesentliche Schnittstelle zum Vertrieb. So versorgt der Handel den Vertrieb mit Strommengen, die für den Absatz benötigt werden. Im Rahmen eines Portfolios können die Risiken optimal gemanagt werden, da das Gesamtrisiko des Portfolios geringer ist als die Summe der einzelnen Risiken.

Als Akteure im Stromhandel betätigen sich Unternehmen der Energiebranche, die damit ein neues strategisches Geschäftsfeld geschaffen haben. Dazu zählen u. a. große Stromproduzenten, Stadtwerke und Regionalversorger sowie Finanzinstitute. Außerdem betätigen sich industrielle Stromverbraucher im Handel mit Strom. Die Handelsgeschäfte können sowohl OTC (Over-the Counter), also bilateral zwischen zwei Handelspartnern oder an der Börse abgeschlossen werden. Im Unterschied zur Praxis in OTC-Geschäften werden im börslichen Großhandel Transaktionen grundsätzlich zu einem einheitlichen Markträumungspreis abgewickelt.

3.6.5 Stromvertrieb

Im Stromvertrieb betätigen sich in Deutschland weit über tausend Unternehmen. Dabei reicht die Spanne von überregional tätigen Unternehmen bis hin zu Gesellschaften, die auf lokaler Ebene Strom anbieten. Ein Großteil der Unternehmen schränkt sich in den

---

[35] [25].

Stromverbrauch in Deutschland – Zehnjahresvergleich

Stromverbrauch in Deutschland nach Verbrauchergruppen

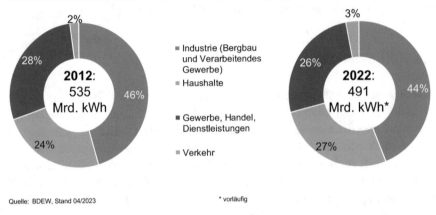

Quelle: BDEW, Stand 04/2023   * vorläufig

Abb. 3.86 Stromverbrauch in Deutschland nach Sektoren – Zehnjahresvergleich

Geschäftsaktivitäten nicht auf den Vertrieb von Strom ein, sondern bietet zudem Erdgas, Fernwärme und auch Dienstleistungen an.

Stromkunden haben in 77 % der Netzgebiete die Wahl zwischen mehr als 100 Lieferanten. In 13 % der Netzgebiete kommen 51 bis 100 Lieferanten für Haushaltskunden in Betracht. In 5 % der Netzgebiete sind es 21 bis 50 Lieferanten und in 4 % der Netzgebiete zwischen 2 und 20 Lieferanten. Die Zahl der Netzgebiete, in denen Stromkunden auf lediglich 1 Lieferanten zurückgreifen können, ist auf 1 % begrenzt.[36]

Der Letztverbrauch an Strom lag in den letzten zehn Jahren zwischen jährlich 490 und 540 TWh (Abb. 3.86). Davon entfallen in etwa 45 % auf die Industrie, jeweils gut ein Viertel auf private Haushalte und den Sektor Gewerbe/Handel/Dienstleistungen und der Rest von etwa 2 % auf den Verkehr. Diese Struktur ist im Zeitraum 2012 bis 2022 weitgehend stabil geblieben.

Die Industrie ist somit der größte Stromverbrauchssektor. Dabei ist bemerkenswert, wie groß der Stromverbrauch einzelner energieintensiver Unternehmen in den Bereichen Chemie, Aluminium oder Kupfer ist. Der Aluminium-Produzent Trimet hat 2021 in Deutschland 5,5 TWh Strom verbraucht. Dies entspricht dem Stromverbrauch aller Haushalte in Berlin. Die BASF SE hat 2021 allein an ihrem Hauptstandort Ludwigshafen 6,0 TWh Strom verbraucht. Das ist so viel wie der Bedarf aller Haushalte in Hamburg, Duisburg und München zusammengerechnet. Die Kupferhütte Aurubis beziffert den Stromverbrauch des Jahres 2021 auf 0,83 TWh. Diese Menge entspricht dem Stromverbrauch aller Einwohner von Hannover (Abb. 3.87).

---

[36] [19].

Einzelne Industriebetriebe verbrauchen mehr Strom als ganze Großstädte

Stromverbrauch ausgewählter Industriebetriebe im Jahr 2021

Kupferhütte Aurubis[1]	BASF[2]	Aluhütte Trimet[3]
833 GWh	**5.998 GWh**	**5.514 GWh**
So viel, wie alle Einwohner in Hannover.	So viel, wie alle Haushalte in Hamburg, Duisburg und München.	So viel, wie alle Haushalte in Berlin.

Wettbewerbsfähige Strompreise sind ein wichtiger Standortfaktor!

1) Stromverbrauch an den Standorten Hamburg und Lünen
2) Stromverbrauch am Standort Ludwigshafen
3) Stromverbrauch in Deutschland

Abb. 3.87 Vergleich des Verbrauchs einzelner Industriebetriebe mit dem Strombedarf von Haushalten ganzer Großstädte

Der Stromverbrauch der privaten Haushalte kann nach verschiedenen Anwendungsbereichen aufgeschlüsselt werden. Die größte einzelne Position macht der Bedarf zur Deckung der Prozesswärme aus (z. B. für Kochen, Trocknen und Bügeln). An zweiter Stelle steht die Prozesskälte, also der Bedarf von Kühl- und Gefriergeräten. Information und Kommunikation stehen inzwischen an dritter Stelle – gefolgt von Warmwasserbereitung. Auf die Beleuchtung entfallen rund 8 % des Stromverbrauchs der privaten Haushalte (Abb. 3.88).

Der durchschnittliche Stromverbrauch pro Haushalt hängt stark von der Haushaltsgröße ab. Ein-Personen-Haushalte kommen im Mittel auf gut 2000 kWh, Zwei-Personen-Haushalte auf etwa 3500 kWh, Drei-Personen-Haushalte auf gut 4000 kWh, und in Vier- und mehr Personen-Haushalten beträgt der Stromverbrauch etwa 5000 kWh – jeweils pro Jahr gerechnet. Der Durchschnittsverbrauch pro Person sinkt im statistischen Mittel mit zunehmender Größe des Haushalts (Abb. 3.89).

Gegenwärtig ist der Stromverbrauch für die Elektromobilität noch vergleichsweise gering. Dies wird sich in Zukunft mit zunehmendem Bestand an elektrisch betriebenen Fahrzeugen ändern. Seit 2011 ist bereits ein deutlicher Zuwachs zu verzeichnen. So überschritt die Zahl der Elektro- und Plug-in Hybrid-Pkw in Deutschland bereits Mitte 2023 die Marke von 2 Mio. Im Dezember 2011 waren es erst 4350. Entscheidend für den

Stromverbrauch der Haushalte
Struktur des Stromverbrauchs nach Anwendungsbereichen 2021

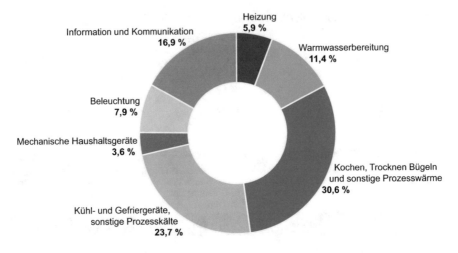

Quelle: AG Energiebilanzen, Stand Dezember 2022

Abb. 3.88 Stromverbrauch der privaten Haushalte nach Anwendungsbereichen 2021

Strombedarf der Haushalte
Durchschnittlicher Stromverbrauch (ohne Heizstrom) je Haushalt
nach Haushaltsgrößen - in Kilowattstunden

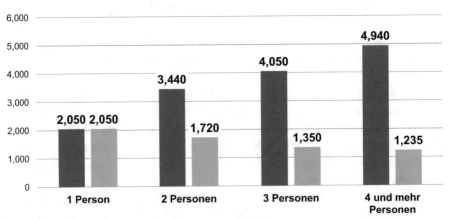

Quellen: BDEW, HEA; Stand 2010   * ohne Heizstromverbrauch in kWh

Abb. 3.89 Durchschnittlicher Stromverbrauch je Haushalt in Abhängigkeit von der Haushaltsgröße

Elektromobilität

Ausbau der Ladeinfrastruktur: Bestand der Elektro-Pkw sowie
der öffentlich zugänglichen Ladepunkte

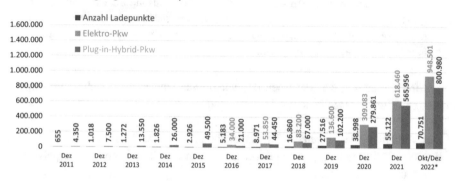

* Fahrzeugbestand Stand Dez. 2022, Ladepunkte Stand Okt. 2022

Quellen: BNetzA, KBA, www.ladesaeulenregister.de, BDEW-Erhebung „Ladeinfrastruktur"; Stand 12/2022

Abb. 3.90 Entwicklung der Zahl der Elektro-Pkw und der Ladeinfrastruktur in Deutschland

Hochlauf der Elektromobilität ist – neben der Speicherkapazität der Batterien – der Ausbau der Ladeinfrastruktur. Hier hat sich seit der zweiten Hälfte des letzten Jahrzehnts ein kontinuierlicher Anstieg vollzogen (Abb. 3.90).[37]

Nach Angaben der Bundesnetzagentur waren insgesamt 80.541 öffentliche Ladepunkte am 1. Januar 2023 gemeldet, ein Zuwachs von 35 % innerhalb eines Jahres. Besonders stark ist die installierte Ladeleistung gegenüber 2021 gestiegen, von 1,74 GW auf 2,47 GW, ein Zuwachs von 40 %. Als Grund dafür wird die hohe Zuwachsrate bei Ultra-Schnellladepunkten mit Ladeleistungen ab 150 kW genannt. Deren Zahl hat sich von 3851 auf 7037 und damit um mehr als 80 % erhöht. Die durchschnittliche Ladeleistung pro Ladepunkt hat sich inzwischen auf 30 kW erhöht. Vor fünf Jahren lag sie noch bei 20 kW pro Ladepunkt.[38]

3.6.6 Herausforderungen angesichts eines wachsenden Strombedarfs

Ein künftig wachsender Strombedarf wird als entscheidender Treiber für die angestrebte Dekarbonisierung von Sektoren angesehen, in denen gegenwärtig noch Öl und Erdgas eine dominierende Rolle spielen. Im Verkehrssektor sind dies Öl basierte Kraftstoffe und im Wärmemarkt vor allem Erdgas. Es wird deshalb erwartet, dass der Stromverbrauch in Deutschland – anders als in den letzten Jahren – künftig deutlich zunehmen wird.

---

[37] [26].

[38] [26].

▶   Der zunehmende Bedarf soll im Wesentlichen durch Strom gedeckt werden,
    der auf Basis erneuerbarer Energien erzeugt wird. Dies erfordert eine Verstär-
    kung des Ausbaus von Anlagen vor allem auf Basis von Wind und Solarenergie.
    Da diese Anlagen aufgrund der fluktuierenden Einspeisung aber nur einen ver-
    gleichsweise geringen Beitrag zu einer jederzeit gesicherten Versorgung leisten,
    muss gewährleistet bleiben, dass ausreichend steuerbare Leistung bzw. abrufbare
    Speicherkapazitäten verfügbar sind.

Zur Aufrechterhaltung der Sicherheit der Versorgung sind deshalb vielfältige Voraussetzungen zu erfüllen. Dazu gehören:

- Das Vorhalten einer ausreichenden Kapazität an regelbarer Leistung sowie hohe Reak-
  tionsfähigkeit dieser Anlagen auf Änderungen in der fluktuierenden Einspeisung von
  Wind- und Solaranlagen;
- Schaffung und Nutzung von Möglichkeiten zur Anpassung der Nachfrage an das
  Stromangebot (Demand-Side-Management);
- Ausbau von Speicherkapazitäten, um die Speicherung von Strom in Zeiten hohen Stro-
  mangebots und die Rückspeisung in das Netz bei dem Auftreten von geringem Angebot
  und hoher Nachfrage zu gewährleisten;
- Nutzung von *Überschussstrom* zur Erzeugung von Wasserstoff als Speichermedium;
- Ausbau des Stromnetzes: Dies betrifft sowohl das Übertragungsnetz zur Verbindung
  der primären Erzeugungsgebiete der Windenergie (Norddeutschland) mit den Ver-
  brauchszentren (West- und Süddeutschland) und die Verstärkung grenzüberschreitender
  Leitungen zur Nutzung von Potenzialen im Ausland als auch das Verteilnetz zur
  Aufnahme der zunehmend dezentralen Einspeisung von Wind- und Solaranlagen.

Diese Flexibilitätsoptionen haben unterschiedliche Nutzungs-Potenziale (Abb. 3.91). Für
einen Einsatz in Perioden von Knappheit an fluktuierenden erneuerbaren Energien, die
nicht auf wenige Stunden begrenzt sind, eignen sich insbesondere fossil gefeuerte Kraftwerke sowie steuerbare Anlagen auf Basis von Wasserkraft und Bio-Energie. Nach
erfolgtem Ausstieg aus der Kohle kann auch die Stromerzeugung aus Wasserstoff als
Ergänzung oder gleich als Ersatz für Erdgas in Betracht kommen.

▶   Grundsätzlich sind Kohle- und Gaskraftwerke in praktisch gleicher Weise geeignet,
    durch Hoch- und Runterfahren der Leistung auf die Fluktuationen von Stromnach-
    frage und dem Angebot aus Wind- und Solaranlagen flexibel zu reagieren.

Die Lastgradienten liegen bei diesen konventionellen Erzeugungstechnologien – im
Falle der Kohle gilt dies sowohl für Steinkohle als auch für Braunkohle – bei 3
bis 4 % pro Minute. Das heißt, dass sowohl ein Steinkohle- als auch ein Gas- und
Dampfturbinen-kraftwerk in weniger als 15 min auf die Hälfte der vollen Einspeiseleistung zurückgefahren werden kann. Für die neueren Braunkohlenblöcke gelten mit

Qualitative Kategorisierung der Potenziale von Flexibilitätsquellen bezüglich Nutzbarkeit

Bedarf / Quelle	Perioden von Knappheit an fluktuierenden Erneuerbaren	Ausgleichs- und Engpass-management	Stabilität/ Massenträgheit	Spannungs-regelung	Verlässlich-keit/Wieder-herstellung*
Erzeugung					
Fossile thermische Erzeugung	Ausstieg bis 2050				
Wasserstoff-Stromerzeugung	●				○
Steuerbare Erneuerbare (Wasser, Bio-Energie)	●	○	○	○	●
Variable Erzeugung		●	●	●	○
Nachfrage					
Intelligent aufladbare Elektrofahrzeuge/Nachfragesteuerung im Klein-Maßstab	○	●	●	○	○
Nachfragesteuerung im Groß-Maßstab	○	●	●	○	●
Speicher					
Chemische Batterien/Vom Fahrzeug zum Netz		●	●	●	●
Ultrakondensatoren			○		
Pumpspeicher	○	●	●	●	
Schwungräder			○		
Flüssigluft-Speicher, Druckluft-Speicher, thermische Speicher	○	○	○		
Kopp-lung					
Strom zu Wasserstoff		●	○	○	
Strom zu Wärme		○	○		
Netz					
Grenzüberschreitende Stromleitungen	●	●	○	●	○
Leitungs-Flexibilitäten		●	●	●	

● am vielversprechendsten   ○ kann Beiträge leisten

* Restoration (übersetzt mit Wiederherstellung) bezeichnet den Prozess des Wiederanfahrens des Netzes nach einem Stromausfall
Quelle: ENTSO-E, A Power System for a Carbon Neutral Europe, Brussels, 10 October 2022

Abb. 3.91 Qualitative Kategorisierung der Potenziale von Flexibilitätsquellen bezüglich Nutzbarkeit

etwa 20 min Rückführung von Volllast auf die Mindestlast ähnliche Relationen. Die gleiche Flexibilität besteht auch für das Hochfahren von Teillast- in den Volllast-Betrieb (Abb. 3.92).

Für die Sicherheit der Versorgung ist maßgeblich, in welchem Umfang Stromerzeugungsleistung zum Zeitpunkt der Höchstlast als sicher verfügbar unterstellt werden kann. Der Anteil der gesicherten Leistung an der installierten Kapazität ist für die verschiedenen Technologien unterschiedlich hoch. Bei Anlagen auf Basis von Kernenergie, Steinkohle, Braunkohle und Erdgas können mehr als 90 % der installierten Leistung als gesichert eingestuft werden. Am anderen Ende der Bandbreite rangiert die Photovoltaik (PV). Die zum Zeitpunkt der zu erwartenden Höchstlast verfügbare PV-Leistung ist mit Null anzusetzen, da in Deutschland die Höchstlast zu einem Zeitpunkt auftreten kann, an dem es dunkel ist. Für Windenergie – dies gilt insbesondere für Offshore-Anlagen – stellt sich die Situation günstiger dar. Allerdings ist nicht ausgeschlossen, dass zum Zeitpunkt der höchsten Last eine Windflaute herrscht, wie dies beispielsweise in der ersten Dezemberhälfte 2022 der Fall war. Von der in Deutschland installierten Windleistung von 66.210 MW wurde 2022 ein maximaler Einspeisewert von 48.569 MW erreicht. Der Mittelwert lag bei 14.308 MW und der Minimalwert bei 227 MW. Die 227 MW entsprechen nur knapp 1 % der installierten Leistung (Abb. 3.93). Auch nach Feststellung der Übertragungsnetzbetreiber „zeigt

Flexibilität moderner GuD, Steinkohle und Braunkohlen-kraftwerke im Vergleich

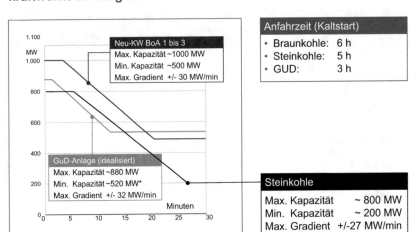

Quelle: Vergleich der Flexibilität und der CO_2-Emissionen von Kohlen- und Gaskraftwerken, ET 66. Jg. (2016) Heft 7

Abb. 3.92 Vergleich der Flexibilität von Steinkohle-, Braunkohle und Gaskraftwerken

sich, dass die eingespeiste Leistung (bei Windanlagen) für 1 % der Zeit unter 1 % der installierten Leistung liegt."[39]

Deutlich günstigere Relationen bestehen bei Wasserkraft, Bio-Energie und Geothermie (Abb. 3.94).

Letztgenannte Technologien haben den großen Nachteil, dass sie aus unterschiedlichen Gründen nicht beliebig skalierbar sind.

Unter Berücksichtigung der dargelegten Relationen kann für 2022 eine in Deutschland als jederzeit gesicherte Leistung der Stromerzeugungsanlagen am Strommarkt in Höhe von 86,9 GW unterstellt werden. Davon entfallen 78,5 GW auf konventionelle Kraftwerke und 8,4 GW auf Erneuerbare-Energien-Anlagen (Abb. 3.95).

Hinzu kommen Kraftwerke außerhalb des Strommarktes, die im Falle von Engpässen eingesetzt werden könnten. Außerdem ist Deutschland in den europäischen Strommarkt eingebunden. Kommt es zu Engpässen, kann somit auf Leistung im Ausland zurückgegriffen werden, soweit die dort verfügbaren Kapazitäten dies zulassen und die grenzüberschreitenden Übertragungsnetze nicht den limitierenden Faktor darstellen. Allerdings ist im Winter – und das ist die relevante Periode für die Auslegung der Versorgungssicherheit – Knappheit an Erzeugungskapazitäten in allen europäischen Ländern zu erwarten. In Summe ist daher zu schließen, dass Deutschland gegenwärtig und für die

---

[39] [27].

Kennzahlen zur Windenergienutzung in Deutschland von 2010 bis 2022

Leistung in MW

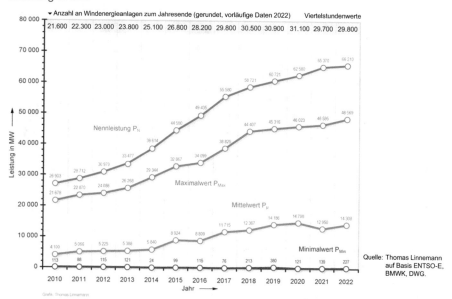

Abb. 3.93 Kennzahlen zur Windenergienutzung in Deutschland 2010 bis 2022

kurzfristige Zukunft über eine ausreichend dimensionierte gesicherte Leistung verfügt, um das Stromsystem zu jedem Zeitpunkt zu stabilisieren.

Die in Deutschland in den letzten Jahren erreichte, von den ÜNB gemessene höchste Last, die in der Regel am frühen Abend eines Wintermonats (und außerhalb der Feiertags-saison) auftritt, wird auf 80 bis 85 GW beziffert. Nach Angaben der Bundesnetzagentur wurde die Höchstlast im Jahr 2021 am 30. November im Zeitraum von 11:45 bis 12:00 Uhr mit insgesamt 81.368 MW erreicht. Für das Jahr 2022 wurde die Höchstlast am 1. Februar in der Viertelstunde von 11:30 bis 11:45 Uhr mit 78.810 MW ermittelt. Diese Lastmessung auf Basis der stündlichen Produktionsdaten der ÜNB ist für Deutsch-land aber nicht komplett. Grund dafür sind Industriekraftwerke, deren Produktion nicht in das allgemeine Stromnetz eingespeist wird. Schätzungen beziffern die fehlenden Mengen auf 5 bis 10 % der stündlich gemessenen Nachfrage, sodass die tatsächliche Spitzenlast aktuell bei etwa 85 GW liegen dürfte. Die gegenwärtig in Deutschland bestehende gesi-cherte Leistung ist somit ausreichend dimensioniert, um die Versorgung zu jeder Zeit zu gewährleisten.

Für 2030 geht das Energiewirtschaftliche Institut an der Universität zu Köln bei den unterstellten Nachfragepfaden und dem verwendeten Nachfragestrukturprofil von 111 GW

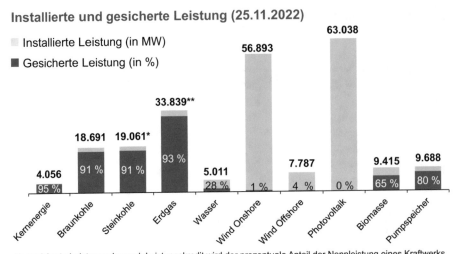

Als gesicherte Leistung oder auch Leistungskredit wird der prozentuale Anteil der Nennleistung eines Kraftwerks bezeichnet, welcher statistisch gesehen zum Zeitpunkt der Jahreshöchstlast zuverlässig zur Verfügung steht.

* davon 1.364 außerhalb des Strommarktes (Netzreserve)

** davon 4.216 MW außerhalb des Strommarktes (1.382 MW Netzreserve und 1.571 MW vorläufig stillgelegte Anlagen und 1.263 MW Kapazitätsreserve)

Quellen: Bundesnetzagentur, Kraftwerksliste Stand 25.11.2022 (EEG-Anlagen ausgewertet zum 30.06.2022); ÜNB (Ausfallraten bei konventionellen Kraftwerken bzw. Nichtverfügbarkeitsraten bei erneuerbaren Energien laut Bericht der deutschen Übertragungsnetzbetreiber zur Leistungsbilanz 2017 - 2021, 23. Januar 2019 sowie Bericht der deutschen Übertragungsnetzbetreiber zur Leistungsbilanz 2018 - 2022, Stand 18.02.2020), ENTSO-E (laut ENTSO-E variieren die Nichtverfügbarkeiten bei Wind zwischen 96 und 98 %)

Abb. 3.94 Installierte und gesicherte Leistung zum 25.11.2022

Spitzenlast in Deutschland aus. Dieser Annahme liegt ein ambitionierter Ausbau von Wärmepumpen und von Elektromobilität zugrunde.[40]

> ▶ Damit öffnet sich bereits für die nahe Zukunft eine Schere zwischen der Entwicklung von Nachfrage und gesicherter Leistung.

Die Bundesregierung hat beschlossen, sowohl aus der Kernenergie wie auch aus der Verstromung von Kohle auszusteigen. Nach Stilllegung der drei verbliebenen Kernkraftwerksblöcke Neckarwestheim 2, Emsland und Isar 2 zum 15. April 2023 vermindert sich die steuerbare Leistung um 4,1 GW im Vergleich zum Stand vom 22. November 2022. Bis 2025 sind nach Angaben der Bundesnetzagentur darüber hinaus Stilllegungen an konventionellen Kapazitäten in Höhe von 11,3 GW zu erwarten. Dem stehen Neubauten von 3,3 GW gegenüber. Damit verbleibt 2025 eine konventionelle Stromerzeugungsleistung in Deutschland von 83,5 GW (Abb. 3.96).

---

[40] [28].

Ableitung der gesicherten Leistung von der Nettoleistung der Stromerzeugungsanlagen am deutschen Strommarkt

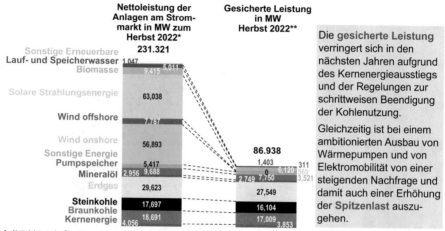

| | Nettoleistung der Anlagen am Strommarkt in MW zum Herbst 2022* | Gesicherte Leistung in MW Herbst 2022** | |

Die **gesicherte Leistung** verringert sich in den nächsten Jahren aufgrund des Kernenergieausstiegs und der Regelungen zur schrittweisen Beendigung der Kohlenutzung.

Gleichzeitig ist bei einem ambitionierten Ausbau von Wärmepumpen und von Elektromobilität von einer steigenden Nachfrage und damit auch einer Erhöhung der **Spitzenlast** auszugehen.

* Nettoleistung der Stromerzeugungsanlagen am Strommarkt gemäß Kraftwerksliste der Bundesnetzagentur, Stand 25.11.2022 (Erneuerbare Energien-Anlagen zum 30.06.2022 erfasst). Zusätzlich hat die Bundesnetzagentur 7.388 MW-Anlagen außerhalb des Strommarktes erfasst. Dazu zählen u. a. die Netzreservekraftwerke.

** Rechnerische Ermittlung unter Ansatz der durchschnittlichen Ausfallraten bei konventionellen Kraftwerken bzw. Nichtverfügbarkeitsraten bei Erneuerbare Energien-Anlagen. Die betragen laut Angabe der Übertragungsnetzbetreiber und von ENTSO-E 5 % bei Kernenergie, 9 % bei Braunkohle und Steinkohle, 7 % bei Erdgas, 72 % bei Laufwasser, 35 % bei Biomasse, 20 % bei Pumpspeichern, 99 % bei Wind onshore, 96 % bei Wind offshore und 100 % bei Photovoltaik. Für sonstige erneuerbare und sonstige nicht-erneuerbare Energien wird - wie bei Biomasse - eine Nichtverfügbarkeit von 35 % unterstellt.

Abb. 3.95 Ableitung der gesicherten Leistung von der Nettoleistung der Stromerzeugungsanlagen am deutschen Strommarkt

Die marktlich aktive, steuerbare Stromerzeugungsleistung verringert sich bis 2030 auf 67 GW. Diese Zahl ergibt sich unter Berücksichtigung der Vorgaben des Kohleverstromungsbeendigungsgesetzes (KVBG), des Gesetzes zur Beschleunigung des Braunkohleausstiegs im Rheinischen Revier sowie der vom Energiewirtschaftlichen Institut an der Universität zu Köln (EWI) in Modellrechnungen getroffenen Unterstellung einer konstanten Gaskapazität von 32 GW (Abb. 3.97). Dabei ist die Vereinbarung zwischen der RWE AG mit der Landesregierung Nordrhein-Westfalen und dem BMWK vom 4. Oktober 2022 zum vorgezogenen Ausstieg aus der Braunkohle im Rheinischen Revier bis 2030 berücksichtigt. Die Leistung der Braunkohlenkraftwerke *Schwarze Pumpe* und *Boxberg* in der Lausitz sowie *Lippendorf* und *Schkopau* in Mitteldeutschland von zusammen 5,6 GW, die gemäß KVBG zwischen Ende 2034 und Ende 2038 zur Stilllegung anstehen, ist in dieser Zahl enthalten. Bei vollständigem Ausstieg aus der Steinkohle und der Braunkohle bis zum Ende dieses Jahrzehnts würde sich die steuerbare Leistung bis 2030 auf 53 GW verringern.

In jedem Fall müssen ab 2030 im Wesentlichen Gaskraftwerke die erforderliche steuerbare Leistung bereitstellen. Dazu ist ein Ausbau der Gaskraftwerksleistung erforderlich, wobei die neu zu bauenden Anlagen angesichts der ausgegebenen Klimaziele „Wasserstoff-ready" sein müssen. Es muss also eine zukünftige Umstellung des Betriebs

**Entwicklung der konventionellen Stromerzeugungs-
kapazitäten in Deutschland bis 2025**

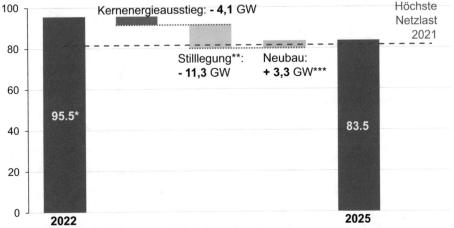

* Installierte Nettoleistung einschließlich der Kraftwerke außerhalb des Strommarktes von 7,4 GW
** Gesetzliche Stilllegungen (KVBG): Ausstiegspfad Braunkohle: 1.652 MW; Ausschreibung der dritten bis sechsten Runde: 4.775 MW (Steinkohle);
   Stilllegung nach Beendigung der Versorgungsreserve gemäß § 50d EnWG: 1.886 MW; Stilllegung nach Marktrückkehr aus der Netzreserve: 2.947 MW
*** darunter 2,8 GW Erdgas
Quelle: Bundesnetzagentur, Kraftwerksliste, Stand 25.11.2022

Abb. 3.96 Entwicklung der konventionellen Stromerzeugungskapazitäten in Deutschland bis 2025

dieser Anlagen auf klimaneutral erzeugten Wasserstoff möglich sein. Hier ist allerdings zu
berücksichtigen, dass der Neubau eines Gaskraftwerks mindestens fünf Jahre beansprucht.

Entwicklung der marktlich aktiven steuerbaren Kraftwerksleistung

in GW

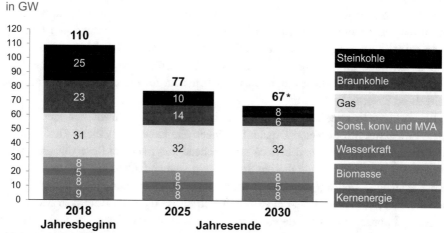

* Bei vollständigen Ausstieg aus der Steinkohle und der Braunkohle bis 2030 würde sich die steuerbare Leistung auf 53 GW verringern.

Quelle: EWI 2022 (29.09.2022) Analyse Versorgungssicherheit bis 2030 (Ansätze für Kernenergie, Biomasse, Wasserkraft, sonst. Konv. und MVA sowie Gas); Kohleverstromungsbeendigungsgesetz und Gesetz zur Beschleunigung des Braunkohleausstiegs im Rheinischen Revier (Ansätze für Braunkohle und Steinkohle)

Abb. 3.97 Entwicklung der steuerbaren Leistung gemäß den Analysen des EWI

Nach Angaben der Bundesnetzagentur könnten bis 2031 gasbefeuerte Kraftwerke in der Größenordnung von brutto rund 17 GW bis 21 GW zugebaut werden.[41] Der gegenwärtige Energy-Only-Markt gibt eine Finanzierung neuer Anlagen nicht her. Deshalb will die Bundesregierung noch 2023 ein Marktdesign bzw. ein Ausschreibungs-Design entwickeln, das hinreichende Anreize bietet, Neubauten von Gaskraftwerken bis spätestens 2030 fertigzustellen.[42] Ob Neubauten in dieser Größenordnung innerhalb des genannten Zeitraums realisiert werden können, wird erst in der zweiten Hälfte des gegenwärtigen Jahrzehnts absehbar sein.

▶   Neben steuerbarer Leistung, zu der auch Wasserkraftwerke und Biomasse-Anlagen zählen, stellt die Speicherung von Strom eine weitere Flexibilitätsoption dar. Zur wirtschaftlichen Stromspeicherung stehen verschiedene Technologien zur Verfügung. Dazu gehören in Deutschland vor allem Pumpspeicher-Kraftwerke.

Eines der leistungsfähigsten Pumpspeicher-Kraftwerke Europas befindet sich in Goldisthal in Thüringen. Es war 2003 in Betrieb genommen worden. Mithilfe seines 12 Mio. Kubikmeter Wasser fassenden Stausees ist es in der Lage, die installierte Leistung von

---

[41] [29].

[42] [30].

1060 MW für etwa neun Stunden zur Verfügung zu stellen. Das entspricht einer Speicherkapazität von etwa 9500 MWh. Diese Anlage eignet sich somit, ebenso wie die anderen derzeit in Betrieb befindlichen Pumpspeicher-Kraftwerke für einen Ausgleich von Schwankungen bei Stromangebot und -nachfrage für eine Zeitspanne von einigen Minuten bis zu mehreren Stunden. Insgesamt wird die installierte Netto-Leistung von Pumpspeichern auf 9,7 GW beziffert. In dieser Zahl sind mit 3,6 GW auch Anlagen mit Standorten in Österreich und Luxemburg enthalten, die direkt ins deutsche Netz einspeisen. Wegen der bestehenden Standortrestriktionen ist das Potenzial für diese Technologie allerdings weitgehend ausgeschöpft.

Eine weitere – allerdings bisher kaum genutzte – Möglichkeit zur mechanischen Speicherung von Strom bieten Druckluftspeicher. Sie bieten die gleiche Flexibilität wie Pumpspeicher-Kraftwerke und können entsprechend kurzfristigem Reservebedarf gerecht werden. Bisher existieren von diesem Speichertyp weltweit allerdings nur zwei Anlagen. Dabei handelt es sich um einen 1978 im niedersächsischen Huntorf in Betrieb genommenen Druckluftspeicher sowie die 1991 in Betrieb genommene Anlage in McIntosh in Alabama. Kennzeichnend für die auch mit „Compression Air Energy Storage" bezeichnete Technologie sind große unterirdische Druckluftspeicher in Salzkavernen. In Zeiten von reichlichem Stromangebot werden diese Speicher mithilfe von Kompressoren mit Druckluft beladen. Damit speichern sie elektrische Energie in Form potenzieller Energie der unter Druck stehenden Luft. Huntorf etwa verfügt über zwei Kavernen mit einem Gesamtspeichervolumen von 310.000 Kubikmetern. Wird mehr Strom benötigt, als vorhandene Kraftwerke zur Verfügung stellen können, treibt die expandierende Luft Turbinen an, die Strom erzeugen. Die in Huntorf bestehende Anlage ist in der Lage, für zwei Stunden eine Leistung von 290 MW zu liefern, wobei die erneute Befüllung des Speichers mit Druckluft etwa acht Stunden in Anspruch nimmt.[43]

Die Gesamtleistung der Heim-, Groß- und Gewerbespeicher in Deutschland entsprach 2022 mit 3,4 GW etwa 35 % der Leistung von Pumpspeicherkraftwerken. Neben der Leistungskapazität der Speicher ist die eingespeicherte Strommenge eine wichtige Kenngröße zur Beantwortung der Frage, wie lange die installierte Leistung abgerufen werden kann. Die Kapazität dieser Speicher wird mit 5,9 GWh beziffert. Allerdings bestehen zwischen der theoretisch möglichen und der tatsächlich verfügbaren Speichermenge Diskrepanzen. Viele Batteriespeicher werden im Regelbetrieb nämlich nicht vollständig entladen. Pumpspeicher stellen mit 634,8 GWh derzeit noch etwa 99 % der einspeicherbaren Strommenge in Deutschland, während ihr Anteil an der Speicherkapazität von insgesamt 13,1 GW (davon 9,7 GW Pumpspeicherkraftwerke) 74 % beträgt.[44]

▶   Mit dem Ausbau der Elektromobilität besteht grundsätzlich das Potenzial, einen
     größeren Beitrag zur Systemstabilität zu liefern.

---

[43] [31].
[44] [32].

Batteriespeicher in elektrischen Fahrzeugen haben in den letzten Jahren stark zuge-nommen. Im Jahr 2022 sind in Deutschland 470.559 Elektro-Pkw (BEV) und 362.093 Plug-in-Hybride neu zugelassen worden. Der Bestand an Elektrofahrzeugen wird zum 1. Oktober 2022 mit 840.645 und an Plug-in-Hybriden mit 745.003 angegeben. Auf Fahr-zeuge mit diesen Antriebsarten entfielen zu dem genannten Zeitpunkt 3,3 % des gesamten PkW-Bestandes in Deutschland. Voraussetzung für einen nennenswerten Effekt ist, dass die Fahrzeuge während der Standzeit nicht nur systemdienlich geladen werden, sondern auch zurück ins Netz einspeisen können und dabei der Ein- und Ausspeicherzeitpunkt intelligent gesteuert werden kann.[45] Mit einem beschleunigten Ausbau der Wind- und vor allem der PV-Kapazitäten können erneuerbare Energien in Kombination mit zusätzli-chen Stromspeichern in Extremwettersituationen einen Beitrag zur Versorgungssicherheit leisten.[46]

Auch Batteriesysteme, wie unter anderem Lithium-Ionen-Akkumulatoren, können rein technisch zum Ausgleich der fluktuierenden Einspeisung aus Anlagen auf Basis erneuerbarer Energien beitragen. Aktuell werden sie nur in den Regelleistungsmärkten wirtschaftlich betrieben und setzen sich besonders am Primärregelenergiemarkt mehr und mehr durch.[47] Für den Ausgleich volatiler Einspeisung über den Wholesale-Markt ist die Wirtschaftlichkeit für Lithium-Ionen-Systeme noch nicht gegeben.

In Power-to-Gas-Anlagen wird Wasser mithilfe von Energie (Strom) in einer Elektro-lyse zu Wasserstoff und ggf. unter Nutzung von CO_2 weiter in Methan umgewandelt. Die Bundesregierung strebt bis 2030 die Errichtung einer Elektrolyse-Kapazität von 10 GW in Deutschland an. Der Vorteil bei dieser Technologie ist, dass der Wasserstoff (in bestimm-ten Grenzen) und das Methan (ohne Einschränkung) in das bereits vorhandene Erdgasnetz eingespeist und dort gespeichert werden können bzw. ein eigenes Wasserstoffnetz errichtet werden soll. Die eingespeisten Gase können dann rückverstromt oder für andere Anwen-dungen (z. B. Industrie, Mobilität oder auch Wärme) genutzt werden. Die Technologie ist derzeit noch teuer, und die Wirkungsgrade sind gering. Für die Zukunft gilt diese Techno-logie angesichts der Möglichkeit, den Strom aus erneuerbaren Energien günstig speichern und bedarfsgerecht wieder bereitstellen zu können, als aussichtsreich zum Betrieb von Back-up-Kraftwerken als Partner der erneuerbaren Energien.

▶   Neben Speichern kommt als weiterer Puffer eine Steuerung des Stromverbrauchs in Betracht. Durch Lastmanagement wird Strom gezielt dann verbraucht, wenn – z. B. in Starkwindzeiten – ein großes Angebot an Strom verfügbar ist.

---

[45] [33].
[46] [28].
[47] [34].

Variable Tarife können es ermöglichen, dass sich eine solche „Lastverschiebung" für den Endverbraucher finanziell lohnt. Durch die Steuerung der Verbrauchsseite kann die Höchstlast und damit der Bedarf an gesicherter Leistung reduziert werden. Neue Technologien, wie Smart Meter, können die Voraussetzungen verbessern helfen, Erzeugung und Verbrauch im Gleichgewicht zu halten. Ein solcher Ausgleich, mit dem die Sollfrequenz von 50 Hz gewährleistet wird, ist zur Aufrechterhaltung der Systemsicherheit unabdingbar. Das wirtschaftlich erschließbare Lastreduktionspotenzial der Industrie wird in einem Projektbericht im Auftrag des Bundeswirtschaftsministeriums für das Jahr 2030 auf 15,6 GW hochgerechnet.[48] Die Bundesnetzagentur kommt für das Jahr 2031 zu einem ähnlichen Ergebnis, dass industrielle Prozesse und Querschnittstechnologien 8 GW und Netzersatzanlagen weitere 4,5 GW drosselbare Leistung liefern könnten.[49]

▶   Die Integration Deutschlands in das bestehende europäische Verbund-Leitungssystem bietet zusätzliche Möglichkeiten zum Ausgleich von Unterschieden in Erzeugung und Verbrauch.

Lastspitzen treten in Europa nur vereinzelt auch zeitgleich auf. Wie die Daten der *Transparency Platform* des *European Network of Transmission System Operators for Electricity* (ENTSO-E) andererseits aber auch belegen, wird die höchste Last in allen mit dem deutschen Stromversorgungssystem verknüpften Staaten in den Monaten Dezember bis Februar erreicht. Von daher kann selbst eine Ausweitung des grenzüberschreitenden Übertragungssystems nur einen Teil zur Lösung leisten. Würden sich alle in die ENTSO-E-Region (West- und Mitteleuropa) eingebundenen Staaten bei Knappheit auf Importe von Strom verlassen, verblieben keine Exportstaaten mehr. Hinzu kommt, dass nicht nur in Deutschland, sondern auch in den meisten anderen Staaten der Europäischen Union mit einem Rückgang an steuerbarer Kraftwerksleistung zu rechnen ist. Die Internationale Energie-Agentur geht davon aus, dass sich die Kapazität der konventionellen Kraftwerke (Kernenergie und fossil basierte Anlagen) in der Europäischen Union bereits bis 2030 gemäß *Stated Policy Scenario* (STEPS) um rund 100 GW und gemäß *Announced Pledges Scenario* (APS) um etwa 150 GW gegenüber dem Stand von 2021 vermindert. Das entspricht im STEPS fast einem Viertel und im APS mehr als einem Drittel der für 2021 ausgewiesenen Leistung der konventionellen Anlagen von 441 GW. Von den erwarteten Stilllegungen entfällt der größte Teil auf Kohlekraftwerke.[50]

▶   Die verschiedenen dargestellten Optionen zur Speicherung und zur Steuerung der Nachfrage sind in unterschiedlichem Maße in der Lage, Schwankungen im

---

[48] [35].
[49] [36].
[50] [37].

Stromsektor auszugleichen. Das gilt sowohl hinsichtlich der Kapazitäten, die hierfür zur Verfügung stehen als auch in Bezug auf die Dauer, für die sie den Ausgleich gewährleisten können.

So erweisen sich Batterien, Pumpspeicher und auch die Nachfragesteuerung als vorteilhaft für den Ausgleich bis zu mehreren Stunden, während mit Wasserstoff eine Option zur Verfügung steht, die ab dem nächsten Jahrzehnt auch in größerem Maßstab für einen saisonalen Ausgleich in Betracht kommt. Das Gleiche gilt für Anlagen auf Basis von Bioenergie, die ebenso wie Gas- und Kohlekraftwerke steuerbar sind und gleichzeitig unter Einsatz der Technologie der Abscheidung und Speicherung von CO_2 einen signifikanten Beitrag zum Klimaschutz zu leisten in der Lage sind. Zumindest für etwa die nächsten zehn Jahre wird weiterhin die fossile thermische Erzeugung den weitaus größten Beitrag zum Ausgleich in Fällen von Knappheit an Einspeisung aus fluktuierenden erneuerbaren Energien leisten müssen. Dies gilt beispielsweise im Falle von Windflauten, die sich über mehrere Tage erstrecken, ebenso wie für die Kompensation saisonaler Nachfrageschwankungen.

3.7 Fazit

Die konventionellen Energien Erdöl, Erdgas, Braunkohle, Steinkohle und Kernenergie spielen zur Deckung des Primärenergiebedarfs auch in Deutschland gegenwärtig noch eine maßgebliche Rolle. So entfielen 2022 noch 82 % auf diese Energien. Erdölprodukte werden vor allem im Verkehrssektor und daneben aber auch im Wärmemarkt und in der Chemie als Rohstoff genutzt. Erdgas hat seinen Einsatzschwerpunkt im Wärmemarkt, in privaten Haushalten ebenso wie in der Industrie und im Sektor Handel/Gewerbe/ Dienstleistungen. Demgegenüber werden Braunkohle, Steinkohle und Kernenergie vor allem zur Stromerzeugung eingesetzt. Die Marktbedingungen, die bei diesen Energieträgern herrschen, spielen somit eine wichtige Rolle für die Gewährleistung einer sicheren, wettbewerbsfähigen und umweltverträglichen Energieversorgung. Die Strukturen unterscheiden sich, sind aber überwiegend durch Wettbewerb zwischen einer Vielzahl von Anbietern geprägt. Zukünftig wird Strom auch in der Mobilität und im Wärmemarkt eine wachsende Rolle spielen. Gegenwärtig halten fossile Energien und Kernenergie noch einen Anteil von zusammen 55 % an der Stromerzeugung in Deutschland (Stand: 2022). Bereits 2030 sollen die erneuerbaren Energien allerdings mindestens 80 % des Stromverbrauchs in Deutschland decken.

Literatur

1. Schiffer HW (2023) Deutscher Energiemarkt 2022. Energiewirtschaftliche Tagesfragen 3, 22–36
2. Bundesnetzagentur (2022) Monitoringreferat. Kraftwerksliste mit Stand 25(11)
3. RWE AG (2022) Verständigung auf Kohleausstieg 2030 und Stärkung der Versorgungssicherheit in der Energiekrise. Pressemitteilung vom 04(10)
4. Bundesgesetzblatt (2022) Gesetz zur Beschleunigung des Braunkohleausstiegs im Rheinischen Revier vom 19. Dezember 2022, Bundesgesetzblatt Jahrgang 2022 Teil I Nr. 54, ausgegeben zu Bonn am 23. Dezember 2022
5. Kramer W, Maaßen U (2022) Das Bruttoprinzip ist europäische Vorgabe – Unterschiedliche Berechnungsmethoden schaffen Verwirrung bei der EE-Quote. Energiewirtschaftliche Tagesfragen 4. https://ag-energiebilanzen.de/wp-content/uploads/2022/03/et_2022_04_Kramer_Maassen.pdf
6. Schiffer HW (2023a) Anforderungen an eine sichere und klimagerechte Stromversorgung in Deutschland. vgbe energy journal 1/2
7. Ministerium für Wirtschaft, Innovation, Digitalisierung und Energie des Landes Nordrhein-Westfalen, Leitentscheidung (2021) Neue Perspektiven für das Rheinische Braunkohlenrevier, Beschluss der Landesregierung vom 23. März 2021
8. Lausitz Energie Bergbau AG und Lausitz Energie Kraftwerke AG (2021) LEAG passt Revierplanung an gesetzlichen Ausstiegspfad an, Presse-Information vom 13. Januar 2021
9. MIBRAG GmbH (2021) MIBRAG passt Bergbauplanung für den Tagebau Vereinigtes Schleenhain an, Presseinformation vom 21. Januar 2021
10. Schiffer H.-W. (2018) Energiemarkt Deutschland. Springer-Verlag, Wiesbaden. November, 2018
11. Bundesverfassungsgericht (1994) BVerfG, Beschluss des Zweiten Senats vom 11. Oktober 1994 – 2 BvR 633/86 -, Rn. 1–96,http://www.bverfg.de/e/rs19941011_2bvr063386.html
12. Bundesministerium für Wirtschaft und Klimaschutz (2022c) Dritter Fortschrittsbericht Energiesicherheit. Berlin, 20. Juli 2022
13. Bundesgesetzblatt (2020) Gesetz zur Reduzierung und zur Beendigung der Kohleverstromung und zur Änderung weiterer Gesetze (Kohleverstromungsbeendigungsgesetz – KVBG) vom 8. August 2020, Bundesgesetzblatt Jahrgang 2020 Teil I Nr. 37, ausgegeben zu Bonn am 13. August 2020
14. Bundesnetzagentur (2021) Ergebnisse der vierten Ausschreibung zum Kohleausstieg, Pressemitteilung vom 15. Dezember 2021, 49–59
15. Schiffer HW et al. (2023) Die Rolle des Energieträgers Erdgas für die Energieversorgung in Deutschland. Teil 1: Rückschau. gwf Gas + Energie 01
16. Energiezukunft (2022) https://www.energiezukunft.eu/wirtschaft/deutsche-abhaengigkeit-von-russland-zementiert. Zugegriffen: 6. Juli 2022
17. Bundesverband der Energie- und Wasserwirtschaft – BDEW (2023) Die Energieversorgung 2022 – Jahresbericht – Mai 2023
18. Bundesministerium für Wirtschaft und Klimaschutz (2022b) Zweiter Fortschrittsbericht Energiesicherheit. Berlin, 1. Mai 2022
19. Bundesnetzagentur (2022a) Monitoringbericht 2022. Bonn, Dezember 2022
20. Informationsplattform der Übertragungsnetzbetreiber (2022) Übertragungsnetzbetreiber veröffentlichen vorläufige Netzentgelte für 2023. Pressemitteilung vom 5. Oktober 2022. https://www.netztransparenz.de

21. Bundesverband der Energie- und Wasserwirtschaft – BDEW (vormals VDEW) (1999) Begriffe der Versorgungswirtschaft, Teil B Elektrizität und Fernwärme, Heft 1, Elektrizitätswirtschaftliche Grundbegriffe, 7. Ausgabe 1999
22. Bundesnetzagentur (2023a) Monitoring des Stromnetzausbaus. Drittes Quartal 2022. Bonn, Januar 2023
23. Vetter P (2023) „Angespannte Situation" im Stromnetz, in: Die Welt 16. Januar 2023
24. Frontier Economics und IAEW der RWTH Aachen (2020) Der volkswirtschaftliche Wert der Stromverteilnetze bei der Transformation der Energiewelt. Köln, 29. Oktober 2020
25. Bundesverband der Energie- und Wasserwirtschaft – BDEW (2023a) BDEW zum Gesetz zum Neustart der Digitalisierung der Energiewende. Berlin, Pressemitteilung vom 11. Januar 2023
26. Bundesverband der Energie- und Wasserwirtschaft – BDEW (2023b) 2022 erneuter Rekordzubau bei öffentlichen Ladesäulen – sowohl bei der Anzahl als auch bei der Leistung. Berlin, Pressemitteilung vom 14. März 2023. https://www.bdew.de/presse/presseinformationen/2022-erneuter-rekordzubau-bei-oeffentlichen-ladesaeulen-sowohl-bei-der-anzahl-als-auch-bei-der-leistung/
27. 50hertz, amprion, TenneT, Transnet BW (2019): Bericht der Übertragungsnetzbetreiber zur Leistungsbilanz 2017 – 2021, 23. Januar 2019. https://www.netztransparenz.de/portals/1/Content/Veröffentlichungen/Bericht_zur_Leistungsbilanz_2018.pdf
28. Wagner J et al. (2022) Analyse der Versorgungssicherheit bis 2030 – Trends und Szenarien im deutschen Stromsektor. Energiewirtschaftliches Institut an der Universität zu Köln (EWI) gGmbH. Köln, 29.09.2022
29. Bundesministerium für Wirtschaft und Klimaschutz (2023) Versorgungssicherheit Strom bis 2030. Berlin, 04.01.2023
30. Handelsblatt Energiegipfel (2023) Habeck: Ausschreibungs-Design für Gaskraftwerke noch 2023. Energie Informationsdienst vom 16. Januar 2023
31. Agentur für erneuerbare Energien e.V. (2009) Hintergrundinformation Strom speichern. Berlin. November, 2009
32. Energiewende A (2023) Die Energiewende in Deutschland: Stand der Dinge 2022. Berlin, Januar 2023
33. Figgener J et al. (2022) The development of battery storage systems in Germany – A market review (status 2022). Aachen, March 2022
34. A.T. Kearney Energy Transition Institute (2017) Fact Book Electricity Storage. Paris/Amsterdam, 2017
35. r2b energy consulting/Consentec/Fraunhofer Institut für System- und Innovationsforschung ISI/TEP Energy (2021) Monitoring der Angemessenheit der Ressourcen an den europäischen Strommärkten. Projektbericht im Auftrag des Bundesministeriums für Wirtschaft und Energie. Projekt Nr. 047/16. Köln, 26. April 2021
36. Bundesnetzagentur (2023b) Bericht zum Monitoring der Versorgungssicherheit mit Strom. Bonn, Januar 2023
37. International Energy Agency (2022) World Energy Outlook 2022. Paris, October 2022

Weiterführende Literatur

38. Arbeitsgemeinschaft Energiebilanzen (2023) Energieverbrauch in Deutschland im Jahr 2022. Berlin. April, 2023
39. Bundesministerium für Wirtschaft und Klimaschutz (2022a) Fortschrittsbericht Energiesicherheit, Berlin, 25. März 2022

40. Schiffer HW et al. (2022) Anforderungen an Kapazitätsausbau und Brennstoffversorgung für eine zukunftsfeste, sichere und klimagerechte Stromversorgung in Deutschland. vgbe energy journal 8, 30–43

41. Verein der Kohlenimporteure (2022) Jahresbericht 2022. Berlin

42. Weltenergierat – Deutschland, (2022) Energie für Deutschland 2022. Berlin, Juni 2022

43. Wirtschaftsverband Fuels und Energie (en2x) (2021) Gründungsbericht. Berlin, November 2021

Wachsende Bedeutung der erneuerbaren Energien

4

Im Mittelpunkt dieses Kapitels stehen die Rolle erneuerbarer Energien in der Stromversorgung sowie bei der Deckung des Bedarfs in den Sektoren Wärme und Mobilität. Die verschiedenen Technologien werden mit den jeweils wesentlichen Merkmalen beschrieben. Dazu gehören vor allem Wind- und Solarenergie, Wasserkraft, Bioenergie und Geothermie. Einen weiteren Schwerpunkt stellen die Fördermechanismen dar, die in Deutschland vor allem seit dem Jahr 2000 mit dem Erneuerbare-Energien-Gesetz für den Ausbau der erneuerbaren Energien zur Stromerzeugung in Kraft gesetzt worden sind. Der dadurch verstärkte Ausbau hat dazu beigetragen, dass aufgrund der Skaleneffekte eine deutliche Senkung der Kosten bei den meisten Erneuerbare-Energien-Technologien verzeichnet werden konnte. Zur Veranschaulichung wird die weltweite Entwicklung der Investitions- und der Stromerzeugungskosten für die genannten Technologien seit dem Jahr 2010 dargestellt. Die Integration der erneuerbaren Energien in das Gesamtsystem der Stromversorgung stellt eine besondere Herausforderung dar, auf die ebenfalls eingegangen wird.

4.1 Potenziale und Merkmale der erneuerbaren Energien

Zum Ausweis der Potenziale erneuerbarer Energien ist zwischen unterschiedlichen Abgrenzungen zu unterscheiden. Zu nennen sind in diesem Zusammenhang das theoretische Potenzial, das technische Potenzial, das wirtschaftliche Potenzial und das Erwartungspotenzial. Unter dem theoretischen Potenzial wird das gesamte physikalische Energieangebot verstanden. Dies ist um ein Vielfaches größer als der derzeitige Weltenergieverbrauch. Davon zu unterscheiden ist das technische Potenzial. Dabei handelt es sich

H. Schiffer, *Einführung in die Energiewirtschaft*,
https://doi.org/10.1007/978-3-658-41747-5_4

um den Anteil des theoretischen Potenzials, der technisch genutzt werden kann. Kriterium für die Abgrenzung zum theoretischen Potenzial ist die minimale Energiedichte, die je nach Technologie variiert. Das wirtschaftliche Potenzial ist der wirtschaftlich nutzbare Anteil des technischen Potenzials. Dabei handelt es sich nicht um eine feste Größe. Vielmehr kann sich das wirtschaftliche Potenzial aufgrund verbesserter Technologien oder als Folge einer Verringerung der Investitionskosten oder von Preiserhöhungen bei konventionellen Energien durchaus signifikant vergrößern. Das Erwartungspotenzial kann niedriger (z. B. aufgrund von Akzeptanzproblemen), aber auch höher (z. B. durch Subventionen) sein als das wirtschaftliche Potenzial.

Zur Nutzung im Wärmemarkt kommen vor allem Bioenergie sowie Geothermie und Solarthermie in Betracht. Bioenergie kommt in Form von biogenen Festbrennstoffen, biogenen flüssigen Brennstoffen sowie Biogas und Biomethan zur Anwendung. In der Geothermie ist zwischen Erdwärme aus größeren Tiefen und oberflächennaher Geothermie (auch Umweltwärme) zu unterscheiden. Flüssige Brennstoffe (etwa Pflanzenöl)werden im Verkehrssektor in der Regel dem herkömmlichen Kraftstoff beigemischt. Zusätzlich wird in der Mobilität zunehmend Strom eingesetzt, der zu einem wachsenden Anteil aus erneuerbaren Energien bereitgestellt wird. Diese Form der Nutzung ist auch für den Wärmemarkt relevant.

In der Stromerzeugung, dem wichtigsten Einsatzbereich erneuerbarer Energien, können praktisch alle Technologien zur Anwendung gebracht werden. So lässt sich Strom entweder direkt auf Sonneneinstrahlung als Energiequelle zurückführen (Photvoltaik, Solarthermie) oder auf Energieformen, die ohne menschlich-technischen Einfluss kontinuierlich aufgrund von Sonneneinstrahlung entstehen (Wind, Wasser, Biomasse). Sonderfälle bilden die Stromerzeugung mittels eines Temperaturgradienten in der Erdkruste (Geothermie), da die Wärmeproduktion im Erdinneren in radioaktivem Zerfall und in der „Ursprungswärme" der Erde begründet ist, sowie das Gezeitenkraftwerk, das auf der Gravitation des Mondes basiert.

Die Nutzung erneuerbarer Energien hat eine Reihe von Vorteilen, denen aber auch Nachteile im Vergleich zu konventionellen Energien gegenüberstehen. Zu den Vorteilen zählen: Erneuerbare Energien sind nach menschlichen Maßstäben unerschöpflich. Sie sind durch besondere Umweltverträglichkeit gekennzeichnet. Abgesehen von der Herstellung der Anlagen erfolgt kein Verbrauch natürlicher Ressourcen. Mit dem Betrieb von Anlagen auf Basis erneuerbarer Energien sind kaum Emissionen an Schadstoffen verbunden. Und es gibt nur geringe problematische Rückstände. Zur Wirtschaftlichkeit: Die laufenden Kosten der Energiebereitstellung sind sehr niedrig. Brennstoff- und CO_2-Zertifikatekosten fallen nicht an. Als Nachteile sind folgende Punkte zu nennen: Die Energiedichte ist teilweise gering. Es gibt natürliche Begrenzungen, etwa durch die Stärke des Windangebots und der Sonneneinstrahlung. Die Erzeugung ist vielfach *standortfixiert*. Dies gilt beispielsweise für Wasser und Wind. Und die Stromerzeugung ist volatil – abhängig von den Windbedingungen und der Sonneneinstrahlung. Damit sind

Entwicklung des Anteils erneuerbarer Energien am Primärenergieverbrauch in Deutschland

Anteil in Prozent

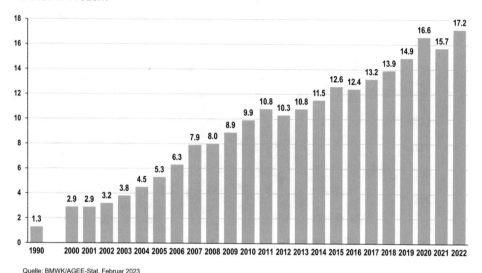

Quelle: BMWK/AGEE-Stat, Februar 2023

Abb. 4.1 Entwicklung des Anteils erneuerbarer Energien am Primärenergieverbrauch in Deutschland seit 1990

hohe System-Integrationskosten verbunden. Die bestehen in dem notwendigen Vorhalten von Back-up-Kapazitäten, Speichern und einem erforderlichen Netzausbau.

4.2 Entwicklung der erneuerbaren Energien in Deutschland nach Sektoren

Erneuerbare Energien haben in den vergangenen drei Jahrzehnten stark an Bedeutung für die Energieversorgung in Deutschland gewonnen.[1] So hat sich deren Anteil an der Deckung des Primärenergieverbrauchs von 1,3 % im Jahr 1990 auf 2,9 % im Jahr 2000, auf 9,9 % im Jahr 2010 und auf 17,2 % im Jahr 2022 vergrößert (Abb. 4.1). Damit haben sich die erneuerbaren Energien zur drittwichtigsten Säule der Energieversorgung in Deutschland entwickelt. Höhere Anteile erzielten 2022 nur Mineralöl und Erdgas. An vierter und fünfter Stelle rangieren Braunkohle und Steinkohle.

▶ Der bedeutendste Einsatzbereich der erneuerbaren Energien ist die Stromerzeugung. So dienten 2022 rund 62 % des gesamten Verbrauchs an erneuerbaren

---

[1] [1–3].

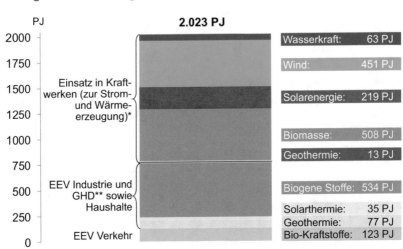

Erneuerbare Energien - Beitrag zur Energiebereitstellung 2022

Abb. 4.2 Beiträge der erneuerbaren Energien zur Energiebereitstellung nach Sektoren im Jahr 2022

Energien in Deutschland der Strom- und Wärmeerzeugung in Kraft- und Heizwerken (den Verbrauch in Biomasse-KWK-Anlagen zur Wärmeerzeugung mitgerechnet). 38 % wurden als Endenergieverbrauch in der Industrie, im Sektor Gewerbe/Handel/Dienstleistungen sowie von privaten Haushalten genutzt (Abb. 4.2).

Die Stromerzeugung ist nicht nur der wichtigste Einsatzbereich der erneuerbaren Energien. Für diesen Sektor zeigt sich in den vergangenen drei Jahrzehnten auch die größte Dynamik. So hat sich der Anteil der erneuerbaren Energien an der Deckung des Brutto-Stromverbrauchs in Deutschland von erst 3,4 % im Jahr 1990 auf 46,2 % im Jahr 2022 erhöht (Abb. 4.3). In den ersten drei Quartalen des Jahres 2023 wurde sogar ein Anteil von 52 % erreicht.

Den Verbrauch für Wärme und Kälte deckten erneuerbare Energien 2022 zu 17,4 % gegenüber 2,1 % im Jahr 1990. Im Verkehrssektor waren erneuerbare Energien im Jahr 2022 mit 6,8 % beteiligt. 1990 waren es erst 0,1 % (Abb. 4.4).

In absoluten Zahlen gerechnet hat sich der Endenergieverbrauch erneuerbarer Energien für Wärme und Kälte von 32,5 TWh im Jahr 1990 auf 200,5 TWh im Jahr 2022 versechsfacht. Davon entfällt der überwiegende Teil auf biogene Festbrennstoffe. Neben flüssigen und gasförmigen biogenen Brennstoffen und biogenen Anteilen des Abfalls sind auch Solarthermie, tiefe Geothermie und oberflächennahe Geothermie an der Deckung des Endenergieverbrauchs für Wärme und Kälte beteiligt. Der Anteil erneuerbarer Energien

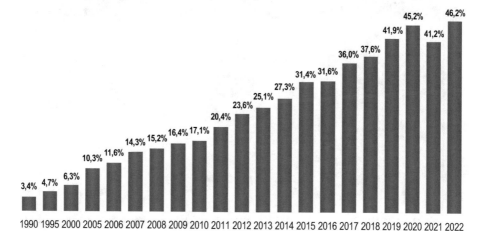

Beitrag der erneuerbaren Energien zur Deckung des Brutto-Stromverbrauchs in Deutschland

Anteil des Stroms aus regenerativen Energiequellen*

* Bruttostromerzeugung aus erneuerbaren Energie bezogen auf den Brutto-Inlandsstromverbrauch Deutschlands
Quelle: AGEE-Stat am UBA, Stand: März 2023

Abb. 4.3 Beitrag der erneuerbaren Energien zur Deckung des Brutto-Stromverbrauchs in Deutschland

am gesamten Endenergieverbrauch Wärme und Kälte in Deutschland belief sich 2022 auf 17,4 % (Abb. 4.5).

Vor allem die oberflächennahe Geothermie und Umweltwärme zur Deckung des Bedarfs an Wärme und Kälte und die thermische Leistung von Wärmepumpen in Deutschland haben in den letzten Jahren deutlich zugenommen. Der Bestand an Wärmepumpen in Deutschland hat sich von erst 0,35 Mio. im Jahr 2005 auf 1,7 Mio. im Jahr 2022 erhöht. Die installierte thermische Leistung hat sich in der gleichen Zeit von 2,1 GW auf 20,5 GW verzehnfacht (Abb. 4.6).

Im Verkehrssektor war zwischen 2000 und 2006 ein deutlicher Anstieg des Endenergieverbrauchs erneuerbarer Energien verzeichnet worden. Seitdem stagniert der Verbrauch – trotz der Einbeziehung des Stromverbrauchs mit dem Anteil erneuerbarer Energien am Strommix in Deutschland – bei jährlich etwa 40 TWh (Abb. 4.7).

Im Unterschied zur Entwicklung in den Sektoren Wärme und Kälte sowie Verkehr haben die erneuerbaren Energien im Stromsektor kontinuierlich zugelegt. Dies gilt vor allem für die Windkraft sowie die Solarenergie (Abb. 4.8).

Im Zeitraum 2005 bis 2022 sind in Deutschland im Jahresdurchschnitt knapp 2,8 GW an Windenergieanlagen neu installiert worden. Dieser Wert entspricht in etwa auch der Zubauleistung des Jahres 2022 von 2,5 GW. Im gleichen Zeitraum, also von 2005 bis

Anteil erneuerbarer Energien in Deutschland nach Sektoren

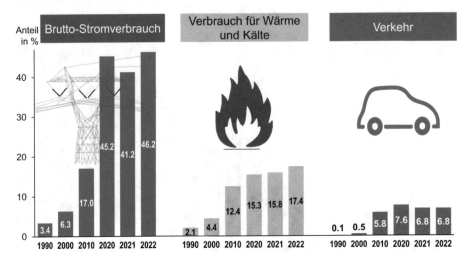

Quelle: AGEE-Stat am UBA, März 2023

Abb. 4.4 Anteile erneuerbarer Energien nach Sektoren 1990 bis 2022

2022, betrug der Netto-Zubau an installierter Leistung von Photovoltaikanlagen durchschnittlich 3,6 GW pro Jahr. Allerdings war der 2022 realisierte Netto-Zubau doppelt so hoch.

Damit haben die erneuerbaren Energien im Jahr 2022 einen Anteil an der Brutto-Stromerzeugung in Deutschland von 44,0 % erreicht. Windenergie ist die wichtigste erneuerbare Energiequelle zur Stromerzeugung. Darauf entfallen 21,7 %. An zweiter Stelle rangiert die Photovoltaik mit einem Anteil von 10,5 % – gefolgt von Bioenergie mit 7,7 %. Wasserkraft hat 2022 in Deutschland nur mit 3,0 % zur Stromerzeugung beigetragen. Auf den biogenen Anteil von Müll und auf sonstige erneuerbare Energien entfielen 1,1 %.

▶   Am Brutto-Stromverbrauch in Deutschland waren erneuerbare Energien 2022 mit 46,2 % beteiligt. Der Anteil am Brutto-Stromverbrauch ist höher als an der Brutto-Stromerzeugung, da in Deutschland mehr Strom erzeugt als im Inland verbraucht wird. Aus Deutschland wird mehr Strom exportiert als nach Deutschland importiert wird.

Entwicklung des Anteils erneuerbarer Energien am Endenergieverbrauch Wärme und Kälte in Deutschland

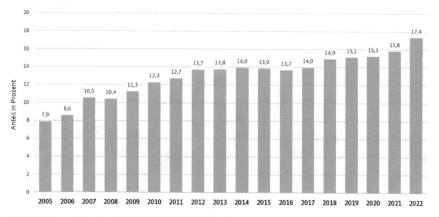

Quelle: Arbeitsgruppe Erneuerbare Energien-Stratistik (AGEE-Stat); Stand: Februar 2023

Abb. 4.5 Entwicklung des Endenergieverbrauchs erneuerbarer Energien für Wärme und Kälte in Deutschland 2005 bis 2022

4.3 Angewandte Technologien zur Stromerzeugung

In diesem Abschnitt werden die Charakteristika von Windkraft, Solarenergie, Wasserkraft, Biomasse und Geothermie skizziert und die Entwicklung der Stromerzeugung aus diesen Technologien in Deutschland aufgezeigt. Eine Unterscheidung der Windkraft findet nach Standort statt zwischen Onshore und Offshore. Ferner werden die Erhebungen der International Renewable Energy Agency zu den weltweiten Kosten der verschiedenen Erneuerbare-Energien-Technologien zur Stromerzeugung veranschaulicht.

4.3.1 Wind onshore

Wind-Anlagen nutzen die kinetische Energie der strömenden Luftmassen zur Umformung mittels Turbinen in mechanische Rotationsenergie. In einem Generator erfolgt anschließend die Umwandlung in elektrische Energie. Entscheidend für einen großen Stromertrag sind vor allem hohe mittlere Windgeschwindigkeiten und die Größe der Rotorfläche. Mit zunehmender Höhe über dem Erdboden sind stärkere und gleichmäßigere Winde verknüpft.

Entwicklung des Endenergieverbrauchs von oberflächennaher Geothermie und Umweltwärme für Wärme und Kälte und der thermischen Leistung von Wärmepumpen in Deutschland

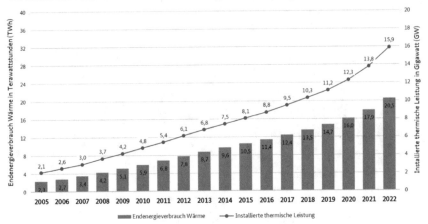

Quelle: Arbeitsgruppe Erneuerbare Energien-Stratistik (AGEE-Stat); Stand: Februar 2023

Abb. 4.6 Entwicklung des Endenergieverbrauchs von oberflächennaher Geothermie und Umweltwärme zur Deckung des Bedarfs an Wärme und Kälte sowie der thermischen Leistung von Wärmepumpen in Deutschland

In den Anfängen der Windkraftnutzung zur Stromerzeugung erfolgte die Einspeisung der elektrischen Energie aus meist kleineren Anlagen im Multikilowattbereich direkt in das Niederspannungsnetz. Gemessen an der gesamten Stromerzeugung waren die Einspeiseleistungen der Windenergieanlagen (WEA) gering. Die Schwankungen der Einspeisung hatten deshalb keine signifikanten Auswirkungen.

Inzwischen liegt in Deutschland die an Land neu installierte Leistung von WEA im Durchschnitt bei 4,5 MW. Typische Kennzeichen sind der Turm, das Maschinengehäuse und die Rotorblätter. Die Anlagenkonfiguration, der im ersten Halbjahr 2022 neu installierten Anlagen, stellt sich wie folgt dar: Mit 137 m Rotordurchmesser und einer Nabenhöhe von 138 m erreicht die durchschnittliche Windenergieanlage eine Gesamthöhe von 206 m. Die heutigen WEA höherer Leistung werden über einen Mittelspannungs-Transformator und eine Mittelspannungs-Schaltanlage an das 10-, 20- oder 36 kW-Mittelspannungsnetz angeschlossen. Große Windkraftanlagen mit Grenzleistungen bis 6 MW und insbesondere Windparks mit 100 MW und mehr speisen zunehmend

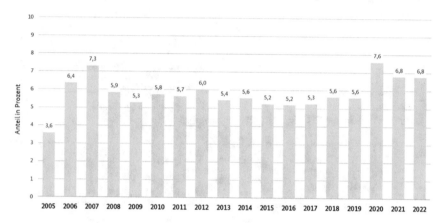

Abb. 4.7 Entwicklung des Endenergieverbrauchs erneuerbarer Energien im Verkehrssektor in Deutschland seit 2005

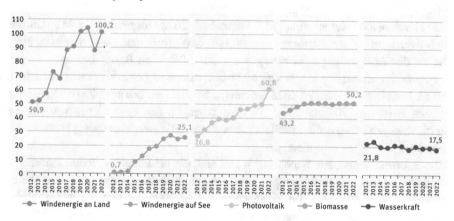

Abb. 4.8 Entwicklung der Stromerzeugung aus erneuerbaren Energien nach Technologien von 2012 bis 2022

Entwicklung des Netto-Zubaus an installierter Leistung zur Stromerzeugung aus Windenergieanlagen in Deutschland

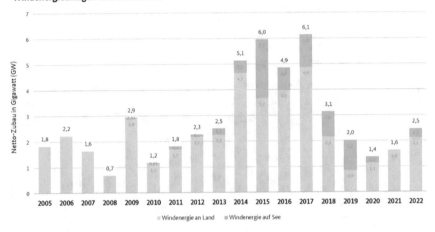

Windenergieanlagen auf See zugebaut ab dem Jahr 2009

Quelle: Arbeitsgruppe Erneuerbare Energien-Statistik (AGEE-Stat); Stand: Februar 2023

Abb. 4.9 Entwicklung des Netto-Zubaus an installierter Leistung zur Stromerzeugung aus Windenergieanlagen in Deutschland 2005 bis 2022

auch auf höheren Spannungsebenen in das Stromnetz ein. Sie müssen die Netz- und Systemregeln für Übertragungsnetzbetreiber erfüllen.[2]

In Deutschland waren zum 31. Dezember 2022 insgesamt 28.443 Onshore-Windanlagen mit einer Leistung von 58.106 MW installiert. Die durchschnittliche Leistung des Anlagenbestandes betrug somit 2,0 MW.[3] Die Bestandsanlagen kommen auf eine Jahresausnutzung von etwa 1600 Volllaststunden (zum Vergleich: ein Jahr hat 8760 h). Die Nettoleistung der 2022 errichteten Neuanlagen betrug 4,4 MW. Neuanlagen erreichen zwischen 2200 und 2700 Volllaststunden. Zu den Kennzeichen von Onshore-Windanlagen gehört, dass die Installationskosten pro MW vergleichsweise hoch sind, die Arbeitskosten dagegen sehr niedrig.

Die Stromerzeugung aus Windanlagen an Land, die bis Ende des letzten Jahrhunderts noch keine signifikante Rolle gespielt hatte, ist innerhalb der letzten zwei Jahrzehnte in Deutschland stark gestiegen. Im Vergleich zum Jahr 2005 hat sich die in Deutschland realisierte Stromerzeugungsmenge auf über 100 TWh pro Jahr vervierfacht (Abb. 4.11).

---

[2] [4].

[3] [5].

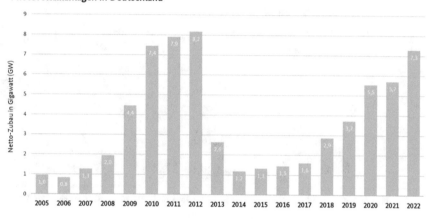

Quelle: Arbeitsgruppe Erneuerbare Energien-Stratistik (AGEE-Stat); Stand: Februar 2023

Abb. 4.10 Entwicklung des Netto-Zubaus an installierter Leistung zur Stromerzeugung aus Photovoltaikanlagen in Deutschland 2005 bis 2022

Die Verteilung der Windenergie-Anlagen ist stark abhängig von den in den verschiedenen Regionen herrschenden unterschiedlichen Windbedingungen (Abb. 4.12). Innerhalb von Deutschland herrschen insbesondere in den küstennahen Regionen die größten Windgeschwindigkeiten und deshalb die günstigsten Bedingungen für die Nutzung der Windenergie an Land.

Die Fluktuation der Windstrom-Erzeugung kann beispielhaft an drei Monaten des Jahres 2021 veranschaulicht werden. Der Januar 2021 war punktuell windstark, aber zeitweise auch durch Phasen ungünstiger Windbedingungen gekennzeichnet (Abb. 4.13). In der ersten Hälfte des Monats September 2021 herrschte dagegen eine 15 Tage andauernde Windflaute. In der zweiten Hälfte dieses Monats war zwar eine Belebung festzustellen. Allerdings blieb das Niveau der Windstrom-Einspeisung relativ niedrig (Abb. 4.14). Der Oktober 2021 war insgesamt relativ windstark. Eine besonders hohe Einspeisung von Strom wurde mit dem Sturmtief „Hendrik" am 21. Oktober 2021 erreicht (Abb. 4.15).

Folgende Kennzahlen kennzeichnen die regionale Verteilung der Windenergieanlagen an Land in Deutschland: Mit 12.084 MW entfallen auf Niedersachsen mehr als ein Fünftel des Leistungsbestands. In Brandenburg, Schleswig–Holstein und Nordrhein-Westfalen sind jeweils über 10 % der Gesamtleistung installiert. Allein auf diese vier

Windenergie: Entwicklung der Stromerzeugung in Deutschland

in TWh

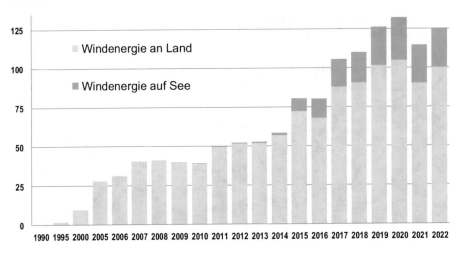

Quelle: AGEE-Stat am UBA, März 2023

Abb. 4.11   Entwicklung der Stromerzeugung auf Basis Windenergie in Deutschland 1990 bis 2022

Windressourcen Onshore

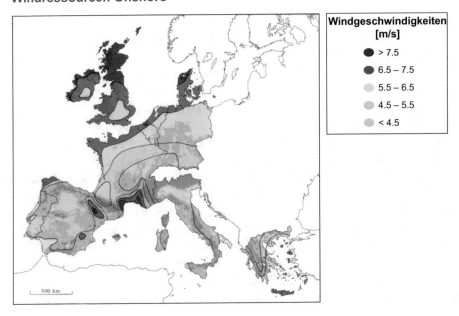

Abb. 4.12   Regionale Verteilung der Windgeschwindigkeiten Onshore in Europa

Deutschland: Windstromproduktion im Januar 2021
Normierte Leistung P/P_N in %

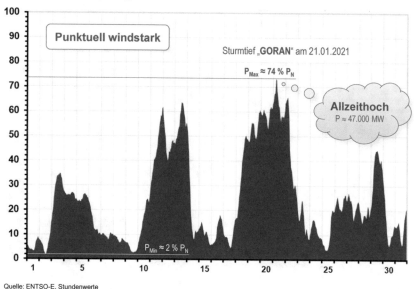

Quelle: ENTSO-E, Stundenwerte

Abb. 4.13 Windstrom-Produktion in Deutschland im Januar 2021

Bundesländer entfallen zusammen knapp 60 % der zum 31. Dezember 2022 installierten Windenergieleistung an Land. Bezogen auf die jeweilige Landesfläche weisen
Schleswig–Holstein und Bremen die höchste Leistungsdichte auf. Am geringsten ist
die Leistungsdichte – Berlin nicht mitgerechnet – in Sachsen sowie in Bayern und
Baden-Württemberg.

Die *International Renewable Energy Agency* (IRENA) hat Daten zur Kostenentwick-
lung bei erneuerbaren Energien veröffentlicht.[4] Dabei handelt es sich um weltweit
gewichtete Mittelwerte, die für die Jahre von 2010 bis 2022 ausgewiesen werden. Neben
den Durchschnittswerten wird auch die Spannweite der Kosten gezeigt, um damit den
unterschiedlichen Bedingungen in den verschiedenen Weltregionen gerecht zu werden.

Für Wind onshore werden die weltweiten Durchschnittskosten für 2022 installierte
Anlagen mit 1274 US\$ pro kW beziffert. Das sind 42 % weniger als im Jahr 2010. Noch
stärker als die Investitionskosten sind die durchschnittlichen Kosten der Stromerzeugung
(Levelised cost of electricity) gesunken, und zwar von 0,107 US\$ pro kWh im Jahr 2010
um zwei Drittel auf 0,033 US\$ im Jahr 2022 (Angaben jeweils in Preisen des Jahres 2022,
also in realen Größen). Dies erklärt sich vor allem durch den gestiegenen Kapazitätsfaktor,

---

[4] [6].

Deutschland: Windstromproduktion im September 2021

Normierte Leistung P/P_N in %

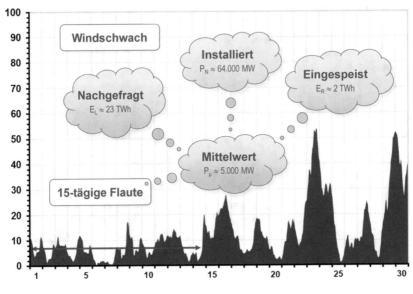

Quelle: ENTSO-E, Stundenwerte

Abb. 4.14 Windstrom-Produktion in Deutschland im September 2021

also die verbesserte Auslastung der Anlagen, die in höheren Jahres-Volllaststunden zum Ausdruck kommt (Abb. 4.16).

4.3.1.1 Wind offshore

Besondere technische Anforderungen stellen Offshore Windenergieanlagen (OWEA). Der Vorteil solcher Anlagen auf See besteht insbesondere in der höheren Energieausbeute. Der Wind weht nämlich auf See deutlich stärker und zudem stetiger als an Land. Damit werden im Vergleich zu Windenergie an Land deutlich mehr Volllaststunden pro Jahr erreicht. So ist mit einer Größenordnung um 4.000 Volllaststunden bei Offshore-Windanlagen zu rechnen. Allerdings sind technischer Aufwand und Kosten deutlich höher als bei WEA an Land. Darunter fallen die Verankerung der Anlagen per Fundament bei teilweise großen Meerestiefen und die Anbindung der Windparks an die Stromnetze an Land. Weiterhin müssen die Anlagen hohen Windgeschwindigkeiten, Wellengang und salzhaltiger Luft standhalten (Abb. 4.17).

Am 31. Dezember 2022 waren in Deutschland 1539 OWEA mit einer Leistung von 8136 MW installiert. Davon entfielen 1307 OWEA mit 7040 MW auf die Nordsee und 232 OWEA mit 1096 MW auf die Ostsee (Abb. 4.18). Die durchschnittliche Nennleistung der Bestandsanlagen mit Netzeinspeisung betrug 5,3 MW. Im Jahr 2022 wurden in

Deutschland: Windstromproduktion im Oktober 2021
Normierte Leistung P/P_N in %

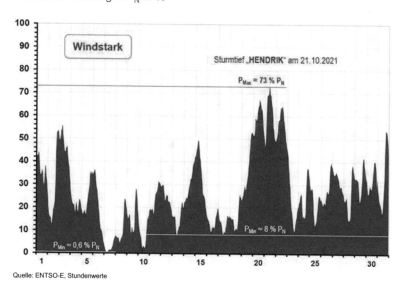

Quelle: ENTSO-E, Stundenwerte

Abb. 4.15 Windstrom-Produktion in Deutschland im Oktober 2021

diesen Anlagen 25,1 TWh Strom erzeugt. Die Anlagen befinden sich im Mittel in einer Wassertiefe von 30 m und stehen im Durchschnitt 75 km von der Küste entfernt. In den Projekten, deren Inbetriebnahme in den Jahren 2023, 2024 und 2025 bevorsteht, sind Anlagentypen mit mindestens 9,5 MW bis zu 15 MW geplant. Daraus ergibt sich eine mittlere Anlagenleistung von über 11 MW für den Zubau bis 2025.[5]

Für die kommenden Jahre werden für Deutschland hohe Ausbauziele für OWEA verfolgt. So wird angestrebt, die Leistung der OWEA bis 2030 auf 30 GW, bis 2035 auf 40 GW und bis 2040 auf 70 GW zu erhöhen. Am 31. Januar 2023 hatte die Bundesnetzagentur 7000 MW Windkapazität auf See auf nicht zentral voruntersuchten Flächen zur Ausschreibung gestellt. Drei Flächen mit jeweils 2000 MW liegen in der Nordsee (etwa 120 km nordwestlich von Helgoland) und eine Fläche für eine Leistung von 1000 MW liegt in der Ostsee (zirka 25 km vor der Insel Rügen). Die Gebote waren bis zum 1. Juni 2023 abzugeben. Die Inbetriebnahme der Windparks ist für das Jahr 2030 vorgesehen. Am 27. Februar 2023 hatte die Bundesnetzagentur eine weitere Ausschreibung für Windenergieanlagen auf See gestartet. Sie umfasst insgesamt 1800 MW auf vier zentral voruntersuchten Flächen in der Nordsee. Die Frist zur Abgabe von Geboten war auf den 1. August 2023 festgelegt worden.[6] Den im Vergleich zu Windenergieanlagen an Land

---

[5] [7].
[6] [8].

Weltweit gewichtete durchschnittliche Installationskosten, Kapazitätsfaktoren und Stromgestehungskosten für Onshore Wind 2010 bis 2022

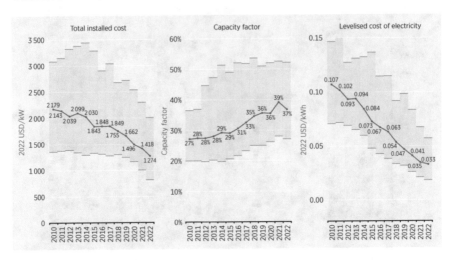

Quelle: IRENA Renewable Cost Database

Abb. 4.16 Entwicklung der Investitionskosten, der Kapazitätsfaktoren und der Stromerzeugungskosten für Onshore-Windanlagen im weltweiten Durchschnitt von 2010 bis 2022

bestehenden größeren technischen Herausforderungen steht eine bessere Akzeptanz der Anlagen auf See gegenüber. So sind die Zielkonflikte für großflächige Windparks auf See geringer als an Land (Abb. 4.19).

Für Wind offshore werden die weltweiten Durchschnittskosten für 2022 installierte Anlagen mit 3461 US$ pro kW beziffert. Das sind 34 % weniger als im Jahr 2010. Noch stärker als die Investitionskosten sind die durchschnittlichen Kosten der Stromerzeugung (Levelised cost of electricity) gesunken, und zwar – ebenfalls in realen Größen mit dem Preisstand 2022 gerechnet – von 0,197 US$ pro kWh im Jahr 2010 um 59 % auf 0,081 US$ im Jahr 2022 (Abb. 4.20).

4.3.2 Solarenergie

Für die Nutzung der Solarenergie zur *Stromerzeugung* kommen grundsätzlich zwei Verfahren in Betracht (Abb. 4.21):

- Eine direkte Nutzung der Solarenergie, hier wird die elektromagnetische Solarstrahlung meist mittels großflächiger Fotodioden, so genannter Solarzellen, direkt in Gleichstrom

Offshore Wind Assets

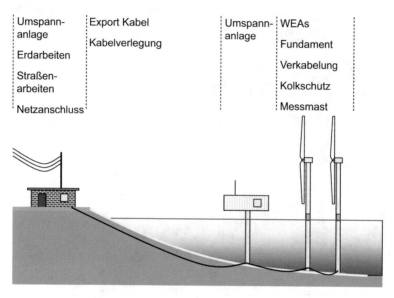

Abb. 4.17   Schematische Darstellung von Offshore Wind Assets

Ausbaustatus Offshore-Windenergie an Nord- und Ostsee

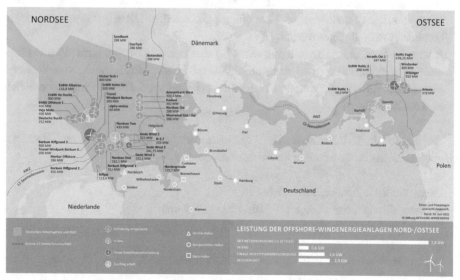

Quelle: Stiftung Offshore Windenergie (Stand: 30. Juni 2022)

Abb. 4.18   Ausbaustatus Offshore-Windenergie an Nord- und Ostsee

Windressourcen Offshore

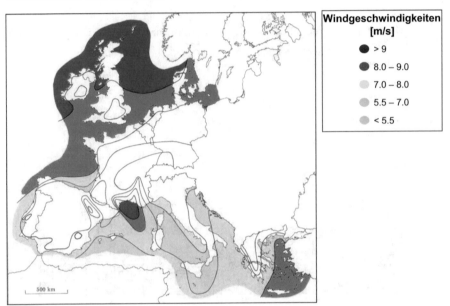

Abb. 4.19 Regionale Verteilung der Windgeschwindigkeiten Offshore in Europa

umgewandelt. Der erzeugte Gleichstrom kann über einen Wechselrichter in Wechselstrom umgewandelt und ins Netz eingespeist werden. Diese Art der Umwandlung bezeichnet man als Photovoltaik (PV).

- Alternativ kann die Solarstrahlung zunächst direkt in die Energieform Wärme umgewandelt werden. Diese wird dann anschließend für die Verdampfung von Wasser in einem konventionellen Dampfkraftwerksprozess eingesetzt. Diesen Prozess bezeichnet man als Solarthermie.

In der Photovoltaik kann zwischen folgenden Anlagen mit Modulen auf Basis von kristallinen Silizium-Solarzellen unterschieden werden:

- Dachinstallierte Kleinanlagen (5 bis 15 kWp),
- Dachinstallierte Großanlagen (100 bis 1000 kWp) und
- Freiflächenanlagen (meist größer als 2 MW).

In Deutschland waren (Stand: September 2022) insgesamt 2,2 Mio. PV-Systeme installiert. Die Investitionskosten für PV-Anlagen zur Stromerzeugung sind – für fertiginstallierte Aufdachanlagen mit einer Leistung zwischen 10 und 100 kWp – mit 1050 bis 1650 Euro/kWp zu veranschlagen. Davon entfallen etwa 39 % auf die PV-Panels und 61 % auf

Weltweit gewichtete durchschnittliche Installationskosten, Kapazitätsfaktoren und Stromgestehungskosten für Offshore Wind 2010 bis 2022

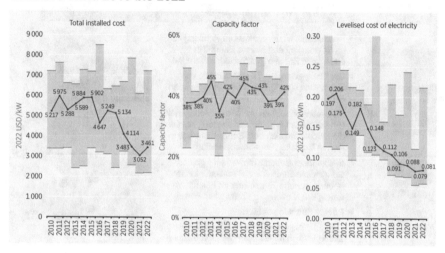

Quelle: IRENA Renewable Cost Database

Abb. 4.20 Entwicklung der Investitionskosten, der Kapazitätsfaktoren und der Stromerzeugungskosten für Offshore-Windanlagen im weltweiten Durchschnitt von 2010 bis 2022

die Balance of System (BoS)-Komponenten einschließlich Wechselrichter. Sie sind seit dem Jahr 2006 um rund 75 % und im Vergleich zum Jahr 1990 sogar um etwa 90 % gesunken (Abb. 4.22). 93 % der weltweit hergestellten Modul-Produkte stammen aus Asien. Der Weltmarkt-Anteil allein von China beträgt 70 %.[7]

In Deutschland werden für PV-Dachanlagen bis 100 kWp gemäß Erneuerbare-Energien-Gesetz feste Vergütungssätze für die Dauer von 20 Jahren gewährt. Für Anlagen ab 100 kWp gilt eine Direktvermarktungsplicht. Für Freiflächenanlagen größer 750 kWp wird die Förderung über Ausschreibungen bestimmt (Abb. 4.23).[8] Zum 31.12.2022 waren in Deutschland PV-Kapazitäten von 66.109 MW installiert. Die Stromerzeugung aus PV-Anlagen in Deutschland belief sich 2022 auf 60,8 TWh. Dies entsprach 10,5 % der gesamten Brutto-Stromerzeugung in Deutschland. (Abb. 4.24).

Im weltweiten Durchschnitt haben sich die Installationskosten für PV-Anlagen von 5124 US\$/kW im Jahr 2010 um 83 % auf 876 US\$/kW im Jahr 2022 verringert. Dabei wird für 2022 eine Spannweite zwischen etwa 500 und knapp 2000 US\$/kW für die Installationskosten angegeben. Diese Bandbreite ergibt sich aufgrund der unterschiedlichen

---

[7] [9].
[8] [10].

Solarenergie
Überblick Solare Stromerzeugung

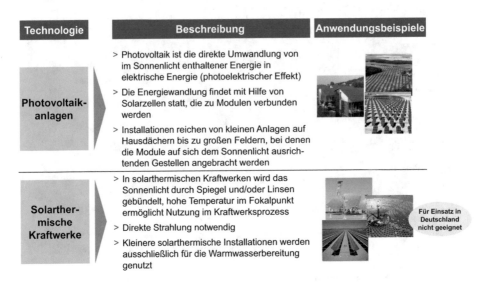

Technologie	Beschreibung	Anwendungsbeispiele
Photovoltaik-anlagen	> Photovoltaik ist die direkte Umwandlung von im Sonnenlicht enthaltener Energie in elektrische Energie (photoelektrischer Effekt) > Die Energiewandlung findet mit Hilfe von Solarzellen statt, die zu Modulen verbunden werden > Installationen reichen von kleinen Anlagen auf Hausdächern bis zu großen Feldern, bei denen die Module auf sich dem Sonnenlicht ausrichtenden Gestellen angebracht werden	
Solarther-mische Kraftwerke	> In solarthermischen Kraftwerken wird das Sonnenlicht durch Spiegel und/oder Linsen gebündelt, hohe Temperatur im Fokalpunkt ermöglicht Nutzung im Kraftwerksprozess > Direkte Strahlung notwendig > Kleinere solarthermische Installationen werden ausschließlich für die Warmwasserbereitung genutzt	Für Einsatz in Deutschland nicht geeignet

Abb. 4.21 Überblick über die Methoden der solaren Stromerzeugung

Historischer Verlauf des Preises für Aufdachanlagen in Deutschland (10 kWp - 100 kWp)

Relative Price (in % compared to Q4-2006)

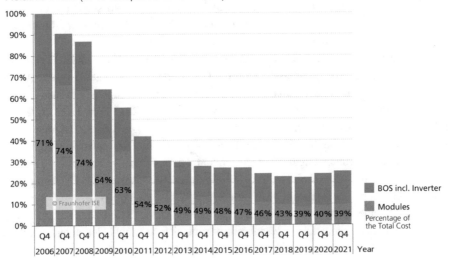

Abb. 4.22 Historischer Verlauf des Preises für Aufdachanlagen in Deutschland (10 kWp–100 kWp) 2006 bis 2021

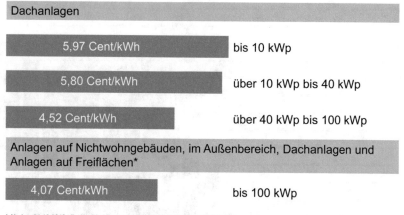

Abb. 4.23 Feste Vergütungssätze für PV-Anlagen, die keine Erlöse aus der Direktvermarktung erzielen, bei Inbetriebnahme ab 1. Oktober 2022

Bedingungen in den verschiedenen Staaten der Welt. Der durchschnittliche Kapazitätsfaktor wird für 2022 mit 17 % ausgewiesen. Dies entspricht Volllaststunden von etwa 1500 h pro Jahr. Mit der in Deutschland herrschenden Sonneneinstrahlung werden in der Regel knapp 1000 Volllaststunden pro Jahr erreicht. Die Stromerzeugungskosten haben sich im Zuge der verminderten Installationskosten und des erhöhten Kapazitätsfaktors im weltweiten Durchschnitt von 0,445 US$/kWh im Jahr 2010 um 89 % auf 0,049 US$/kWh im Jahr 2022 reduziert (in realen Größen mit dem Preisstand von 2022). Von diesem Durchschnittswert gibt es naturgemäß in den verschiedenen Weltregionen Abweichung. So können die Stromerzeugungskosten mehr als doppelt so hohe Werte erreichen, aber auch niedriger ausfallen als der errechnete gewichtete Mittelwert (Abb. 4.25).

In solarthermischen Systemen fokussieren – im Unterschied zu PV-Anlagen – „Spiegel" die ankommende Strahlung entweder unmittelbar auf einen erhöht zentral angeordneten Wärmetauscher (Turmkonzept) oder auf verteilte Wärmetauscher mit nachgeschaltetem konzentriertem Dampferzeuger (Farmkonzept). Um die Fokussierung zu ermöglichen, muss die Strahlung gerichtet sein. Solarthermische Systeme eignen sich daher nur für Gegenden mit geringer Luftfeuchte in der Atmosphäre. Da die Anlagen im Wesentlichen die mit geringer Dichte einfallende Sonnenenergie auf eine kleine Fläche konzentrieren,

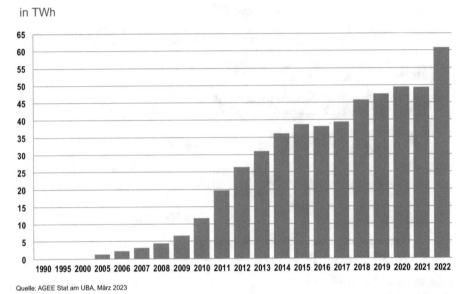

Abb. 4.24 Entwicklung der Stromerzeugung aus PV-Anlagen in Deutschland 1990 bis 2022

spricht man auch von Solarkondensatoren (CSP-Technologie, engl: Concentrated Solar Power)."[9]

In Andasol, in der spanischen Provinz Granada, ist im Jahr 2011 eine CSP-Anlage mit einer Leistung von 150 MW, an der sich auch deutsche Unternehmen beteiligt hatten, errichtet worden. Mittels rund 600.000 Parabol-Spiegeln wird das Sonnenlicht auf ein Absorberrohr fokussiert. Durch die gebündelte Sonnenstrahlung wird das darin enthaltene synthetische Wärmeträger-Öl auf 400 Grad Celsius erhöht. Aus dem erhitzten Öl wird Dampf zum Antrieb der Kraftwerksturbinen erzeugt. Auch bei fehlender Sonneneinstrahlung ist das Kraftwerk in der Lage, Strom zu liefern. Dies geschieht durch einen thermischen Speicher mit 30.000 t flüssigem Salz. Die gespeicherte Energie kann bei Bedarf zeitlich versetzt und deterministisch in Strom umgewandelt werden. Dies ist über einen Zeitraum von 8 Volllaststunden möglich (Abb. 4.26).

Weltweit hat diese Technologie nur eine im Vergleich zu PV geringe Bedeutung. Die deutlich höheren Investitionskosten können auch nicht durch den größeren Kapazitätsfaktor kompensiert werden. Nach Angabe der International Renewable Energy Agency (IRENA) sind die Stromerzeugungskosten für CSP-Anlagen seit 2010 zwar deutlich

---

[9] [4].

**Weltweit gewichtete durchschnittliche Installationskosten,
Kapazitätsfaktoren und Stromgestehungskosten für
Solar PV 2010 bis 2022**

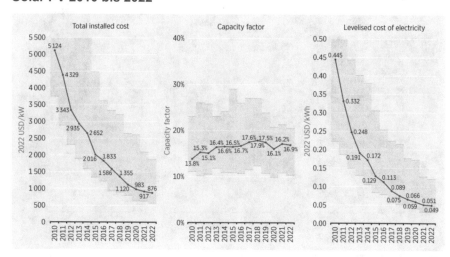

Quelle: IRENA Renewable Cost Database

Abb. 4.25 Entwicklung der Investitionskosten, der Kapazitätsfaktoren und der Stromerzeugungskosten für PV-Anlagen im weltweiten Durchschnitt von 2010 bis 2022

Projekt Andasol 1-3

> **Standort:** Provinz Granada,
>   Südspanien

> **Technische Daten:**
>   – Installierte Leistung: 3 x 50 MW
>   – Flächenbedarf: 3 x 500.000 m²
>   – Anzahl Spiegel: 3 x 200.000
>   – Spiegelmaße: 6 x 12 m
>   – Volllaststunden pro Jahr: ca. 3.700
>   – Energieproduktion:ca. 3 x 170 GWh/a
>   – Kühlwasserbedarf: 3 x 870.000 m³ (Grundwasser)
>   – Nachtbetrieb mittels thermischem Speicher mit 30.000 t flüssigem Salz für 8 h
>   Volllast
>   – Wirkungsgrade: Spitzenwirkungsgrad 28 %, Jahresmittelwirkungsgrad 15 %

Abb. 4.26 Projekt Andasol 1–3

Weltweit gewichtete durchschnittliche Installationskosten, Kapazitätsfaktoren und Stromgestehungskosten für CSP 2010 bis 2022

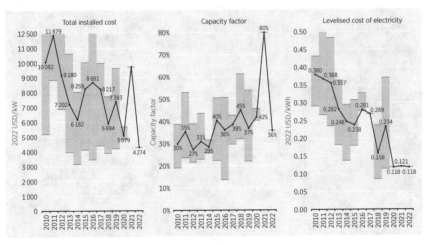

Quelle: IRENA Renewable Cost Database

Abb. 4.27 Entwicklung der Investitionskosten, der Kapazitätsfaktoren und der Stromerzeugungskosten für CSP-Anlagen im weltweiten Durchschnitt von 2010 bis 2022

gesunken, sind aber im weltweiten Durchschnitt mehr als doppelt so hoch wie durch PV-Anlagen (Abb. 4.27).

4.3.2.1   Nutzung der Wasserkraft zur Stromerzeugung

Physikalisches Grundprinzip bei Einsatz der Wasserkraft ist die Umwandlung der Bewegungsenergie (Strömung) sowie der potenziellen Energie (Höhendifferenz an Aufstauungen) in nutzbare Energie. Zur Umwandlung des Potenzials der Wasserkraft in nutzbare Energie werden Turbinen eingesetzt. Prinzipiell kann zwischen Laufwasser-, Speicher-, Pumpspeicher- und Gezeiten-Kraftwerken unterschieden werden.

Das Laufwasser-Kraftwerk nutzt die natürliche Strömung von Flüssen und Bächen. Zur Erhöhung der potenziell nutzbaren Energie erfolgt in den meisten Fällen eine Aufstauung des Wassers durch ein Wehr. Laufwasserkraftwerke haben gegenüber PV- und Windanlagen den Vorteil, dass höhere Volllaststunden erreichbar sind (Abb. 4.28).

Das Speicherkraftwerk nutzt Wasser aus höher gelegenen Wasserzuflüssen, das in Bergseen bzw. Speicherbecken, häufig erweitert durch eine Staumauer bzw. Talsperre, aufgestaut wird, zur Stromerzeugung. Beim Talsperren-Kraftwerk befinden sich die Turbinen am Fuß der Staumauer. Im Bergspeicherkraftwerk ist ein in der Höhe liegender See über Druckrohrleitungen mit der im Tal liegenden Kraftwerksanlage verbunden. Während in Laufwasserkraftwerken Fallhöhen von einigen Metern abgearbeitet werden,

Laufwasserkraftwerk

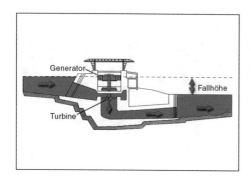

Moselstaustufe Neef

Quelle: VDEW e.V.: Energiewelten, 2000

Abb. 4.28 Laufwasserkraftwerk an der Moselstaustufe Neef

können die Fallhöhen von Speicherkraftwerken weit darüber hinausgehen. So nutzt das seit 1991 in Betrieb befindliche Speicherkraftwerk TAIPU (Brasilien/Paraguay) beispielsweise eine Fallhöhe von 1134 m. Dort sind 18 Turbinen mit einer Leistung von jeweils 700 MW installiert. Gemessen an der Gesamtleistung wird dieses Speicherkraftwerk von dem 3-Schluchten Kraftwerk in China mit 26 Turbinen von jeweils 700 MW noch übertroffen.[10] Aufgrund der topographischen Bedingungen in Deutschland ist der Anteil der Speicherkraftwerke an der Gesamtleistung von Wasserkraftwerken relativ gering.

Eine Sonderform der Speicherkraftwerke sind die Pumpspeicherkraftwerke. In diesen Anlagen wird das Wasser von einem Unterbecken in ein höher gelegenes Speicherbecken gepumpt. Vor dort kann die potenzielle Energie im Bedarfsfall wieder abgerufen werden. Pumpspeicherkraftwerke bieten somit auch die Möglichkeit, während Schwachlastzeiten bei niedrigen Strompreisen Wasser vom Unterbecken in das höher gelegene Oberbecken zu pumpen und dort den aufgewandten Pumpstrom in Form potenzieller Energie des Wassers zu speichern. Zu Spitzenlastzeiten und hohen Strompreisen lässt man das Wasser durch die Turbinen zurückströmen. Dadurch wird die potenzielle Energie wieder in Strom zurückgewandelt. Pumpspeicherkraftwerke werden nicht durch natürliche Wasservorkommen gespeist, sondern durch aus dem Tal gepumptes Wasser aufgefüllt (Abb. 4.29). Strom aus Pumpspeicherkraftwerken wird deshalb im Unterschied zu Strom aus Speicherkraftwerken mit natürlichen Zuflüssen nicht den erneuerbaren Energien zugerechnet. Es handelt sich dem Grunde nach um Speicher. Der in Pumpspeicherkraftwerken

---

[10] [4].

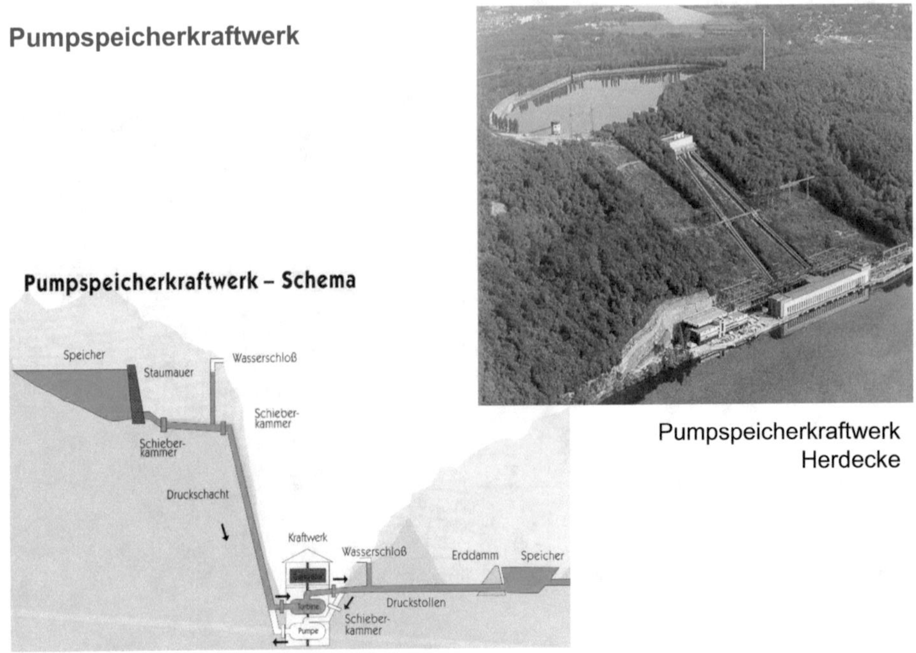

Pumpspeicherkraftwerk

Pumpspeicherkraftwerk
Herdecke

Pumpspeicherkraftwerk – Schema

Abb. 4.29 Schema des Pumpspeicherkraftwerks Herdecke

erzeugte Strom wird in den Statistiken deshalb vielfach auch nicht in die ermittelte gesamte Stromerzeugung einbezogen, da dies zu Doppelzählungen führt.

Die gesamte Stromerzeugung aus Wasserkraft belief sich in Deutschland im Jahr 2022 auf 17,1 TWh. Das entsprach 3,0 % der gesamten Stromerzeugung in Deutschland. Die Entwicklung der Stromerzeugung aus Wasserkraft in Deutschland ist vollkommen anders verlaufen als bei Wind- und Solarenergie. So hat die Stromerzeugung in Deutschland in den vergangenen drei Jahrzehnten um die 20 TWh pro Jahr – abhängig von der jeweiligen Wasserdarbietung – gependelt. Ein signifikanter Ausbau ist angesichts der weitgehenden Erschöpfung der wirtschaftlich erschließbaren Potenziale nicht mehr erfolgt. 2021 wurde praktische ebenso viel Strom aus Wasserkraft erzeugt wie 1990 (Abb. 4.30).

▶	Weltweit ist Wasserkraft bisher noch die größte erneuerbare Energiequelle.

Bei neu in Betrieb genommenen Wasserkraftprojekten legten die globalen gewichteten durchschnittlichen Stromgestehungskosten zwischen 2021 und 2022 um 18 % zu. Im Jahr 2022 war eine Reihe von Projekten, bei denen es zu erheblichen Verzögerungen und großen Kostenüberschreitungen kam, teilweise oder vollständig in Auftrag gegeben worden. Infolgedessen stiegen die weltweiten gewichteten durchschnittlichen Gesamtinstallationskosten neuer Wasserkraftprojekte von 2299 US$/kW im Jahr 2021 auf 2881

Wasserkraft: Entwicklung der Stromerzeugung in Deutschland

in TWh

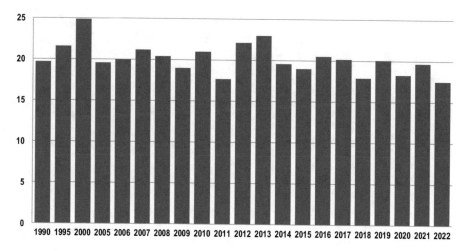

(bei Pumpspeicherkraftwerken nur Stromerzeugung aus natürlichem Zufluss)
Quelle: AGEE-Stat am UBA, März 2023

Abb. 4.30 Entwicklung der Stromerzeugung aus Wasserkraft in Deutschland von 1990 bis 2022

US$/kW im Jahr 2022, was einem Zuwachs von 25 % entspricht (in realen Größen mit Preisstand 2022). Daraus ergeben sich Stromerzeugungskosten, die im weltweiten Durchschnitt für 2022 mit etwa 0,061 US$/kWh beziffert werden und den Vergleichswert des Jahres 2010 um 47 % übertreffen (Abb. 4.31).

Meeresenergie kann ebenfalls zur Stromerzeugung genutzt werden. Dies kann durch die energetische Nutzung der Gezeiten, der Wellen, der Strömung, der Meereswärme und von Druckunterschieden (Osmose) geschehen. Von wirtschaftlicher Bedeutung sind aber bisher nur Gezeiten-Kraftwerke. Sie nutzen die von den Gezeiten der Weltmeere im Sechs-Stunden-Rhythmus bereitgestellte Strömungsenergie: Unter der Voraussetzung eines sehr hohen Tidenhubs wird eine geeignete Meeresbucht durch einen Damm mit Wehr- und Kraftwerkhaus abgetrennt. Das so gebildete Speicherbecken wird bei steigender Flut gefüllt und wandelt kinetische Energie in potenzielle Energie um. Bei Rückgang der Flut wird diese in umgekehrter Richtung wieder abgearbeitet (Rance-Mündung bei St. Malo).

Nur selten rechtfertigen die geografischen Gegebenheiten den Bau eines die potenzielle Energie nutzenden Gezeitenkraftwerks. Gezeitenkraftwerke haben gegenüber Wind- und PV-Anlagen den Vorteil, dass die gewonnene elektrische Energie deterministisch anfällt. Diesem Vorteil stehen allerdings hohe Investitions- und Wartungskosten gegenüber. Die weltweit installierte Kapazität zur Stromerzeugung auf Basis Meeresenergie

Weltweit gewichtete durchschnittliche Installationskosten, Kapazitätsfaktoren und Stromgestehungskosten für Wasserkraft 2010 bis 2022

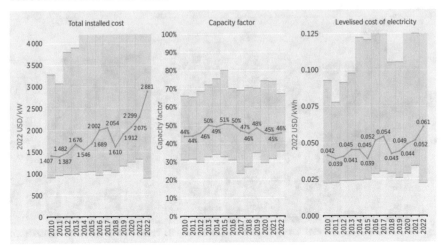

Quelle: IRENA Renewable Cost Database

Abb. 4.31 Entwicklung der Investitionskosten, der Kapazitätsfaktoren und der Stromerzeugungskosten für Wasserkraft im weltweiten Durchschnitt von 2010 bis 2022

wird zum 31.12.2021 mit 524 MW angeben. Das entspricht 0,02 % der Gesamtleistung zur Stromerzeugung auf Basis erneuerbarer Energien.

4.3.2.2 Einsatz von Bioenergie zur Stromerzeugung

Biomasse-Anlagen zur Erzeugung von Strom aus Biomasse verwenden unterschiedliche Einsatzstoffe, die durch feste, flüssige oder gasförmige Konsistenz gekennzeichnet sein können. So kann Bioenergie zum Beispiel

- Aus eigens landwirtschaftlich angebauten Pflanzen (z. B. Mais, Weizen, Zuckerrüben, Raps, Sonnenblumen, Ölpalmen),
- aus schnellwachsenden Gehölzen, die auf landwirtschaftlichen Flächen angebaut werden (sogenannte Kurzumtriebsplantagen),
- aus Holz aus der Forstwirtschaft oder
- aus biogenen Abfall- und Reststoffen aus Land- und Forstwirtschaft, Haushalten, Industrie

gewonnen werden.

In Deutschland hat sich die installierte Leistung von Anlagen zur Stromerzeugung aus Bioenergie seit Anfang der 2000er Jahre auf knapp 10 GW verzehnfacht. Damit war ein deutlicher Anstieg der Stromerzeugungsmenge verbunden, die vor allem in den Jahren bis 2015 verzeichnet wurde. Seitdem stagniert die Stromerzeugung aus Bioenergie bei jährlich 45 bis 47 TWh (Abb. 4.32). Dies entspricht 7,7 % der Stromerzeugung des Jahres 2022.

Aufgrund der Vielfalt möglicher Anlagenkonzepte und Einsatzstoffe weisen die Installationskosten für Anlagen zur Erzeugung von Strom aus Bioenergie eine große Spannweite auf. Die liegt bei weltweiter Betrachtung zwischen 1000 und 6000 US$/kW. Der Kapazitätsfaktor ist mit rund 72 % deutlich höher als bei Anlagen auf Basis Wind und Sonne. Die Anlagen erreichen also deutlich größere Jahresvolllaststunden. Im Unterschied zu Strom aus Wind und Sonne kann Biomasse bzw. Bioenergie zudem deterministisch in Strom umgewandelt werden; d. h. der Zeitpunkt der Stromerzeugung ist planbar. Dies ist von Vorteil gegenüber Anlagen mit stochastisch auftretender starker Leistungsänderung. Anders als für Wind und Solar sind die Stromerzeugungskosten allerdings seit 2010 nur leicht gesunken. Sie bewegen sich im weltweiten Durchschnitt bei 0,061 US$/kWh,

Entwicklung der Bruttostromerzeugung und der installierten Leistung von Biomasseanlagen in Deutschland

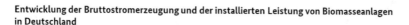

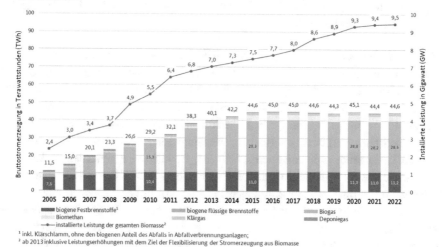

Abb. 4.32 Entwicklung der Brutto-Stromerzeugung und der installierten Leistung von Biomasseanlagen in Deutschland 1990 bis 2022

Weltweit gewichtete durchschnittliche Installationskosten, Kapazitätsfaktoren und Stromgestehungskosten für Bioenergie 2010 bis 2022

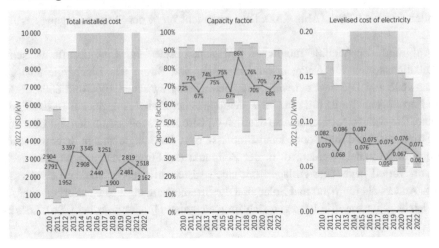

Quelle: IRENA Renewable Cost Database

Abb. 4.33 Entwicklung der Investitionskosten, der Kapazitätsfaktoren und der Stromerzeugungskosten für Bioenergie im weltweiten Durchschnitt von 2010 bis 2022

wobei eine große Spannweite je nach Anlagentyp und den vor Ort jeweils gegebenen Bedingungen besteht (Abb. 4.33).

4.3.2.3 Bedeutung von Geothermie für die Stromerzeugung

Geothermie-Anlagen nutzen die im Innern der Erde vorhandene Wärme. Mit dem Vordringen von der Erdoberfläche in die Tiefe bleibt die Temperatur auf den ersten 100 m Tiefe mit etwa 10 Grad Celsius nahezu konstant. Danach steigt die Temperatur mit jeden weiteren 100 m im Mittel um 3 Grad Celsius an. Diese Erdwärme kann mit verschiedenen technischen Verfahren zur Energiegewinnung genutzt werden. Grundsätzlich wird zwischen Tiefengeothermie und oberflächennaher Geothermie unterschieden. Als oberflächennahe Geothermie gilt die Nutzung der Erdwärme aus bis zu 400 m Tiefe. Zur Nutzung der tiefen Geothermie werden Bohrungen bis zu 5 km in den Erdboden abgeteuft. Die oberflächennahe Erdwärme wird für Heizzwecke genutzt (mittels Wärmepumpen). Demgegenüber kommt die Erdwärme aus der Tiefengeothermie, soweit das Temperaturniveau hoch genug ist, auch für die Stromerzeugung in Betracht (Abb. 4.34). Dem Vorteil, dass der Strom aus der Tiefengeothermie unabhängig von Witterungseinflüssen kontinuierlich bereitgestellt werden kann, stehen als Nachteile die in Deutschland geringen Potenziale an kostengünstig erschließbarer Geothermie für die Stromerzeugung gegenüber.

Geothermie
Funktionsprinzip

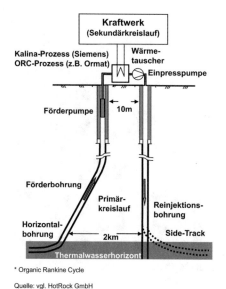

Kraftwerk
(Sekundärkreislauf)

Kalina-Prozess (Siemens)
ORC-Prozess (z.B. Ormat)

Wärme-
tauscher

Einpresspumpe

Förderpumpe 10m

Förderbohrung

Primär-
kreislauf

Reinjektions-
bohrung

Horizontal-
bohrung 2km Side-Track

Thermalwasserhorizont

* Organic Rankine Cycle

Quelle: vgl. HotRock GmbH

> In der Tiefe wird ein heißer Thermalwasserhorizont durch zwei Bohrungen erschlossen.

> Das Gestein ist ausreichend permeabel, um große Mengen (> 100 l/s) heißes Wasser zu fördern bzw. zu verpressen.

> Das geförderte Wasser hat eine Temperatur von über 100 °C.

> Die thermische Energie wird mit einem ORC*- oder Kalina-Prozess in elektrische Energie umgewandelt.

> Das genutzte Thermalwasser wird wieder in den Aquifer zurückgeführt.

Abb. 4.34 Funktionsprinzip der Geothermie

Die Stromerzeugungsmenge aus Geothermie hat sich in Deutschland zwar in den letzten Jahren deutlich erhöht. In absoluten Größen ist die aus Geothermie produzierte Menge an Elektrizität mit 0,2 TWh trotzdem gering geblieben. Sie entspricht lediglich 0,04 % der gesamten Stromerzeugung in Deutschland (Abb. 4.35).

Auch weltweit kommt der Stromerzeugung aus Geothermie nur eine vergleichsweise geringe Bedeutung zu. Die Kapazitäten machen 0,5 % der weltweiten Leistung zur Stromerzeugung auf Basis erneuerbarer Energien aus. Geothermie ist auf einzelne Staaten konzentriert, die über entsprechende Potenziale verfügen. Dazu gehören die USA und Mexiko in Nordamerika, Indonesien, Philippinen, Japan und Türkei in Asien, Island und Italien in Europa, Kenia in Afrika sowie Neuseeland. IRENA beziffert die global gewichteten durchschnittlichen Investitionskosten für entsprechende Anlagen im Jahr 2022 auf etwa 3500 US\$/kW, wobei eine große Spannweite festgestellt wird, die von 2500 bis 9000 US\$/kW reicht. Der Kapazitätsfaktor ist mir rund 85 % vergleichsweise hoch. Die Stromerzeugungskosten in neu installierten Anlagen erreichten 2022 etwa 0,056 US\$/kWh (Abb. 4.36).

**Geothermie: Entwicklung der Stromerzeugung
in Deutschland**

in TWh

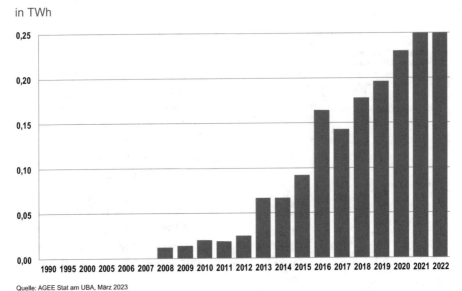

Quelle: AGEE Stat am UBA, März 2023

Abb. 4.35 Entwicklung der Stromerzeugung aus Geothermie in Deutschland

4.4 Förderung des Ausbaus erneuerbarer Energien in der Stromerzeugung

Der Ausbau erneuerbarer Energien ist eine zentrale Säule der Energiewende. Zum Ausbau der erneuerbaren Energien in der Stromerzeugung wurde das Erneuerbare-Energien-Gesetz (EEG) konzipiert. Das EEG war erstmals im Jahr 2000 in Kraft getreten und ist seitdem ständig weiterentwickelt worden. Dem EEG bereits vorangegangen war das Gesetz über die Einspeisung von Strom aus erneuerbaren Energien in das öffentliche Netz vom 7. Dezember 1990 (Stromeinspeisungsgesetz). Dies war zum 1. Januar 1991 in Kraft getreten. Mit dem Stromeinspeisungsgesetz war erstmals in der Geschichte der Bundesrepublik Deutschland Elektrizitätsversorgungsunternehmen verpflichtet worden, elektrische Energie aus regenerativen Umwandlungsprozessen von Dritten abzunehmen und zu vergüten.

In der Folge waren die Regelungen zur Förderung des Ausbaus erneuerbarer Energien in der Stromerzeugung in einer Reihe von Gesetzesnovellen modifiziert worden. Die Historie der gesetzlichen Regelungen stellt sich wie folgt dar:[11]

---

[11] [11]

Weltweit gewichtete durchschnittliche Installationskosten, Kapazitätsfaktoren und Stromgestehungskosten für Geothermie 2010 bis 2022

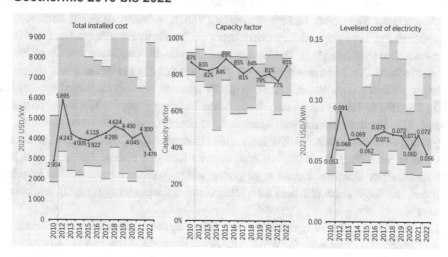

Quelle: IRENA Renewable Cost Database

Abb. 4.36 Entwicklung der Investitionskosten, der Kapazitätsfaktoren und der Stromerzeugungskosten für Geothermie im weltweiten Durchschnitt von 2010 bis 2022

- Stromeinspeisungsgesetz vom 7.12.1990
- Erneuerbare-Energien-Gesetz 2000 (EEG 2000)
- Erneuerbare-Energien-Gesetz 2004 (EEG 2004)
- Erneuerbare-Energien-Gesetz 2009 (EEG 2009)
- Erneuerbare-Energien-Gesetz 2012 (EEG 2012)
- Novellierung des EEG 2012 durch die PV-Novelle
- Erneuerbare-Energien-Gesetz 2014 (EEG 2014)
- Erneuerbare-Energien-Gesetz 2017 (EEG 2017)
- Erneuerbare-Energien-Gesetz 2021 (EEG 2021)
- Erneuerbare-Energien-Gesetz 2023 (EEG 2023)

Das EEG 2023 war nach Veröffentlichung der Gesetzesfassung am 28. Juli 2022 im Bundesanzeiger am 29. Juli 2022 in Kraft getreten.

4.4.1 Vorläufer der Erneuerbare-Energien-Gesetze

Vor Inkrafttreten des Stromeinspeisungsgesetzes, also bis Ende 1990, hatten die Stromversorger die Einspeisung von Strom auf Grundlage einer Verbändevereinbarung zwischen der Vereinigung Deutscher Elektrizitätswerke (VDEW – heute BDEW), dem Verband der industriellen Energie- und Kraftwirtschaft (VIK) und dem Bundesverband der Deutschen Industrie (BDI) vergütet. Die Vereinbarung regelte die Vergütung von Überschüssen aus der industriellen Eigenerzeugung, galt aber auch für die Einspeisung aus insgesamt mehr als 3000 privaten Wasserkraftwerken. Die privaten Wasserkraftwerksbetreiber hatten in den 1980er Jahren die in der Verbändevereinbarung geregelte Höhe der Vergütung beklagt. Das Bundeswirtschaftsministerium hatte daraufhin die VDEW aufgefordert, die Vergütungssätze anzuheben. VDEW legte 1987 ein neues Modell vor, das eine gesonderte und höhere Vergütung für Strom aus erneuerbaren Energien vorsah. Da auch diese Vergütungssätze aus Sicht der Betreiber zu gering waren, wurde eine gesetzliche Regelung gefordert, die 1990 dann mit dem Stromeinspeisungsgesetz (StromEinspG) beschlossen worden war.

Ziel des Stromeinspeisungsgesetzes war die vergütete Abnahme von Strom, der ausschließlich aus Wasserkraft, Windkraft, Sonnenenergie, Deponiegas, Klärgas oder aus Produkten oder biologischen Rest- und Abfallstoffen der Land- und Forstwirtschaft gewonnen wird, durch öffentliche Elektrizitätsversorgungsunternehmen (EVU). Das Stromeinspeisungsgesetz umfasste lediglich fünf Paragraphen.

In § 1 StromEinspG wurde die Zielstellung und der Anwendungsbereich bestimmt. Nicht erfasst wird Strom danach:

1. aus Wasserkraftwerken, Deponiegas- oder Klärgasanlagen mit einer installierten Generatorleistung über 5 Megawatt sowie
2. aus Anlagen, die zu über 25 % der Bundesrepublik Deutschland, einem Bundesland, öffentlichen Elektrizitätsversorgungsunternehmen oder Unternehmen gehören, die mit ihnen im Sinne des § 15 des Aktiengesetzes verbunden sind, es sei denn, dass aus diesen Anlagen nicht in ein Versorgungsgebiet dieser Unternehmen eingespeist werden kann.

In § 2 ist die Abnahmepflicht der EVU festgeschrieben worden. § 3 enthielt die Vergütungsregeln für erneuerbare Energien. Für Strom aus Wasserkraft, Deponiegas und Klärgas sowie aus Produkten oder biologischen Rest- und Abfallstoffen der Land- und Forstwirtschaft war als Vergütung mindestens 75 % des Durchschnittserlöses je kWh aus der Stromabgabe von EVU an alle Letztverbraucher vorgeschrieben worden. Für Strom aus Sonnenenergie und Windkraft bestand eine Vergütungspflicht in Höhe von 90 % des genannten Durchschnittserlöses. § 3 des Gesetzes enthält eine Härteklausel und § 5 regelte das Inkrafttreten zum 1. Januar 1991.

4.4.2   EEG 2000 – Anpassung des StromEinspG an die Verpflichtungen aus dem Kyoto-Protokoll

Das Erfordernis für die zum 1. April 2000 in Kraft getretene EEG-Novelle ergab sich unter anderem aus den steigende Zahlen von Windkraftanlagen, der Verpflichtung im Zuge des Kyoto-Protokolls, die Treibhausemissionen bis zum Jahr 2010 um 21 % zu senken, sowie die durch das Stromeinspeisungsgesetz geltende Ankoppelung der Vergütungssätze erneuerbarer Energien (EE) an die Entwicklung der Strompreise, die einen wirtschaftlichen Betrieb von Anlagen zur Stromerzeugung aus EE nicht mehr gewährleisteten.

Das EEG 2000 enthält zwölf Paragraphen. § 1 EEG postuliert das Ziel, eine Verdopplung des Anteils erneuerbarer Energien am Stromverbrauch in Deutschland bis zum Jahr 2010 zu erreichen. Erstmals wurde die Vorrangigkeit des EE-Stroms gegenüber konventionell erzeugtem Strom gesetzlich festgeschrieben. Die §§ 3 und 11 EEG fassen die Abnahme- und Vergütungspflichten neu, indem sie eine fünfstufige Regelungsstruktur von Anschluss-, Abnahme-, Vergütungs- und Netzausbaupflichten nebst bundesweiter Ausgleichsregelungen normieren. §§ 4–8 EEG enthalten die gesetzlich vorgeschriebenen Mindestvergütungen für Strom aus Wasserkraft, Deponie-, Gruben- und Klärgas, aus Biomasse, Geothermie, Windkraft sowie aus solarer Strahlungsenergie. Dabei ist die Höhe der Vergütung für einzelne Energiequellen unterschiedlich ausgestaltet und schwankt auch innerhalb einzelner Energieträger. Für Biomasse, Windenergie und Photovoltaik erfolgt eine nominal degressiv ausgestaltete jährliche Absenkung der Vergütungssätze. § 9 EEG legt die Zahlungen der Mindestvergütungen für die Dauer von 20 Jahren fest.

Nicht erfasst wird Strom

1. aus Wasserkraftwerken, Deponiegas- und Klärgasanlagen mit einer installierten Leistung über 5 MW oder aus Anlagen, in denen Strom aus Biomasse gewonnen wird, mit einer installierten Leistung über 20 MW sowie
2. aus Anlagen, die zu über 25 % der Bundesrepublik Deutschland oder einem Land gehören, und
3. aus Anlagen zur Erzeugung von Strom aus solarer Strahlungsenergie mit einer installierten Leistung über 5 MW. Unter bestimmten Bedingungen ist die Leistungsobergrenze auf bis zu 100 kW begrenzt.

Anlagen von EVU, die nicht den unter 1. genannten Einschränkungen unterliegen, sind nicht länger von der Förderung ausgeschlossen.

4.4.3   Erneuerbare-Energien-Gesetz 2004 – EEG 2004

Die erste Novelle des EEG (EEG 2004) normierte eine feste Zielsetzung zum Ausbau der erneuerbaren Energien (bis 2010 auf 12,5 % und bis 2020 auf mindestens 20 %

des Brutto-Inlandsverbrauchs an Strom). Es behält die fünf Regelungsstufen bei, verändert aber aufgrund der Umsetzung durch Vorgaben der EU-Richtlinie zur Förderung der Stromerzeugung aus erneuerbaren Energiequellen im Elektrizitätsbinnenmarkt (RL 2001/77/EG) und einer Vielzahl von Ergänzungen den Regelungsaufbau des Gesetzes.

Die erste Regelungsstufe enthält die Pflicht zu vorrangigem Anschluss, Abnahme und Vergütung von Strom aus erneuerbaren Energien (§ 4 EEG 2004). Die zweite Regelungsstufe beinhaltet den Abwälzungsanspruch der Netzbetreiber, deren Netze Niedrig- und Mittelspannungsnetze sind, gegen die ihnen vorgelagerten Übertragungsnetzbetreiber (§ 5 EEG 2004). Die Übertragungsnetzbetreiber gleichen bundesweit die aufgenommenen Strommengen und geleisteten Vergütungszahlungen untereinander aus (dritte Regelungsstufe). Die vierte Regelungsstufe räumt den Übertragungsnetzbetreibern einen Abwälzungsanspruch gegen die Stromhändler ein, die in ihrem Gebiet Strom an Letztverbraucher liefern (§ 14 EEG 2004). Die fünfte Stufe des Regelungsaufbaus hat die endgültige Abwälzung der bei den Stromhändlern angelangten Kosten- und Mengenlasten auf die Letztverbraucher zum Gegenstand (§ 14 Abs. 3 EEG 2004).

4.4.4 Erneuerbare-Energien-Gesetz 2009 – EEG 2009

Die Gesetznovelle 2009 stellte eine grundlegende und umfassende Überarbeitung des bis dahin bestehenden EEG dar. Es ordnete den Aufbau und die Gliederung neu und vergrößerte die Paragraphenmenge von 24 auf 66. Die wesentlichsten Erweiterungen der EEG-Novelle 2009 beziehen sich auf die Regelungen zum Härteausgleich bei Nichteinspeisung wegen Kapazitätsengpässen (§ 12) und zur Direktvermarktung von Strom aus erneuerbaren Energien (§ 17). Als neues Ausbauziel wurde verankert: Der Anteil erneuerbarer Energien an der Stromversorgung soll 2020 mindestens 30 % betragen und danach kontinuierlich weiter steigen.

Das EEG 2009 wurde bereits im Jahr 2010 durch die PV-Novelle 2010 novelliert. Das Erste Gesetz zur Änderung des Erneuerbare-Energien-Gesetzes vom 11. August 2010 ist am 17. August 2010 im Bundesgesetzblatt verkündet worden und zum 1. Juli 2010 in Kraft getreten. Grund hierfür waren gesunkene Investitionskosten von Photovoltaik (PV)-Anlagen durch die dynamische Entwicklung dieser neuen Technologie und den Ausbau der Produktionskapazitäten, sodass eine Überförderung drohte. Im Zentrum der Novelle stand die Absenkung der Fördersätze für neue PV-Anlagen. Diese wurden in zwei Stufen reduziert. Darüber hinaus wurde die bereits im EEG 2009 angelegte „zubauabhängige automatische Degression" ausgebaut und angepasst. Ferner wurde die Förderung von Freiflächenanlagen auf Ackerflächen zum Jahreswechsel eingestellt.

4.4.5 Erneuerbare-Energien-Gesetz 2012 – EEG 2012

Die Gesetzesnovelle 2012 stellte eine grundlegende und umfassende Überarbeitung des bis dahin bestehenden EEG 2009 dar. Durch das Gesetz zur Neuregelung des Rechtsrahmens für die Förderung der Stromerzeugung aus erneuerbaren Energien vom 28. Juli 2011 wurde zum 1. Januar 2012 das EEG 2012 in Kraft gesetzt. Der Gesetzgeber verankerte mit dem EEG 2012 die im Energiekonzept der Bundesregierung (September 2010) genannten Ausbauziele des Stromsektors ins EEG. Demnach soll der Anteil der erneuerbaren Energien am Stromverbrauch spätestens 2020 mindestens 35 % betragen. 2030 sollen es mindestens 50 %, 2040 mindestens 65 % und 2050 mindestens 80 % sein.

Besonderes Augenmerk wurde im EEG 2012 auf die Markt-, Netz- und Systemintegration gelegt. Damit sollte die Optimierung des Gesamtsystems, d. h. das Zusammenspiel zwischen erneuerbaren und konventionellen Energien sowie Speichern und Verbrauchern verbessert werden. Mit einer optionalen Marktprämie erhielten die EEG-Anlagenbetreiber einen Anreiz, ihre Anlagen marktorientiert zu betreiben.

Grundlegend geändert wurde unter anderem auch das Vergütungssystem für Bioenergie.

Weitere Anpassungen betrafen die Befreiung von Speichern von der EEG-Umlage, um Doppelveranlagung zu vermeiden, die Einführung einer „Flexibilitätsprämie" zur Förderung des Baus von Gasspeichern an Biogasanlagen, die Erhaltung aber Absenkung des „Grünstromprivilegs" der Elektrizitätsversorgungsunternehmen von der EEG-Umlage (Begrenzung auf 2 Cent pro Kilowattstunde, vorher Höhe der EEG-Umlage) sowie die Einführung eines Mindestanteils fluktuierender erneuerbarer Energien von 20 % (Wind, Sonne).

4.4.6 Novellierung des EEG 2012 durch die PV-Novelle

Durch das Gesetz zur Änderung des Rechtsrahmens für Strom aus solarer Strahlungsenergie und zu weiteren Änderungen im Recht der erneuerbaren Energien vom 17. August 2012 (PV-Novelle) war dann rückwirkend zum 1. April 2012 insbesondere die PV-Vergütung unter dem EEG 2012 grundlegend geändert worden. Dazu gehörten

- eine Neugestaltung der Vergütungsklassen (bis 10 kW, bis 40 kW, bis 1.000 kW und bis 10.000 kW) und Größenbegrenzung auf 10.000 kW;
- eine Einmalabsenkung der Vergütungssätze um 15 %, anschließend eine „Basisdegression" um monatlich 1 % (entspricht 11,4 % jährlich);
- eine Festlegung der Vergütungssätze zwischen 19,5 und 13,5 ct/kWh;
- eine Begrenzung des Gesamtausbauziels für die geförderte Photovoltaik in Deutschland auf 52 GW (durch Beschluss von Bundestag und Bundesrat aus Mitte 2020 ist der bis

dahin geltende Solardeckel gerade noch rechtzeitig vor Erreichen dieser Obergrenze aufgehoben worden);
- die Festlegung eines jährlichen „Ausbaukorridors" von 2,5 bis 3,5 GW;
- eine zubauabhängige Steuerung der Degression („atmender Deckel").

Mit den Instrumenten „Marktintegrationsmodell und Eigenverbrauchsbonus" werden für Anlagen zwischen 10 kW und 1.000 kW ab 2014 zudem nur noch 90 % der gesamten erzeugten EEG-Strommenge vergütet.

4.4.7   Reform des EEG im Jahr 2014: Wichtiger Schritt für den Neustart der Energiewende

In der EEG-Reform 2014, die zum 1. August 2014 in Kraft getreten war, ging es insbesondere darum, den weiteren Kostenanstieg spürbar zu bremsen, den Ausbau der erneuerbaren Energien planvoll zu steuern und die erneuerbaren Energien besser an den Markt heranzuführen. Dabei war klar: Der Strompreis ist ein zentraler Wettbewerbsfaktor für energieintensive Unternehmen. Deshalb wurden zum Erhalt der Wettbewerbsfähigkeit der stromintensiven Industrie Anpassungen an der Besonderen Ausgleichsregelung des EEG vorgenommen worden, um Wertschöpfung und Arbeitsplätze in Deutschland nicht zu gefährden.

Die Zielsetzung zum Ausbau der erneuerbaren Energien wurde wie folgt neu gefasst: Bis 2025 soll der Anteil der erneuerbaren Energien zwischen 40 und 45 % und bis 2035 zwischen 55 und 60 % betragen. Zudem wurden für jede Erneuerbare-Energien-Technologie konkrete Mengenziele (sog. Ausbaukorridore) für den jährlichen Zubau festgelegt:

- Solarenergie: jährlicher Zubau von 2,5 Gigawatt (brutto).
- Windenergie an Land: jährlicher Zubau von 2,5 Gigawatt (netto).
- Biomasse: jährlicher Zubau von ca. 100 Megawatt (brutto).
- Windenergie auf See: Installation von 6,5 Gigawatt bis 2020 und 15 Gigawatt bis 2030.

Die konkrete Mengensteuerung erfolgt bei Photovoltaik, Windenergie an Land und Biomasse über einen sog. "atmenden Deckel". Das heißt: Werden mehr neue Anlagen zur Erneuerbare-Energie-Erzeugung gebaut als nach dem Ausbaukorridor vorgesehen, sinken automatisch die Fördersätze für weitere Anlagen. Für Windenergie auf See gibt es einen festen Mengendeckel.

▶   Das EEG 2014 hat die Voraussetzungen geschaffen, um die Förderung der erneuerbaren Energien von festen administrativ festgelegten Fördersätzen auf wettbewerblich ermittelte Fördersätze umzustellen.

In einem ersten Schritt wurde die Förderhöhe für Strom aus Photovoltaik-Freiflächenanlagen wettbewerblich über Ausschreibungen ermittelt. Hierfür hatte die Bundesregierung am 28. Januar 2015 die entsprechende Verordnung beschlossen. Parallel begannen die Vorbereitungen für die Ausschreibungen zu den weiteren Sparten der erneuerbaren Energien. Das Bundeswirtschaftsministerium legte mit Marktanalysen die Grundlage für die Gestaltung der Ausschreibungen.

4.4.8   EEG 2017: Paradigmenwechsel – Ersatz der bisherigen Preissteuerung durch eine Mengensteuerung

▶ Bezüglich der Förderung bedeutet das EEG 2017 einen Paradigmenwechsel: Seit Januar 2017 wird die Höhe der Vergütung für Strom aus erneuerbaren Energien nicht wie bisher staatlich festgelegt, sondern grundsätzlich durch Ausschreibungen ermittelt.

Dabei gilt: Wer im Rahmen der verfügten Ausschreibungen am wenigsten für den wirtschaftlichen Betrieb einer neuen Erneuerbare-Energien-Anlage fordert, erhält den Zuschlag für die Förderung. Am Wettbewerb sollen möglichst viele verschiedene Betreiber teilnehmen können – von großen Firmen bis zu Bürgerenergiegesellschaften.

Das bei Pilotausschreibungen für Photovoltaik-Freiflächenanlagen bereits 2015 getestete Modell soll demzufolge auch bei den anderen Erneuerbare-Energien-Technologien zur Regel werden.

Das EEG 2017 sorgt dafür, dass der Ausbau der erneuerbaren Energien mit dem Ausbau der Stromnetze Hand in Hand geht. Die wachsenden Anteile erneuerbarer Energien bergen neue Herausforderungen für die Netze, denn der Strom muss teilweise über weite Strecken von den Stromerzeugern zu den Verbrauchern transportiert werden. Um dieser neuen Situation gerecht zu werden, ist eine leistungsfähige Netzinfrastruktur erforderlich. Außerdem muss der weitere Ausbau der erneuerbaren Energien koordiniert werden. Im EEG 2017 ist deshalb geregelt, dass der Ausbau der Windkraft an Land in Teilen Norddeutschlands beschränkt wird, um die bestehenden Netzengpässe zu entlasten. Daneben wurde ein Instrument zur Nutzung des sonst abgeregelten Stroms in sogenannten zuschaltbaren Lasten mit dem EEG 2017 eingeführt.

Als Teil des EEG 2017 trat am 1. Januar 2017 auch das Windenergie-auf-See-Gesetz (WindSeeG) in Kraft. Das WindSeeG regelt, dass auch die Höhe der Förderung von Offshore-Windenergieanlagen in wettbewerblichen Ausschreibungen ermittelt wird. Darüber hinaus verzahnt das WindSeeG Flächenplanung und Raumordnung, Anlagengenehmigung, EEG-Förderung und Netzanbindung besser und kosteneffizienter miteinander. Ziel ist gemäß EEG 2017, ab dem Jahr 2021 die installierte Leistung von Windenergieanlagen auf See auf insgesamt 15 Gigawatt bis zum Jahr 2030 zu steigern – planvoll und kostengünstig.

▶ Für kleinere Photovoltaik-Anlagen, für Wasserkraft und für Geothermie ist es allerdings auch mit dem EEG 2017 bei einer Fortsetzung der gesetzlich festgelegten Vergütung geblieben.

Betreiber neuer PV-Anlagen, deren installierte Leistung bis zu 100 kW beträgt, können weiterhin eine festgelegte Einspeisevergütung erhalten. PV-Anlagen, deren installierte Leistung größer als 100 kW ist, müssen den erzeugten Strom direkt vermarkten. Sie vertreiben den Strom selbst oder beauftragen einen Direktvermarkter, der den Strom am Strommarkt anbietet. Die Differenz zwischen durchschnittlichem Marktpreis und dem anzulegenden Wert wird in diesen Fällen als sogenannte Marktprämie ausgezahlt. Neue PV-Anlagen ab 750 kW sind zur Teilnahme an Ausschreibungen verpflichtet. Bei Photovoltaik erhält somit die Mehrzahl der neu installierten Anlagen auch künftig eine Einspeisevergütung, da diese meist unterhalb des Schwellenwertes von 100 kW liegen. Im Unterschied dazu dominiert bei Windenergie die Ausschreibung.

▶ Die Auktionierung hat gegenüber der staatlich administrierten Festlegung der Vergütungssätze entscheidende Vorteile: Die Auktionen geben Informationen über die *wahren Kosten* der Förderung regenerativer Stromerzeugung. Mitnahmeeffekte werden vermieden. Der Kapazitätszubau an EEG-Strom lässt sich zielgenau steuern.

4.4.9 Erneuerbare-Energien-Gesetz 2021 – EEG 2021

Im Dezember 2020 hatte der Deutsche Bundestag das EEG 2021 beschlossen. Das zum 1. Januar 2021 in Kraft getretene EEG 2021 führt die grundsätzlich bestehende Gesetzesarchitektur fort. Allerdings sind zahlreiche Änderungen im Detail erfolgt. Für die einzelnen Technologiearten sind Ausbaupfade vorgesehen, um die im Gesetz zum künftigen Anteil erneuerbarer Energien an der Stromversorgung verankerten Ziele zu erreichen.

Für PV-Anlagen gilt die Ausschreibungspflicht – wie bereits im EEG-2017 geregelt – ab einer Leistung von 750 kW. Dabei wurden allerdings zwei Änderungen vorgenommen.

• Anders als zuvor muss der Dachanlagen-Investor nicht mehr mit Freiflächenprojekten konkurrieren. Der Gesetzgeber führt an dieser Stelle ein neues Segment ein. Solaranlagen auf Freiflächen und baulichen Anlagen gelten seitdem als Anlagen des ersten Segments. Solaranlagen ab 750 kW auf, an oder in einem Gebäude oder einer Lärmschutzwand konkurrieren als Anlagen des zweiten Segments untereinander in Ausschreibungen.

- Die zweite Änderung dient dazu, den Anreiz des Eigenverbrauchs bei großen Anlagen zu erhöhen. PV-Dachanlagen ab 300 kW Leistung müssen zwar nicht in die Ausschreibung, erhalten aber – wenn sie nicht über eine Ausschreibung realisiert werden – nur 50 % der zum jeweiligen Zeitpunkt geltenden festen Vergütung. Das bedeutet, dass sich diese Anlagen nur rechnen, wenn 50 % des erzeugten Stroms kontinuierlich selbst genutzt werden können.

Für die Windenergie wurde mit Einführung einer zusätzlichen Referenzstufe ein Impuls gesetzt, mit dem auch an weniger geeigneten Windstandorten der Windkraftausbau attraktiv gemacht werden soll. Zusätzlich werden in der Südregion geplante Projekte in Ausschreibungen bevorzugt.

Darüber hinaus enthält das EEG 2021 unter anderem Regelungen zum Weiterbetrieb ausgeförderter Anlagen. Für Windkraftanlagen bestehen grundsätzlich vier Optionen: Rückbau, Repowering, Wechsel in die Direktvermarktung oder die neu geschaffene Übergangsregelung. Letztere bedeutet, dass insgesamt 2,5 GW ausgeförderte WEA an Land in den Jahren 2021 und 2022 auf eine Anschlussförderung bieten konnten, sofern sie sich an Standorten befinden, an denen planungsrechtlich keine neuen Anlagen errichtet werden dürfen. Unabhängig vom Inkrafttreten dieser Ausschreibungen konnten die Anlagenbetreiber im Jahr 2021 eine gesetzliche Anschlussförderung erhalten, bei der ein Aufschlag (anfänglich 1 ct/kWh bis 30. Juni 2021, danach 0,5 ct/kWh im Zeitraum 1. Juli bis 30. September 2021 und 0,25 ct/kWh im Zeitraum 1. Oktober bis 31. Dezember 2021) auf den Monatsmarktwert des erneuerbar erzeugten Stroms gezahlt wird.[12] Der Strom aus ausgeförderten Anlagen bis 100 kW – dabei handelt es sich fast ausschließlich um Solaranlagen – wird bis Ende 2027 in Höhe des Marktwertes abzüglich einer Vermarktungspauschale vergütet.

4.4.10 Erneuerbare-Energien-Gesetz 2023 – EEG 2023

Das EEG 2023 ist nach der am 28. Juli 2022 erfolgten Veröffentlichung im Bundesanzeiger am 29. Juli 2022 in Kraft getreten. Nachfolgend sind einige wichtige Änderungen dieser Gesetzesnovelle aufgeführt.

▶ Neuerungen zum 1. Juli 2022: Die bereits für das 1. Halbjahr 2022 reduzierte EEG-Umlage entfällt zum 1. Juli 2022. Die Kosten für den Ausbau erneuerbarer Energien zur Stromerzeugung werden damit nicht mehr auf die Strompreise aufgeschlagen, sondern aus dem Bundeshaushalt finanziert.

Zudem steigt vom 30. Juli 2022 an die Vergütung für alle neuen PV-Dachanlagen.

---

[12] [12].

Neuerungen in der zweiten Jahreshälfte 2022: Der Ausbau der erneuerbaren Energien wird als im überragenden öffentlichen Interesse eingestuft. Ferner wird eine Regelung zum Ausschreibungsvolumen und von Gebotsterminen für innovative Konzepte mit wasserstoffbasierter Stromspeicherung neu eingeführt.

Neuerungen zum 1. Januar 2023:

- Festlegung eines neuen Ausbaupfades, der die Steigerung der installierten Leistung von Windenergie-Anlagen an Land von 69 GW im Jahr 2024 auf 115 GW im Jahr 2030 und auf 160 GW im Jahr 2040 sowie von Solaranlagen von 88 GW im Jahr 2024 auf 215 GW im Jahr 2030 und auf 400 GW im Jahr 2040 vorsieht. Die installierte Leistung von Biomasse-Anlagen soll bis 2030 auf 8,4 GW ansteigen. Das kumulierte Ausbauziel für Wind an Land, Solar und Biomasse läge damit für 2040 bei 568,4 GW – Wind auf See, Wasser und andere erneuerbare Energien kämen noch hinzu.
- Der Strommengenpfad wird wie folgt definiert: Die Stromerzeugung aus erneuerbaren Energien soll bis 2030 auf 600 TWh steigen. Der Brutto-Stromverbrauch wird von der Bundesregierung für 2030 auf 750 TWh veranschlagt.

▶   Daraus ergibt sich im Einklang mit der Zielvorgabe des Ampel-Koalitionsvertrages aus November 2021 eine Erhöhung des Anteils erneuerbarer Energien an der Deckung des Brutto-Stromverbrauchs in Deutschland auf 80 % im Jahr 2030 (Abb. 4.37). Ab 2035 soll die Stromversorgung „nahezu treibhausgasneutral" erfolgen.

4.5   Finanzierung des Ausbaus erneuerbarer Energien zur Stromversorgung

Die Finanzierung der Förderung von Strom aus erneuerbaren Energien in Deutschland war bis Ende 2021 vollständig durch die EEG-Umlage erfolgt. Dabei handelte es sich um eine Umlage, die auf den für Letztverbraucher von Strom gültigen Preis aufgeschlagen wurde. Dieses Umlagesystem kann wie folgt skizziert werden: Die Übertragungsnetzbetreiber (ÜNB) verkaufen den aus Erneuerbare-Energien-Anlagen in das Netz der allgemeinen Versorgung eingespeisten Strom an der Strombörse. Da die Preise, die an der Börse bis Ende 2021 erzielt wurden, regelmäßig unter den gesetzlich festgelegten Vergütungssätzen lagen, wurde den ÜNB der Differenzbetrag erstattet. Alternativ kann der in Erneuerbare-Energien-Anlagen produzierte Strom auch direkt vermarktet werden. In diesem Fall wird der Unterschied zwischen dem an der Börse erzielten Preis und der Einspeisevergütung durch eine Marktprämie ausgeglichen. Im Ergebnis überstieg die Summe der Auszahlungen an die Betreiber der Erneuerbare-Energien-Anlagen die Summe der Einnahmen aus dem Verkauf der Strommengen zeitweise um ein Vielfaches. Die daraus abgeleiteten

Ausbauziele für erneuerbare Energien zur Stromversorgung

Anteil der erneuerbaren Energien am Brutto-Stromverbrauch in Deutschland [%]

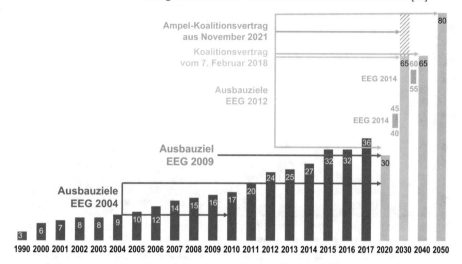

Abb. 4.37 Ausbauziele für erneuerbare Energien zur Stromversorgung

Differenzbeträge wurden über die EEG-Umlage auf alle Stromverbraucher umgelegt. Die ÜNB veröffentlichten bis zum 15. Oktober eines jeden Kalenderjahres aus dem ermittelten Finanzbedarf die Höhe der EEG-Umlage für das folgende Kalenderjahr (Abb 4..4.38).

In den zwei Jahrzehnten seit 2000 waren die Differenzkosten zum Ausgleich der Mehrkosten für die erneuerbaren Energien in der Stromerzeugung nahezu kontinuierlich gestiegen. Hatten die Differenzkosten im Jahr 2000 erst 0,7 Mrd. € betragen, so erreichten sie 2010 bereits knapp 10 Mrd. € und erhöhten sich seit 2015 auf jährlich mehr als 20 Mrd. € (Abb. 4.39). Dieses Finanzaufkommen war durch die EEG-Umlage gedeckt worden, die von 2,0 €/MWh im Jahr 2000 bis 2010 auf 20,5 €/MWh angehoben werden musste und zwischen 2014 und 2021 eine Größenordnung zwischen 60 und knapp 70 €/MWh erreicht hatte. Für das 1. Halbjahr 2022 wurde die EEG-Umlage auf eine Höhe von 37,23 €/MWh gedeckelt. Der Ausgleich zur Höhe der Differenzkosten erfolgte über einen Zuschuss aus dem Bundeshaushalt in Höhe von 31,51 €/MWh. Mit Wirkung zum 1. Juli 2022 ist die EEG-Umlage abgeschafft worden. Die Finanzierung erfolgt seitdem komplett aus dem Bundeshaushalt.

Bis zu deren Abschaffung war die EEG-Umlage nicht für alle Stromverbraucher gleich hoch. So gab es Sonderregelungen für stromkostenintensive Unternehmen, die bestimmten Branchen angehören müssen und einen besonders hohen Anteil der Stromkosten an der Wertschöpfung haben. Diese Unternehmen konnten auf Antrag beim Bundesamt für Wirtschaft und Ausfuhrkontrolle (BAFA) eine Ermäßigung der EEG-Umlage erhalten,

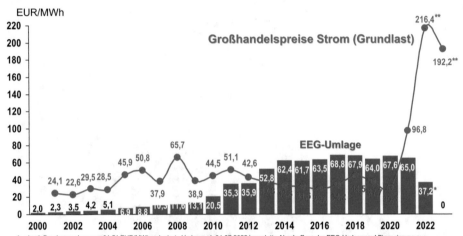

Abb. 4.38 Entwicklung von Großhandelspreisen für Strom und EEG-Umlage von 2000 bis 2022

wenn ihr Strombezug 1 GWh pro Jahr übersteigt (Abb. 4.40). Darüber hinaus erhielten Schienenbahnen eine Reduktion der EEG-Umlage-Zahlungen, soweit sie mindestens 2 GWh pro Jahr verbrauchen. Damit waren die Unternehmen der Industrie im Jahr 2021 mit 5,7 Mrd. € zu 25 % am Gesamtaufkommen der EEG-Umlage in Höhe von 22,4 Mrd. € beteiligt. Dies ist ein deutlich geringerer Anteil als ihrem Anteil am Stromverbrauch entspricht. Im Unterschied dazu hatten private Haushalte mit 8,2 Mrd. € überproportional stark zum Aufkommen der EEG-Umlage beigetragen (Abb. 4.41).

Für das Jahr 2023 haben die Übertragungsnetzbetreiber den Finanzierungsbedarf wie folgt prognostiziert: Vorausgeschätzten Kosten in Höhe von 9419 Mio. € (darunter Auszahlungen an Anlagenbetreiber in Höhe von 9302 Mio. €) stehen erwartete Erlöse von 13.055 Mio. € gegenüber. Damit ergibt sich ein Finanzierungsbedarf von – 3636 Mio. Euro.[13] Wichtigster Grund für den negativen Finanzierungsbedarf sind die drastisch gestiegenen Börsenpreise für Strom.

---

[13] [13].

Anteil erneuerbarer Energien an der Deckung des Stromverbrauchs und EEG-Differenzkosten

Ausbau um 35 Prozentpunkte im Vergleich zu 2000 – dafür von den Stromverbrauchern im Zeitraum 2000 bis 2021 geleistete Förderbeiträge: rund 263,5 Mrd. €

* Die Angaben basieren auf der Jahresrechnung der Übertragungsnetzbetreiber und spiegeln die Differenz zwischen den Vergütungsansprüchen der Anlagenbetreiber und dem Marktwert des geförderten Stroms an der Strombörse wider.
Quelle: BMWi (2000 bis 2019); Agora Energiewende (2020 - 2021)

Abb. 4.39 Anteil erneuerbarer Energien an der Deckung des Stromverbrauchs und EEG-Differenzkosten

Aufkommen der EEG-Umlage 2021: Wer trägt das EEG?

Von den Verbrauchern zu tragende Kosten* für das EEG 2021: **22,4 Mrd. €**
(zzgl. Bundeszuschuss in Höhe von 10,8 Mrd. €: **33,2 Mrd. €**)

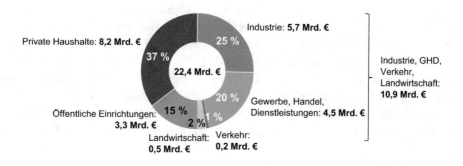

* Umlagebetrag 2021 zzgl. Einnahmen aus privilegiertem Letztverbrauch

Quelle: BDEW (eigene Berechnung auf Basis der Prognose der EEG-Umlage 2021 vom 15.10.2020 sowie der Mittelfristprognose zur deutschlandweiten Stromabgabe an Letztverbraucher vom 15.10.2020)

Abb. 4.40 Aufkommen der EEG-Umlage 2021: Wer trägt das EEG

Entlastung der Industrie* im EEG 2021

Anzahl der Industriebetriebe

Begünstigt durch die Besondere Ausgleichsregelung nach § 64 EEG:
rd. 4 % der Industriebetriebe

47.638
(2020)

Volle EEG-Umlage:
rd. 96 % aller Industriebetriebe

Stromverbrauch der Industriebetriebe

Selbstverbrauch aus eigenen
Stromerzeugungsanlagen
(keine Umlage/1,30 ct/kWh/
2,60 ct/kWh oder
volle Umlage)

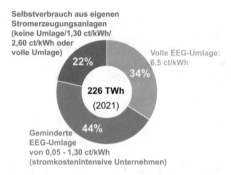

226 TWh
(2021)

Volle EEG-Umlage:
6,5 ct/kWh

Geminderte
EEG-Umlage
von 0,05 - 1,30 ct/kWh
(stromkostenintensive Unternehmen)

* Betriebe der Abschnitte B (Bergbau, Gewinnung von Steinen und Erden) und C (verarbeitendes Gewerbe) der WZ2008

Quellen: BDEW (eigene Berechnung auf Basis der Angaben zur Prognose der EEG-Umlage 2021 vom 15.10.2020), BAFA, Stat. Bundesamt, IE Leipzig

Abb. 4.41   Entlastung der Industrie im EEG 2021

4.6   Ergebnisse der seit 2015 durchgeführten Ausschreibungen von Anlagen

Die Bundesnetzagentur hat seit 2015 eine Vielzahl von Ausschreibungen für die Installation von Erneuerbare-Energien-Anlagen durchgeführt.[14] Allein für Wind an Land wurden
ab 2017 bis einschließlich Gebotstermin 1. Dezember 2022 insgesamt 26 Ausschreibungsrunden realisiert. Dabei hatten sich die durchschnittlichen Zuschlagswerte zunächst von
5,71 ct/kWh im Mai 2017 auf 3,82 ct/kWh im November 2017 verringert. In der Folge
war ein Anstieg auf 6,26 ct/kWh im Oktober 2018 verzeichnet worden. In den Ausschreibungsrunden der Jahre 2019 und 2020 wurde ein durchschnittlicher Zuschlagswert von
etwas über 6 ct/kWh ermittelt. Nach dem Ergebnis der Ausschreibung zum Gebotstermin 1. Dezember 2022 betrug der von der Bundesnetzagentur ermittelte durchschnittliche
mengengewichtete Zuschlagswert 5,87 ct/kWh (Abb. 4.42).[15] Für die Erneuerbaren-
Ausschreibungen im Jahr 2023 hat die Bundesnetzagentur für Windenergie an Land
einen Höchstwert von 7,35 ct/kWh festgesetzt. Mit der Anpassung des Höchstwertes
reagiert „die Bundesnetzagentur auf die gestiegenen Kosten im Bereich von Errichtung
und Betrieb von Anlagen sowie auf gestiegene Zinskosten bei einer Finanzierung von
Anlagen."[16]

---

[14] [14].

[15] [14].

[16] [8], [15].

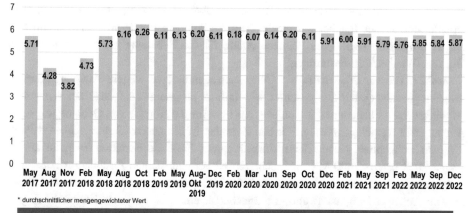

Auktionsergebnisse der Ausschreibungen für Onshore Wind
ct/kWh*

Durchschnittliche Zuschlagswerte aller Ausschreibungen für Windstrom 2017 bis 2022.

* durchschnittlicher mengengewichteter Wert

Quelle: Bundesnetzagentur

Abb. 4.42 Auktionsergebnisse der Ausschreibungen für Onshore Wind 2017 bis 2022

Für Offshore Wind waren im Jahr 2017 insgesamt 1550 MW ausgeschrieben worden. Vier Gebote mit insgesamt 1490 MW waren berücksichtigt worden (Nordsee). Der durchschnittliche Zuschlagswert lag bei 0,44 ct/kWh. Der niedrigste Gebotswert betrug 0,00 ct/kWh. Der höchste Gebotswert, der noch einen Zuschlag erhalten hat, lag bei 6,00 ct/kWh. Ein Projekt (900 MW) ging an EnBW. Für drei weitere, kleinere Projekte hatte das dänische Unternehmen Dong den Zuschlag erhalten. Die günstigen Gebote erklären sich auch dadurch, dass mit dem Zuschlag nicht nur ein Anspruch auf die EEG-Förderung garantiert wird, sondern auch einen – vom Stromverbraucher über die Netzentgelte finanzierten – Netzanschluss und die Möglichkeit, ihren Windpark über 25 Jahre zu betreiben. Auch darin steckt eine erhebliche Förderung.[17] Ferner ist anzunehmen, dass die Unternehmen mit Installation größerer Turbinen (13 bis 15 MW) weitere Kostendegressionen erwarten und mit künftig steigenden Großhandelspreisen für Strom rechnen.

In der zweiten Ausschreibung zu Windenergie auf See vom 1. April 2018 wurde eine Leistung von 1.610 MW bezuschlagt. Sechs Unternehmen hatten für Projekte in der Nord- und in der Ostsee geboten. Der niedrigste Gebotswert, der einen Zuschlag erhalten hatte, lag bei 0,00 ct/kWh, der höchste Gebotswert, der einen Zuschlag erhalten hatte, bei 9,83 ct/kWh. Der mengengewichtete durchschnittliche Zuschlagswert wurde mit 4,66 ct/kWh angegeben. In den folgenden Ausschreibungsrunden vom 1. September 2021 und vom

---

[17] [16].

1. September 2022 kamen Projekte von Unternehmen zum Tragen, die mit 0,00 ct/kWh geboten hatten (Abb. 4.43). Die Null-Cent-Gebote werden von der Bundesnetzagentur als Beleg für die Attraktivität von Investitionen in Windenergie auf See gesehen. Neben dem Anspruch auf einen vom Stromverbraucher über die Netzentgelte finanzierten Netzanschluss erhält der Inhaber das Recht, beim zuständigen Bundesamt für Seeschifffahrt und Hydrographie (BSH) die Planfeststellung für die Bebauung der Fläche mit einem Offshore-Windpark zu beantragen.

Am 27. Februar 2023 hatte die Bundesnetzagentur eine weitere Ausschreibung für Windenergieanlagen auf See gestartet. Sie umfasst insgesamt 1800 MW auf vier zentral voruntersuchten Flächen in der Nordsee. Als Frist für die Abgabe von Geboten war der 1. August 2023 festgelegt worden. Für den Zuschlag ist ein gesetzlich vorgegebenes Punktesystem maßgeblich. Neben dieser Ausschreibung hatte die Bundesnetzagentur am 31. Januar 2023 bereits 7000 MW auf nicht zentral voruntersuchten Flächen zur Ausschreibung gestellt. Drei Flächen mit jeweils 2000 MW liegen in der Nordsee (etwa 120 km nordwestlich von Helgoland) und eine Fläche für eine Leistung von 1000 MW liegt in der Ostsee (zirka 25 km vor der Insel Rügen). Als Frist für die Abgabe von Geboten war der 1. Juni 2023 bestimmt worden. Die Inbetriebnahme der Windparks ist für das Jahr 2030 vorgesehen.

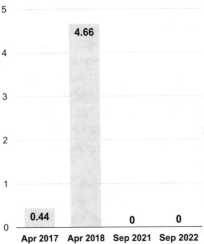

Auktionsergebnisse der Ausschreibungen für Offshore Wind

durchschnittliche Zuschlagswerte in ct/kWh

Mit dem Zuschlag einher geht der Anspruch auf einen - vom Stromverbraucher über die Netzentgelte finanzierten Netzanschluss und die Möglichkeit, den Offshore-Windpark über 25 Jahre zu betreiben. Dazu erhält der Inhaber des Zuschlags das Recht, beim zuständigen Bundesamt für Seeschifffahrt und Hydrographie (BSH) die Planfeststellung für die Bebauung der Fläche mit einem Offshore-Windpark zu beantragen.

Am 27. Februar 2023 hat die Bundesnetzagentur eine weitere Ausschreibung für Windenergieanlagen auf See gestartet. Sie umfasst insgesamt 1.800 MW auf vier zentral voruntersuchten Flächen in der Nordsee. Gebote sind bis zum 1. August 2023 abzugeben. Der Zuschlag erfolgt nach einem gesetzlich vorgegebenen Punktesystem. Neben dieser Ausschreibung hatte die Bundesnetzagentur am 31. Januar 2023 bereits 7.000 MW auf nicht zentral voruntersuchten Flächen zur Ausschreibung gestellt. Drei Flächen mit jeweils 2.000 MW liegen in der Nordsee (etwa 120 km nordwestlich von Helgoland) und eine Fläche für eine Leistung von 1.000 MW liegt in der Ostsee (zirka 25 km vor der Insel Rügen). Die Gebote sind bis zum 1. Juni 2023 abzugeben. Die Inbetriebnahme der Windparks ist für das Jahr 2030 vorgesehen.

Quelle: Bundesnetzagentur

Abb. 4.43 Ergebnisse der Ausschreibungen für Offshore Wind von 2017 bis 2022

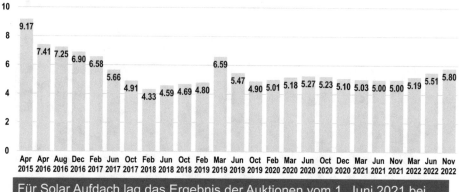

Ausgewählte Auktionsergebnisse der Ausschreibungen für Photovoltaik-Strom (Freifläche) seit 2015

durchschnittlicher mengengewichteter Zuschlagswert in ct/kWh

Für Solar Aufdach lag das Ergebnis der Auktionen vom 1. Juni 2021 bei 6,88 ct/kWh, aus Dezember 2021 bei 7,43 ct/kWh, aus April 2022 bei 8,53 ct/kWh, aus August 2022 bei 8,84 ct/kWh und aus Dezember 2022 bei 8,74 ct/kWh.

Quelle: Bundesnetzagentur

Abb. 4.44 Ausgewählte Auktionsergebnisse der Ausschreibungen für Photovoltaik-Strom (Freifläche) 2015 bis 2022

Für PV-Freiflächen wurden seit 2015 bis Ende 2022 insgesamt 30 Ausschreibungsrunden von der Bundesnetzagentur durchgeführt. Die erste Runde im April 2015 war mit einem durchschnittlichen mengengewichteten Zuschlagswert von 9,17 ct/kWh gestartet. In der Folge hatte sich bis Februar 2018 der durchschnittliche Zuschlagswert auf 4,33 ct/kWh verringert, war dann in der Folge aber wieder leicht angestiegen und hat sich seit Mitte 2019 auf Werte zwischen 4,90 und 5,80 ct/kWh eingependelt (Abb. 4.44).[18]

Seit 2021 führt die Bundesnetzagentur gesonderte Ausschreibungen zur Ermittlung der Förderung von Solaranlagen auf Gebäuden und Lärmschutzwänden durch. Der zum Gebotstermin 1. Dezember 2022 ermittelte durchschnittliche mengengewichtete Zuschlagswert belief sich auf 8,74 ct/kWh. Außerdem hatte die Bundesnetzagentur bereits in den Jahren 2018 bis 2020 technologieübergreifende Ausschreibungen für Onshore Wind und Solar durchgeführt. Alle Zuschläge im Rahmen dieser Ausschreibungen waren für die eingebrachten Solargebote erteilt worden. Sie hatten sich zwischen 4,67 und 5,66 ct/kWh bewegt. Für das Jahr 2023 hat die Bundesnetzagentur den Höchstwert für Ausschreibungen von Dach-PV-Anlagen auf 11,25 ct/kWh festgesetzt. Dieser Anstieg

---

[18] [17].

Auktionsergebnisse der Ausschreibungen für Biomasse
durchschnittliche mengengewichtete Zuschlagswerte in ct/kWh

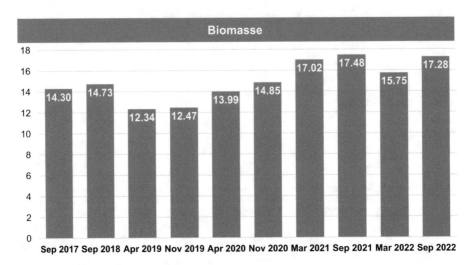

Quelle: Bundesnetzagentur

Abb. 4.45 Auktionsergebnisse der Ausschreibungen für Biomasse 2017 bis 2022

erfolgte – vergleichbar mit der Situation bei Wind an Land – wegen der gestiegenen Kosten für Errichtung der Anlagen und der gestiegenen Zinskosten.[19]

Für Biomasse hatte die Bundesnetzagentur in den Jahren 2017 bis 2022 zehn Ausschreibungen durchgeführt. Die in dieser Zeit realisierten durchschnittlichen mengengewichteten Zuschlagswerte lagen in der Bandbreite von 12,34 ct/kWh (April 2019) bis 17,48 ct/kWh (September 2021). Bei der Auktion im September 2022 wurde ein durchschnittlicher mengengewichteter Zuschlagswert von 17,28 ct/kWh ausgewiesen (Abb. 4.45). Außerdem war im Dezember 2021 eine Ausschreibung für Biomethan erfolgt. Die ausgeschriebene Leistung betrug 150 MW. Es wurden 21 Gebote mit einer Leistung von insgesamt von 148 MW bezuschlagt. Der durchschnittliche mengengewichtete Zuschlagswert lag bei 17,84 ct/kWh. Eine weitere Ausschreibung für Biomethan-Projekte in der Größenordnung war zum 1. Oktober 2022 bekannt gemacht worden.

Diese Ausschreibungen, die in den kommenden Jahren mit vergrößerten Leistungsvolumina fortgesetzt werden, sollen dazu beitragen, die von der Bundesregierung formulierten Zielvorgaben zum künftigen Anteil der erneuerbaren Energien an der Stromversorgung zu erreichen (Abb. 4.46).

---

[19] [8, 15].

Entwicklung und Ziele der Erneuerbaren Energien

Anteil der Erneuerbaren Energien am Strom in %

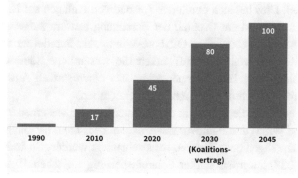

Eröffnungsbilanz BMWK:

● Die Stromerzeugung aus Erneuerbaren Energien soll von aktuell knapp 240 TWh auf 544 bis 600 TWh im Jahr 2030 erhöht werden. Ein Anstieg um 120 bis 150 Prozent.

● Windenergie: Ziel rund 130 GW – Verdopplung der bis 2020 installierten Leistung.

● Photovoltaik: Ziel rund 200 GW – entspricht mehr als einer Verdreifachung gegenüber dem Status Quo.

Quelle: BMWi

Abb. 4.46 Entwicklung des Anteils erneuerbarer Energien an der Deckung des Brutto-Stromverbrauchs seit 1990 und Ziele für 2030 und 2045

4.7   Integration der erneuerbaren Energien in das Stromversorgungssystem

Mit der fortschreitenden Umstellung der Stromerzeugung auf erneuerbare Energien entstehen zunehmend Disparitäten zwischen den Schwerpunkten der Last (Verbrauchszentren) und der Erzeugung. In der Vergangenheit war die Lastnähe ein wesentliches Kriterium für Standortentscheidungen von Kraftwerken. Dieser Anforderung konnte Rechnung getragen werden, weil der überwiegende Teil der konventionellen Energieträger standortungebunden verfügbar gemacht werden kann. Dies gilt für Kernenergie und – mit wirtschaftlichen Einschränkungen – auch für Steinkohle. Für Erdgas ist eine Anbindung an das allerdings weit verzweigte Gasleitungssystem die notwendige Voraussetzung.

Steinkohlenkraftwerke waren in der Vergangenheit bevorzugt an Standorten gebaut worden, die geografisch günstig zu inländischen Bergwerken (Ruhrrevier, Saarrevier, Ibbenbüren) gelegen waren bzw. eine gute Anbindung für die Schifffahrt gewährleistet hatten. Dies gilt für die norddeutschen Küsten ebenso wie für Standorte entlang der Rheinschiene. Lediglich bei Braunkohle ist eine ausgeprägte Standortgebundenheit gegeben, da sich ein Transport von Rohbraunkohle über große Entfernungen aufgrund des hohen Wassergehalts dieses Energieträgers nicht rechnet. Allerdings hatte sich in den vergangenen Jahrzehnten stromintensive Industrie im Umfeld der Braunkohlentagebaue angesiedelt, sodass sich auf diese Weise eine räumliche Nähe zwischen den Schwerpunkten von Stromerzeugung und -verbrauch ergeben hat.

Insgesamt war damit das Gesamtsystem gemäß dem Grundsatz optimiert worden, dass es in der Regel günstiger ist, den Brennstoff statt den Strom über lange Entfernungen zu transportieren. Entsprechend bestanden in Deutschland sehr weitgehend ausgeglichene Leistungsbilanzen. Dies hat sich durch den Ausbau von Anlagen auf Basis erneuerbarer Energien geändert. So wird ein Großteil der Erzeugung lastfern aufgebaut. Das gilt insbesondere für die standortgebundenen Offshore-Windparks. Parallel zu dieser Entwicklung fällt mit Stilllegung von Kernkraftwerken die wesentliche Säule der Stromerzeugung in Süddeutschland weg. Eine Kompensation über einen starken Ausbau der Stromtransportnetze in Nord-/Südrichtung ist deshalb unverzichtbar.

Ein weiteres Problem entsteht durch die Volatilität der Stromerzeugung aus erneuerbaren Energien – insbesondere aus Wind- und Photovoltaik-Anlagen. Dies kann beispielhaft anhand der Situation an einzelnen Tagen bzw. Wochen veranschaulicht werden. So konnte am Mittwoch, dem 15. Juni 2022, aufgrund starker Solareinspeisung zwischen 10 und 15 Uhr mehr als die Hälfte des gesamten Stromverbrauchs allein durch Anlagen auf Basis von Photovoltaik gedeckt werden (Abb. 4.47). Mittwoch, der 4. Januar 2023, war durch eine starke Windeinspeisung gekennzeichnet. Der bei weitem größte Teil des Stromverbrauchs konnte an diesem Tag – trotz geringer Sonneneinstrahlung – durchgängig aus erneuerbaren Energien gedeckt werden (Abb. 4.48).

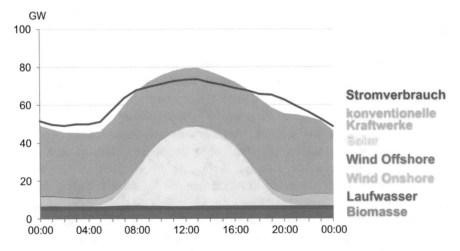

Quelle: Agora Energiewende: Agorameter, www.agora-energiewende.de

Abb. 4.47 Stromerzeugung und -verbrauch in Deutschland am Mittwoch, dem 15. Juni 2022

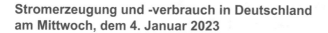

**Stromerzeugung und -verbrauch in Deutschland
am Mittwoch, dem 4. Januar 2023**

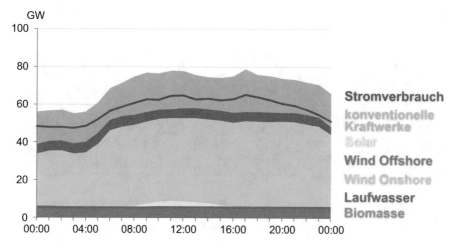

Quelle: Agora Energiewende: Agorameter, www.agora-energiewende.de

Abb. 4.48 Stromerzeugung und -verbrauch in Deutschland am Mittwoch, dem 4. Januar 2023

Im Unterschied zu der Situation an diesen beispielhaft ausgewählten Tagen herrschte vom 29. November bis 16. Dezember 2022 eine Windflaute. Auch die Einspeisung aus Solaranlagen war witterungsbedingt gering. Entsprechend mussten konventionelle Anlagen an allen diesen Tagen zum überwiegenden Teil zur Bereitstellung des nachgefragten Stroms beitragen (Abb. 4.49).

Zur Aufrechterhaltung der Sicherheit der Versorgung sind deshalb angesichts der zunehmenden Volatilität der Stromerzeugung aus erneuerbaren Energien vielfältige Voraussetzungen zu erfüllen, die im Einzelnen in Abschn. 3.6.6 dargestellt sind.

Die Dekarbonisierung des Wärmebereichs soll mit der 2023 verabschiedeten Novelle des Gebäudeenergiegesetzes schrittweise umgesetzt werden. Eckpunkt dieses Gesetzes ist: Ab 2024 muss beim Einbau neuer Heizungen konsequent auf erneuerbare Energien gesetzt werden. Das heißt konkret, dass ab dem 1. Januar 2024 möglichst jede neu eingebaute Heizung zu mindestens 65 % mit erneuerbaren Energien betrieben werden muss. Der Umstieg soll durch gezielte finanzielle Förderung unterstützt werden.[20]

---

[20] [18].

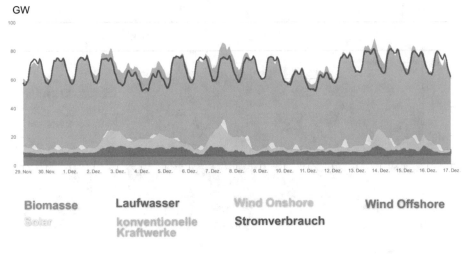

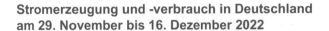

**Stromerzeugung und -verbrauch in Deutschland
am 29. November bis 16. Dezember 2022**

Quelle: Agora Energiewende: Agorameter, www.agora-energiewende.de

Abb. 4.49 Stromerzeugung und -verbrauch in Deutschland vom 29. November bis 16. Dezember 2022

4.7.1 Fazit

Der Beitrag erneuerbarer Energien zur Energieversorgung konnte in den vergangenen zwei Jahrzehnten deutlich gesteigert werden. Das gilt insbesondere für den Einsatz erneuerbarer Energien zur Stromerzeugung. So hat sich der Anteil erneuerbarer Energien an der Deckung des Brutto-Stromverbrauchs in Deutschland von erst knapp 7 % im Jahr 2000 auf 46,2 % im Jahr 2022 erhöht. Dies geht vornehmlich auf die starke Unterstützung durch das seit dem Jahr 2000 mehrfach novellierte Erneuerbare-Energien-Gesetz und die seitdem verzeichneten Kostensenkungen bei den Technologien insbesondere zur Nutzung der Photovoltaik und der Windkraft zurück. Die Politik strebt an, die Stromversorgung in Deutschland künftig praktisch ausschließlich auf den Einsatz erneuerbarer Energien zu stützen. Damit auch die Herausforderung verbunden, die fluktuierende Einspeisung von Strom auf Basis Wind- und Solarenergie in das Versorgungssystem zu integrieren und eine jederzeit gesicherte Versorgung zu gewährleisten. Daneben muss der vermehrte Einsatz von Strom aus erneuerbaren Energien mittels Sektorenkopplung auch im Wärmesektor und in der Mobilität gesteigert werden.

Literatur

1. Arbeitsgruppe Erneuerbare Energien-Statistik (AGEE-Stat)/ Umweltbundesamt (2023) Erneuerbare Energien in Deutschland – Daten zur Entwicklung im Jahr 2022. Berlin. Februar, 2023. https://www.umweltbundesamt.de/sites/default/files/medien/1410/publikationen/2023-03-16_uba_hg_erneuerbareenergien_dt_bf.pdf
2. Umweltbundesamt (2023) Erneuerbare Energien in Deutschland 2022. Dessau, März 2023. https://www.umweltbundesamt.de/sites/default/files/medien/1410/publikationen/2023-03-16_uba_hg_erneuerbareenergien_dt_bf.pdf
3. Bundesministerium für Wirtschaft und Klimaschutz/AGEE-Stat (2023) Die Entwicklung der erneuerbaren Energien in Deutschland im Jahr 2022. Berlin. Februar, 2023. https://www.erneuerbare-energien.de/EE/Redaktion/DE/Downloads/entwicklung-der-erneuerbaren-energien-in-deutschland-2022.pdf?__blob=publicationFile&v=3
4. Schwab AJ (2022) Elektroenergiesysteme. 7. Aufl. Springer Verlag
5. Deutsche WindGuard (2023a) Status des Windenergieausbaus an Land in Deutschland – Jahr 2022. https://www.windguard.de/veroeffentlichungen.html?file=files/cto_layout/img/unternehmen/veroeffentlichungen/2023/Status%20des%20Windenergieausbaus%20an%20Land_Jahr%202022.pdf
6. IRENA (2023) Renewable Power Generation Costs in 2022. International Renewable Energy Agency. Abu Dhabi. August 2023
7. Deutsche WindGuard (2023b) Status des Offshore-Windenergieausbaus in Deutschland – Jahr 2022. https://www.windguard.de/veroeffentlichungen.html?file=files/cto_layout/img/unternehmen/veroeffentlichungen/2023/Status%20des%20Offshore-Windenergieausbaus_Jahr%202022.pdf
8. Bundesnetzagentur (2023a) Bundesnetzagentur startet weitere Ausschreibungen für Offshore-Windenergie. Pressemitteilung vom 27. Februar 2023. https://www.bundesnetzagentur.de/SharedDocs/Pressemitteilungen/DE/2023/20230227_Offhore.html;jsessionid=7E5D293D0FEFC20023CA37567517D7E0?nn=265778
9. Fraunhofer Institute for Solar Energy Systems, ISE (2022) with support of PSE Projects GmbH. Photovoltaics Report. Freiburg. September, 2022. https://www.ise.fraunhofer.de/content/dam/ise/de/documents/publications/studies/Photovoltaics-Report.pdf
10. BSW Solar (2022) EEG-Vergütungsübersicht. 1. August2022. https://www.solarwirtschaft.de/datawall/uploads/2021/02/EEG-Verguetungsuebersicht-Basis.pdf
11. Bundesministerium für Wirtschaft und Klimaschutz und Informationsportal Erneuerbare Energien (2022) Das Erneuerbare-Energien-Gesetz. https://www.erneuerbare-energien.de/EE/Redaktion/DE/Dossier/eeg.html?cms_docId=72462
12. Weltenergierat – Deutschland (2021) Energie für Deutschland – Fakten, Perspektiven und Positionen im globalen Kontext 2021. Berlin, 2021
13. Übertragungsnetzbetreiber (2022) Ermittlung des EEG-Finanzierungsbedarfs 2023 nach § 3 EEV – Prognose und Berechnung der Übertragungsnetzbetreiber. 14. Oktober 2022. https://www.netztransparenz.de/portals/1/2022-10-14%20Veröffentlichung%20EEG-Finanzierungsbedarf%202023.pdf
14. Bundesnetzagentur (2022b) Ausschreibung Wind an Land. Heidelberg. https://www.bundesnetzagentur.de/DE/Fachthemen/ElektrizitaetundGas/Ausschreibungen/Wind_Onshore/Gebotstermin010922/start.html
15. Bundesnetzagentur (2023b) 2023er Ausschreibungs-Höchstwerte für Onshore-Wind und Dach-PV festgelegt. Energie Informationsdienst vom 5. Januar 2023
16. Bundesnetzagentur (2022c) Pressemitteilung vom 13. April 2017

17. Bundesnetzagentur (2022d) https://www.bundesnetzagentur.de/DE/Fachthemen/Elektrizitaetun dGas/Ausschreibungen/Solaranlagen1/BeendeteAusschreibungen/start.html
18. Bundesministerium für Wirtschaft und Klimaschutz und Bundesministerium für Wohnen, Stadtentwicklung und Bauwesen (2023) Gemeinsame Pressemitteilung Energiewende im Gebäudebereich. Berlin. April, 2023. https://www.bmwk.de/Redaktion/DE/Pressemitteilun gen/2023/04/20230403-bundesregierung-startet-laender-und-verbaendeanhoerung-zur-novelle-des-gebaeudeenergiegesetzes-kabinettbefassung-noch-im-april.html

Weiterführende Literatur

19. Agentur für erneuerbare Energien e.V. (2009) Hintergrundinformation Strom speichern. Berlin. November, 2009
20. A.T. Kearney Energy Transition Institute (2017) Fact Book Electricity Storage. Paris/ Amsterdam, 2017
21. Bundesnetzagentur (2022a) Ausschreibungen für EE und KWK-Anlagen. https://www.bundes netzagentur.de/DE/Fachthemen/ElektrizitaetundGas/Ausschreibungen/start.html
22. Monopolkommission (2016) Sondergutachten 77. Energie 2017: Gezielt vorgehen, Stückwerk vermeiden. https://www.monopolkommission.de/images/PDF/SG/s77_volltext.pdf

Preisbildung auf den Märkten für Öl, Steinkohle, Erdgas und Elektrizität

5

Der Preismechanismus stellt in einem marktwirtschaftlich organisierten System das entscheidende Element der Steuerung von Angebot und Nachfrage dar. Diese Steuerungsfunktion kann der Preismechanismus am besten wahrnehmen, wenn sich die Preise frei im Wettbewerb bilden. Gegenüber hoheitlicher Aufsicht ist Wettbewerb in traditionellen Märkten in der Lage, die bei einzelnen Marktteilnehmern bestehende Marktmacht wirksam zu kontrollieren. Ein freier Preis gilt als Garant für eine höchstmögliche Effizienz der Marktversorgung. Eingriffe in den Wettbewerb widersprechen marktwirtschaftlichen Grundprinzipien. Soweit sie erfolgen, sind sie in jedem Einzelfall begründungspflichtig; sie lassen sich nur rechtfertigen, wenn übergeordnete Ziele anders nicht zu erreichen sind. Vor diesem Hintergrund werden die Grundsätze der Preisbildung auf den Märkten für Öl, Kohle, Erdgas und Elektrizität dargelegt. Dabei wird deutlich, dass Wettbewerb sowohl in Form eines direkten Wettbewerbs zwischen den Anbietern auf einem einzelnen Energieteilmarkt als auch in Form des Substitutionswettbewerbs stattfindet. Ferner wird die Relevanz von Kosten und Preisen für Investitionsentscheidungen in Erzeugungsanlagen am Beispiel des Stromsektors erklärt.

5.1 Ölpreise international und national

Die Preise für Mineralölprodukte werden – neben den für die einzelnen Teilmärkte gültigen jeweils spezifischen Faktoren – im Wesentlichen durch die Rohölpreise, die Währungsrelationen, die Angebotssituation bei Verarbeitungskapazitäten, den Einfluss des Staates über die Erhebung von Steuern und das Verbraucherverhalten bestimmt. Letztlich sind die Schwankungen von Angebot und Nachfrage die entscheidenden Parameter.

▶   Der Rohölmarkt zählt zu den funktionsfähigsten Rohstoffmärkten weltweit. Er gilt als Lehrbuchbeispiel eines globalen Marktes mit weltweiten Handelsströmen, einer breit diversifizierten globalen Transportinfrastruktur, verschiedenen Handelsplattformen und einer sehr hohen Zahl von Marktteilnehmern. Daher dient der Rohölmarkt für viele andere Handelsgüter als Leitmarkt. Die große Zahl von Anbietern und Nachfragern hat zu einer hohen Liquidität und vergleichsweise geringen Transaktionskosten geführt. Somit bietet er den Marktakteuren eine effiziente Plattform für Handelsaktivitäten.

Noch im Jahr 1970 hatten privatwirtschaftliche Energiekonzerne aufgrund langfristiger Lizenzvereinbarungen Zugang zu rund 85 % der weltweiten Ölreserven. Diese Situation änderte sich, als die Regierungen der Erdöl exportierenden Staaten verstärkt dazu übergingen, die Konzessionen zu verstaatlichen. Heute kontrollieren ganz überwiegend die Staaten bzw. die National Oil Companies, auf deren Gebiet die Vorkommen liegen, den Zugriff auf das Öl. Der Einfluss der international agierenden Investor Owned Companies (IOC) auf den globalen Rohölmarkt und auf die dort herrschenden Preise ist somit sehr begrenzt. Eine erheblich stärke Bedeutung für die Preisbestimmung für Rohöl haben die Regierungen der Förderländer.

Im September 1960 hatte sich eine Gruppe für die Versorgung des Weltmarkts besonders wichtiger Förderländer in Bagdad zur *Organization of Petroleum Exporting Countries* (OPEC) zusammengeschlossen. Damit wurde von den damaligen Gründungsmitgliedern Iran, Irak, Kuwait, Saudi-Arabien und Venezuela das Ziel begründet, die Ölpolitik untereinander abzustimmen und zu koordinieren. Unter Verständigung auf Förderquoten für die einzelnen Mitglieder des Kartells und damit Steuerung des Angebots wurde die Preisstellung auf dem Weltmarkt beeinflusst. In der Folge hat sich der Mitgliederkreis erweitert. Heute gehören der Organisation, die 1965 ihren Sitz von Genf nach Wien verlegt hatte, 13 Mitglieder an.[1]

Im Jahr 2016 hat die OPEC eine Kooperation (Declaration of Cooperation) mit elf Nicht-OPEC-Ölförderländern (jetzt zehn – Äquatorialguinea wurde 2017 OPEC-Mitglied) vereinbart. Mit dieser erweiterten Plattform zur OPEC-plus (auch: OPEC +) wird das Ziel verfolgt, über eine noch breiter abgestützte Koordinierung der Erdölpolitiken die Möglichkeiten zur Regulierung der Fördermengen weiter zu verbessern. Neben den fünf genannten Gründungsmitgliedern gehören der OPEC die Vereinigten Arabischen Emirate, Algerien, Libyen, Angola, Äquatorialguinea, Gabun, Nigeria und die Republik Kongo an. Bei den zehn Kooperationspartnern handelt es sich um Mexiko, Sudan, Südsudan, Bahrain, Oman, Russland, Kasachstan, Aserbaidschan, Malaysia und Brunei (Abb. 5.1).[2]

Die Höhe der Preise für das weltweit in US-Dollar gehandelte Rohöl ist durch tägliche Veröffentlichung auf einschlägigen Plattformen sehr transparent. Dabei ist zu

---

[1] [1].

[2] [2].

Was ist OPEC+ und welche Unterschiede bestehen zur OPEC?

Förderung im Jahr 2022 in million barrels per day

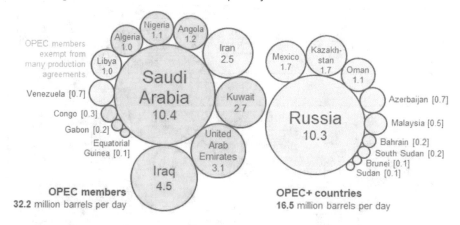

Quelle: U.S. Energy Information Administration, Short Term Energy Outlook, April 2023

Abb. 5.1 Was ist OPEC + und welche Unterschiede bestehen zur OPEC?

berücksichtigen, dass sich die Preise für die verschiedenen Rohölsorten durchaus unterscheiden. Dies hängt vor allem mit den differierenden Qualitätsmerkmalen zusammen. So erbringen *leichtere* Rohöle bei der Raffination eine größere Ausbeute an leichten Produkten, wie Vergaserkraftstoffen. Zu den weiteren Parametern gehört der Schwefelgehalt. Preisveröffentlichungen erfolgen für besonders bedeutende Rohölsorten, die sogenannten *benchmark crude* oder *marker crude,* an denen sich Käufer und Verkäufer als Referenzpreis orientieren. Wichtige Referenzpreise sind *West Texas Intermediate* (WTI), das Nordseeöl *Brent Blend* und *Dubai Crude*. Die OPEC veröffentlicht einen *Basket Price*. Diese Notierung wird als Mittelwert aus jeweils einer Rohölsorte eines jeden Mitglieds gebildet.

Anhand der Entwicklung in den vergangenen fünf Jahrzehnten kann veranschaulicht werden, welche Parameter die Preisentwicklung auf dem Rohölmarkt insbesondere beeinflusst haben. Als Beispiele für Preis steigernde Effekte können kriegerische Auseinandersetzungen (Beispiel Yom Kippur Krieg im Nahen Osten im Jahr 1973), politische Maßnahmen, zu denen Boykotts und Embargos gehören können, Unruhen in wichtigen Rohölförderländern (Beispiel: Islamische Revolution in Iran im Jahr 1979), Wetterphänomene (Beispiel: Hurrikans im Golf von Mexiko), technische Störungen (wie Pipeline-Leckagen (Beispiel Alaska), politische Krisen (Venezuela und Libyen), eine starke weltweite Wirtschaftsentwicklung oder eine gezielte Verknappung des Angebots durch die OPEC/OPEC-plus genannt werden. Nachfrageschwäche aufgrund eines Konjunktureinbruchs (Beispiel: Finanz- und Wirtschaftskrise) oder einer Pandemie (Beispiel: Corona) sind geeignet, eine gegenteilige Entwicklung zu entfalten (Abb. 5.2).

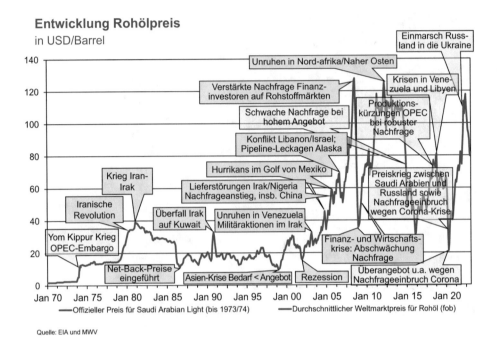

Abb. 5.2 Entwicklung der Rohölpreise 1970 bis 2023

Ein Vergleich von zwei wichtigen Preisindikatoren zeigt, dass die Preise etwa für das Nordseeöl Brent und den OPEC-Korb sich weitgehend synchron entwickelt haben (Abb. 5.3). Seit 2016 hatten sich die Rohölpreise zunächst deutlich erhöht, und zwar von rund 40 US$ auf etwa 70 US$ pro Barrel im Jahresdurchschnitt 2018; sie waren dann aufgrund des Pandemie-bedingten Rückgangs der Nachfrage bis 2020 wieder auf zirka 40 US$ gesunken. 2021 wurde ein erneuter Anstieg auf im Jahresdurchschnitt 70 US$ verzeichnet. Entscheidender Grund war die Zunahme der weltweiten Nachfrage als Folge der Wiederbelebung der wirtschaftlichen Aktivitäten und des Mobilitätsverhaltens. Dieser Aufwärtstrend setzte sich zu Beginn des Jahres 2022 fort – dies verstärkt seit dem Einmarsch russischer Truppen in die Ukraine. Seitdem lagen die Rohölpreise durchgängig bis August 2022 über 100 US$ pro Barrel. In der Folge war allerdings eine leichte Entspannung zu beobachten. Im ersten Quartal 2023 wurde der *OPEC Reference Basket* (ORB) mit durchschnittlich 82 US$/Barrel notiert.

Aussagen zu längerfristigen Perspektiven der Weltmarktpreise für Rohöl sind mit großen Unsicherheiten behaftet. Deshalb sind quantifizierte Angaben zu künftigen Preisen, die den Anspruch hoher Treffgenauigkeit erheben, nicht möglich. Allerdings lassen sich wesentliche Bestimmungsfaktoren identifizieren, aus deren konkreten Ausprägungen sich die Preistendenzen ableiten. Zu diesen Treibern gehören:

Preisentwicklungen: Brent-Rohöl (IPE) und Rohöl OPEC-Korb
in US-$/bbl

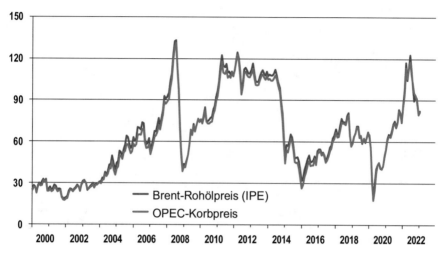

Quelle: Wirtschaftsverband Fuels und Energie e. V. (en2x)

Abb. 5.3 Preisentwicklungen: Brent-Rohöl und OPEC-Korb

- die Nachfrage – stark geprägt durch die wirtschaftliche Entwicklung,
- die Reserven an Öl – sowohl deren Höhe als auch deren regionale Verteilung,
- die Gewinnungskosten,
- die Angebotssteuerung durch die OPEC/OPEC-plus,
- die Entwicklung der Förderung außerhalb des Kartells – insbesondere von nicht-konventionellem Rohöl,
- die politischen Spannungen sowie kriegerischen Auseinandersetzungen in den für die Versorgung des Weltmarktes wichtigsten Regionen und
- die Investitionsaktivitäten in den Aufschluss zusätzlicher Förderkapazitäten.

Dass eine zuverlässige Vorausschätzung der Rohölpreise praktisch nicht darstellbar ist, kann beispielhaft durch eine Betrachtung der Prognoseergebnisse belegt werden, die in der Vergangenheit von den Forschungsinstituten Prognos und EWI (Energiewirtschaftliches Institut an der Universität zu Köln) über die Entwicklung auf den Energiemärkten veröffentlicht worden sind. Diese Prognosen waren im Zusammenhang mit Analysen über die Perspektiven von Energieangebot und -nachfrage in Deutschland erstellt worden, die das Bundeswirtschaftsministerium beauftragt hatte.[3] Das Ergebnis dieses Vergleichs mit der tatsächlich eingetretenen Entwicklung ist: Die Höhe der Preiseinschätzungen war eher durch die jeweilige Ausgangslage bestimmt als durch Faktoren, die für die Zukunft von

---

[3] [3].

Weltmarktpreise für Rohöl - Synopse von Prognosen

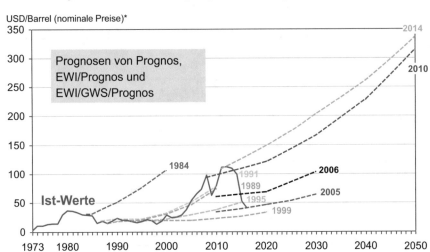

* Die an den Preiskurven ausgewiesenen Jahreszahlen beziehen sich auf das Jahr der vorgelegten Prognose
Quelle: H.-W. Schiffer

Abb. 5.4 Weltmarktpreise für Rohöl – Synopse von Prognosen

Bedeutung waren. Zu Zeiten, als die Preise bei Erstellung der Prognose niedrig waren, wurde durchgängig auch für die Zukunft eine moderate Preisentwicklung angenommen. Bei hohen Preisen zum Zeitpunkt der Erarbeitung des jeweiligen Gutachtens wurde ein deutlich steilerer Anstieg für die Zukunft ausgewiesen (Abb. 5.4).

▶   Die Verbraucherpreise für Ölprodukte werden nicht nur durch die Rohölpreise
      bestimmt. Vielmehr spielen dafür eine Reihe weiterer Faktoren eine wichtige Rolle.
      Dazu gehören die spezifischen Angebots-/Nachfrageverhältnisse auf den einzel-
      nen Teilmärkten, die Situation bei den Rohöl-Verarbeitungskapazitäten, Bedingun-
      gen im Bereich Frachten sowie die Belastungen mit spezifischen Steuern.

International klafft die Höhe der Besteuerung weit auseinander. In Deutschland werden Ölprodukte bereits seit Jahrzehnten mit der Mineralölsteuer sowie – und dies gilt seit dem 1. Januar 2021 – durch die Bepreisung auf Basis des Brennstoffemissionshandelsgesetzes belastet. Ein großer Teil des Verbraucherpreises entfällt bei verschiedenen Mineralöl-produkten, wie Kraftstoffen und leichtes Heizöl, auf staatlich verursachte Aufschläge (Abb. 5.5, 5.6 und 5.7).

Zur Verbesserung der Preistransparenz für Kraftstoffe hatte die Bundesregierung eine Markttransparenzstelle geschaffen. Seit dem 31. August 2013 sind Unternehmen, die öffentliche Tankstellen betreiben oder über die Preissetzungshoheit an diesen verfügen, verpflichtet, Preisänderungen bei den gängigen Kraftstoffsorten Super E5, Super E10 und

Benzinpreis im Jahr 2022: Staatsanteil von 50 %
Durchschnittspreis Superbenzin: 192,59 ct/Liter

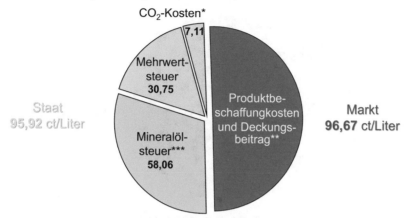

* Aus der im Jahr 2022 für das Inverkehrbringen von Kraftstoffen entstehenden Belastungen durch CO_2-Zertifikate ergeben sich Auswirkungen auf den Preis von Superbenzin in Höhe von rechnerisch 7,11 Cent/Liter bzw. 8,46 Cent/Liter einschl. MWSt.
** Beinhaltet u. a. Kosten für Transport, Lagerhaltung, gesetzliche Bevorratung, Verwaltung, Vertrieb sowie seit Januar 2007 Kosten für Biokomponenten und die Beimischung.
*** Absenkungen der Mineralölsteuer von 65,45 Cent/Liter auf 35,90 Cent/Liter im Zeitraum 01.06. bis 31.08.2022
Quelle: Wirtschaftsverband Fuels und Energie e. V. (en2x)

Abb. 5.5 Zusammensetzung des Tankstellenpreises für Benzin im Jahr 2022

Preis für Dieselkraftstoff im Jahr 2022: Staatsanteil von 42 %
Durchschnittspreis an der Tankstelle: 196,04 ct/Liter

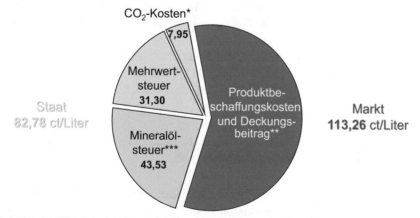

* Aus der im Jahr 2022 für das Inverkehrbringen von Kraftstoffen entstehenden Belastungen durch CO_2-Zertifikate ergeben sich rechnerisch Auswirkungen auf den Preis für von 7,95 Cent/Liter bzw. 9,46 Cent/Liter einschl. MWSt.
** Beinhaltet u. a. Kosten für Transport, Lagerhaltung, gesetzliche Bevorratung, Verwaltung, Vertrieb sowie seit Januar 2007 Kosten für Biokomponenten und die Beimischung.
*** Absenkung der Mineralölsteuer von 47,04 Cent/Liter auf 33,00 Cent/Liter im Zeitraum 01.06. bis 31.08.2022
Quelle: Wirtschaftsverband Fuels und Energie e. V. (en2x)

Abb. 5.6 Zusammensetzung des Tankstellenpreises für Dieselkraftstoff im Jahr 2022

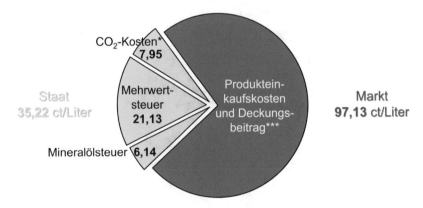

Abb. 5.7 Zusammensetzung des Verbraucherpreises für leichtes Heizöl im Jahr 2022

Diesel in Echtzeit an die Markttransparenzstelle für Kraftstoffe zu melden. Die beim Bundeskartellamt eingerichtete Markttransparenzstelle gibt die eingehenden Preisdaten an Anbieter von Verbraucher-Informationsdiensten zum Zwecke der Verbraucherinformation weiter. Autofahrer sollen so über Internet, Smartphone oder auf ihren Navigationsgeräten die aktuellen Kraftstoffpreise und die günstigste Tankstelle in der Umgebung oder entlang einer Route erfahren können. Dies ermöglicht einen Preisüberblick und erlaubt eine bessere Auswahlentscheidung und stärkt, so das Bundeskartellamt, den Wettbewerb. Zudem sollen die Eingriffsmöglichkeiten des Bundeskartellamts insbesondere bei unzulässigen Verdrängungsstrategien und anderen Formen des Missbrauchs von Marktmacht durch die erhobenen Preisdaten verbessert werden.

5.2   Situation bei der Braunkohle

Die in Deutschland ausschließlich im Tagebau gewonnene Braunkohle wird zu rund 90 % in lagerstättennahen Kraftwerken verstromt. Einen Marktpreis für diese verstromte Rohbraunkohle gibt es nicht, zumal Bergbauunternehmen und Kraftwerksbetreiber in den drei Revieren zu weiten Teilen die Aktivitäten im Konzernverbund gebündelt haben. Marktpreise existieren nur für die aus den restlichen etwa 10 % der Förderung erzeugten sogenannten Veredlungsprodukte, wie beispielsweise Braunkohlenstaub.

Allerdings war in der Vergangenheit (bis zum Jahr 1999) ein repräsentativer Produktionswert von Rohbraunkohle vom Statistischen Bundesamt publiziert worden.[4] Daraus geht hervor, dass die Bergbauindustrie die Kosten zur Gewinnung von Braunkohlen von 1995 bis zum ersten Halbjahr 2000 um durchschnittlich rund ein Viertel gesenkt hatte. Der seit Ende der 1990er Jahre verschärfte Wettbewerbsdruck im liberalisierten Strommarkt machte weitergehende Kostensenkungen notwendig. RWE Power, das Unternehmen mit der größten Braunkohlenförderung und Stromerzeugung aus Braunkohle in Deutschland, hatte die Kosten der Stromerzeugung aus rheinischer Braunkohle bis 2004 um 30 % im Vergleich zu 1999/2000 reduziert. Durch diese – in vergleichbarer Form auch in den anderen Revieren umgesetzten – Maßnahmen konnte gewährleistet werden, dass die Braunkohle, die aufgrund ihrer niedrigen Grenzkosten eine hohe Einsatzpriorität in der Stromerzeugung hat, auch in dieser Zeit sehr günstiger Einsatzbedingungen der wichtigsten Wettbewerbsenergie, der Steinkohle, weiterhin ausreichende Deckungsbeiträge zur Kompensation der hohen Fixkosten erwirtschaftete.

In der Folge, und zwar Anfang der 2000er Jahre bis 2008, waren die Steinkohlenpreise auf dem Weltmarkt stark gestiegen. Dies hatte die Situation für die Braunkohle entspannt. Mit den zwischen 2013 und 2017 deutlich gesunkenen Strompreisen auf dem Großhandelsmarkt verschlechterte sich die Wettbewerbssituation erneut. Die Braunkohle stand nicht nur wegen der wieder gesunkenen Steinkohlepreise sondern auch aufgrund des europaweit eingeführten Treibhausgas-Emissionshandels unter zunehmendem Druck. Die Braunkohle ist aufgrund der im Vergleich zu Steinkohle und vor allem zu Erdgas höheren CO_2-Intensität besonders stark durch die Zertifikatpreise belastet. Mit dem wachsenden Kostendruck waren als Konsequenz neue Effizienzsteigerung- und Kostensenkungsprogramme aufgelegt worden (Abb. 5.8).

▶   Während vor der Liberalisierung des Strommarktes der Braunkohlenstrom zu kostenbasierten, konzerninternen Verrechnungspreisen an die Stromerzeuger abgegeben worden war, misst sich die Stromerzeugung aus Braunkohlen seit Ende der 1990er Jahre unmittelbar an den Marktgegebenheiten.

Die Vermarktung des Braunkohlenstroms, der von RWE Power im Rheinischen Revier erzeugt wird, erfolgt überwiegend auf Termin durch RWE Supply & Trading. Etwa 90 % der geplanten Jahresstromerzeugung werden auf Termin bereits vor Beginn des jeweiligen Lieferjahres veräußert. Durch frühzeitige Beschaffung von ausreichend CO_2-Emissionsrechten erfolgt eine Absicherung gegen Preisrisiken auf der Beschaffungsseite. Entscheidend für den Verkaufserlös sind somit die zum Zeitpunkt des Verkaufs im vereinbarten Lieferzeitraum gültigen Forward-Notierungen für Grundlaststrom. Verbleibende Strommengen werden über Spotverkäufe abgewickelt. Mindermengen werden bis zum jeweiligen Vortag vom Spotmarkt zugekauft bzw. es erfolgt eine Pönalisierung von Fahrplanunterschreitungen (Abb. 5.9).

---

[4] [4].

Gewinnungskosten für Braunkohle und Einfuhrpreise für Steinkohle (Kraftwerkskohle)

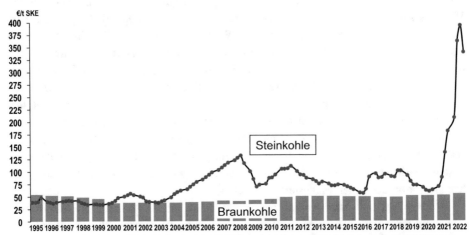

Quelle: für deutsche Braunkohle bis 1999: Statistisches Bundesamt (2000), Fachserie 4, Reihe 3.1; ab 2000: Statistisches Bundesamt (2023), Daten zur Energiepreisentwicklung, Index der Erzeugerpreise, Lange Reihen von Januar 2005 bis Januar 2023; für Steinkohle (Kesselkohle): Preise frei deutsche Grenze gemäß den Erhebungen des Bundesamtes für Wirtschaft und Ausfuhrkontrolle und des Vereins der Kohlenimporteure.

23/002   gkl   Seite 8

Abb. 5.8 Gewinnungskosten für Braunkohle und Einfuhrpreise für Steinkohle

Lieferbeziehungen zwischen einem Unternehmen mit Braunkohlenverstromung und der Großhandelsstufe

Abb. 5.9 Lieferbeziehungen zwischen einem Unternehmen mit Braunkohlenverstromung und der Großhandelsstufe

Die in den Veredlungsbetrieben des Braunkohlenbergbaus hergestellten Produkte, wie Braunkohlenstaub, sind einem intensiven Substitutionswettbewerb ausgesetzt. Konkurrenten auf den für die Braunkohlenprodukte wichtigsten Märkten sind neben Importkohle vor allem Erdgas, Heizöl und Pellets. Die Preisbildung wird somit durch die Marktbedingungen geprägt.

5.3   Preisbildung für Steinkohle

Die Preise für Steinkohlen in Deutschland werden durch die Bedingungen auf den internationalen Märkten bestimmt. Dies galt auch bereits zu den Zeiten, als in Deutschland noch Steinkohle gefördert und genutzt wurde. So war die Differenz zwischen den durchschnittlichen – im Vergleich zu den internationalen Marktverhältnissen – höheren Förderkosten durch staatliche Zuschüsse ausgeglichen worden. Dadurch konnte Steinkohle in Deutschland – unabhängig davon, ob es sich um Importmengen oder im Inland abgebaute Fördermengen handelte – zu Weltmarktbedingungen abgesetzt werden.

In der Preisbildung ist insbesondere zwischen zwei Steinkohlenqualitäten zu unterscheiden. Das ist die Kesselkohle, die vor allem zur Stromerzeugung, aber auch beispielsweise in Zementwerken genutzt wird, und die an die Stahlindustrie vermarktete Kokskohle. Aufgrund der höheren Qualitätsanforderungen der Stahlindustrie wird die Kokskohle zu deutlich höheren Preisen angeboten als die minderwertigere Kesselkohle. Zu den wichtigsten Anbietern von Kesselkohlen auf dem Weltmarkt zählen Indonesien, Australien, Russland, Südafrika und Kolumbien (Abb. 5.10). Größter Kokskohle-Lieferant ist Australien. Daneben exportieren die USA und Kanada sowie auch Russland bedeutende Mengen an Kokskohle, wobei im Falle von Russland den Lieferungen von Kesselkohle ein deutlich größeres Gewicht beizumessen ist als den Ausfuhren an Kokskohle (Abb. 5.11).

▶   Die Preise für Steinkohlen auf den internationalen Märkten werden durch die jeweilige Angebots-/Nachfragesituation bestimmt. Im Käufermarkt, also bei einem – im Vergleich zur Nachfrage bestehenden Überhang im Angebot – sind die Grenzkosten der Förderung die entscheidende Determinante für die Höhe der Preise ab Grube. Grundsätzlich kann man sagen, dass sich der Preis nach der Höhe der variablen Kosten des Anbieters richtet, der gerade noch zur Deckung der Nachfrage benötigt wird. In einer aufsteigend gestalteten Kostenkurve kommt ein Gleichgewichtspreis idealtypisch im Schnittpunkt der Angebotskurve mit der Nachfragekurve zustande. In der Realität spielen neben den Kosten aber auch die Preisverhältnisse bei den anderen Energierohstoffen, insbesondere Rohöl und Erdgas, eine wichtige Rolle.

Im Verkäufermarkt, also bei knappem Angebot, sind die Vollkosten und die Margen des teuersten zur Deckung der Nachfrage benötigten Anbieters für die Höhe der Weltmarktpreise bestimmend. Die Höhe der durch die Anbieter realisierbaren Margen richtet sich

Weltweite Handelsströme mit Kesselkohle 2020 und 2021

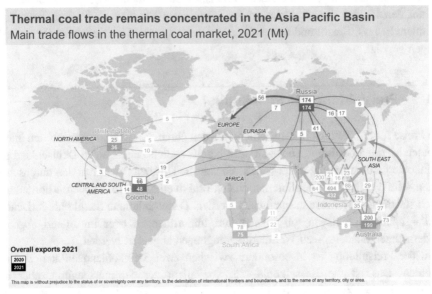

Quelle: International Energy Agency, Coal 2022

Abb. 5.10 Weltweite Handelsströme mit Kesselkohle 2020 und 2021

auch nach den Bedingungen, zu denen Öl und Erdgas angeboten werden. So hatte beispielsweise die zweite Ölpreiskrise 1979/80 eine verstärkte Nachfrage nach Steinkohlen
ausgelöst, verbunden mit einer vollen Ausschöpfung der Angebotskapazitäten. Die Folge
war ein Anstieg der Steinkohlenpreise, der wiederum eine Mobilisierung vorhandener und
den Ausbau zusätzlicher Exportkapazitäten induzierte.

Beispiel für eine gegenläufige Entwicklung ist die Phase von 1983 bis 1987. Die im
Gefolge der Ölpreiskrise zur Anpassung des Angebots an die verstärkte Nachfrage getä-
tigten Investitionen wurden marktwirksam, als die Nachfragekurve sich konjunkturbedingt
wieder abschwächte. Zusätzlich hatte Mitte der 1980er Jahre ein Ölpreisverfall eingesetzt.
Der entstandene Angebotsüberhang führte bis 1987 zu einem Rückgang der Preise auf das
Niveau des Jahres 1979. Vergleichbare Zyklen wiederholten sich in der Folge.

Eine zuvor nie dagewesene Situation stellte sich im Jahr 2022 ein. Bereits im 4. Quartal
2021 war eine verstärkte Nachfrage nach Öl, Erdgas und Steinkohle wegen der Wiederbelebung der wirtschaftlichen Aktivität nach der Corona-Pandemie festzustellen. Hinzu
kamen Faktoren, wie eine durch Trockenheit verminderte Stromerzeugung aus Wasserkraft (beispielsweise in Brasilien) oder ungünstige Windverhältnisse in Europa, die zu
einer verstärkten Nachfrage nach Steinkohlen führten. Die Situation eskalierte mit dem
Einmarsch russischer Truppen in die Ukraine am 24. Februar 2022. Die Preise sowohl für

Weltweite Handelsströme mit Kokskohle 2020 und 2021

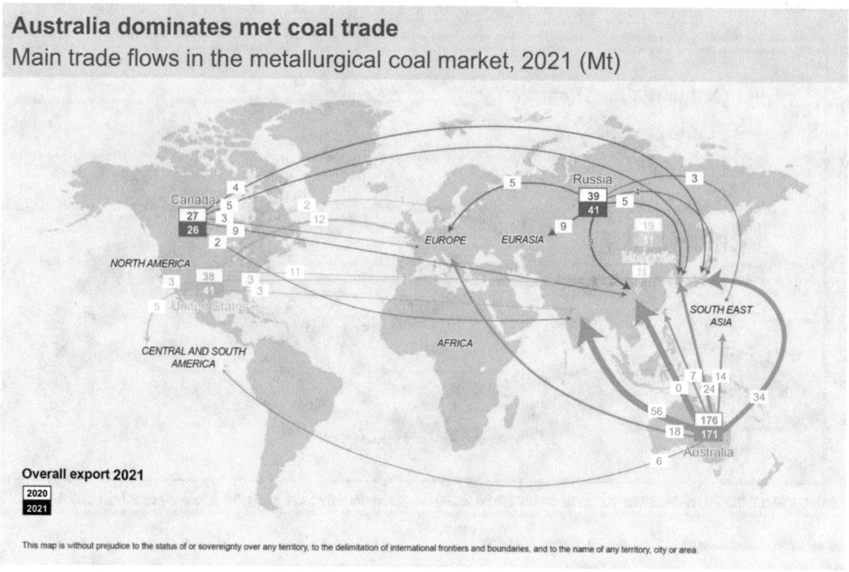

Quelle: International Energy Agency, Coal 2022

Abb. 5.11 Weltweite Handelsströme mit Kokskohle 2020 und 2021

Kesselkohlen als auch für Kokskohlen vervielfachten sich auf Größenordnungen, die in den Jahrzehnten zuvor zu keiner Zeit verzeichnet worden waren.

Dies gilt für die fob-Preise für Kesselkohle und Kokskohle mit Bestimmung Seehafen Rotterdam (Abb. 5.12 und 5.13) in noch stärkerem Maße als für die Preise mit Bestimmungshäfen in asiatischen Destinationen. Die Preise lösten sich damit sehr deutlich von den Kosten der Förderung. So standen Kosten für die Bereitstellung von Kesselkohle zwischen etwa 40 und bis zu 150 US$/t, abhängig von den jeweiligen Bedingungen in den unterschiedlichen Förderstaaten, Preise von zeitweise deutlich mehr als 300 US$/t gegenüber (Abb. 5.14). Für Kokskohle galten vergleichbare Verhältnisse (Abb. 5.15), wobei die Preise für Kokskohle sogar über die Marke von 400 US$/t hinausschossen. Dies führte zu einer Erzielung von Rekord-Margen für die Anbieter.

Für die Preisstellung frei Importland kommen die Seefrachten als wichtiger Bestimmungsfaktor für die Höhe der Preise für Steinkohle hinzu. Steinkohle wird auf Massengut-Frachtern transportiert, die auch für andere Rohstoffe, wie beispielsweise Eisenerz genutzt werden. Deshalb spielt auch die Nachfrage nach Transporten für andere Massengüter als Kohle eine wichtige Rolle für die Höhe der Frachten für Steinkohlen. Ein weiterer Faktor ist der Ölpreis. Antriebsenergie für die Massengut-Frachter ist überwiegend Schweröl. Preisbewegungen auf dem Ölmarkt haben somit Auswirkungen auf die Kosten für Seetransporte von Steinkohlen. Schließlich ist auch die Transportentfernung für die

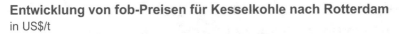

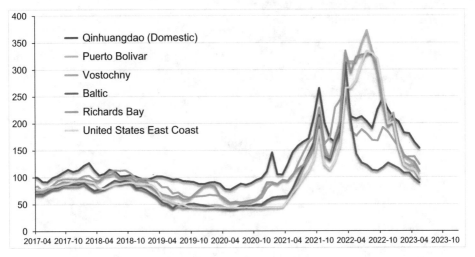

Entwicklung von fob-Preisen für Kesselkohle nach Rotterdam
in US$/t

Quellen: VDKi, Jahresbericht 2023 inkl. Fortschreibung/IHS-MCR

Abb. 5.12 Entwicklung von fob-Preisen für Kesselkohle mit Bestimmungshafen Rotterdam 2017 bis 2023

Bemessung der Frachtraten eine relevante Größe. So sind die Frachtraten von Australien naturgemäß deutlich höher als von Südafrika oder Kolumbien oder der Ostküste der USA bis zu den ARA-Häfen (Abb. 5.16).

Aus den Preisen frei Exporthafen Herkunftsland zuzüglich der Frachten zu den für die Versorgung Nordwest-Europas wichtigsten Bestimmungshäfen Amsterdam/Rotterdam/ Antwerpen können die Preise cif ARA abgeleitet werden. In den Jahren 2019 und 2020 waren durchschnittliche Preise cif ARA von 50 €/t bzw. 42 €/t ermittelt werden. Der für 2021 festgestellte Durchschnittspreis war bereits doppelt so hoch. 2022 wurden Preise von zeitweise bis zu 400 €/t aufgerufen. Im Durchschnitt des Jahres 2022 waren es 277 €/t (Abb. 5.17).

Die Vertragsformen im internationalen Steinkohlenhandel waren in den vergangenen Jahren einem deutlichen Wandel unterworfen. So hat sich die Bedeutung der Spotabschlüsse zulasten des Anteils langfristiger Verträge deutlich erhöht. Mit dem Abschluss von Spotverträgen sucht der Abnehmer einer Lieferung eine besonders nahe Anlehnung an die aktuelle Marktsituation. Dies gilt nicht nur für das Abdecken von Nachfragespitzen. Vielmehr ist es weitgehend zur Regel geworden, sich auch auf mittelfristige Sicht auf dem Spotmarkt einzudecken. Zum Charakter der Spotgeschäfte gehört, dass die Preise relativ volatil sind. Bei angespannter Marktlage schießen die Spotnotierungen über die längerfristigen Vertragspreise hinaus. Umgekehrt sind bei entspannten Marktlagen Preisabschläge

Entwicklung von fob-Preisen für Kokskohle frei Exporthafen mit Bestimmung Rotterdam

in US$/t

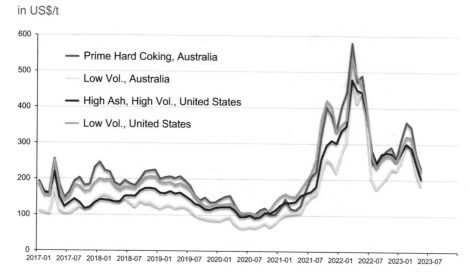

Quellen: VDKi, Jahresbericht 2023 inkl. Fortschreibung/IHS-MCR

Abb. 5.13 Entwicklung von fob-Preisen für Kokskohle mit Bestimmungshafen Rotterdam 2017 bis 2023

gegenüber dem längerfristigen Preispfad typisch. Zum Kennzeichen der Spotpreise gehört ferner, dass sie sich auf die Vertragspreise künftiger Lieferungen auswirken und insofern eine Pilotfunktion haben.

So verliefen die vom Bundesamt für Wirtschaft und Ausfuhrkontrolle (BAFA) bis 2018 publizierten durchschnittlichen Quartalspreise frei deutsche Grenze für Lieferungen von Kesselkohle weniger volatil als die von McCloskey Coal Industry Services (MCIS) ermittelten Spotnotierungen für Nordwesteuropa (Abb. 5.18). Die Durchschnittspreise frei deutsche Grenze repräsentieren – anders als MCIS – das gewichtete Mittel aus allen Lieferungen von Kesselkohlen für Kraftwerke. Die MCIS-Notierungen beziehen sich zudem auf den Standort ARA, während sich die Erhebung der BAFA-Werte auf den Übergang frei deutsche Grenze bezieht. Daneben werden die unterschiedlichen Verläufe zwischen den in US$ notierten MCIS-Preisen und den in Euro ausgewiesenen BAFA-Werten vom Verlauf des Wechselkurses zwischen US$ und Euro bestimmt.

Angesichts der komplexer gewordenen Bedingungen für den Steinkohlenhandel sind sowohl in der Beschaffung der Kohle, bei der Sicherung der Seefrachten wie auch zur Wechselkurssicherung zunehmend jene Techniken des Risikomanagements eingesetzt worden, wie sie auf anderen Rohstoffmärkten bereits seit langer Zeit üblich sind. Kesselkohle ist inzwischen an Rohstoffbörsen und an internationalen Handelsplattformen eine

Indikative fob-Kostenkurve für Kokskohle und durchschnittliche Richtpreise fob Seehäfen Australien 2020, 2021 und 2022

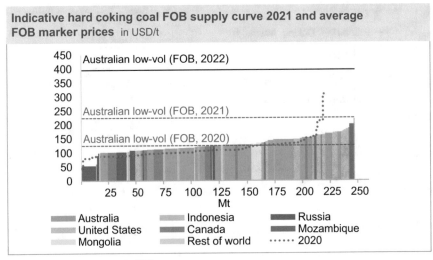

Quelle: International Energy Agency, Coal 2022

Abb. 5.14 Indikative fob-Kostenkurve für Kesselkohle und durchschnittliche Richtpreise fob Newcastle 2020, 2021 und 2022

weltweit akzeptierte und gehandelte *Commodity*. Durch Standardisierung über Qualitätsparameter (wie Heizwert und Aschegehalt) ist es möglich geworden, Preisindizes – differenziert nach Herkunft bzw. Bestimmungsort – zu bilden. Auch für Kokskohlen existieren inzwischen entsprechende Indizes. So kann auch für Lieferungen, die erst mittelfristig erfolgen sollen, der zu zahlende Preis anhand des zwischenzeitlichen Verlaufs eines bestimmten Index bestimmt werden. Dabei werden bei Vertragsabschluss die den Preis bestimmenden Kriterien definiert. Darüber hinaus erschließt sich für Marktteilnehmer die Möglichkeit, die Kohlenbezüge über *Hedging* auch preislich abzusichern.

Ein langfristig angelegter Vergleich der Preise für Rohöl, Erdgas und Steinkohle frei deutsche Grenze zeigt eine vergleichsweise große Konvergenz. So gehen die Preisverläufe dieser drei Energierohstoffe meist in dieselbe Richtung. Die sich aus Preiserhöhungen bei Öl und Erdgas ergebenden Spielräume haben sich in begrenztem Umfang regelmäßig auch in Preisausschlägen bei Steinkohle ausgewirkt (Abb. 5.19). Dieser Zusammenhang zwischen Öl/Erdgas und Steinkohle besteht allein auch bereits deshalb, weil hohe Öl- und Erdgaspreise ein Nachfragewachstum bei Kesselkohle auslösen. Dieser Substitutionseffekt wirkt zumindest kurz- oder auch mittelfristig tendenziell Preis treibend. Daneben beeinflusst der Ölpreis auch unmittelbar die Grenzkosten der Kohleproduktion und die Frachtkosten für Kohle.

Indikative fob-Kostenkurve für Kesselkohle und durchschnittliche Richtpreise fob Newcastle (Australien) 2020, 2021 und 2022

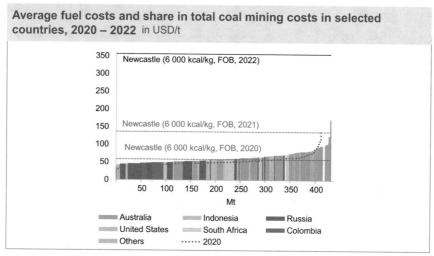

Quelle: International Energy Agency, Coal 2022

Abb. 5.15 Indikative fob-Kostenkurve für Kokskohle und durchschnittliche Richtpreise fob Seehäfen Australien 2020, 2021 und 2022

Die langfristigen Trends für Weltmarkt-Steinkohle werden vor allem durch folgende Faktoren bestimmt:

- Entwicklung von Angebot und Nachfrage,
- Kosten der Gewinnung,
- Frachtraten,
- Marktmacht der Anbieter,
- Preise der Konkurrenzenergien und
- Umweltpolitisch motivierte Eingriffe in die Märkte beispielsweise in Form der Bepreisung von CO_2 durch Steuern oder Treibhausgas-Emissionshandelssysteme.

Es wird davon ausgegangen, dass der weltweite Verbrauch an Kohle im Jahr 2022 den höchsten Stand erreicht haben könnte. Kostengünstig erschließbare Reserven stehen in ausreichendem Umfang zur Verfügung, um die zu erwartende – sich künftig eher abflachende – Nachfrage zu decken. Weitere Produktivitätsverbesserungen entlang der gesamten Wertschöpfungskette werden sich einstellen. Die Konkurrenzfähigkeit der Kohle kann aber durch Maßnahmen zum Klimaschutz eingeschränkt werden. Dies kann über eine die Kohle besonders stark belastende Bepreisung von CO_2, durch staatliche

**Entwicklung der Seefrachten vom Exporthafen mit
Bestimmung ARA-Häfen**

in US$/t

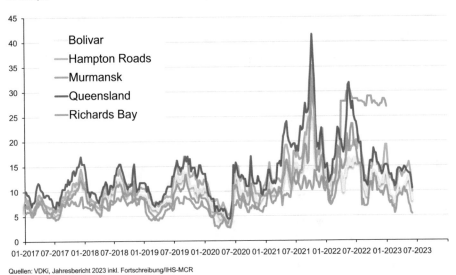

Quellen: VDKi, Jahresbericht 2023 inkl. Fortschreibung/IHS-MCR

Abb. 5.16 Seefrachtraten (fob) für Steinkohlen von wichtigen Exportstaaten zu den ARA-Häfen 2017 bis 2023

Steinkohle
01.01.2021 - 22.02.2023
in €/t, ARA (Amsterdam, Rotterdam, Antwerpen)

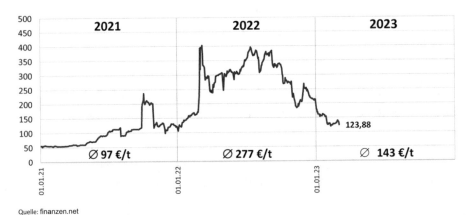

Quelle: finanzen.net

Abb. 5.17 Preisentwicklung für Kesselkohle frei Seehäfen Amsterdam/Rotterdam/Antwerpen 2021 bis 2023

Preisentwicklungen: Kraftwerkskohle frei Nordwesteuropa und frei deutsche Grenze

€/t SKE

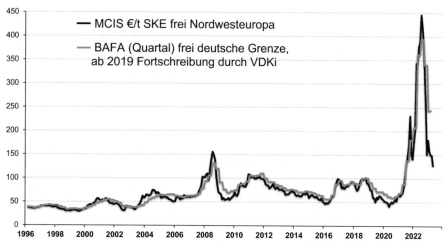

Quellen: IHS McCloskey Coal Report, Ausgaben 1/1996 bis 05/2023; BAFA, Drittlandskohlepreise nach Quartalen -
ab 2019 Fortschreibung durch VDKi

Abb. 5.18 Preisentwicklung für Kraftwerkskohle frei Nordwesteuropa und frei deutsche Grenze seit 1996

Auflagen bei der Nutzung der Kohle oder Verbote zum Einsatz der Kohle geschehen. In allen Staaten der Europäischen Union bestehen Regelungen, die darauf gerichtet sind, die Verstromung von Kohle bis spätestens zur Mitte dieses Jahrhunderts zu beenden.

5.4 Preisbildungsmechanismen für Erdgas

Aufgrund der im Vergleich zu Steinkohle und Erdöl höheren spezifischen Transportkosten pro Energieeinheit hatte sich in der Vergangenheit noch kein zusammenhängender Weltmarkt für Erdgas entwickelt. Vielmehr sind vier große Marktregionen zu unterscheiden, die allerdings zunehmend miteinander verbunden werden. Neben der heimischen Förderung tragen Importe aus unterschiedlichen Quellen zur Versorgung dieser vier Marktregionen bei.

- Nordamerika (Kanada, USA und Mexiko) ist Selbstversorger bzw. inzwischen Nettoexporteur von Erdgas.

Entwicklung ausgewählter Primärenergiepreise
frei deutsche Grenze

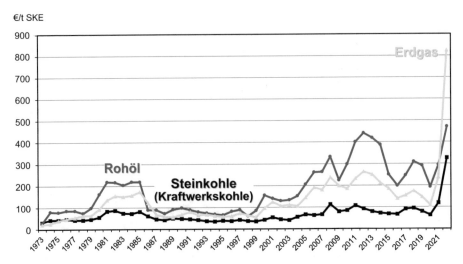

Quelle: Statistisches Bundesamt: Rohöl und Erdgas; Bundesamt für Wirtschaft und Ausfuhrkontrolle sowie VDKi: Steinkohle

Abb. 5.19 Entwicklung ausgewählter Primärenergiepreise frei deutsche Grenz 1973 bis 2022

- Für Europa war bis Ende 2021 Russland der wichtigste Gaslieferant. Die dominierende Position Russlands galt vor allem für Nord- und Osteuropa. Die Versorgung dieser Region aus Russland erfolgte überwiegend per Pipeline. Für die Versorgung Südeuropas spielen Lieferungen vor allem aus Nordafrika eine wichtige Rolle. Hinzu kommt die Eigenförderung, die in Staaten wie Norwegen, Großbritannien und Niederlande ein starkes Gewicht hat, wobei Norwegen den größten Teil seiner Produktion in andere europäische Staaten exportiert.
- Südamerika kann über die Versorgung des eigenen Marktes hinaus Gasmengen nach Nordamerika, Europa und in die asiatisch/pazifische Region exportieren. Intern ist der Markt eher durch LNG-Transporte verknüpft, da – im Unterschied zu Europa und Nordamerika – der südamerikanische Markt nicht durch ein engmaschiges Pipeline-Netz verbunden ist.
- Ostasien importiert einen Großteil des Erdgases aus dem Nahen Osten (Katar, Vereinigte Arabische Emirate und Oman), greift aber auch sehr stark auf Gasvorkommen in der Region Australien/Malaysia/Indonesien zurück. Die Versorgung Japans und Südkoreas basiert ausschließlich auf dem Import von LNG. China hat sich inzwischen zum weltweit größten Importeur von Erdgas entwickelt.

Die Konsequenz ist: Zwischen den genannten vier Märkten können sich stärkere Preisunterschiede entwickeln, als dies zum Beispiel bei Rohöl der Fall ist, auch wenn diese

Preisdifferenzen immer weiter durch LNG-Spotgeschäfte aufgeweicht werden. Japan hatte in der Vergangenheit durchgängig ein höheres Gaspreisniveau als Europa, und in Nordamerika sind deutlich niedrigere Preise typisch als in Europa. So bewegten sich die LNG-Preise für Importe nach Japan in der Vergangenheit deutlich über den Pipeline-Einfuhrpreisen, die für die Mitgliedstaaten der EU veröffentlicht wurden. Wesentliche Ursache waren die vergleichsweise hohen LNG-Transportkosten sowie die auf japanischer Seite bestehende größere Bereitschaft, für die Versorgungssicherheit mittels längerfristig angelegter Verträge einen Aufpreis zu bezahlen. Der Krieg in der Ukraine hat die Situation allerdings verändert. Die aus dem Lieferstopp für russisches Erdgas entstandene Notwendigkeit, sich verstärkt mit LNG aus anderen Herkunftsländern einzudecken, hatten 2022 zu extrem hohen Preisen für Erdgas in Europa geführt.

5.4.1 Veränderung der Preisbildungsmechanismen auf der Großhandelsstufe

▶ Bis zur Jahrhundertwende basierten die Geschäfte in Europa zwischen der geringen Zahl an Erdgaslieferanten und den Abnehmern des Erdgases auf Basis von bilateralen Langfristverträgen. Dabei ging es um Zeiträume von 20 oder auch 30 Jahren. Das Ziel dieser Langfristverträge bestand in einer Reduktion der Risiken für Käufer und Verkäufer. Durch die Abnahmegarantie, die dem Verkäufer eingeräumt wurde und die Liefergarantie zugunsten des Käufers über vertraglich festgelegte Mindestmengen innerhalb der vereinbarten Laufzeiten konnten die Risiken für die Investitionen in die benötigte Infrastruktur aufgefangen werden.

Da zu dieser Zeit wettbewerbliche Preisbildungsmechanismen im Rahmen eines eigenständigen Gasmarktes nicht existierten, erfolgte eine Anlehnung an die Preise der wichtigsten Substitutionsenergie. Das war Öl. Entsprechend wurden Preisformeln in den Verträgen verankert, mit denen die Erdgaspreise nach Berechnung eines Ausgangspreises an die Entwicklung der Preise für leichtes und schweres Heizöl angebunden wurden. Entsprechend dem Anlegbarkeitsprinzip, das die Wettbewerbsfähigkeit des Erdgases gegenüber den Konkurrenzenergieträgern gewährleistete, folgte der Erdgaspreis mit einer gewissen zeitlichen Verzögerung den Preisen auf dem Mineralölmarkt.[5]

Dieses Anlegbarkeitsprinzip hatte sowohl angebots- als auch beschaffungsseitig Gültigkeit. Kriterien für die Bestimmung des anlegbaren Preises waren zum einen die Preise der wichtigsten Konkurrenz-Brennstoffe; das ist insbesondere leichtes Heizöl. Daneben wurden folgende Faktoren berücksichtigt:

● Vor- und Nachteile bei der Verwendung des Erdgases im Vergleich zu Konkurrenzbrennstoffen,

---

[5] [5].

Abb. 5.20 Formel zur
Gaspreisbildung in
Langfristverträgen

Formel zur Gaspreisbildung

$$p = p_O + a \cdot (p_{HEL_1} - p_{HEL_2}) + b \cdot (p_{HS_1} - p_{HS_2})$$

p_O: Grundpreis (gemäß Anlegbarkeit ermittelt)

a und b: Produkte aus jeweils drei Termen, u. a. Anteile von
                                leichtem bzw. schwerem Heizöl

p_{HEL_1} und p_{HS_1}:   gemäß Zahlenkombination ermittelte Preise

p_{HEL_2} und p_{HS_2}:   feste Basispreise (bei Vertragsabschluss zugrunde
                                gelegte Heizölpreise)

- Differenzen zwischen den Investitions- und Betriebskosten bei den Anlagen, in denen Erdgas bzw. deren Konkurrenzbrennstoffe eingesetzt werden sowie
- Unterschiede im Wirkungsgrad der Anlagen.

Der so nach Abnehmergruppen differenziert bestimmte Grundpreis für das chemisch weitgehend homogene Produkt Erdgas folgte einem Preispfad, der sich vor allem an der Entwicklung des Heizölpreises orientierte. Dieses System der Preisbildung, das sich aus einem zwischen den Vertragsparteien vereinbarten Formelmechanismus ableitete (Abb. 5.20), hatte keinen Bezug zu den Kosten der Lieferung des Erdgases. So waren die Kosten der Förderung und des Transports etwa von russischem Erdgas weitaus niedriger als die Preise, die sich auf Basis des Formelmechanismus ergaben. Die Durchsetzung entsprechender Preise war durch die starke Marktkonzentration und damit Machtposition begründet, die auf der Angebotsseite bestand und in den letzten Jahren durch die dominierende Position Russlands noch verstärkt worden war.

Der Verlauf des gemäß Anlegbarkeit ermittelten oder in Verhandlungen vereinbarten Basispreises orientierte sich an der Entwicklung der in den Formelmechanismus einbezogenen Konkurrenzenergien, wobei mittels Gewichtungsfaktoren bestimmt wurde, wie stark der Erdgaspreis auf die Veränderung der Preise der Substitutionsenergien reagiert. Die Gewichtungsfaktoren geben an, mit welchen Anteilen beispielsweise leichtes und schweres Heizöl in die Formel eingehen, wie der Anpassungsmechanismus wirken soll (gleichgerichtete, abgeschwächte oder verstärkte Anpassung an die Ölpreisentwicklung) und mit welchem technischen Umrechnungsfaktor gearbeitet wird, um die Preise für Heizöl und für Erdgas, die in verschiedenen Energieeinheiten (Heizöl z. B. in Euro pro t und Erdgas in ct/kWh) ausgedrückt werden, „gleichnamig" zu machen.

Während es sich in dem beispielhaft gewählten Formelmechanismus bei p_{HEL2} und p_{HS2} um jeweils feste Basispreise für die beiden Produkte handelt (bei Vertragsabschluss zugrunde gelegte Heizölpreise), werden p_{HEL1} und p_{HS1} nach Maßgabe einer Bindung bestimmt, die sich aus drei Elementen zusammensetzt (Abb. 5.21):

Abb. 5.21
Zahlenkombination im
Formelmechanismus zur
Anpassung von Gaspreisen
nach dem Anlegbarkeitsprinzip

Zahlenkombination zur Ermittlung von p_{HEL_2} und p_{HS_2}

Typisch für Gasbeschaffung:	9 - 0 - 1
Typisch für Gasvertrieb:	6 - 1 - 3

Erster Wert: Maßgebliche Zahl von Monaten zur Ermittlung des
                     relevanten Durchschnittspreises für Heizöl

Zweiter Wert: Time-lag in Monaten

Dritter Wert: Preisanpassungs-Rhythmus in Monaten

- Das erste Element benennt die Zahl der Monate, aus denen der relevante Durchschnittspreis für Heizöl abgeleitet wird.
- Die zweite Zahl beziffert den Time-lag der Anpassung in Monaten.
- Die dritte Zahl steht für den Anpassungsrhythmus – ebenfalls gemessen in Monaten.

In der Gasbeschaffung konnte die Bestimmung von p_{HEL1} und p_{HS1} gemäß folgender Zahlenkombination erfolgen:

9 – 0 – 1

Das heißt: 1. Maßgeblich ist der Heizölpreis, der sich gemäß einer vom Statistischen Bundesamt veröffentlichten Reihe für eine im Einzelnen definierte Produktspezifikation im Neun-Monats-Durchschnitt ergibt. 2. Die Anpassung erfolgt ohne Time-lag. 3. Es ist eine monatliche Preisanpassung vorgesehen.

Im Vertrieb für die Bestimmung von p_{HEL1} und p_{HS1} eher eine Bindung gemäß folgender Zahlenkombination typisch:

6 – 1– 3

Allerdings hatte sich die Bedeutung der ölindizierten Vertriebsverträge in den letzten Jahren drastisch vermindert.

▶ Einen weiteren Meilenstein in der Entwicklung der Gasmärkte bedeuteten die Liberalisierungs-Initiativen der EU-Kommission Ende der 1990er Jahre. Durch Änderung des Gesetzes gegen Wettbewerbsbeschränkungen wurde der Erdgasmarkt auch in Deutschland für Wettbewerb um Endkunden geöffnet.

Die zuvor bestehenden Gebietsmonopole wurden beseitigt. Damit wurde auch das Ziel verfolgt, dass die Preisbildung auf Basis von Angebot und Nachfrage an liquiden Gas-Handelsmärkten stattfindet und nicht in Anlehnung an die Preise für Substitutionsenergien. Ergebnis war, dass die Preise auf den europäischen Handelsmärkten für die meist deutlich kurzfristigeren Laufzeiten unter das Niveau der Langfristverträge fielen. Dies führte gleichzeitig zu einer Anpassung der langfristigen Importverträge in Form neu verhandelter Preisregelungen und auch veränderter Lieferbedingungen. Verbunden war mit dieser Entwicklung eine Erhöhung der Fluktuation der Erdgaspreise auf den internationalen Beschaffungsmärkten.

Erdgas-Spot- und Terminmarkt-Notierungen werden seitdem an verschiedenen Handels-Drehscheiben (Hubs oder virtuelle Punkte) ermittelt. Auf dem nordwesteuropäischen Festland sind TTF (Niederlande) und Trading Hub Europe (THE) für das Marktgebiet Deutschland von besonderer Relevanz. Für diese virtuellen Handelspunkte erfolgen täglich Veröffentlichungen über die Spot- und die Terminmarkt-Preise. Seit Beginn des Kriegs in der Ukraine waren die bereits zuvor bereits gestiegenen Notierungen explodiert. Folge der zunächst erfolgten Kürzungen und der seit Mitte 2022 eingestellten Lieferungen von Erdgas aus Russland war, dass die Preise an den europäischen Handelspunkten zeitweise auf das 25-fache des Niveaus des Jahres 2020 hochschnellten (Abb. 5.22).

Waren die Großhandelspreise für Erdgas in Europa bis etwa Mitte 2021 durchgängig niedriger als in Japan, so schossen sie ab der zweiten Hälfte des Jahres 2022 deutlich darüber hinaus. Die Preissteigerungen in Asien und vor allem in den USA fielen in der gleichen Zeit deutlich verhaltener aus (Abb. 5.23). Dies gilt sowohl für den Spotmarkt als auch für den Terminmarkt (Abb. 5.24).

Dies hatte deutliche Konsequenzen für die vom BAFA ermittelten Durchschnittspreise für Erdgas frei deutsche Grenze (Abb. 5.25). So wurde für August 2022 vom BAFA ein

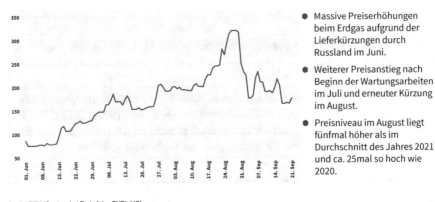

Lieferkürzungen und Wartungsarbeiten lassen Preise weiter steigen

Erdgaspreis End of Day THE, in Euro/MWh im Jahr 2022

- Massive Preiserhöhungen beim Erdgas aufgrund der Lieferkürzungen durch Russland im Juni.

- Weiterer Preisanstieg nach Beginn der Wartungsarbeiten im Juli und erneuter Kürzung im August.

- Preisniveau im August liegt fünfmal höher als im Durchschnitt des Jahres 2021 und ca. 25mal so hoch wie 2020.

Quelle: EEX (Spotmarket End of day THE), VCI

Abb. 5.22 Preisentwicklung für Erdgas im Sommer 2022 auf dem Spotmarkt

Gaspreise in Europa steigen besonders stark – Nachteile gegenüber Wettbewerbern

Preisvergleich und Gründe für hohe Gaspreise
Referenzpreise der Handelspunkte in Euro/MWh

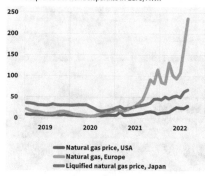

- **Natural gas price, USA**
- **Natural gas, Europe**
- **Liquified natural gas price, Japan**

- Gaspreise in Europa explodieren. Gaslieferungen werden zum politischen Druckmittel.
- Bereits in 2021 starke Nachfrage
  - Weltweit: Aufholprozesses nach Corona-Lockdown, Sondereffekte in China (Australien-Konflikt, Emissionsziele) und Lateinamerika (Trockenheit/geringere Wasserkrafterzeugung)
- Bereits 2021 geringes Angebot:
  - Niedrige Gasvorräte in Europa: kalter Winter und wenig Wind/Sonne in 2021
  - Störungen von Gasfeldern in Europa
  - Geringere LNG-Importe aus den USA und Afrika
  - Russland: keine Aufstockung der Gasmengen über zugesicherte Mengen hinaus.

Quellen: Worldbank, EEX (Spotmarket End of day THE), VCI

Abb. 5.23 Vergleich der Großhandelspreise für Erdgas zwischen Europa, Japan und USA 2019 bis 2022

Preisentwicklung Erdgas Großhandel
01.01.2021 - 19.04.2023 (Terminmarkt); - 20.04.2023 (Spotmarkt)
in €/MWh

Terminmarkt Jahresfuture (rollierend)*

Spotmarkt Daily Reference Prices*

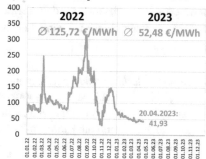

* Mittelwerte aus Preisen der Marktgebiete von Gaspool und NCG, ab Oktober 2021 THE

Quelle: EEX

Abb. 5.24 Entwicklung der Preise für Erdgas auf dem Spot- und Terminmarkt im Marktgebiet THE 2022 und 2023

BAFA-Grenzübergangspreise für Erdgas

in ct/kWh

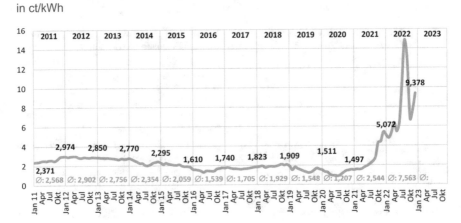

Quelle: BAFA, Stand: 04/2023

Abb. 5.25 BAFA-Grenzübergangspreise für Erdgas 2011 bis 2022

Durchschnittspreis von 14,85 ct/kWh veröffentlicht. Das entsprach dem Zwölffachen im Vergleich zu dem Durchschnittswert, der für das Jahr 2020 ausgewiesen worden war.

Seitdem haben sich die Preise auf dem Spotmarkt deutlich ermäßigt. Wichtigste Gründe waren die Verbrauchsrückgänge als Folge von Einsparungen in der Industrie und einem wegen der milden Witterung im Oktober 2022 verminderten Heizenergiebedarf. Dies hat sich auch in den Terminmarktpreisen für die Lieferjahre 2024, 2025 und 2026 niedergeschlagen. Damit liegen die Forward- Notierungen deutlich unter den Kassa-Preisen (Abb. 5.26).

> ▶ Diese als *Backwardation* bezeichnete Situation unterscheidet sich von einer *Contango*-Preissituation, bei der die Kassa-Notierung unter dem Future-Preis legt. Ein Markt ist somit – im Unterschied zu der im Herbst 2022 bestehenden Situation – im *Contango*, wenn die Futures mit einem Aufschlag gegenüber dem Kassa-Markt gehandelt werden.

5.4.2 Preisgestaltung auf der Vertriebsebene

Während die Netzentgelte auf der Transport- und Verteilnetz-Ebene staatlich reguliert sind, bilden sich die Preise auf der Endverbraucherebene im Wettbewerb zwischen einer Vielzahl von Anbietern. Mit der Novellierung des Energiewirtschaftsgesetzes im Jahr 2005 war die tarifliche Aufsicht über die Gaspreise zum 1. Juli 2007 aufgehoben worden.

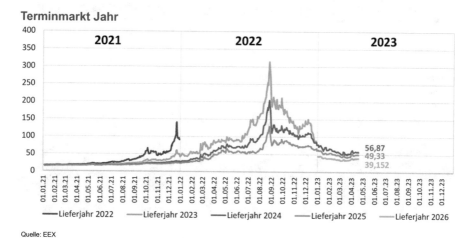

Terminmarkt Erdgas: Jahresfutures 2022 - 2026
01.01.2021 - 19.04.2023
in €/MWh

Abb. 5.26 Terminmarkt Erdgas: Jahresfutures 2022 bis 2026

Gleichwohl sind die Preisstrukturen noch an das alte System von Tarif- und Sonder-vertragspreisen angelehnt. Tarifkunden haben die Wahl zwischen den vom jeweiligen Grundversorger angebotenen Standardtarif und vom Grundversorger angebotenen Sondertarifen. Ferner haben sie die Möglichkeit, den Anbieter zu wechseln und dabei auf die Vielzahl von regional nicht gebundenen Wettbewerbern zurückzugreifen.

In nahezu allen Netzgebieten beliefern mehr als 20 verschiedene Lieferanten Gaskunden. In 95 % der Netzgebiete sind es sogar mehr als 50 verschiedene Lieferanten. In mehr als zwei Drittel aller Netzgebiete können Letztverbraucher sogar zwischen mehr als 100 Lieferanten wählen. Für Haushaltskunden gelten nahezu vergleichbare Größenordnungen. So haben Haushaltskunden in 92 % der Netzgebiete die Wahl zwischen mehr als 50 verschiedenen Lieferanten. Und in mehr als der Hälfte der Netzgebiete sind es sogar mehr als 100 Lieferanten, die Gas für Haushaltskunden anbieten (Abb. 5.27).

Die Verbraucher haben in den letzten Jahren zunehmend von der Möglichkeit des Wechsels zu einem anderen Anbieter Gebrauch gemacht. So haben bis August 2022 rund vier Millionen Haushalte den Lieferanten gewechselt. Das entspricht einer kumulierten Wechselquote seit Beginn der Liberalisierung von zirka 40 % (Abb. 5.28).

Der Wettbewerb kommt nicht nur im Lieferantenwechsel zum Ausdruck. Vielmehr hat eine große Zahl der Haushaltskunden von der Möglichkeit Gebrauch gemacht, mit dem bestehenden Versorger einen Vertrag außerhalb der Grundversorgung abzuschließen. Das trifft für rund die Hälfte aller Haushaltskunden zu. Mehr als ein Drittel der Haushalte hat einen Vertrag bei einem Lieferanten abgeschlossen, der nicht der örtliche Grundversorger

Wettbewerb im Gasmarkt: Hohe Anbietervielfalt

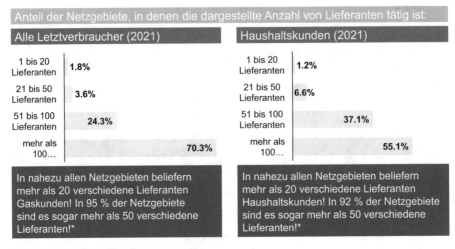

Anteil der Netzgebiete, in denen die dargestellte Anzahl von Lieferanten tätig ist:

Alle Letztverbraucher (2021)

1 bis 20 Lieferanten	1.8%
21 bis 50 Lieferanten	3.6%
51 bis 100 Lieferanten	24.3%
mehr als 100…	70.3%

In nahezu allen Netzgebieten beliefern mehr als 20 verschiedene Lieferanten Gaskunden! In 95 % der Netzgebiete sind es sogar mehr als 50 verschiedene Lieferanten!*

Haushaltskunden (2021)

1 bis 20 Lieferanten	1.2%
21 bis 50 Lieferanten	6.6%
51 bis 100 Lieferanten	37.1%
mehr als 100…	55.1%

In nahezu allen Netzgebieten beliefern mehr als 20 verschiedene Lieferanten Haushaltskunden! In 92 % der Netzgebiete sind es sogar mehr als 50 verschiedene Lieferanten!*

* An der Datenerhebung haben 1.020 Gaslieferanten teilgenommen.

Quellen: Bundesnetzagentur (Monitoringbericht 2022) Bonn, Dezember 2022, Seite 436; Stand: 31.12.2021

Abb. 5.27   Wettbewerb im Gasmarkt: Hohe Anbietervielfalt

Lieferantenwechsel Wechselquote in Prozent

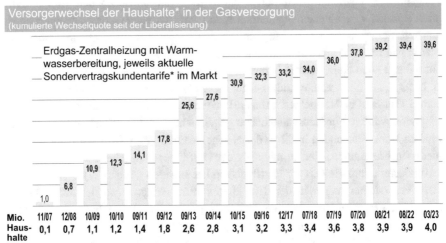

Versorgerwechsel der Haushalte* in der Gasversorgung
(kumulierte Wechselquote seit der Liberalisierung)

Erdgas-Zentralheizung mit Warmwasserbereitung, jeweils aktuelle Sondervertragskundentarife* im Markt

Mio. Haushalte	11/07	12/08	10/09	10/10	09/11	09/12	09/13	09/14	10/15	09/16	12/17	07/18	07/19	07/20	08/21	08/22	03/23
%	1,0	6,8	10,9	12,3	14,1	17,8	25,6	27,6	30,9	32,3	33,2	34,0	36,0	37,8	39,2	39,4	39,6
Mio. Haushalte	0,1	0,7	1,1	1,2	1,4	1,8	2,6	2,8	3,1	3,2	3,3	3,4	3,6	3,8	3,9	3,9	4,0

* Haushalte mit eigenem Gaszähler und direktem Vertragsverhältnis mit dem Gasversorger

Quelle: BDEW-Kundenfokus, BDEW-Energietrends

Abb. 5.28   Lieferantenwechsel von Haushaltskunden in der Gasversorgung seit 2007

Vertragsstruktur von Haushaltskunden im Gasmarkt zum 31.12.2021

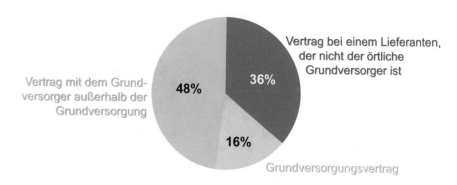

Anteile am gesamten Liefervolumen von 274,5 TWh im Jahr 2021

Vertrag bei einem Lieferanten, der nicht der örtliche Grundversorger ist — 36%

Vertrag mit dem Grundversorger außerhalb der Grundversorgung — 48%

Grundversorgungsvertrag — 16%

Quelle: Bundesnetzagentur/Bundeskartellamt, Monitoringbericht 2022, Bonn, Dezember 2022, Seite 444

Abb. 5.29   Vertragsstruktur von Haushaltskunden im Gasmarkt

ist. Und nur 16 % sind im Grundversorgungsvertrag, der in der Regel durch ungünstigere Konditionen gekennzeichnet ist, verblieben (Abb. 5.29).

Der Gaspreis, der Haushaltskunden zur Anwendung kommt, setzt sich aus verschiedenen Komponenten zusammen. Dazu gehören die Gasbeschaffung und der Vertrieb, das Netzentgelt einschließlich Messung und Abrechnung sowie staatlich verursachte Belastungen. Zu dieser staatlichen Komponente zählen die Erdgassteuer, die Konzessionsabgabe, die CO_2-Komponente gemäß Brennstoffemissionshandelsgesetz und die Mehrwertsteuer. Zum 1. April 2022 machten diese durch staatliche Maßnahmen bedingten Preisbestandteile 28 % des Endverbraucherpreises für Gaskunden aus (Abb. 5.30).[6]

Aufgrund der Turbulenzen auf den Großhandelsmärkten für Erdgas hat sich der Endverbraucherpreis für Haushaltskunden im Jahr 2022 kontinuierlich erhöht und war im 4. Quartal 2022 auf durchschnittlich 20,04 ct/kWh für Haushalte in Einfamilienhäusern und auf 19,81 ct/kWh für Haushalte in Mehrfamilienhäusern gestiegen. Damit hatte sich der Preis im Vergleich zum Jahr 2021 fast verdreifacht (Abb. 5.31 und 5.32). Ursache ist die stark erhöhte Komponente Gasbeschaffung. Als Konsequenz hatte sich für das 4. Quartal 2022 eine Zunahme der Monatsrechnung für Erdgas auf 334 € für einen Haushalt in einem Einfamilienhaus mit einem Jahresverbrauch von 20.000 kWh und auf 220 € für einen Haushalt mit einer Wohnung in einem Mehrfamilienhaus und einem Jahresverbrauch von 13.333 kWh eingestellt (Abb. 5.33 und 5.34). Die Vergleichswerte

---

[6] [6].

**Zusammensetzung des Preises für Gas bei Belieferung
von Haushaltskunden 2022 (9,88 Cent/kWh)**

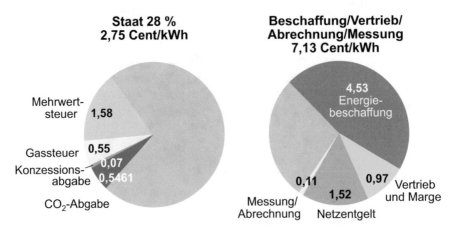

Mengengewichteter Preis über alle Vertragskategorien im Abnahmeband zwischen 5.556 und 55.556 kWh pro Jahr zum 1. April 2022
Quelle: Monitoringbericht 2022 der Bundesnetzagentur und des Bundeskartellamts, Bonn, Dezember 2022, Seite 463

Abb. 5.30 Zusammensetzung des Preises für Gas bei Belieferung von Haushaltskunden 2022

für 2021 (Durchschnittswerte) lauten 118 € (Einfamilienhaus) und 71 € (Wohnung im Mehrfamilienhaus).[7]

Dieser starke Anstieg war erfolgt, obwohl zur Entlastung der Verbraucher zum 1. Oktober 2022 die Mehrwertsteuer auf Erdgas bis März 2024 befristet von 19 auf 7 % abgesenkt wurde. Des Weiteren wurden Entlastungen im Rahmen der „Gaspreisbremse" vorgenommen. Für private Haushalte und kleinere Gewerbekunden, deren Abrechnungen über Standardlastprofile (SLP) oder Registrierende Leistungsmessung (RLM) erfolgen, ist ein zweistufiges Verfahren vorgesehen worden. Es besteht aus einer im Dezember 2022 durchgeführten Einmalzahlung auf Basis des Verbrauchs, welcher der Abschlagszahlung aus September 2022 zugrunde gelegt wurde (Stufe 1) sowie einer Gaspreisbremse für den Zeitraum ab 1. März 2023, die rückwirkend zum 1. Januar 2023 geregelt worden ist, bis frühestens 30. April 2024 (Stufe 2).[8]

Die einmalige Entlastung (Stufe 1) errechnet sich wie folgt: Ein Zwölftel der der Abschlagszahlung im September 2022 zugrunde liegenden Jahresverbrauchsprognose multipliziert mit dem Gesamtbruttoarbeitspreis aus Dezember 2022 zuzüglich einem Zwölftel des Jahresbruttogrundpreises mit Stand September 2022. Im Rahmen der zweiten Stufe wird ein Brutto-Arbeitspreis von 12 ct/kWh für Erdgas für ein Grundkontingent

[7] [7].

[8] [8].

Erdgaspreis für Haushalte (EFH) in ct/kWh

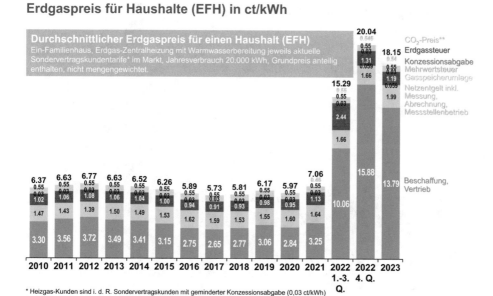

Durchschnittlicher Erdgaspreis für einen Haushalt (EFH)
Ein-Familienhaus, Erdgas-Zentralheizung mit Warmwasserbereitung jeweils aktuelle Sondervertragskundentarife* im Markt, Jahresverbrauch 20.000 kWh, Grundpreis anteilig enthalten, nicht mengengewichtet.

* Heizgas-Kunden sind i. d. R. Sondervertragskunden mit geminderter Konzessionsabgabe (0,03 ct/kWh)
** Der CO$_2$-Preis von 25 €/t im Jahr 2021 entspricht 0,455 ct/kWh (netto) und der Preis von 30 €/t im Jahr 2022 und 2023 entspricht 0,546 ct/kWh bzw. 0,544 ct/kWh (netto).
Quelle: BDEW, Januar 2023

Abb. 5.31 Entwicklung der Erdgaspreise für Haushalte mit Erdgas-Zentralheizung und Warmwasserbereitung im Ein-Familienhaus 2010 bis 2023

garantiert. Das Grundkontingent beträgt 80 % der Jahresverbrauchsprognose, die der Abschlagszahlung aus September 2022 zugrunde gelegt wurde.

Für große industrielle Verbraucher (größer 1,5 Mio. kWh/a), die über eine geregelte Lastgangmessung (RLM) verfügen, wird grundsätzlich ein zu entlastendes Kontingent des Gasverbrauches definiert, das sich im Regelfall an 70 % des Verbrauches des Jahres 2021 bemisst. Für dieses Kontingent ist ein Netto-Arbeitspreis von 7 ct/kWh definiert worden. Für die verbleibende Menge des Gasverbrauchs wird der volle vertraglich vereinbarte Marktpreis fällig. Die Unternehmen müssen die Teilnahme an dem Programm bei ihrem Versorger anmelden und öffentlich machen. Ein Opt-Out ist möglich. Das Instrument ist zum 1. Januar 2023 wirksam geworden und soll zum 30. April 2024 enden.

5.5 Preisbildung für Strom nach Wertschöpfungsstufen

Bis zur Neuregelung des Energierechts im April 1998 existierte auf dem Elektrizitätsmarkt – ebenso wie bei Erdgas – keine direkte Konkurrenz zwischen verschiedenen Anbietern. Für Kunden bestand nur die Wahl zwischen der Eigenerzeugung des Stroms oder dem Bezug von ihrem *zuständigen* Versorgungsunternehmen. Die Eigenerzeugung

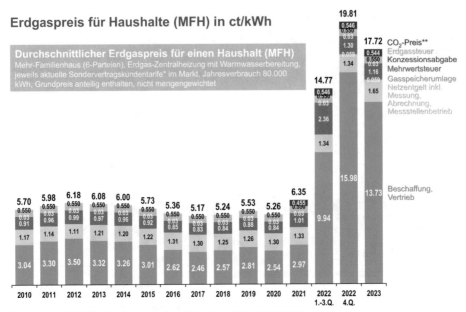

Abb. 5.32 Entwicklung der Erdgaspreise für Haushalte mit Erdgas-Zentralheizung und Warmwasserbereitung im Mehr-Familienhaus 2010 bis 2023

von Strom als wettbewerbsfähige Alternative zum Strombezug war wegen der Kostendegression praktisch nur Großunternehmen möglich, die hiervon auch Gebrauch machten. Stromerzeugung aus erneuerbaren Energien war zur damaligen Zeit praktisch nur auf Wasserkraft begrenzt. Nur im Wärmemarkt war Strom auch vor der Liberalisierung der Substitutionskonkurrenz ausgesetzt. Allerdings war die Bedeutung von Strom zur Bereitstellung von Wärme sehr begrenzt.

Die Preise – und dies in besonderer Weise für Stromverbraucher im privaten Sektor und in Gewerbe/Handel/Dienstleistungen – waren nach Maßgabe von Durchschnittskosten ermittelt worden. Erhöhungen der Preise mussten durch die zuständigen Behörden der Bundesländer genehmigt werden. Dazu bedurfte es des Nachweises, dass die geltend gemachten Kosten angemessen waren. Die Verrechnung der Kosten an die Kunden erfolgte somit nach dem „cost plus fee"-Prinzip (Abb. 5.35).

▶ Mit der Liberalisierung des Strommarktes im Jahr 1998 erfolgte eine Abkehr vom Prinzip der Preisbildung nach Maßgabe von Durchschnittskosten. Die bis dahin bestehenden Gebietsmonopole der Versorger waren aufgehoben worden. Die Preisgestaltung erfolgt seitdem im Erzeugungs- und auf dem im Zuge der Liberalisierung gebildeten Großhandelsmarkt sowie im Vertriebssektor im Wettbewerb

Erdgaspreis für Haushalte (EFH): Monatsrechnung Ein-Familienhaus

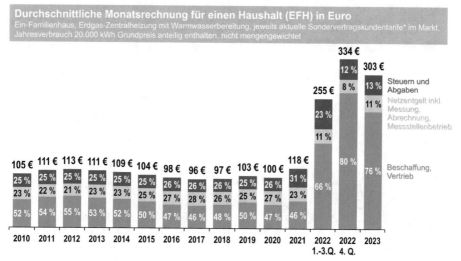

* Heizgas-Kunden sind i. d. R. Sondervertragskunden mit geminderter Konzessionsabgabe (0,03 ct/kWh)
Quelle: BDEW, Januar 2023

Abb. 5.33 Entwicklung der Monatsrechnung für Erdgas für Haushalte mit Erdgas-Zentralheizung und Warmwasserbereitung im Ein-Familienhaus 2010 bis 2023

zwischen einer Vielzahl von Anbietern. Nur der Transport- und Verteilnetzbereich unterliegt – im Unterschied zu den anderen Wertschöpfungsstufen – unverändert der staatlichen Regulierung.

Beim Transport- und Verteilnetz handelt es sich um ein natürliches Monopol. Die daraus abgeleitete Notwendigkeit der Regulierung der Netzentgelte obliegt der Bundesnetzagentur. Während entscheidende Orientierungsgröße für die Bemessung der zu genehmigenden Netzentgelte bis Ende 2008 die Kosten des jeweiligen Netzunternehmens waren, wurde zum 1. Januar 2009 das Prinzip der Anreizregulierung eingeführt (Abb. 5.36).

Die seit 1998 liberalisierte Welt der Stromversorgung weist somit deutliche Unterschiede zu der bis 1998 regulierten Welt auf. Dies betrifft in besonderer Weise die Strompreisbildung, die seitdem in den nicht regulierten Wertschöpfungsstufen unter Wettbewerbsbedingungen erfolgt. Investitionsanreize leiten sich aus den Marktbedingungen ab, aber auch in der liberalisierten Welt noch – und dies gilt in besonderer Weise für Anlagen auf Basis erneuerbarer Energien – aus der staatlichen Rahmensetzung (Abb. 5.37). Von Relevanz sind ferner die Besonderheiten des Produkts Strom (Abb. 5.38).

Die Höhe der Strompreise, die sich nach Abnehmergruppen unterschiedlich darstellt, unterliegt einer Vielzahl von Einflussfaktoren. Dabei kann zwischen nachfrage- und angebotsseitigen Faktoren unterschieden werden. Die Nachfrage ist unter anderem von der

Erdgaspreis für Haushalte (MFH): Monatsrechnung Wohnung

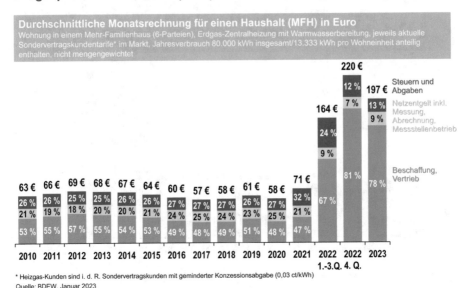

Abb. 5.34 Entwicklung der Monatsrechnung für Erdgas für Haushalte mit Erdgas-Zentralheizung und Warmwasserbereitung im Mehr-Familienhaus 2010 bis 2023

Bis 1998: Kostenoptimierte Bewirtschaftung der Kraftwerke und Netze, Verrechnung an den Kunden nach „cost plus fee" Prinzip

Cost plus fee- Zeitalter

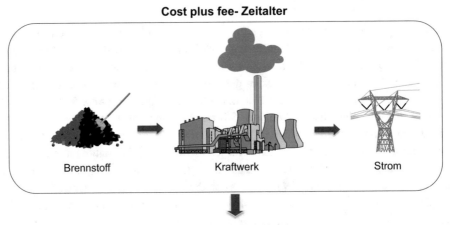

Abb. 5.35 Bis 1998: Kostenoptimierte Bewirtschaftung der Kraftwerke und Netze, Verrechnung an den Kunden nach „cost plus fee"-Prinzip

Ab 1998: Aufhebung Gebietsmonopole, Wettbewerb in der Erzeugung, Bildung von Großhandelsmärkten, Regulierung von Transport/Verteilung
Liberalisierungs-Zeitalter
Ab 2004: Das Kraftwerk als Spark-Spread-Option und Handel aller Commodity-Produkte
CO2
Brennstoff
Kraftwerk
Strom
€
Wholesale/retail

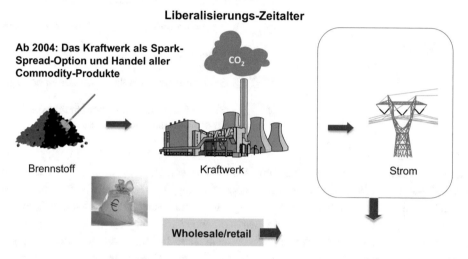

Abb. 5.36 Ab 1998: Aufhebung Gebietsmonopole, Wettbewerb in der Erzeugung, Bildung von Großhandelsmärkten, Regulierung von Transport/Verteilung

Seit 1998 Strompreisbildung und Investitionsentscheidungen unter wettbewerblichen Bedingungen
Liberalisierung des deutschen Strommarktes im April 1998 durch Energierechtsnovelle – Umsetzung EG-Stromrichtlinie 1996
"Regulierte Welt" bis 1998
> integrierte Wertschöpfungskette (Erzeugung, Netz, Vertrieb)
> Stromproduktion zur sicheren Versorgung innerhalb der Gebietsmonopole (Versorgungspflicht)
> Langfristige Vollversorgungskontrakte
> kein liquider Großhandelsmarkt
> genehmigte Endkundenpreise
> Investitionskontrolle gemäß § 4 EnWG
"Liberalisierte Welt" seit 1998
> Unbundling der Wertschöpfungskette (seit 2005)
> Kraftwerke werden wertoptimiert bewirtschaftet (keine Versorgungspflicht)
> Neue Geschäftspartner und "Stromprodukte"
> Bewirtschaftung von Long- und Short-Positionen durch Aktivitäten am liquiden Großhandelsmarkt
> Vielzahl von Anbietern
> Investitionsanreize aufgrund wettbewerblicher
> Strompreisbildung
Preisbildung/Investitionsanreize über an kalkulatorischen Kosten orientierte "Cost-plus-Regel"
Preisbildung/Investitionsanreize über Marktpreissystem (Preise zeigen höhere Volatilität, Flexibilität gewinnt an Wert)

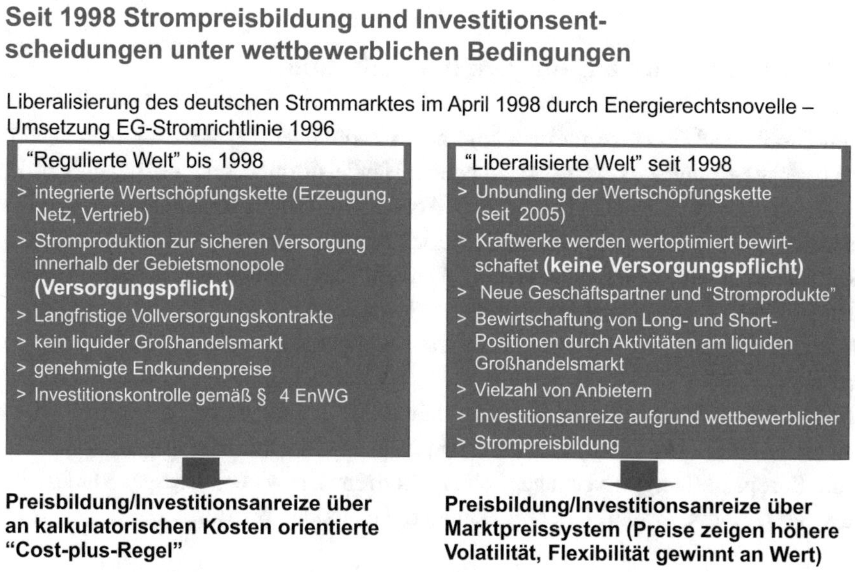

Abb. 5.37 Vergleich der Strompreisbildung und der Investitionsbedingungen zwischen regulierter Welt bis 1998 und liberalisierter Welt seit 1998

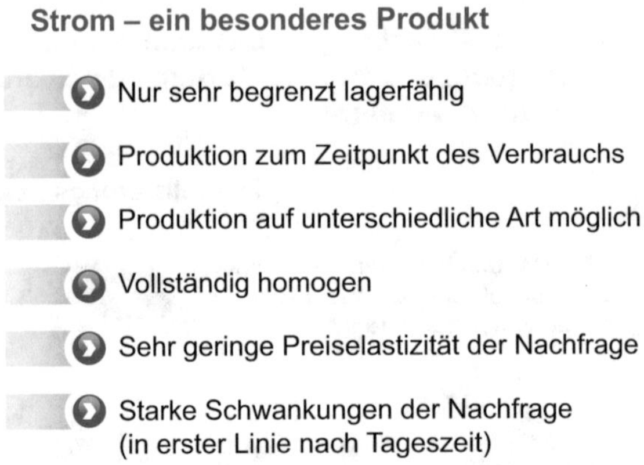

Abb. 5.38 Strom – ein
besonderes Produkt

Strom – ein besonderes Produkt

> ❯ Nur sehr begrenzt lagerfähig

> ❯ Produktion zum Zeitpunkt des Verbrauchs

> ❯ Produktion auf unterschiedliche Art möglich

> ❯ Vollständig homogen

> ❯ Sehr geringe Preiselastizität der Nachfrage

> ❯ Starke Schwankungen der Nachfrage
> (in erster Linie nach Tageszeit)

konjunkturellen Entwicklung und vom Verbraucherverhalten abhängig, das wiederum beeinflusst wird durch die Tageszeit, den Wochentag, die Jahreszeit, die Temperaturverhältnisse sowie mittel- und längerfristig durch eine verstärkte Nutzung von Strom in der Mobilität und im Wärmemarkt. Das Angebot ist abhängig von der Verfügbarkeit der konventionellen Kraftwerke, die durch technische Defekte oder Revisionen eingeschränkt sein kann. Daneben sind die Brennstoff- und CO_2-Preise relevant sowie bei Anlagen auf Basis erneuerbarer Energien das Wasserdargebot, die Windbedingungen und die Sonneneinstrahlung (Abb. 5.39).

5.5.1 Preisbildung auf der Großhandelsstufe

Strom-Großhandel (Erzeugerpreisebene) findet sowohl über die Börse als auch außerbörslich (Over-the-Counter – OTC) statt. In beiden Handelsformen kann zwischen Spot-Markt und Termin-Markt unterschieden werden (Abb. 5.40). Der Spotmarkt ist auf kurzfristige Lieferung mit physischer Erfüllung ausgerichtet. Auf dem Terminmarkt werden Kontrakte für kommende Lieferzeiträume gehandelt. Das können der nächste Monat, ein künftiges Quartal oder dem Abschlusszeitpunkt unmittelbar folgende Jahre sein. Bei Termingeschäften kann eine physische oder finanzielle Erfüllung der Kontrakte vereinbart werden.

In Deutschland wird Strom seit dem Jahr 2000 an der Börse gehandelt. Dies war zunächst an zwei Standorten, Frankfurt und Leipzig der Fall. Inzwischen ist der Handel auf die European Energy Exchange, Leipzig, konzentriert, wobei der Spot-Markt über die EPEX SPOT, Paris, erfolgt. Die drei Haupttätigkeitsfelder der Börse sind:

- Spotmarkt
- Terminmarkt
- Clearing von OTC-Geschäften

Einflussfaktoren auf die Strompreise

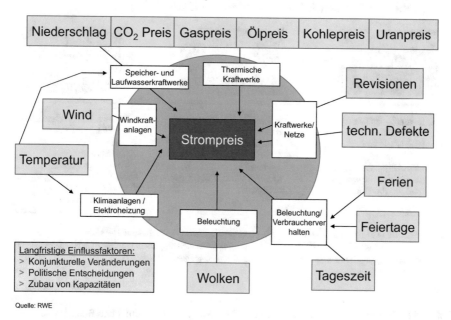

Quelle: RWE

Abb. 5.39   Einflussfaktoren auf die Strompreise

Klassifizierung

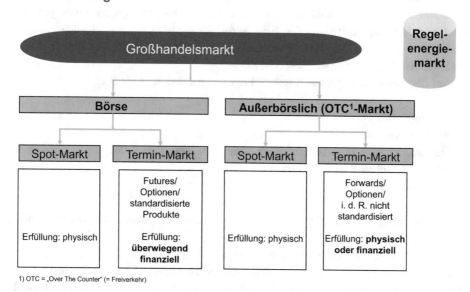

1) OTC = „Over The Counter" (= Freiverkehr)

Abb. 5.40   Klassifizierung der Handelsformen im Stromgroßhandel

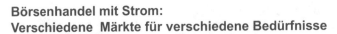

Börsenhandel mit Strom:
Verschiedene Märkte für verschiedene Bedürfnisse

– Handel bis zu sechs Jahre
  in die Zukunft
– Laufzeit variiert zw. Tagen
  und einem Jahr
– Finanziell erfüllte Kontrakte
  mit optionaler physischer
  Erfüllung über Spotmarkt

– Handel für 24h des Folgetags
– Handel von Stunde oder
  Stundenblöcken
– Tägliche Auktion im Rahmen des
  European Market Coupling um 12
  Uhr, anschließend Veröffentlichung
  der Preise

– 24/7 kontinuierlicher Handel
  bis 5min vor Lieferung
– Handel von Viertelstunden
  und Stunden sowie
  entsprechender Blöcke
– Ab 15 Uhr können alle Viertelstunden des Folgetages
  gehandelt werden

• Absicherung gegen Preisrisiken –
  (garantierte Erlöse/Bezugspreise)
• Absicherung gegen Ausfallrisiken
• Langfristiges Investitionssignal

• Synchronisation von Angebot und Nachfrage
• Kurzfristige Optimierung, insb. bei EE-Prognoseabweichungen
• Grenzüberschreitender Handel

Quelle: EEX AG, 2022

Abb. 5.41 Börsenhandel mit Strom: Verschiedene Märkte für verschiedene Bedürfnisse

Die European Energy Exchange (EEX) ist die führende europäische Energiebörse und Teil der EEX Group. An der EEX werden nicht nur Kontrakte auf Strom, sondern u. a. auch Erdgas und Emissionsberechtigungen sowie Fracht- und Agrarprodukte gehandelt oder zum Clearing registriert. Die EEX verbindet mehrere hundert Handelsteilnehmer aus über 30 Ländern. Der Börsenhandel mit Strom erfolgt über verschiedene Märkte für unterschiedliche Bedürfnisse (Abb. 5.41).

Auf dem Spotmarkt werden folgende Produkte gehandelt (Abb. 5.42):

- 15-min-Kontrakte
- Einzelne Stunden
- Standardprodukte (Band-Lieferungen über 24 h bzw. Peak-Lieferungen montags bis freitags zwischen 8 und 20 Uhr)
- Blockkontrakte

Außerdem haben Spotkontrakte auf EU-Emissionsberechtigungen für den Strommarkt Relevanz.

Neben Spot-Handel finden an der Börse standardisierte Termingeschäfte mit Strom statt. Dabei kann es sich um Band-Lieferungen (durchgehend im Lieferzeitraum) oder um Peak-Lieferungen (begrenzt auf die Stunden 8 bis 20 Uhr montags bis freitags) handeln. Die Lieferzeiträume sind ebenfalls in der Regel standardisiert. Die auf den europäischen

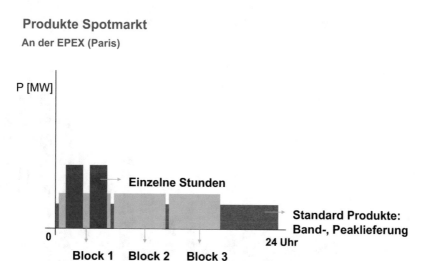

Abb. 5.42 Gehandelte Produkte auf dem Strom-Spotmarkt

Spot- und Terminmärkten für Strom gehandelten Mengen haben sich in den vergangenen zwei Jahrzehnten vervielfacht. Dabei sind die auf dem Terminmarkt gehandelten Volumina deutlich größer als die auf dem Spotmarkt gehandelten Mengen Abb. 5.43).

Der Börsenhandel erfüllt eine Reihe von Funktionen und schafft Transparenz mit anerkannten Referenzpreisen und mit der Veröffentlichung der Marktdaten (Abb. 5.44).

▶   Für die Preisfindung an der Strombörse sind die Höhe von Angebot und Nach-
    frage maßgebend. Analog zu anderen Wettbewerbsmärkten entspricht die Ange-
    botsfunktion einer Merit Order, in der die Angebote aller verfügbaren Stromer-
    zeugungsanlagen in aufsteigender Reihenfolge ihrer variablen Kosten angeordnet
    sind. Dadurch ist ein effizienter Einsatz des Stromerzeugungsparks garantiert,
    da in jeder Lastsituation die Gesamterzeugungskosten minimiert werden. Der
    markträumende Preis entspricht dann immer genau den variablen Kosten des
    letzten zur Deckung der jeweiligen Nachfrage gerade noch benötigten Kraftwerks
    (Grenzkraftwerk). Der Preis wird also durch die variablen Kosten des Kraftwerks
    bestimmt, das im Schnittpunkt der Nachfragekurve mit der durch die Merit Order
    gebildeten Angebotskurve liegt (Abb. 5.45). Diesen Gleichgewichtspreis erhalten
    alle Anbieter, die unterhalb dieses Preise Strommengen angeboten haben, unab-
    hängig von den tatsächlichen variablen Kosten der jeweiligen Stromerzeugungs-
    anlage. Die sich daraus ergebenden Margen werden zur Deckung der Fixkosten
    (vor allem Kapitalkosten) benötigt. Zu den wesentlichen variablen Kosten zählen
    neben den Brennstoffkosten die Preise für CO_2-Zertifkate.

Spot- und Terminmärkte für Strom: Jahresvolumen
in TWh

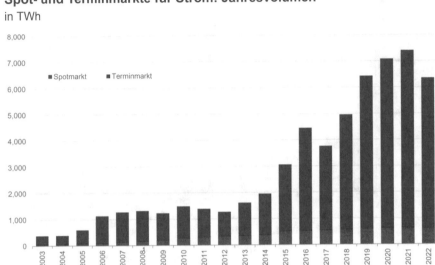

Quelle: EEX AG, 2022

Abb. 5.43 Europäische Spot- und Terminmärkte für Strom – Volumina seit Einführung

Relevanz des Börsenhandels

> Schaffung von Transparenz mit anerkannten Referenzpreisen und Veröffentlichung der Marktdaten (Preise und Volumina)
> Zugang zu einer Vielzahl von Handelsteilnehmern und Bündelung von Liquidität an einem Handelsplatz
> Sehr hoher Automatisierungsgrad durch elektronische und standardisierte Handels- und Abwicklungsprozesse
> Wegfall des Kontrahentenausfallrisikos durch Clearing und Abwicklung über das Clearinghaus der Börse
> Anonymität des Börsenhandels und Regulierung des Marktplatzes garantieren Diskriminierungsfreiheit und Gleichbehandlung aller Börsenteilnehmer

Quelle: EEX

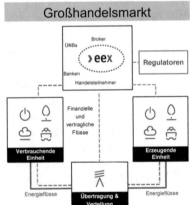

Abb. 5.44 Relevanz des Börsenhandels

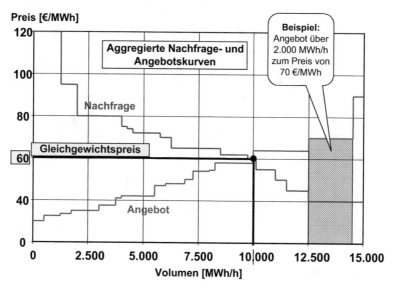

Abb. 5.45 Schematische Darstellung der Preisfindung an Strombörsen

Neben dem Börsenhandel findet ein *Freiverkehrsmarkt* für Strom statt, der *Over-the Counter,* also bilateral, über verschiedene Kommunikationssysteme zwischen Unternehmen direkt oder unter Beteiligung von Brokern stattfindet. Wie auch beim Börsenhandel werden weitestgehend standardisierte Produkte gehandelt. Anders als beim Börsenhandel sind die Handelspartner jedoch nicht anonym.

Aus Sicht eines größeren Stromabnehmers kann die Versorgung sowohl über die Börse als auch über OTC gesichert werden. Dabei kann das spezifische Lastprofil durch verschiedene Kontrakte (Basisversorgung, Grundlastblöcke, Peakload-Blöcke und Stundenkontrakte) abgebildet werden, die wahlweise über die Börse oder OTC erfolgt (Abb. 5.46).

Die Angebots- und Nachfragesituation, die für die Preisbildung ausschlaggebend ist, unterliegt bei Strom starken Schwankungen. Zu den Besonderheiten des vollständig homogenen Produktes Strom gehört, dass die Produktion zum Zeitpunkt des Verbrauchs erfolgen muss, da Strom nur begrenzt speicherbar ist. Die Elastizität der Nachfrage ist gering, und es finden starke Schwankungen in der Nachfrage statt. Dies gilt für die 24 h eines Tages, aber auch in Abhängigkeit von der Jahreszeit (Abb. 5.47).

In der Vergangenheit, also bis etwa zur Jahrtausendwende, existierte eine Zuordnung bestimmter Kraftwerkstechnologien zu den einzelnen Lastbereichen. So dienten die Kraftwerke, die durch hohe Investitionskosten und niedrige variable Kosten gekennzeichnet waren, der Deckung der Grundlast. Das waren insbesondere Kernkraftwerke und

Beispiel für eine Strombezugsstruktur eines Großkunden im liberalisierten Markt

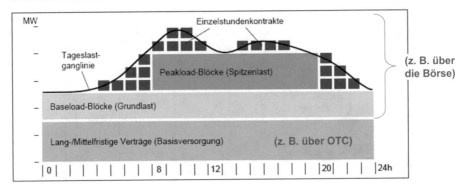

Quelle: EEX

Abb. 5.46 Beispiel für eine Bezugsstruktur eines Großkunden im liberalisierten Markt

Typische Tagesganglinien und Bedarfsdeckung

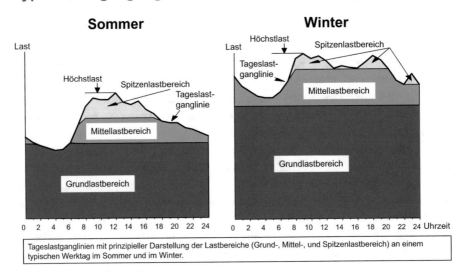

Abb. 5.47 Typische Tagesganglinien und Bedarfsdeckung

Braunkohlenkraftwerke. Zur Deckung der Spitzenlast wurden Anlagen mit niedrigeren spezifischen Investitionskosten und höheren variablen Kosten eingesetzt. Das waren vor allem Gaskraftwerke. Steinkohlenkraftwerke kamen typischerweise in der Mittellast zum Einsatz. Diese Situation hat sich mit dem starken Ausbau der erneuerbaren Energien drastisch geändert. Erneuerbare Energien genießen Einspeisevorrang. Je nach Wind, Sonnen- und Wasserverhältnissen kommen in der Praxis Situationen vor, in denen die erneuerbaren Energien fast die gesamte Last zu decken in der Lage sind, aber auch umgekehrte Verhältnisse, in denen diese Anlagen nur einen vergleichsweise geringen Beitrag zur Deckung der Nachfrage zu leisten in der Lage sind. Dann müssen die konventionellen Anlagen den größten Teil der Last decken. Im Ergebnis verbleibt den konventionellen Anlagen damit die Aufgabe, die jeweils verbleibende Residuallast zu decken. Dies verlangt hohe Einsatzflexibilität (Abb. 5.48).

▶   Die Einsatzrangfolge der verschiedenen Erzeugungstechnologien stellt sich grundsätzlich wie folgt dar: Die erneuerbaren Energien sind durch die geringsten variablen Kosten gekennzeichnet. Sie sind deshalb in der von links nach rechts ansteigenden Angebotskurve ganz links angeordnet. Es folgen die Kernkraftwerke, dann die Braunkohlenkraftwerke, die Steinkohlenkraftwerke und schließlich die Erdgaskraftwerke sowie an letzter Stelle die Öl basierten Anlagen. Je nach Höhe

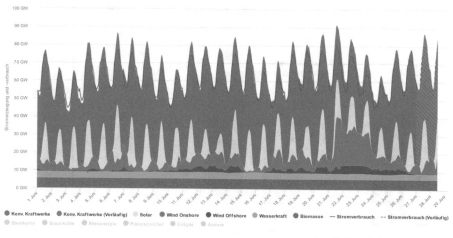

Abb. 5.48 Beispiel für einen Monat im Jahr 2018 mit Zeiten sehr hoher und Zeiten sehr geringer Einspeisung von Strom aus Wind und Sonne

der Nachfrage ist meist ein Steinkohle- oder ein Gaskraftwerk Preis setzend. Soweit eine Anlage auf Steinkohlenbasis Preis setzend ist, erzielen die Anlagen auf Basis erneuerbarer Energien, die Kernkraftwerke und die Braunkohlenkraftwerke eine Marge zur Deckung ihrer Fixkosten. Erdgaskraftwerke und Ölanlagen kommen nicht zum Einsatz. Ist bei höherer Nachfrage eine Gasanlage Preis setzend, erzielen alle Anlagen auf Basis erneuerbarer Energien, Kernenergie, Braunkohle und Steinkohle, deren variable Kosten den Gleichgewichtspreis unterschreiten, eine Marge (Abb. 5.49).

Für die Beantwortung der Frage, ob die Merit Order für Deutschland oder die Merit Order für Zentralwesteuropa für die Preissetzung auf dem Großhandelsmarkt die maßgebliche Rolle spielt, ist die verfügbare Kuppelkapazität zwischen den verschiedenen Marktgebieten maßgeblich. In Stunden, in denen die verfügbare Kuppelkapazität nicht voll ausgenutzt wird, konvergieren die Preise zwischen zwei Marktgebieten. Sofern keine ausreichenden Kuppelkapazitäten bestehen, fallen die Strompreise auseinander. Abhängig davon, wie sich bei mehreren Marktgebieten verfügbare Kuppelstellen sowie Angebot und Nachfrage entwickeln, kann ein Marktgebiet mit dem einen und ein anderes Mal mit einem anderen Marktgebiet konvergieren. Würden gar keine Engpässe zwischen den Marktgebieten in Zentralwesteuropa bestehen, so wäre die zentralwesteuropäische Merit Order relevant.

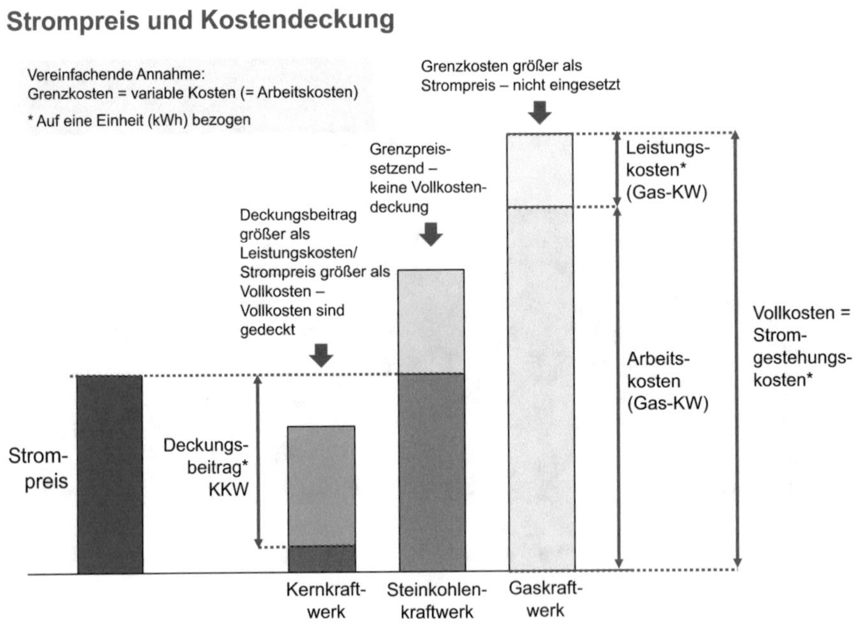

Abb. 5.49 Strompreis und Kostendeckung

Und umgekehrt wäre ohne Kuppelkapazitäten oder bei deren Nichtverfügbarkeit die Merit Order für Deutschland entscheidend für die Preisbildung in Deutschland.

Die dargestellte Preisbildung gemäß Merit Order ist dadurch begründet, dass bei der Einsatzplanung bestehender Erzeugungsanlagen die Kapitalkosten (und andere Fixkosten) keine Rolle spielen. Diese Kosten fallen nämlich unabhängig davon an, ob das Kraftwerk eingesetzt wird oder nicht. Deshalb besteht für den Anlagenbetreiber ein Anreiz, sein Kraftwerk arbeiten zu lassen, solange die Erlöse aus dem Verkauf des produzierten Stroms höher sind als die laufenden Kosten. Für die Entscheidung zu Bau einer neuen Anlage stellt sich die Situation natürlich anders dar. Dafür ist relevant, ob die über die Laufzeit der Anlage erwarteten Erlöse aus dem Verkauf des Stroms die gesamten Kosten, also neben den variablen Kosten auch die fixen Kosten decken.

Den Merit-Order-Mechanismus kann durch die Annahme verschiedener Situationen exemplarisch veranschaulicht werden. Dabei ist wichtig, dass nicht alle Anlagen auf Basis von Steinkohle oder von Erdgas durch jeweils gleich hohe variable Kosten gekennzeichnet sind. Vielmehr ist in einem Kraftwerk mit höherem Wirkungsgrad der Brennstoffbedarf pro erzeugte Kilowattstunde Strom geringer als in einer Anlage mit niedrigerem Wirkungsgrad. Von daher ist die Merit Order nicht durch jeweils einen Block pro Einsatzenergie gekennzeichnet, sondern wird durch die Vielzahl bestehender unterschiedlicher Anlagen gebildet, die zum Zeitpunkt der Preisfindung verfügbar sind. Dies vorangestellt, kann die Wirkung einer veränderten Nachfrage, eines Ausfalls von Erzeugungskapazität, der Brennstoff- und CO_2-Preise oder einer Brennstoff-Steuer erklärt werden.

Der Marktpreis ergibt sich zu jeder Stunde im Schnittpunkt der Nachfrage mit der Angebotskurve. Das Preis setzende Kraftwerke kann beispielsweise eine Anlage auf Basis Steinkohle mit einem niedrigen Wirkungsgrad sein. Dann erzielen alle Anlagen mit niedrigeren variablen Kosten, also auch Steinkohlenkraftwerke mit höherem Wirkungsgrad, eine Marge – abhängig von der Effizienz des Kraftwerks, dem dadurch bedingten Brennstoffbedarf sowie dem Brennstoffpreis und dem Preis für CO_2-Emissionszertifikate). Geht die Nachfrage zurück, wird ein Kraftwerk mit niedrigeren variablen Kosten Preis setzend. Das bedeutet in dem gewählten Beispielfall, dass die Anlagen auf Steinkohlenbasis mit niedrigem Wirkungsgrad nicht mehr zum Einsatz kommen. Der Gleichgewichtspreis sinkt aufgrund der verringerten Nachfrage (Abb. 5.50).

Kommt es zu einem Ausfall von Kraftwerkskapazitäten bei gegebener Nachfrage, kommen Anlagen mit höheren variablen Kosten zum Einsatz. Das können Kraftwerke auf Basis Erdgas oder auch Öl sein. Der Gleichgewichtspreis bildet sich somit auf einem höheren Niveau als bei vollständiger Verfügbarkeit der Kraftwerke (Abb. 5.51). Die Nichtverfügbarkeit von französischen Kernkraftwerken im Sommer/Herbst 2022 ist ein Beispiel für diesen Wirkmechanismus. Dadurch induzierte Stromlieferungen von Deutschland nach Frankreich haben es erforderlich gemacht, in Deutschland mehr Kraftwerkskapazität einzusetzen, also auch Anlagen, die durch höhere variable Kosten gekennzeichnet sind. In vergleichbarer Weise wirkt aber auch die Stilllegung von Kernkraftwerkskapazität in Deutschland.

Preisbildung am Strommarkt
Strompreiseffekt bei Änderung der Nachfrage

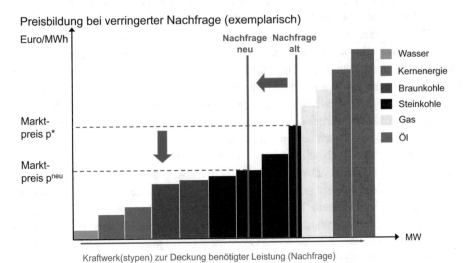

Preisbildung bei verringerter Nachfrage (exemplarisch)

Abb. 5.50 Strompreiseffekt auf dem Großhandelsmarkt bei verringerter Nachfrage

Preisbildung am Strommarkt
Merit Order bei Ausfall von Kraftwerken

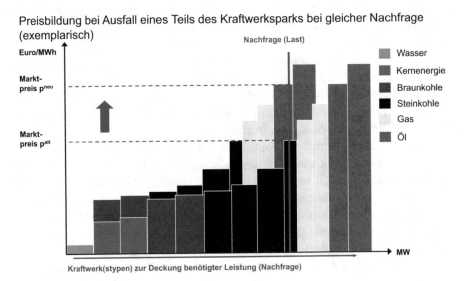

Preisbildung bei Ausfall eines Teils des Kraftwerksparks bei gleicher Nachfrage (exemplarisch)

Abb. 5.51 Strompreiseffekt auf dem Großhandelsmarkt bei Ausfall von Kraftwerkskapazität

Der zum 1. Januar 2005 in der Europäischen Union für Anlagen der Energiewirtschaft und der energieintensiven Industrie eingeführte Treibhausgas-Emissionshandel hat dazu geführt, dass sich die variablen Kosten der fossil befeuerten Kraftwerke verändert haben. Der Betreiber steht seitdem vor folgender Entscheidung: Wenn er das Kraftwerk weiterhin laufen lässt, muss er – zusätzlich zu den Brennstoffkosten – Emissionsrechte abgeben und entwerten. Er wird das Kraftwerk nur noch betreiben, wenn die erzielbaren Erlöse höher sind als die variablen Kosten unter Einbeziehung des Werts der Emissionsrechte. Der Betreiber wird ein entsprechend höheres Gebot an der Strombörse abgeben als in der vorangegangenen Situation ohne Emissionshandel. Die Einführung des Emissionshandels hat damit folgende Wirkungen entfaltet:

- Die variablen Kosten der fossil gefeuerten Kraftwerke sind um die CO_2-Zertifikatpreise höher als zuvor. Dies trifft aufgrund der höheren CO_2-Intensität des Brennstoffs Kohlekraftwerke stärker als Gaskraftwerke.
- Trotz niedriger CO_2-Preise kann die Einsatzreihenfolge der Kraftwerke unverändert bleiben.
- Handelt es sich bei dem Grenzkraftwerk um eine Steinkohle gefeuerte Anlage, dann steigt das Strompreisniveau um die CO_2-Kosten dieses Kraftwerkes an (Abb. 5.52).
- Mit Zunahme der Preise für CO_2-Zertifikate kann es zu einer Änderung der Einsatzreihenfolge kommen. Erdgas-Kraftwerke können in der Merit Order vor Kohlekraftwerke rücken.

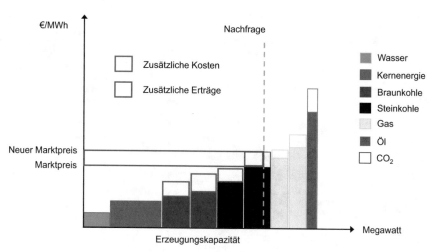

**Auswirkung des CO_2-Emissionshandels:
Höhere Kosten, aber auch höhere Erlöse**

Abb. 5.52 Auswirkung des CO_2-Emissionshandels auf den Gleichgewichtspreis für Strom

Der Anstieg des Strompreises als Folge der Einführung des CO_2-Emissionshandels wird somit wesentlich durch die Höhe des Zertifikatpreises bestimmt (Abb. 5.53). Die zweite Determinante für die Bemessung der konkreten Auswirkung auf den Preis ist, welches Kraftwerk in einer gegebenen Situation das Preis setzende Grenzkraftwerk ist. Das dürfte meist entweder ein Erdgas- oder ein Steinkohlekraftwerk sein. Beträgt beispielsweise der CO_2-Zertifikatpreis 50 € pro Tonne und ist das Preis setzende Kraftwerk eine Anlage auf Erdgasbasis mit einer spezifischen CO_2-Emission von 425 g pro erzeugte Kilowattstunde Strom (als Annahme), dann erhöht sich der Strompreis – verglichen mit der Situation ohne CO_2-Emissionshandel – um 2,2 Cent pro kWh. Ist das Preis setzende Kraftwerk dagegen eine Anlage auf Steinkohlenbasis mit einer spezifischen CO_2-Emission von beispielsweise 875 g pro erzeugte Kilowattstunde Strom, so liegt der Großhandelspreis für Strom – bei dem angenommenen gleichen CO_2-Preis von 50 € pro Tonne – um 4,4 Cent pro kWh über dem Niveau, das sich ohne Einführung des CO_2-Emissionshandels eingestellt hätte.

Als ein anderes Beispiel für die Wirkungsweise eines Instruments kann die zum 1. Januar 2011 im Zusammenhang mit der im Jahr 2010 gesetzlich geregelten Verlängerung der Laufzeit der Kernkraftwerke eingeführte Kernbrennstoffsteuer angeführt werden. Diese nachträglich als verfassungswidrig eingestufte Steuer, die von den Kernkraftwerksbetreibern in den Jahren 2011 bis 2016 erhoben worden war, hatte 145 € pro Gramm Kernbrennstoff betragen. Diese Kernbrennstoffsteuer hatte, anders als der CO_2-Emissionshandel, keine Auswirkung auf die Großhandelspreise für Strom. Vielmehr war

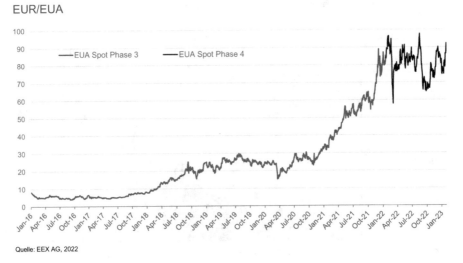

Abb. 5.53 Preisentwicklung für CO_2-Emissionszertifikate seit Januar 2016

Kernbrennstoffsteuer am Strommarkt:
- Kernkraftwerke sind (fast) nie preissetzende Grenzkraftwerke
- Eine Kernbrennstoffsteuer erhöht die Grenzkosten für die Kernkraftwerke, hat aber keinen Einfluss auf die Strompreise

Preisbildung bei Berücksichtigung einer Kernbrennstoffsteuer

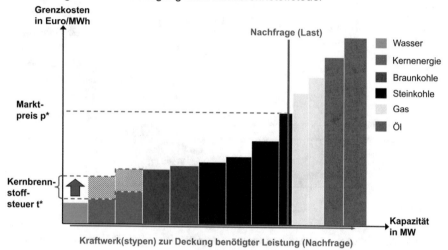

Abb. 5.54 Exemplarische Darstellung der Auswirkungen der Kernbrennstoffsteuer am Strommarkt

damit eine Verringerung der von den Kernkraftwerksbetreibern erzielten Marge verbunden (Abb. 5.54). Im Juni 2017 hatte das Bundesverfassungsgericht die Rückzahlung der durch diese Steuer vereinnahmten Gelder angeordnet.

▶ Durch den in den letzten Jahren verstärkten Ausbau der erneuerbaren Energien hat sich die Merit Order deutlich nach rechts verschoben. Aufgrund der geringen variablen Kosten von Anlagen auf Basis erneuerbarer Energien, insbesondere Solar, Wind und Wasser, werden die – gemessen an den variablen Kosten – teuersten Anlagen auf Basis fossiler Brennstoffe tendenziell hinsichtlich in ihrer Einsatzpriorität herabgestuft. Der Ausbau der erneuerbaren Energien wirkt also dämpfend auf die Großhandelspreise für Strom (Abb. 5.55). Dies gilt zumindest so lange, wie nicht vergrößerte Stilllegungen von konventionellen Kapazitäten diesen Effekt konterkarieren.

Der Großhandelsmarktpreis für Strom hatte sich seit der zweiten Jahreshälfte 2021 – also auch schon vor dem Krieg zwischen Russland und der Ukraine – deutlich erhöht. Sah man an der EPEX SPOT im Jahresmittel 2019 für base-Lieferungen einen Wert von 37,67 €/MWh (2020: 30,47 €/MWh), so waren es 2021 dann schon 96,85 €/MWh. Haupttreiber hierfür war ein Anstieg der CO_2-Preise von 24,71 €/t im Jahresmittel 2020 auf 53,68 €/t

Konventionelle Kraftwerke werden zunehmend aus dem Markt gedrängt

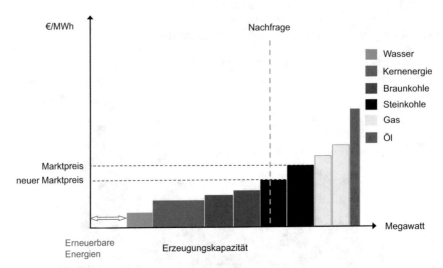

Abb. 5.55 Auswirkungen des Ausbaus erneuerbarer Energien auf die Preispreisbildung am Groß-handelsmarkt

im Jahresmittel 2021. Aber auch eine Verknappung von Kraftwerkskapazitäten und Preis-steigerungen bei den fossilen Energieträgern trugen hierzu bei. Diese Preisentwicklungen, insbesondere in Bezug auf CO_2, lassen sich durchaus als eine Art Normalisierung bezeich-nen, da nun das europäische CO_2-Handelssystem seine Wirkung entfalten kann und sich die nötigen Investitionen in Erneuerbare, Stromspeicher und saubere Back-up Erzeugung rechnen.

Der nun (drohende) permanente Ausfall des aus europäischer Sicht wichtigsten Erd-gaslieferanten Russland hatte an den europäischen Energiemärkten zu nie dagewesenen Preisniveaus geführt. Die Spotpreise für Gas waren im Durchschnitt des Jahres 2022 im Vergleich zum Jahresdurchschnitt 2021 um nochmals 170 % auf 125,72 €/MWh gestie-gen, und dies nach einem bereits 2021 verzeichneten starken Zuwachs. So war der Preis für Erdgas am EEX-Spotmarkt im Jahr 2021 im Mittel mit 46,51 €/MWh notiert wor-den – gegenüber 9,55 €/MWh im Jahr 2020 und 13,74 €/MWh im Jahr 2019. In der Spitze waren im Sommer 2022 sogar Spotpreise für Erdgas von mehr als 300 €/MWh erreicht worden.

Ähnliches gilt für Steinkohle. So lag der ARA-Preis für importierte Kesselkohle im Durchschnitt des Jahres 2022 bei 277 €/t gegenüber 97 €/t im Jahr 2021, 42 €/t im Jahr 2020 und 50 €/t im Jahr 2019. Der CO_2-Preis verharrte hingegen weiter auf hohem Niveau (81 €/t im Durchschnitt Januar bis Dezember 2022), welches schon vor dem Ukraine Krieg erreicht wurde.

Aufgrund des *marginal pricings* in liberalisierten Strommärkten steigen Strompreise insbesondere mit den Gas- und CO_2-Preisen. *Marginal pricing* bedeutet (wie dargelegt), dass in jeder Handelsperiode (im Day-Ahead Markt üblicherweise Stunden) das teuerste Kraftwerk, welches benötigt wird, die Nachfrage in dieser Stunde zu decken, den Preis setzt. Dieser Preis gilt dann aber nicht nur für das jeweils teuerste, preissetzende Kraftwerk, sondern für alle gehandelten Strommengen und Erzeuger, die in der entsprechenden Stunde Strom an der Strombörse kaufen oder verkaufen. Der Merit Order Effekt spiegelt die gestiegenen CO_2- und Brennstoffpreise wider. Mit Brennstoffpreisen von 2020 wäre die deutsche Merit Order recht flach. Je nach stündlicher Nachfrage und Angebot von Erneuerbaren würden sich stündliche Strompreise von maximal ca. 100–150 EUR/MWh und der historisch beobachtete Jahresdurchschnittspreis von ca. 30 EUR/MWh ergeben (Abb. 5.56 und 5.57). Man kann hier von einer *guten Mischung* sprechen.

Führt man die gleiche Analyse mit Brennstoffpreisen von 2022 durch, ergibt sich ein stark verändertes Bild. Im Vergleich zu 2020 ist die Merit Order nun deutlich höher, steiler und – aufgrund des extrem gestiegenen Gas- und Kohlepreises – nicht mehr *gemischt*. Auch hier kann der Strompreis grafisch nicht direkt abgeleitet werden, da stündlich gehandelt wird und in der hierzu erstellten Grafik nur durchschnittliche Brennstoff- und CO_2-Preise sowie die durchschnittliche Verfügbarkeit der (erneuerbaren) Erzeugungsanlagen dargestellt werden. Wendet man das marginal pricing aber an einem Punkt (auf der rechten Hälfte) der Merit Order an, erkennt man, dass Strompreise und Einnahmen für

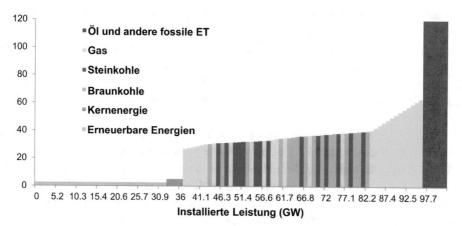

Illustration einer Merit Order für Deutschland im Jahr 2020
SRMC (€/MWh)

SRMC = Short run marginal costs

Bei erneuerbaren Energien im Durchschnitt verfügbare Leistung angesetzt

Quelle für Preisdaten: BAFA, EEX und NEP Strom 2017

Abb. 5.56 Illustration einer Merit Order für Deutschland im Jahr 2020

Zugrunde gelegte Ansätze zur Erstellung einer Merit Order für Deutschland für das Jahr 2020

Technologie/ Energieträger	Wirkungsgrad		CO_2-Intensität		SRMC		Leistung	
	von	bis	von	bis	von	bis	jeweils	kumuliert
	%		kg/MWh		€/MWh		GW	
Erneuerbare Energien	-	-	0	0	2,50	2,50	32,77	32,77
Kernenergie	-	-	0	0	5,00	5,00	4,00	36,77
Braunkohle neu	43,3	41,0	947	1.001	30,34	32,04	3,00	39,77
Braunkohle alt	38,0	33,0	1.080	1.243	34,57	39,81	13,00	52,77
Steinkohle neu	46,7	44,0	731	776	30,98	32,88	8,00	60,77
Steinkohle alt	40,0	36,0	854	949	36,16	40,18	7,00	67,77
Erdgas neu	58,4	45,0	345	448	26,69	34,64	13,00	80,77
Erdgas alt	42,5	25,0	474	806	36,68	62,36	15,00	95,77
Öl und andere fossile ET	-	-	-	-	150,00	250,00	7,00	102,77

Zugrunde gelegte Annahmen zu Preisen:

Preis Steinkohle:	42 €/t (6.000 kcal/kg)
Preis Erdgas:	9,55 €/MWh_th
Preis CO_2:	24,71 €/t
Kosten Braunkohle:	3,00 €/MWh_th

Ansätze für erneuerbare Energien

Technologie	Leistung	Kapazitätsfaktor		Verfügbare Leistung
	GW	h/a	%	GW
Wind onshore	56	2.250	25,7	14,38
Wind offshore	8	3.500	40,0	3,20
Photovoltaik	59	900	10,3	6,06
Biomasse	10	8.000	91,3	9,13
Summe	133	-	-	32,77

Basis: BAFA, EEX und NEP Strom 2017

Abb. 5.57 Zugrunde gelegte Ansätze zur Erstellung einer Merit Order für Deutschland für das Jahr 2020

alle Erzeuger deutlich höher sind als 2020. Diese Mehreinnahmen sind umso größer, je weiter links das entsprechende Kraftwerk in der Merit Order steht – d. h. wie „tief es im Geld ist". Die größten Mehreinnahmen haben demzufolge Erneuerbare, Kernenergie und Kohlekraftwerke. Gaskraftwerke, insbesondere wenn sie in der entsprechenden Stunde Preis setzend sind, also genau am Schnittpunkt zwischen Nachfrage und Merit Order stehen, machen hingegen gemäß des Merit Order Prinzips weiterhin keine Gewinne, da der Anstieg der Einnahmen nur die Zunahme der Brennstoffkosten kompensiert (Abb. 5.58 und 5.59).

Tatsächlich sind die Großhandelspreise für Strom bis August 2022 extrem gestiegen (Abb. 5.60). Auch die künftige Preisentwicklung kann man beobachten – zumindest so, wie der Markt sie sieht: Die Terminpreiskurve zeigte zwischen Juli und August 2022 ebenso einen starken Anstieg. Sie schwächte sich in der Folge mit dem Rückgang der Gaspreise deutlich ab (Abb. 5.61). Zudem befindet sie sich in einer sehr eindeutigen *backwardation*, d. h. der Preise für Stromlieferungen base im nächsten Jahr 2024 ist (Stand: 19. April 2023) mit 148 €/MWh am höchsten und sinkt dann Jahr für Jahr auf 127 €/MWh im Jahr 2025 und 113 €/MWh im Jahr 2026 (Abb. 5.62). Der Markt rechnet also mit einer gewissen Entspannung der Situation. Aber auch am Ende der Terminkurve zeigt sich im Vergleich zu den Preisen vor 2021 eine deutliche Erhöhung, da eine sehr starke

Illustration einer Merit Order für Deutschland
für das Jahr 2022
SRMC (€/MWh)

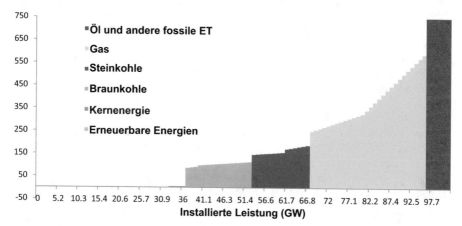

SRMC = Short run marginal costs
Bei erneuerbaren Energien im Durchschnitt verfügbare Leistung angesetzt

Quelle für Preisdaten: BDEW, Erdgasdaten vom 15.08.2022 und NEP Strom 2017

Abb. 5.58 Illustration einer Merit Order für Deutschland für das Jahr 2022

Abkehr vom Pipelinegas erwartet wird, womit sich ein höheres Preisniveau für Erdgas auch in den weiter entfernteren Lieferjahren ergeben wird, das starken Einfluss auf die Höhe der Strompreise auf dem Großhandelsmarkt hat.

Zusätzlich zu den hohen Gaspreisen kamen noch Risikoprämien – große Verbraucher von Energie waren bereit, Prämien zu bezahlen, um einen garantierten Preis für die nächsten Jahre zu haben. Seit Ende August 2022 hat sich das Preisniveau deutlich abgeschwächt, und die Versorger sind in der Lage, günstigere Stromkontrakte auf Termin abzuschließen. Die Terminpreise sind für große Verbraucher und Stadtwerke relevant, da sie ihre Mengen im Regelfall einige Jahre im Voraus auf Termin kaufen. Energieverbraucher sollten sich also auf ein deutlich erhöhtes Energiepreisniveau im Vergleich zu der Zeit bis Ende des letzten Jahrzehnts einstellen, sowohl hinsichtlich Erdgas als auch bei Strom. Die Entwicklung der Preise hatte massive Auswirkungen auf die Margen, die von Betreibern von Anlagen auf Basis erneuerbarer Energien, Kernenergie, Braunkohle und in begrenzterem Umfang auch Steinkohle und Erdgas 2022 erzielt wurden (Abb. 5.63 und 5.64).

Angesichts dieser Entwicklung wird politisch intensiv diskutiert, ob das marginal pricing beibehalten werden soll oder wegen der stark gestiegenen Gewinne für bestimmte Erzeuger und den stark gestiegenen Kosten für die Verbraucher durch andere Konzepte ersetzt werden sollte. Vor diesem Hintergrund ergibt es Sinn, die Prinzipien und Vorteile

Zugrunde gelegte Ansätze zur Erstellung einer Merit Order für Deutschland für das Jahr 2022

Technologie/ Energieträger	Wirkungsgrad von	Wirkungsgrad bis	CO_2-Intensität von	CO_2-Intensität bis	SRMC von	SRMC bis	Leistung jeweils	Leistung kumuliert
	%		kg/MWh		€/MWh		GW	
Erneuerbare Energien	-	-	0	0	2,50	2,50	32,77	32,77
Kernenergie	-	-	0	0	5,00	5,00	4,00	36,77
Braunkohle neu	43,3	41,0	947	1.001	85,80	90,61	3,00	39,77
Braunkohle alt	38,0	33,0	1.080	1.243	97,77	112,58	13,00	52,77
Steinkohle neu	46,7	44,0	731	776	145,81	154,76	8,00	60,77
Steinkohle alt	40,0	36,0	854	949	170,23	189,15	7,00	67,77
Erdgas neu	58,4	45,0	345	448	249,33	323,58	13,00	80,77
Erdgas alt	42,5	25,0	474	806	342,61	582,44	15,00	95,77
Öl und andere fossile ET	-	-	-	-	750,00	800,00	7,00	102,77

Zugrunde gelegte Annahmen zu Preisen:

Preis Steinkohle:	277 €/t (6.000 kcal/kg)
Preis Erdgas:	116 €/MWh$_{th}$
Preis CO_2:	83 €/t
Kosten Braunkohle:	3,10 €/MWh$_{th}$

Ansätze für erneuerbare Energien

Technologie	Leistung	Kapazitätsfaktor	Verfügbare Leistung
	GW	h/a	%	GW
Wind onshore	56	2.250	25,7	14,38
Wind offshore	8	3.500	40,0	3,20
Photovoltaik	59	900	10,3	6,06
Biomasse	10	8.000	91,3	9,13
Summe	133	-	-	32,77

Basis: BDEW, Erdgasdaten vom 15.08.2022 und NEP Strom 2017

Abb. 5.59 Zugrunde gelegte Ansätze zur Erstellung einer Merit Order für Deutschland für das Jahr 2022

des marginal pricings etwas genauer zu betrachten. Auf den ersten Blick erscheint es nicht logisch, dass alle Erzeuger mit den Kosten des teuersten Kraftwerks entlohnt werden, auch wenn ihre eigenen Kosten deutlich niedriger sind. Hierbei muss aber berücksichtigt werden, dass im marginal pricing immer nur kurzfristige, variable Kosten berücksichtigt werden, da nur diese für die Entscheidung relevant sind, ein Kraftwerk hochzufahren oder nicht. Die Einbeziehung anderer Kosten in den Gebotspreis wird üblicherweise sogar als ein Missbrauch von Marktmacht interpretiert und vom Regulator sanktioniert. Dies bedeutet, dass alle stromerzeugenden Anlagen im Laufe ihrer Lebensdauer gewisse Gewinne aus dem marginal pricing machen müssen, um ihre Fixkosten (insbesondere Kapitalkosten) zu decken. Zwar scheint dies in der aktuellen (Brennstoffpreis-)Situation mehr als der Fall zu sein. In Zeiten niedrigerer Brennstoffpreise ist eine ausreichende Fixkostendeckung aber nicht garantiert und war in der Vergangenheit auch nicht immer gegeben. Deshalb sind bestimmte Phasen mit erhöhten Gewinnen aus dem marginal pricing nötig, um schlechtere Phasen mit nicht ausreichender Fixkostendeckung auszugleichen.[9]

Für den Verbraucher bedeutet das marginal cost pricing über einen längeren Zeitraum gesehen somit keinen Nachteil und keine erhöhten Stromkosten. Zweitens lohnt ein Blick

[9] [9].

Terminmarkt Strom: Monatsprodukte Baseload
01.01.2022 - 09.12.2022
in €/MWh

Terminmarkt Monatsprodukte

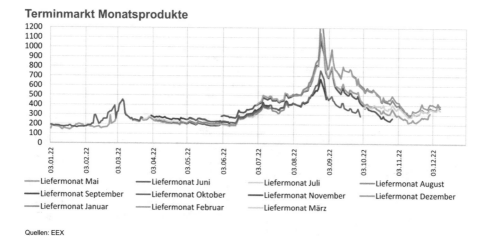

Liefermonat Mai   Liefermonat Juni   Liefermonat Juli   Liefermonat August
Liefermonat September   Liefermonat Oktober   Liefermonat November   Liefermonat Dezember
Liefermonat Januar   Liefermonat Februar   Liefermonat März

Quellen: EEX

Abb. 5.60 Großhandelspreise für Strom auf dem Spotmarkt 2022

Preisentwicklung Strombörse
01.01.2022 - 19.04.2023 (Terminmarkt), - 20.04.2023 (Spotmarkt)
in €/MWh

Terminmarkt Jahresfuture (rollierend)*   **Spotmarkt Daily Reference Prices***

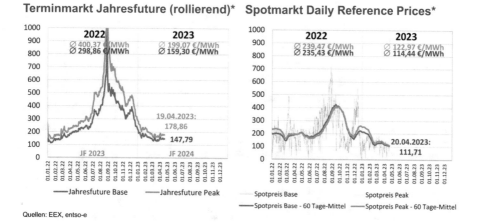

Jahresfuture Base   Jahresfuture Peak

Spotpreis Base   Spotpreis Peak
Spotpreis Base - 60 Tage-Mittel   Spotpreis Peak - 60 Tage-Mittel

Quellen: EEX, entso-e

Abb. 5.61 Preisentwicklung auf dem Spot- und auf dem Terminmarkt 2022 und 2023

Großhandelsmarkt Strom: Futures 2022 - 2026
01.01.2021 - 19.04.2023
in €/MWh

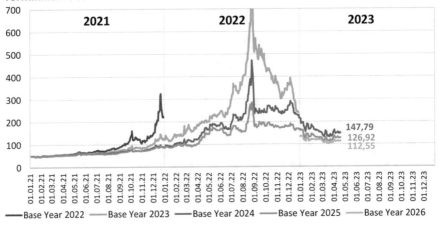

Abb. 5.62 Großhandelsmarkt Strom: Futures 2022 bis 2026

Kraftwerks-Spreads Baseload für Steinkohle und Erdgas
€/MWh

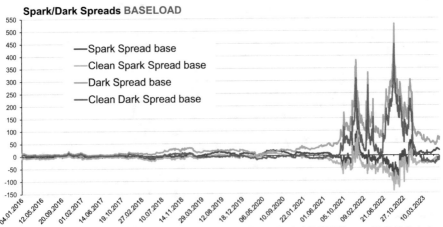

Abb. 5.63 Entwicklung der Kraftwerks-Spreads Baseload für Steinkohle und Erdgas

Kraftwerks-Spreads Peakload für Steinkohle und Erdgas
€/MWh

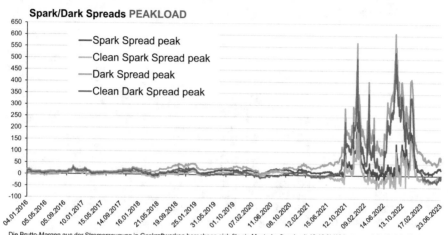

Die Brutto-Margen aus der Stromerzeugung in Gaskraftwerken berechnen sich für ein Musterkraftwerk mit 49,13 % Wirkungsgrad; für Steinkohlenkraft-werke ist ein Wirkungsgrad von 38 % zugrundegelegt. Die Spreads bilden sich aus der Differenz zwischen Strompreis und dem Brennstoffpreis auf Großhandelsebene für den jeweils nächsten Monat (Dark bzw. Spark Spread) bzw. Strompreis und Brennstoffpreis einschl. CO_2-Preis (Clean Spark bzw. Clean Dark Spread).
Quelle: EEX

Abb. 5.64 Entwicklung der Kraftwerks-Spreads Peakload für Steinkohle und Erdgas

darauf, welche Anlagen besonders von hohen Brennstoffpreisen profitieren. Grundsätzlich treten Über- und Unter-Renditen im marginal pricing immer dann auf, wenn der Kraftwerkspark nicht optimal zu den energiewirtschaftlichen Rahmenbedingungen, also z. B. zu den Brennstoffpreisen passt; das System ist ökonomisch nicht im Gleichgewicht. Hätte das System die Möglichkeit, schnell und ohne Friktionen auf die aktuelle Situation zu reagieren, würde es deutlich mehr Erneuerbare bauen, um Brennstoffkosten einzusparen. Diese Erneuerbaren sind es aber genau, die aktuell die höchsten Mehreinnahmen im Vergleich zu 2020 generieren. Das marginal pricing sorgt also dafür, die höchsten Gewinne bei den Erzeugern zu generieren, die für eine effizientere und kostengünstigere Stromproduktion am dringlichsten gebraucht werden und schafft damit die höchsten Anreize, genau in diese Technologien zu investieren.

5.5.2 Entwicklung der Verbraucherpreise für Strom

Die Verbraucherpreise für Strom haben sich seit dem Jahr 2000 kontinuierlich erhöht. Für private Haushalte hatten die Durchschnittspreise im zweiten Halbjahr 2022 eine Höhe

Strompreis für Haushalte

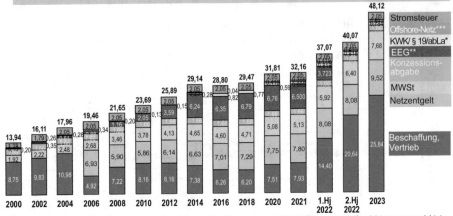

Durchschnittlicher Strompreis eines Drei-Personen-Haushaltes mit einem Jahresverbrauch von 3.500 kWh in Cent/kWh, Grundpreis anteilig enthalten

Der ausgewiesene Strompreis beinhaltet Tarifprodukte und Grundversorgungstarife inkl. Neukundentarife, nicht mengengewichtet.

* KWK-Aufschlag; ab 2012 Ausweis einschl. § 19 StromNEV-Umlage sowie 2014, 2018, 2020 und 2021 einschl. abLa-Umlage.
** ab 2010 Anwendung AusgleichMechV; EEG-Umlage ab 01.07.2022 entfallen.
*** Offshore-Netzumlage; (bis 2018: Offshore-Haftungsumlage)

Quelle: BDEW, Januar 2023

Abb. 5.65 Entwicklung der Strompreise für private Haushalte 2000 bis 2023

von rund 40 ct/kWh erreicht.[10] Damit überschritten sie den vergleichbaren Stand des Jahres 2000 um 187 % (Abb. 5.65). Der seitdem verzeichnete Verlauf erklärt sich durch unterschiedliche Faktoren. Bis zum Jahr 2020 war vor allem der fortgesetzte Anstieg von Steuern, Abgaben und Umlagen für die Entwicklung verantwortlich. Das betrifft vor allem die EEG-Umlage, die bis zum Jahr 2018 Jahr für Jahr gestiegen war und sich dann 2020 auf dem 2018 erreichten Niveau stabilisiert hatte. 2021 erfolgte eine leichte Absenkung der EEG-Umlage. Seit 2022 wird der Einsatz erneuerbarer Energien zur Stromerzeugung aus dem Bundeshaushalt gefördert, im 1. Halbjahr 2022 zur Hälfte und seit dem 1. Juli 2022 komplett. Damit konnte ein Teil der seit Anfang 2022 drastisch erhöhten Beschaffungskosten für Strom kompensiert werden.

Die Zusammensetzung des Strompreises der privaten Haushalte hat sich als Folge der aufgezeigten Entwicklung verändert. War der Anteil der staatlich verursachten Belastungen am Strompreis im Jahr 2000 noch auf einen Anteil von 37 % begrenzt, so erhöhte sich dieser Anteil bis 2020 auf 52 % und belief sich 2021 auf 51 % (Abb. 5.66). Aufgrund des starken Anstiegs der Beschaffungskosten für Strom und der Ablösung der EEG-Umlage durch eine Finanzierung aus dem Bundeshaushalt ab 1. Juli 2022 reduzierte sich der Anteil der staatlich bestimmten Lasten am Strompreis auf 28 %. Im zweiten Halbjahr

---

[10] [10].

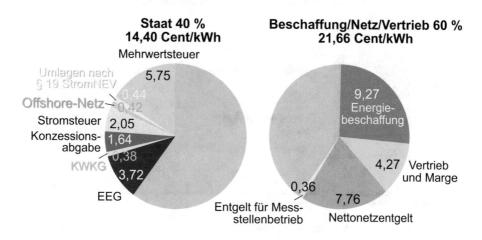

Zusammensetzung des Strompreises für private Haushalte 2022 (36,06 Cent/kWh)

Staat 40 %
14,40 Cent/kWh
Mehrwertsteuer

Umlagen nach
§ 19 StromNEV 0,44
Offshore-Netz 0,42
Stromsteuer 2,05
Konzessions-abgabe 1,64
KWKG 0,38
5,75
3,72
EEG

Beschaffung/Netz/Vertrieb 60 %
21,66 Cent/kWh

9,27
Energie-beschaffung

4,27 Vertrieb und Marge

0,36
Entgelt für Mess-stellenbetrieb

7,76
Nettonetzentgelt

Mengengewichteter Mittelwert über alle Vertragskategorien bei einem Jahresverbrauch zwischen 2.500 und 5.000 kWh zum 1. April 2022
Quelle: Monitoringbericht 2022 der Bundesnetzagentur und des Bundeskartellamts, Bonn, Dezember 2022, S. 303

Abb. 5.66 Zusammensetzung des Strompreises für private Haushalte zum 1. April 2022

2022 entfielen 52 % auf Strombeschaffung und Vertrieb sowie 20 % auf die regulierten Netzentgelte (Abb. 5.67).

Zu den einzelnen Elementen der staatlich bestimmten Lasten gehören die Konzessions-abgabe, die Umlage für abschaltbare Lasten, die Offshore-Haftungsumlage, die Umlage zur Förderung von Strom aus KWK-Anlagen, die § 19 Netzumlage, die EEG-Umlage (bis 30. Juni 2022 erhoben), die Stromsteuer und die Mehrwertsteuer. Die § 19 Netzum-lage begründet sich wie folgt: Nach der Stromnetzentgeltverordnung (StromNEV) können Letztverbraucher ein individuelles Netzentgelt gemäß § 19 Abs. 2 Satz 1 bzw. Satz 2 StromNEV beantragen. Die Betreiber von Übertragungsnetzen sind verpflichtet, entgan-gene Erlöse, die aus individuellen Netzentgelten resultieren, nachgelagerten Betreibern von Elektrizitätsverteilernetzen zu erstatten. Die Übertragungsnetzbetreiber haben diese Zahlungen sowie eigene entgangene Erlöse untereinander auszugleichen. Die entgange-nen Erlöse werden als Aufschlag auf die Netzentgelte (§ 19 StromNEV-Umlage) anteilig auf alle Letztverbraucher (LV) umgelegt.

In Summe hatten sich die staatlich verursachten Belastungen auf den Strompreis von 1998 bis 2020 auf 16,55 ct/kWh vervierfacht. Entscheidende Treiber waren die zum 1. April 1999 eingeführte Stromsteuer und die bis gegen Ende des vergangenen Jahrzehnts kontinuierlich erhöhte EEG-Umlage. Da die Mehrwertsteuer auf den Preis einschließ-lich Umlagen und Abgaben erhoben wird, haben die Einführung der Stromsteuer und die

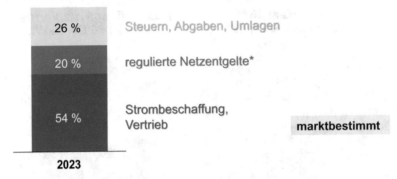

Strompreise für Haushalte: Drei wesentliche Bestandteile

Durchschnittliche Zusammensetzung des Strompreises 2023 für einen
Musterhaushalt in Deutschland mit Verbrauch von 3.500 kWh/Jahr

26 %　　Steuern, Abgaben, Umlagen

20 %　　regulierte Netzentgelte*

54 %　　Strombeschaffung,
　　　　Vertrieb　　　　　　　　**marktbestimmt**

2023

* Einschließlich Entgelte für Messung, Messstellenbetrieb und Abrechnung; kann regional deutlich variieren.
Quelle: BDEW, Stand: Januar 2023

Abb. 5.67 Strompreise für private Haushalte 2023: Drei wesentliche Bestandteile

Erhöhung der Umlagen auch zu einer vergrößerten Belastung durch die Mehrwertsteuer geführt. Aufgrund der Abschaffung der EEG-Umlage sind die staatlich verursachten Belastungen auf den Strompreis im zweiten Halbjahr 2022 auf 11,35 ct/kWh gesunken (Abb. 5.68).

Die durchschnittliche Stromrechnung der privaten Haushalte hat sich als Folge der aufgezeigten Entwicklung seit 1998 mehr als verdoppelt. Ein Drei-Personen-Haushalt mit einem Jahresverbrauch von 3500 kWh hatte im zweiten Halbjahr 2022 eine monatliche Stromrechnung von 117 €. Im Jahr 2000 waren es demgegenüber noch 41 € pro Monat. Diese Entwicklung geht zum einen auf eine Verdopplung der Kosten für Beschaffung des Stroms und Vertrieb zurück. Zum anderen haben sich die staatlich verursachten Belastungen seit 2000 trotz der Streichung der EEG-Umlage bis zum zweiten Halbjahr 2022 mehr als verdoppelt (Abb. 5.69).

Am 15.12.2022 hatte der Bundestag Gesetzentwürfe für die Strom-, Gas- und Wärmepreisbremsen beschlossen. Mit den Preisbremsen werden sowohl Verbraucher als auch die Wirtschaft entlastet. Danach gilt für Strom: Kunden, die bisher weniger als 30.000 kWh im Jahr verbraucht haben, also vor allem Haushalte und kleinere Unternehmen, erhalten 80 % ihres bisherigen Stromverbrauchs zu einem garantierten Brutto-Arbeitspreis von 40 ct/kWh. Kunden mit einem Stromverbrauch von mehr als 30.000 kWh im Jahr, vor allem mittlere und große Unternehmen, erhalten 80 % ihres bisherigen Stromverbrauchs zu einem garantierten netto-Arbeitspreis von 13 ct/kWh. Der bisherige Stromverbrauch entspricht entweder dem durch den Netzbetreiber prognostizierten Verbrauch oder dem

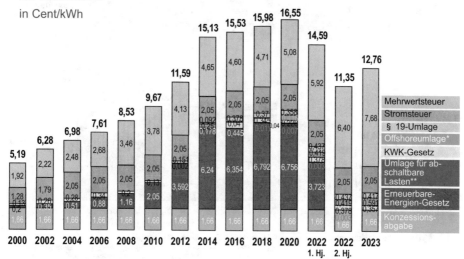

Abb. 5.68 Entwicklung der Steuern, Abgaben und Umlagen auf die Strompreise für Haushalte 2000 bis 2023

Verbrauch des Jahres 2021. Die Regelung war zum 1. Januar 2023 wirksam geworden. Es ist geplant, dass die Entlastung bis einschließlich April 2024 gezahlt wird.[11]

▶ Seit der Liberalisierung des Strommarktes im Jahr 1998 ist die Stromversorgung durch eine große Anbieter-Vielfalt gekennzeichnet. In nur 1 % der Netzgebiete ist nur 1 Lieferant tätig. In fast 90 % der Netzgebiete sind es mehr als 50 verschiedene Lieferanten, aus denen Stromabnehmer auswählen können. In drei Viertel aller Netzgebiete stehen mehr als 100 Lieferanten zur Auswahl (Abb. 5.70).

Von der bestehenden Wettbewerbssituation hat eine große Zahl der Abnehmer durch Lieferantenwechsel Gebrauch gemacht. So beläuft sich die kumulierte Wechselquote bei privaten Haushalten seit der Liberalisierung auf rund 50 %. Mehr als 20 Mio. Versorgerwechsel durch private Haushalte haben seitdem stattgefunden (Abb. 5.71).

Lieferantenwechsel sind in der Regel erfolgt, um einen günstigeren Tarif eines anderen Versorgers wahrzunehmen. 39 % der Haushalte haben inzwischen einen Vertrag mit einem Lieferanten geschlossen, der nicht der örtliche Grundversorger ist. Eine Verbesserung in

---

[11] [11].

Stromrechnung für Haushalte

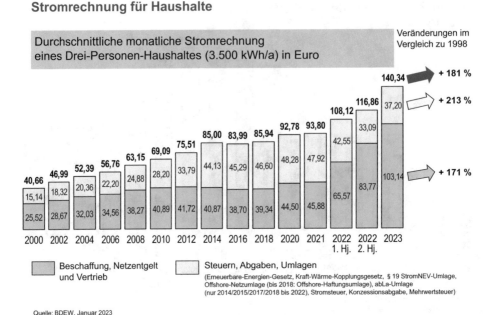

Abb. 5.69 Entwicklung der Stromrechnung für private Haushalte von 1998 bis 2023

der Preisstellung war für Haushaltskunden aber auch durch einen Tarifwechsel beim örtlichen Grundversorger möglich. Davon haben 37 % der Haushalte Gebrauch gemacht, indem sie einen Vertrag mit dem Grundversorger außerhalb des Grundversorger-Tarifs abgeschlossen haben. Nur 24 % der Haushalte sind im Grundversorgungsvertrag, der in der Regel mit ungünstigeren Konditionen verbunden, verblieben (Abb. 5.72).

Für die Industrie ist die Höhe des Strompreises eine wichtige Größe für die Bestimmung der Leistungsfähigkeit im Markt. Dies gilt insbesondere für die stromintensive Grundstoffindustrie, die im internationalen Wettbewerb bestehen muss. Zu nennen sind in diesem Zusammenhang die Aluminium- und Kupferindustrie sowie die Chemie. Wichtigster Energieträger der Chemie ist mit einem Anteil von fast 44 % am energetischen Verbrauch das Erdgas, gefolgt von Strom mit einem Anteil von 25 % (Abb. 5.73).

Die Industrie hatte in der Vergangenheit zwar in der Regel niedrigere Strompreise bezahlt als private Haushalte. Dies liegt u. a. an der größeren Abnahmemenge, dem unterschiedlichen Lastprofil und der Versorgung aus einer – gegenüber dem Haushaltssektor – in der Regel höheren Netzspannungsebene. Die im Jahr 2022 eingetretene Energiekrise hat aber zu einer massiven Erhöhung der Strompreise für die Industrie geführt, die einer Vervierfachung im Vergleich zum Stand des Jahre 1998 entspricht. Für die mittelspannungsseitige Versorgung werden für Neuabschlüsse der Industrie bei

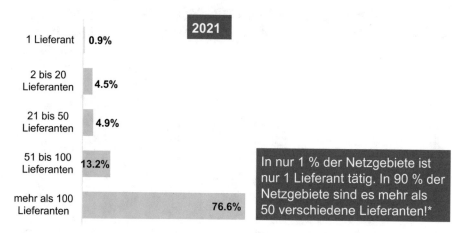

Wettbewerb im Strommarkt: Hohe Anbietervielfalt
Anteil der Netzgebiete, in den die dargestellte Anzahl
von Lieferanten tätig ist:

2021

1 Lieferant	0.9%
2 bis 20 Lieferanten	4.5%
21 bis 50 Lieferanten	4.9%
51 bis 100 Lieferanten	13.2%
mehr als 100 Lieferanten	76.6%

In nur 1 % der Netzgebiete ist nur 1 Lieferant tätig. In 90 % der Netzgebiete sind es mehr als 50 verschiedene Lieferanten!*

* Die Gesamtzahl der Lieferanten wird für 2021 mit mindestens 1.423 Unternehmen angegeben.

Quelle: Bundesnetzagentur (Monitoringbericht 2022), Bonn, Dezember 2022, Seite 279

Abb. 5.70 Wettbewerb im Strommarkt: Hohe Anbietervielfalt

einem Jahresverbrauch zwischen 160 und 20.000 MWh für Juli 2022 Preise um 40 ct/kWh genannt (Abb. 5.74 und 5.75).

Die Bandbreite der Strompreise in der Industrie ist sehr groß. Dies hängt von der Abnahmemenge und dem Lastprofil, aber auch von den bestehenden Möglichkeiten zur Nutzung von Entlastungsregelungen bei Steuern, Abgaben und Umlagen ab (Abb. 5.76 und 5.77).

Auch wenn das Niveau der Preise für Industriekunden unterschiedlich ist, zeigt sich insoweit eine einheitliche Tendenz für alle Verbraucher, als ein starker Preisanstieg in allen Mengenbändern zu verzeichnen ist. Je geringer die Abnahmemenge an Strom ist, desto höher sind typischerweise die durchschnittlichen Strompreise. Die höchste spezifische Kostenbelastung besteht in der Regel für kleine und mittlere Unternehmen (Abb. 5.78).

Die Entwicklung der Gesamtbelastung der Strompreise durch Steuern, Abgaben und Umlagen hatte sich – ohne die Mehrwertsteuer gerechnet – von 2,3 Mrd. € im Jahr 1998 bis zu den Jahren 2017 bis 2021 auf jährlich über 35 Mrd. € erhöht. Durch die für das erste Halbjahr 2022 erfolgte Halbierung der EEG-Umlage und die seit dem 1. Juli 2022 gültige Streichung hat sich diese Belastung 2022 auf 22 Mrd. € reduziert (Abb. 5.79). Für 2023 ist mit einer weiteren Absenkung auf 13,5 Mrd. € zu rechnen.

Wettbewerb im Strommarkt: Lieferantenwechsel (kumuliert)
Angaben in %

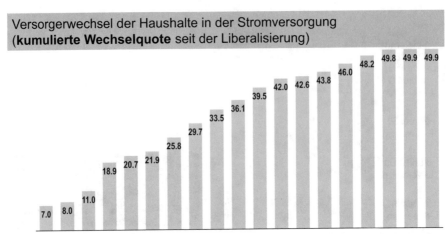

Quelle: BDEW Kundenfokus, BDEW Energietrends

Abb. 5.71 Wettbewerb im Strommarkt: Lieferantenwechsel

Vertragsstruktur von Haushaltskunden im Strommarkt 2021

Quelle: Bundesnetzagentur/Bundeskartellamt, Monitoringbericht 2022, Bonn, Dezember 2022, S. 285

Abb. 5.72 Vertragsstruktur von Haushaltskunden im Strommarkt 2021

Chemie zählt zu den energieintensiven Industrien – hohe und volatile Energiepreise treiben die Produktionskosten der Branche zurzeit erheblich in die Höhe

Energieintensität im Branchenvergleich
Energiekosten zu Bruttowertschöpfung, 2019, in Prozent

- Insbesondere die Grundstoffchemie ist energieintensiv.

- 9 Prozent des Endenergieverbrauchs Deutschlands entfällt auf die Chemie.

- Wichtigster Energieträger der Branche ist mit einem Anteil von fasst 44 Prozent am energetischen Verbrauch Erdgas, gefolgt von Strom (25 Prozent).

- Die Branche setzt Energieträger – vor allem Öl und Gas – auch stofflich ein.

Quelle: Destatis (Kostenstruktur)   Nur energetischer Einsatz EID = Energieintensive Industrien

Abb. 5.73 Energieintensität verschiedener Branchen in Deutschland im Vergleich

Strompreis für die Industrie* (ohne Stromsteuer)

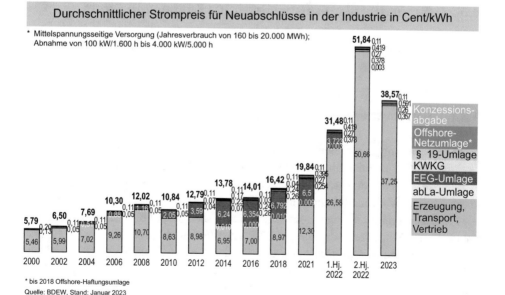

Abb. 5.74 Entwicklung des Strompreises der Industrie 2000 bis 2023 (ohne Stromsteuer)

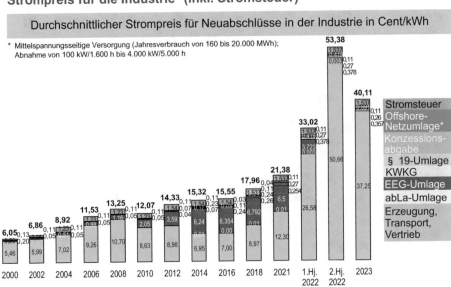

Abb. 5.75 Entwicklung des Strompreises der Industrie 2000 bis 2023 (mit Stromsteuer)

5.6   Internationaler Preisvergleich für Erdgas und Strom

Die Verbraucherpreise für Erdgas und für Strom sind in allen Mitgliedstaaten der EU im Jahr 2022 deutlich gestiegen.

5.6.1   Verbraucherpreise für Erdgas in den EU-Staaten

Nach den Erhebungen von Eurostat, der Statistikbehörde der Europäischen Union, beliefen sich die Erdgaspreise für private Haushalte einschließlich Steuern und Abgaben im 1. Halbjahr 2022 auf durchschnittlich 8,06 ct/kWh. Damit wurde der Vergleichswert des entsprechenden Vorjahreszeitraums um 25 % übertroffen. Im Durchschnitt der EU-27 war der Preisanstieg mit 35 % sogar noch stärker ausgefallen. Damit bleibt Deutschland leicht unterhalb des Mittelwerts, der für die 27 Staaten der EU bezogen auf das 1. Halbjahr 2022 erhoben wurde. Die höchsten Preise wurden für die Niederlande, Dänemark und Schweden notiert. Am unteren Ende der Skala lagen im 1. Halbjahr 2022 gemäß den Zahlen von Eurostat Ungarn, Kroatien, Lettland und Litauen (Abb. 5.80).

Ohne Steuern und Abgaben gerechnet beliefen sich die Gaspreise für private Haushalte in Deutschland im 1. Halbjahr 2022 auf durchschnittlich 5,61 ct/kWh. Auch dieser

Strompreis für die Industrie (70 bis 150 GWh/a)

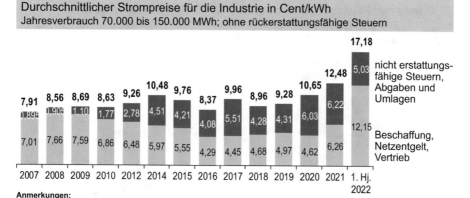

Durchschnittlicher Strompreise für die Industrie in Cent/kWh
Jahresverbrauch 70.000 bis 150.000 MWh; ohne rückerstattungsfähige Steuern

Anmerkungen:
1. Eurostat-Daten vor 2007 aufgrund geänderter Erhebungsmethodik nicht vergleichbar.
2. Nicht erstattungsfähige Abgaben und Steuern (Konzessionsabgabe, EEG-Umlage, KWK-Aufschlag, § 19 StromNEV-Umlage, Offshore-Netzumlage (bis 2018 Offshore-Haftungsumlage) sowie Umlage für abschaltbare Lasten) können nicht einzeln ausgewiesen werden.
3. Je nach Abnahmeverhalten/Netznutzung können die nicht erstattungsfähigen Steuern und Abgaben individuell deutlich variieren.
4. Rückerstattungsfähige Steuern sind die Stromsteuer und die Umsatzsteuer.

Quellen: Eurostat, BDEW (eigene Berechnungen); Stand: Januar 2023

Abb. 5.76 Strompreise für die Industrie bei einer jährlichen Abnahme zwischen 70.000 und 150.000 MWh

Wert bewegte sich unter dem erhobenen EU-Durchschnitt von 6,29 ct/kWh. Der höchste Preis ohne Steuern und Abgaben wurde für Schweden mit 14,89 ct/kWh gemeldet. Am niedrigsten waren die Preise vor Steuern und Abgaben in Ungarn mit 2,29 ct/kWh sowie in Kroatien mit 3,46 ct/kWh (Abb. 5.81).

5.6.2   Verbraucherpreise für Strom in den EU-Staaten

Die Erhöhung der Preise auf den Großhandelsmärkten für Strom im 1. Halbjahr 2022 hat sich in den Verbraucherpreisen erst in sehr begrenztem Umfang niedergeschlagen. So waren die Verbraucherpreise für Elektrizität einschließlich Steuern und Abgaben in Deutschland für Haushaltskunden mit einem Jahresverbrauch zwischen 2500 und 5000 kWh gemäß der Erhebung von Eurostat im 1. Halbjahr 2022 mit 32,79 ct/kWh nur 3 % höher als im 1. Halbjahr 2021.[12] Damit hat Deutschland die Spitzenposition in der Rangliste der nach der Höhe gestaffelten Preise an Dänemark abgegeben. Die Preise für Haushaltskunden in Dänemark überschritten den EU-Durchschnitt um 80 %. Auch Belgien rangierte 33,77 ct/kWh im 1. Halbjahr 2022 noch vor Deutschland. Gleichwohl

---

[12] Eurostat (2023); https://ec.europa.eu/eurostat.

Min-Max-Bandbreite Industriestrompreis 2020/2021: Großabnehmer 100 Mio. kWh/a

Bandbreite des Strompreises für industrielle Großabnehmer bei maximal möglicher Entlastung versus ohne Möglichkeit zur Nutzung von Entlastungsregelungen bei 100 Mio. kWh/a

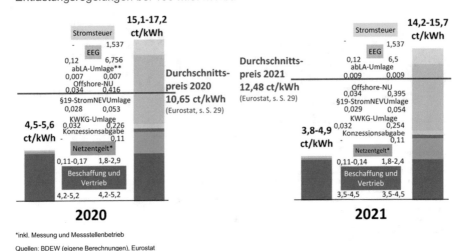

*inkl. Messung und Messstellenbetrieb

Quellen: BDEW (eigene Berechnungen), Eurostat

Abb. 5.77 Brandbreite der Industriestrompreise für Großabnehmer

Preisanstieg in allen Mengenbändern
Strompreis für die deutsche Industrie
Verschiedene Verbrauchsmengen, ct/kWh

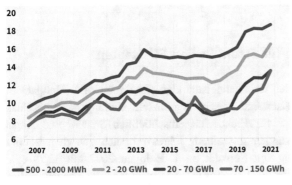

- Je geringer die Abnahmemenge an Strom, umso höher sind typischerweise die durchschnittlichen Preise.
- Am aktuellen Rand sind die Preise in allen Mengenbändern hoch – Tendenz steigend, da Gaspreise und Börsenstrompreise weiter steigen.
- Hohe Kostenbelastung insbesondere für kleine und mittlere Unternehmen.

Quelle: Eurostat, VCI

Abb. 5.78 Preisanstieg für Strom in der Industrie in allen Mengenbändern

Gesamtbelastung durch Steuern und Abgaben seit 1998

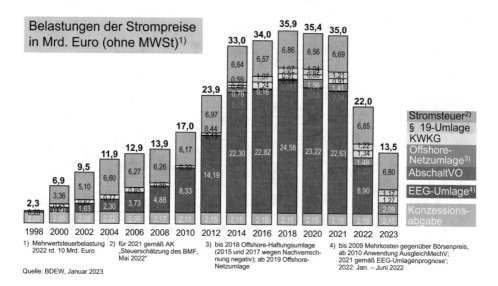

1) Mehrwertsteuerbelastung 2022 rd. 10 Mrd. Euro   2) für 2021 gemäß AK „Steuerschätzung des BMF, Mai 2022"   3) bis 2018 Offshore-Haftungsumlage (2015 und 2017 wegen Nachverrechnung negativ); ab 2019 Offshore-Netzumlage   4) bis 2009 Mehrkosten gegenüber Börsenpreis, ab 2010 Anwendung AusgleichMechV; 2021 gemäß EEG-Umlagenprognose'; 2022: Jan. – Juni 2022

Quelle: BDEW, Januar 2023

Abb. 5.79 Entwicklung der Gesamtbelastung des Strompreises durch Steuern, Abgaben und Umlagen von 1998 bis 2023

lagen die Haushalts-Strompreise in Deutschland um 30 % über dem EU-Durchschnitt, der mit 25,25 ct/kWh für das 1. Halbjahr 2022 angegeben wurde.

Die niedrigsten Endverbraucherpreise für Haushaltskunden sind mit 5,95 ct/kWh für die Niederlande gemeldet worden. Dies wird von Eurostat wie folgt erklärt: Die Regierung der Niederlande gewährt allen Stromverbrauchern eine Erstattung (Zuschuss). Sie ist als Steuerentlastung vor allem für verbrauchsarme Haushalte vorgesehen, da der Stromverbrauch als Grundbedarf anerkannt wird. Ein zusätzliches Ausgleichsinstrument, das die niederländische Regierung im Jahr 2022 eingeführt hatte, ist eine Pauschale, die direkt auf die Konten der Verbraucher gezahlt wird. Haushalte mit einem Einkommen bis zu 120 % des sozialen Mindesteinkommens erhielten für 2022 einen Pauschalbetrag von 1300 €. Besonders niedrige Preise von weniger als 10 ct/kWh werden daneben auch für Ungarn genannt (Abb. 5.82).

Die Verbraucherpreise für Strom für Haushaltskunden ohne Steuern, Abgaben und Umlagen haben sich in Deutschland im 1. Halbjahr 2022 stärker erhöht als die Preise einschließlich aller Steuern, Abgaben und Umlagen. Das liegt insbesondere an der EEG-Umlage, die zum 1. Januar 2022 auf 3,72 ct/kWh abgesenkt worden war. Mit 18,99 ct/kWh lagen die Preise ohne Steuern, Abgaben und Umlagen unter dem Vergleichswert der EU-27, der mit 19,32 ct/kWh angeben wurde. Die höchsten Werte wurden mit Werten über 25 ct/kWh für Griechenland, Belgien, Irland, Italien und Spanien ermittelt. Am

Gaspreise für Haushalte einschließlich Steuern und Abgaben in der EU im 1. Halbjahr 2022

Quelle: Eurostat (http://ec.europa.eu)

Abb. 5.80 Gaspreise für private Haushalte einschließlich Steuern und Abgaben in der EU im 1. Halbjahr 2022

unteren Ende der ausgewiesenen Spanne rangierten Ungarn, Bulgarien und Polen mit Werten unter 10 ct/kWh (Abb. 5.83).

Für mittelgroße Industrieverbraucher waren die Strompreise (ohne Mehrwertsteuer und andere erstattbare Steuern und Abgaben gerechnet) in Deutschland im 1. Halbjahr 2022 um etwa 14 % auf 20,63 ct/kWh gestiegen. Sie lagen damit über dem EU-Durchschnitt von 18,33 ct/kWh. Zum Ausweis dieser Daten ist ein Jahresstromverbrauch zwischen 500 und 2000 MWh zugrunde gelegt worden. Auch beim Vergleich dieser Daten zwischen den 27 EU-Staaten zeigt sich eine große Bandbreite. Die reicht von 8,08 ct/kWh in Finnland bis zu 30,42 ct/kWh in Griechenland. Frankreich lag im 1. Halbjahr 2022 bei 12,79 ct/kWh und damit deutlich günstiger als Deutschland (Abb. 5.84).

Ohne alle Steuern, Abgaben und Umlagen gerechnet wurde von Eurostat für Deutschland ein durchschnittlicher Strompreis im 1. Halbjahr 2022 für mittelgroße Industrieverbraucher von 15,12 ct/kWh angegeben. Dieser Wert liegt unter dem EU-Durchschnitt von 16,02 ct/kWh. Der niedrigste Wert wird bei dieser Preisnotierung ebenfalls für Finnland mit 8,02 ct/kWh ausgewiesen. Auch bei diesem Indikator rangiert Griechenland an der Spitze der EU-Rangliste. Eurostat erklärt die im Vergleich zu Haushaltskunden für Griechenland ermittelten höheren Preisnotierungen für mittelgroße Industriekunden wie folgt: Die Verbraucher (Haushalt und Nichthaushalte) erhalten in ihren Stromrechnungen für jeden Monat unterschiedliche Vergütungen, die bis zu einer bestimmten Grenze des

**Gaspreise für Haushalte ohne Steuern und Abgaben
in der EU im 1. Halbjahr 2022**

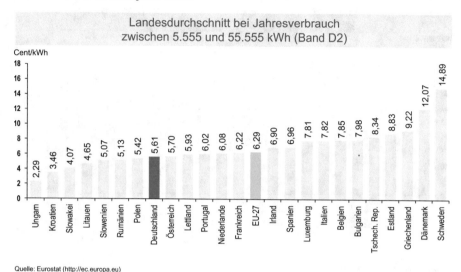

Quelle: Eurostat (http://ec.europa.eu)

Abb. 5.81 Gaspreise für private Haushalte ohne Steuern und Abgaben in der EU im 1. Halbjahr
2022

monatlichen Verbrauchs berechnet werden. Mehrwertsteuer und alle anderen Steuern werden auf Basis des reduzierten Preises (Einstiegspreis abzüglich Entschädigung) berechnet. Zusätzlich gab es für das erste Halbjahr 2022 und nur für Haushaltskunden einen finanziellen Zuschlag. Der wurde direkt an sie gezahlt und ist auf der Stromrechnung nicht sichtbar. Es ist erwähnenswert, dass nicht alle Haushaltsverbraucher förderfähig sind, da bestimmte Bedingungen erfüllt sein müssen. In jedem Fall darf diese Zulage 600 € pro Leistungsempfänger nicht übersteigen (Abb. 5.85).

5.6.3 Internationaler Preisvergleich für Erdgas und für Strom

Aus einem Vergleich der Verbraucherpreise für private Haushalte und für die Industrie mit Staaten außerhalb der EU wird deutlich, dass für Deutschland ein sehr hohes Niveau sowohl für Erdgas als auch für Elektrizität konstatiert werden muss (Abb. 5.86 und 5.87). Dies gilt insbesondere für Staaten, wie Norwegen oder die USA, aber auch für eine Vielzahl weiterer Staaten. Auch im Vergleich zum Durchschnitt der OECD-Staaten schneidet Deutschland ungünstig ab. So sind die Verbraucherpreise für Strom der Industrie in Deutschland mehr als doppelt so hoch wie in den USA. Private Haushalte zahlen in Deutschland sogar fast drei Mal so viel für Strom wie US-Haushalte. Noch

Strompreise Haushalte in der EU - <u>einschließlich</u> Steuern, Abgaben und Umlagen - im 1. Halbjahr 2022

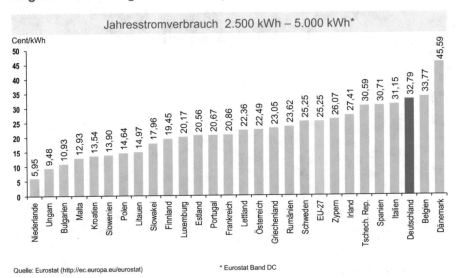

Quelle: Eurostat (http://ec.europa.eu/eurostat)   * Eurostat Band DC

Abb. 5.82 Strompreise für private Haushalte in der EU einschließlich Steuern, Abgaben und Umlagen im 1. Halbjahr 2022

erheblich günstiger sind die Strompreise in Norwegen. Bemerkenswert ist zudem, dass in Deutschland selbst im Vergleich zu Japan ein höheres Strompreisniveau herrscht, wie die Zahlen der Internationalen Energie-Agentur verdeutlichen. Dies ist vor allem deshalb von Bedeutung, weil die Höhe der Strompreise für die internationale Wettbewerbsfähigkeit der Industrie ein wichtiger Parameter ist.

Im Jahr 2022 hat sich die Preisschere zwischen den USA und Europa weiter geöffnet. Dies gilt für die Verbraucherpreise für Strom sowie für Erdgas in gleicher Weise (Abb. 5.88, 5.89, 5.90 und 5.91).

▶ Zu den entscheidenden Gründen für die Öffnung der Preisschere gehört der um ein Vielfaches stärkere Anstieg der Großhandelspreise für Erdgas in Nordwesteuropa (TTF) im Vergleich zu den für die USA maßgeblichen Henry Hub-Notierungen (Abb. 5.92). Angesichts des Ausfalls von russischen Pipeline-Gaslieferungen und der wachsenden Bedeutung von LNG-Bezügen für die Versorgung Nordwesteuropas (dies gilt in besonderem Maße für Deutschland) ist auch künftig mit einem – im Vergleich zur Zeit bis Ende 2021 – vergrößertem Preisabstand zwischen der TTF- und der Henry Hub-Notierung zu rechnen.

Strompreise Haushalte in der EU - <u>ohne</u> Steuern, Abgaben und Umlagen - im 1. Halbjahr 2022

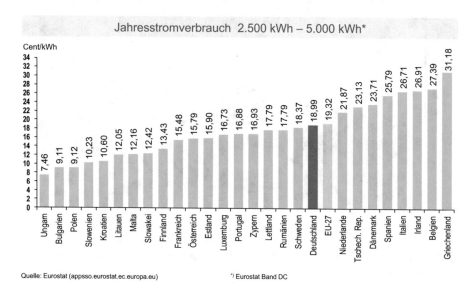

Quelle: Eurostat (appsso.eurostat.ec.europa.eu)   *) Eurostat Band DC

Abb. 5.83 Strompreise für private Haushalte in der EU ohne Steuern, Abgaben und Umlagen im 1. Halbjahr 2022

Strompreise in der EU für mittelgroße Industrieverbraucher (ohne Mehrwertsteuer*) im 1. Halbjahr 2022

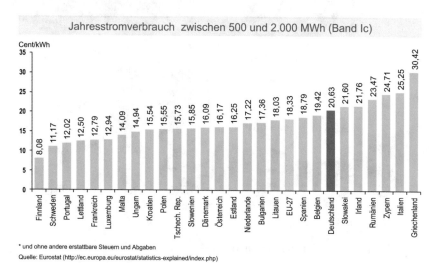

* und ohne andere erstattbare Steuern und Abgaben

Quelle: Eurostat (http://ec.europa.eu/eurostat/statistics-explained/index.php)

Abb. 5.84 Strompreise in der EU für mittelgroße Industrieverbraucher (ohne Mehrwertsteuer und andere erstattbare Steuern und Abgaben) im 1. Halbjahr 2022

Strompreise in der EU für mittelgroße Industrieverbraucher (ohne Steuern, Abgaben und Umlagen) im 1. Halbjahr 2022

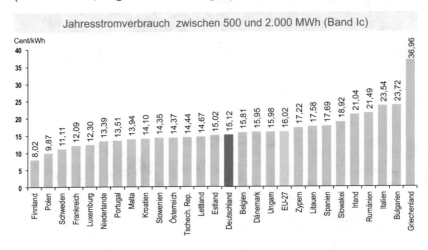

Quelle: Eurostat (http://ec.europa.eu/eurostat/statistics-explained/index.php)

Abb. 5.85 Strompreise in der EU für mittelgroße Industrieverbraucher ohne Steuern, Abgaben und Umlagen im 1. Halbjahr 2022

Erdgaspreise im internationalen Vergleich
(Angaben in USD/MWh für das Jahr 2021)

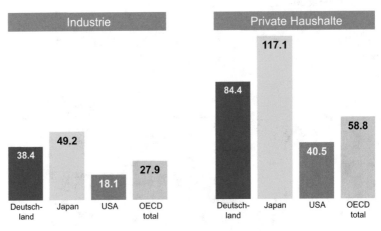

Quelle: IEA, Energy Prices database, November 2022

Abb. 5.86 Erdgaspreise im internationalen Vergleich

Strompreise im internationalen Vergleich
(Angaben in USD/MWh für das Jahr 2021)

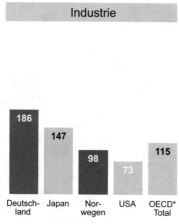

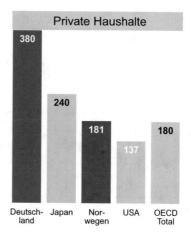

* Durchschnitt über verfügbare Daten
Quelle: IEA, Energy Prices database, November 2022

Abb. 5.87 Strompreise im internationalen Vergleich

Preisdifferenz Strom Haushalte zu Deutschland inkl. Steuern in den G7-Staaten

in €/MWh

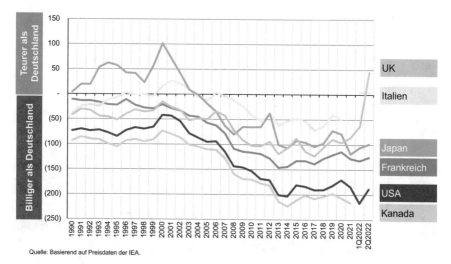

Quelle: Basierend auf Preisdaten der IEA.

Abb. 5.88 Entwicklung der Differenz in den Haushaltspreisen für Strom zwischen Deutschland und den anderen G7-Staaten 1990 bis 2022

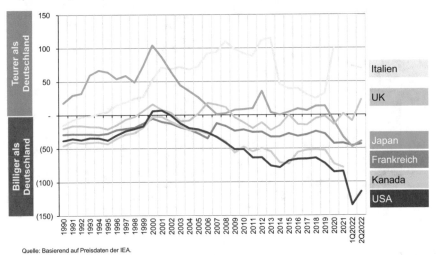

Abb. 5.89 Entwicklung der Differenz in den Industriestrompreisen zwischen Deutschland und den anderen G7-Staaten 1990 bis 2022

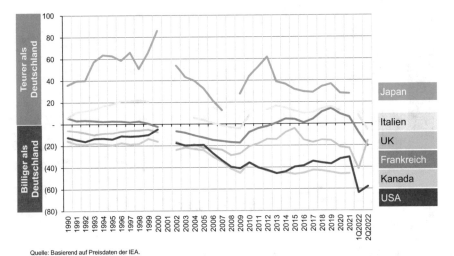

Abb. 5.90 Entwicklung der Differenz in den Haushaltspreisen für Erdgas zwischen Deutschland und den anderen G7-Staaten 1990 bis 2022

**Preisdifferenz Gas Industrie zu Deutschland inkl. Steuern
in den G7-Staaten**

(in €/MWh)

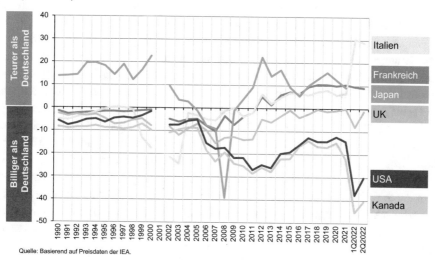

Abb. 5.91 Entwicklung der Differenz in den Industriegaspreisen zwischen Deutschland und den anderen G7-Staaten 1990 bis 2022

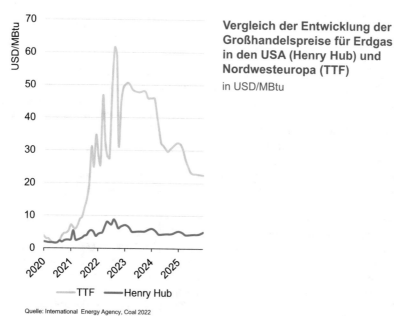

Abb. 5.92 Vergleich der Entwicklung der Großhandelspreise für Erdgas in den USA (Henry Hub) und Nordwesteuropa (TTF)

5.7   Fazit

Die Energiemärkte sind seit dem Einmarsch russischer Truppen in die Ukraine durch große Turbulenzen geprägt. Die zunächst erfolgte Kürzung und Mitte des Jahre 2022 erfolgte Einstellung der russischen Erdgas-Lieferungen, die 2021 zu mehr als 50 % an der Versorgung des deutschen Marktes mit Erdgas beteiligt waren, hat zu erheblichen Veränderungen in den Lieferstrukturen und vor allem bei den Beschaffungspreisen für Erdgas geführt. Die inländischen Lieferanten mussten die ausgefallenen Lieferungen aus Russland durch Ersatzbeschaffung auf dem Spotmarkt kompensieren. Die dort aufgerufenen Preise haben sich auf mehr als das Zehnfache im Vergleich zum Stand der Vorjahre erhöht. Diese Entwicklung hatte auch erhebliche Auswirkungen auf die internationalen Märkte für Öl und für Steinkohle. So haben auch die Steinkohle-Notierungen bisher nie dagewesene Steigerungen erfahren. Die Großhandelspreise für Strom waren davon in starkem Maße betroffen, da die durch die Merit Order bestimmten Gleichgewichtspreise vor allem durch die Gaspreise bestimmt werden. Dies hat zu erheblichen Auswirkungen auf die Verbraucherpreise für Erdgas und Elektrizität, aber auch auf die Preise für Mineralölprodukte, geführt. Industrie, Gewerbe/Handel/Dienstleistungen und Privatverbraucher haben als Konsequenz erhebliche zusätzliche Belastungen zu tragen. Die Bundesregierung hat mehrere Entlastungspakete auf den Weg gebracht, um die Auswirkungen auf die Verbraucher zumindest in Teilen zu kompensieren.

Literatur

1. Organization of Oil Exporting Countries (2023) https://www.opec.org/opec_web/en/
2. CRP (2022) OPEC-Plus auf einen Blick. https://crp-infotec.de/organisationen-opec-plus/
3. ewi/gws/prognos (2014) Entwicklung der Energiemärkte – Energiereferenzprognose. Basel/ Köln/Osnabrück. Juni 2014. https://www.prognos.com/sites/default/files/2021-01/140716_lan gfassung_583_seiten_energiereferenzprognose_2014.pdf
4. Statistisches Bundesamt (2000) Fachserie 4, Reihe 3.1 Produktion im Produzierenden Gewerbe
5. Weltenergierat – Deutschland (2022) Energie für Deutschland 2022
6. Bundesnetzagentur (2022) Monitoringbericht 2022. Bonn, 1. Dezember 2022 https://www.bun desnetzagentur.de/SharedDocs/Mediathek/Monitoringberichte/MonitoringberichtEnergie2022. pdf?__blob=publicationFile&v=3
7. Bundesverband der Energie- und Wasserwirtschaft (2023a) BDEW-Gaspreisanalyse Februar 2023. https://www.bdew.de/service/daten-und-grafiken/bdew-gaspreisanalyse/
8. Bundesministerium für Wirtschaft und Klimaschutz (2023a) FAQ-Liste zur Gas- und Wärmepreisbremse. Berlin, 1. Februar 2023. https://www.bmwk.de/Redaktion/DE/Downloads/F/faq-gaspreisbremse.pdf?__blob=publicationFile&v=18
9. Schiffer HW et al. (2022) Anforderungen an Kapazitätsausbau und Brennstoffversorgung für eine zukunftsfeste, sichere und klimagerechte Stromversorgung in Deutschland. vgbe energy journal 8, 30–43
10. Bundesverband der Energie- und Wasserwirtschaft (2023b) BDEW-Strompreisanalyse Februar 2023. https://www.bdew.de/media/documents/230215_BDEW-Strompreisanalyse_Februar_2 023_15.02.2023.pdf

11. Bundesministerium für Wirtschaft und Klimaschutz (2023b) FAQ-Liste zur Strompreisbremse. Berlin, 1. Februar 2023. https://www.bmwk.de/Redaktion/DE/Downloads/F/faq-strompreisbr emse.pdf?__blob=publicationFile&v=24

Die Rolle von Markt und Staat in der Energiewirtschaft

6

Die Energiewirtschaft in Deutschland ist grundsätzlich marktwirtschaftlich organisiert. In vielerlei Hinsicht sind die unternehmerischen Aktivitäten stark beeinflusst durch staatliche Rahmensetzungen. Dies gilt bezüglich energie- und umweltpolitischer Vorgaben auf Bundes- und Landesebene sowie aufgrund des Regelwerks, das auf Ebene der Europäischen Union besteht und permanent angepasst wird. Zudem unterliegen Investitionen in Energieanlagen aufwendigen Genehmigungsverfahren. Richtschnur für die Energie- und Umweltpolitik ist das Zieldreieck, das durch Versorgungssicherheit, Wirtschaftlichkeit und Umwelt- einschließlich Klimaverträglichkeit definiert ist. Grundsätzlich werden diese Ziele als gleichrangig angesehen. Die Erfahrungen in der Vergangenheit zeigen, dass sich die Schwerpunkte in der Ausrichtung der Politik an veränderten Prioritäten orientieren. Dies wird beispielhaft an den Weichenstellungen veranschaulicht, die einerseits für die Nutzung der Kernenergie und der Kohle und andererseits für den Ausbau der erneuerbaren Energien getroffen wurden. Zwischen der nationalen und der EU-Ebene existiert zudem ein Spannungsverhältnis. Zur Sicherstellung des Funktionierens des EU-Binnenmarkts, zur Gewährleistung der Sicherheit der Versorgung der EU und zur Verbesserung der grenzüberschreitenden Energie-Infrastruktur bestehen Recht setzende Kompetenzen des Europäischen Parlaments und des Europäischen Rats. Dies gilt auch für Maßnahmen zum Klimaschutz. Allerdings berühren diese Maßnahmen nicht das Recht eines Mitgliedstaates, die Bedingungen für die Nutzung seiner Energieressourcen, die Wahl zwischen verschiedenen Energiequellen und die allgemeine Struktur der Energieversorgung zu bestimmen. Die Ausgestaltung des Energiemix ist Sache der Mitgliedstaaten.

© Der/die Autor(en), exklusiv lizenziert an Springer Fachmedien Wiesbaden GmbH, ein Teil von Springer Nature 2023
H. Schiffer, *Einführung in die Energiewirtschaft*,
https://doi.org/10.1007/978-3-658-41747-5_6

6.1   Ziele der Energiepolitik und Energieprogramme der Bundesregierung

In der Regierungserklärung vom 18. Januar 1973 hatte die Bundesregierung (SPD/FDP-Koalition) erstmals in der Geschichte der Bundesrepublik Deutschland ein energiepolitisches Programm angekündigt. Dieses Vorhaben wurde mit Vorlage des Energieprogramms vom 26. September 1973 realisiert. In den inzwischen vierzehn Legislaturperioden seit Ende 1972 erfolgten in unterschiedlichen Koalitionsregierungen insgesamt sieben Fortschreibungen bzw. Neuauflagen, zuletzt im Jahr 2010 (Abb. 6.1). Im Energiekonzept der Bundesregierung vom 28. September 2010 war die Kernenergie noch als Brückentechnologie für einen Übergang zu einer künftig vor allem auf erneuerbaren Energien basierten Energieversorgung gesehen worden. Mit diesem Energiekonzept hatte die Bundesregierung erstmals eine langfristige, bis 2050 reichende Gesamtstrategie vorgelegt, die durch ein ganzes Bündel quantitativer Zielvorgaben geprägt ist.

Die Reaktorkatastrophe von Fukushima im Jahr 2011 führte zu einer Neuausrichtung der Energiepolitik. Eine Kehrtwende bezüglich der Nutzung der Kernenergie und eine Beschleunigung des Ausbaus erneuerbarer Energien rückten an die ersten Positionen der Agenda. Die Energiepolitik in den darauf folgenden Legislaturperioden (2013 bis 2017 sowie 2017 bis 2021) basiert grundsätzlich auf Koalitionsvereinbarungen von

Energieprogramme der Bundesregierung

Titel	Datum der Vorlage	Zuständige(r) Minister	Regierungskoalition zur Zeit der Vorlage
Energieprogramm der Bundesregierung	26. September 1973	Dr. Hans Friderichs	SPD und FDP
Erste Fortschreibung des Energieprogramms der Bundesregierung	23. Oktober 1974	Dr. Hans Friderichs	SPD und FDP
Zweite Fortschreibung des Energieprogramms der Bundesregierung	14. Dezember 1977	Dr. Otto Graf Lambsdorff	SPD und FDP
Dritte Fortschreibung des Energieprogramms der Bundesregierung	4. November 1981	Dr. Otto Graf Lambsdorff	SPD und FDP
Energiebericht der Bundesregierung	24. September 1986	Dr. Martin Bangemann	CDU/CSU und FDP
Energiepolitik für das vereinte Deutschland	11. Dezember 1991	Jürgen Möllemann	CDU/CSU und FDP
Nachhaltige Energiepolitik für eine zukunftsfähige Energieversorgung	27. November 2001	Dr. Werner Müller	SPD und GRÜNE
Energiekonzept für eine umweltschonende, zuverlässige und bezahlbare Energieversorgung	28. September 2010	Rainer Brüderle und Dr. Norbert Alois Röttgen	CDU/CSU und FDP

Abb. 6.1 Energieprogramme der Bundesregierung

Zieldreieck der Energiepolitik

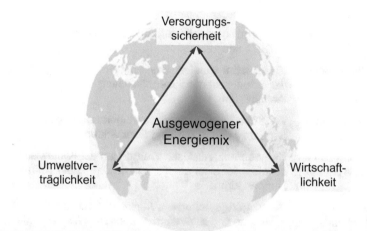

Abb. 6.2 Zieldreieck der Energiepolitik

CDU/CSU und SPD.[1] Die Ausrichtung der Energie- und Klimapolitik für die inzwischen 20. Legislaturperiode des Deutschen Bundestages (2021 bis 2025) ist in der Koalitionsvereinbarung von SPD, Bündnis 90/DIE GRÜNEN und FDP vom 24. November 2021 dargelegt.[2] Sowohl die Zielvorgaben als auch die Rolle der Kernenergie sind inzwischen neu justiert worden. Grundsätzlich festgehalten wurde allerdings an der zentralen Orientierung am energiepolitischen Zieldreieck von Versorgungssicherheit, Wirtschaftlichkeit sowie Umwelt- und Klimaverträglichkeit (Abb. 6.2).

Betrachtet man die Prioritäten der Energiepolitik im Spiegel der vergangenen Jahrzehnte, so wird deutlich, dass es einen Gleichklang in der Verfolgung der drei energiepolitischen Ziele nie gegeben hat.

In den 1970-er Jahren stand die Versorgungssicherheit im Vordergrund. Auslöser waren die Energiekrisen 1973/74 und 1979/80. Die 1980er Jahre waren geprägt durch Maßnahmen zur Begrenzung der Luftschadstoffe Schwefeldioxid, Stickoxide und Staub. Ein wichtiger Schritt bestand in der Verabschiedung der 13. Verordnung zur Durchführung des Bundes-Immissionsschutzgesetzes im Jahr 1983. Diese sogenannte Großfeuerungsanlagen-Verordnung schreibt strenge Grenzwerte für die genannten Luftschadstoffe vor und machte vor allem auch eine Nachrüstung der bestehenden Kohlekraftwerke mit Anlagen zur Begrenzung der Emissionen erforderlich.

---

[1] [1].
[2] [2].

**Prioritäten der Energiepolitik im Spiegel
der vergangenen Jahrzehnte**

> 1970er Jahre: **Versorgungssicherheit**; Auslöser: Ölpreiskrisen
                   1973/74 und 1979/80

> 1980er Jahre: **Klassischer Umweltschutz** mit Ziel einer Begrenzung
                   der Schadstoffemissionen; Auslöser:
                   Waldsterben

> 1990er Jahre: **Wirtschaftlichkeit**; Auslöser: Liberalisierungsinitiativen
                   der EU zu den Strom- und Gasmärkten

> Anfang 2000er   **Klimaschutz**; Auslöser: Warnungen der Klimawissen-
  Jahre bis 2021: schaftler vor einer drastischen Erhöhung der globalen
                   Temperaturen

> Aktuell: **Versorgungssicherheit**; Auslöser: Angriffskrieg
  Russlands   in Ukraine und **Klimaschutz** auch mit Wärmewende

Einen Gleichklang der Ziele hat es nie gegeben.

Abb. 6.3 Prioritäten der Energiepolitik im Spiegel der vergangenen Jahrzehnte

Die 1990-er Jahre standen im Zeichen der Liberalisierung der Strom- und Gasmärkte. Damit wurde das Ziel verfolgt, durch die Einführung von Wettbewerb bei den leitungsgebundenen Energieträgern die Wirtschaftlichkeit der Versorgung und damit auch die Wettbewerbsfähigkeit der Industrie zu verbessern. Zunehmende Warnungen der Klimawissenschaft vor den drohenden Folgen der Erderwärmung aufgrund des anthropogenen Ausstoßes an Treibhausgasen rückten den Klimaschutz Anfang der 2000er Jahr verstärkt in den Blickpunkt. Der am 24. Februar 2022 durch Russland ausgelöste Angriffskrieg auf die Ukraine führte erneut zu einer Neujustierung in der Ausrichtung der Energiepolitik. Versorgungssicherheit, die zuvor als gegeben angesehen wurde, war aufgrund der einseitigen Abhängigkeit von Russland bei der Belieferung mit Energie-Rohstoffen infrage gestellt. Die politischen Maßnahmen richten sich seitdem vor allem auf eine Diversifizierung der Bezugsquellen sowie auf Einsparung und Ersatz von Erdgas durch andere Energiequellen (Abb. 6.3).

6.2   Sicherheit der Energieversorgung

Deutschland ist eingebunden in die Sicherheitsarchitektur der Europäischen Union. Dies basiert auf Artikel 194 des Vertrags über die Arbeitsweise der Europäischen Union. Darin ist die Gewährleistung der Sicherheit der Energieversorgung der EU als Ziel der europäischen Energiepolitik verankert. Das Dilemma der Energiepolitik besteht allerdings in der

Dilemma der Energiepolitik der EU

Rechtsgrundlage: Artikel 194, Vertrag über die Arbeitsweise der
Europäischen Union

Ziele der EU-Energiepolitik
a) Sicherstellung des **Funktionierens des Energie-markts**
b) Gewährleistung der **Sicherheit der Energiever-sorgung** der EU
c) Förderung von **Energieeffizienz** und **Energie-einsparungen** sowie **Entwicklung neuer und erneuerbarer Energiequellen**
d) Verbesserung der **Energie-Infrastruktur**, z. B. durch Förderung der Interkonnektion der Energienetze.

Das Europäische Parlament und der Rat müssen die Maßnahmen in Kraft setzen, um diese Ziele zu erreichen.

Allerdings: „Diese Maßnahmen berühren (…) nicht das Recht eines Mitgliedsstaates, die Bedingungen für die Nutzung seiner Energieressourcen, seine Wahl zwischen verschiedenen Energiequellen und die allgemeine Struktur seiner Energieversorgung zu bestimmen."

EU-Ziel zum Anteil der erneuerbaren Energien: 20 % bis 2020 und 27 % bis 2030

Strukturelle Spannung zwischen der nationalen und der EU-Ebene

Energiemix ist Sache der Mitgliedsstaaten

Abb. 6.4 Dilemma der Energiepolitik der EU

Kompetenzverteilung zwischen der Ebene der Mitgliedstaaten und der jeweiligen natio-nalen Ebene Abb. 6.4). Zudem sind die Ausgangsbedingungen in den einzelnen Staaten sehr unterschiedlich.

▶   Der jeweilige Energiemix in den verschiedenen Staaten wird vor allem durch zwei Faktoren bestimmt: Das sind die im jeweiligen Mitgliedsland vorhandenen heimischen Energieressourcen und die Ausrichtung der Energiepolitik.

Die Abhängigkeit von Importen bei der Versorgung stellt sich in den Mitgliedstaaten sehr unterschiedlich dar (Abb. 6.5). Deutschland muss etwa zwei Drittel des Energiebedarfs durch Importe decken. Deutlich günstiger schneiden Staaten wie Dänemark, Finnland und Schweden sowie Frankreich und Polen ab. Höhere Importabhängigkeiten als für Deutsch-land werden für Staaten, wie u. a. Italien und Griechenland ausgewiesen. Dabei ist zu berücksichtigen, dass die Kernenergie in internationalen Statistiken als heimische Ener-gie eingestuft ist, auch wenn der Brennstoff Uran eingeführt wird. Die Begründung dafür ist, dass der Kernenergie aufgrund der regelmäßig mehrjährigen Reichweite der Brenn-stoffvorräte unter dem Gesichtspunkt der Versorgungssicherheit der gleiche Stellenwert eingeräumt wird wie heimischen Energieträgern.

Die Versorgung der EU mit Energie-Rohstoffen erfolgt aus einer Reihe von ver-schiedenen Staaten. Hinsichtlich der Herkunft der Einfuhrmengen bestehen deutliche Unterschiede zwischen Steinkohle, Erdgas und Erdöl. Als Gemeinsamkeit kann jedoch

Energie-Importabhängigkeit der EU-Staaten im Jahr 2021
in %

Kernenergie als Inlandsenergie gerechnet

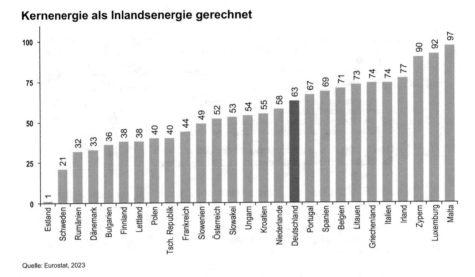

Quelle: Eurostat, 2023

Abb. 6.5   Energie-Importabhängigkeit der EU-Staaten 2021

festgehalten werden, dass bis 2021 Russland das für die EU mit Abstand wichtigste Herkunftsland für jeden der drei genannten Energierohstoffe war (Abb. 6.6). An zweiter Stelle stand bei Erdgas und Rohöl Norwegen, bei Steinkohle die USA und Australien. Die Abhängigkeiten der einzelnen EU-Staaten von Erdgaslieferungen aus Russland stellten sich vor Einmarsch russischer Truppen in die Ukraine sehr unterschiedlich dar (Abb. 6.7).

Die Förderung an Erdgas und Erdöl innerhalb der EU ist relativ gering. Die Gewinnung an Kohle konzentriert sich vor allem auf Deutschland, Polen und Tschechien sowie einige Balkan-Staaten und in begrenztem Umfang auch Griechenland (Abb. 6.8). Der Bedarf an Steinkohle wird zu weiten Teilen durch Importe gedeckt. In einigen Mitgliedstaaten ist allerdings der Einsatz von Kohle zur Stromerzeugung bereits beendet worden. In den EU-Staaten, in denen die Kohle noch genutzt wird, ist inzwischen ein Ausstieg aus der Kohle innerhalb der kommenden 25 Jahre beschlossen, wobei Polen auf die Kohle noch am längsten, und zwar bis 2049 zurückzugreifen beabsichtigt (Abb. 6.9).

Kernenergie wird in 13 Mitgliedstaaten zur Stromerzeugung eingesetzt (Abb. 6.10). Nach Stilllegung der drei letzten in Deutschland verbliebenen Kernkraftwerke im April 2023 verbleiben noch zwölf Staaten mit in Betrieb befindlichen Kernkraftwerken. Die Nutzung erneuerbarer Energien ist in den letzten Jahren deutlich vorangeschritten und hat in der Stromerzeugung EU-weit im Jahr 2021 einen Anteil von 37 % erreicht. 2022 werden es deutlich über 40 % sein.

Energieimporte der EU-27 nach Herkunftsländern 2021

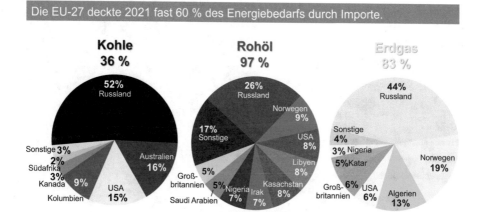

Anmerkung: Die ausgewiesenen Anteile sind auf Basis der eingeführten Mengen (net mass) ermittelt.

Quelle: Eurostat

Abb. 6.6 Energieimporte der EU nach Herkunftsländern 2021

Anteil russischer Lieferung an den Erdgasimporten europäischer Länder 2021

in %

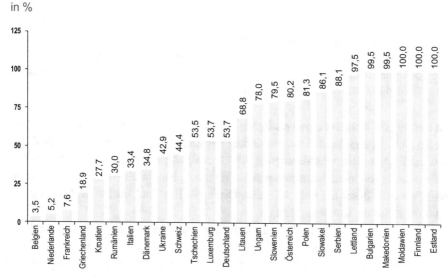

Quelle: Bruegel Blog, Preparing for the first winter without Russian gas, 28 February 2022

Abb. 6.7 Anteil russischer Erdgaslieferungen nach Staaten in der EU-27

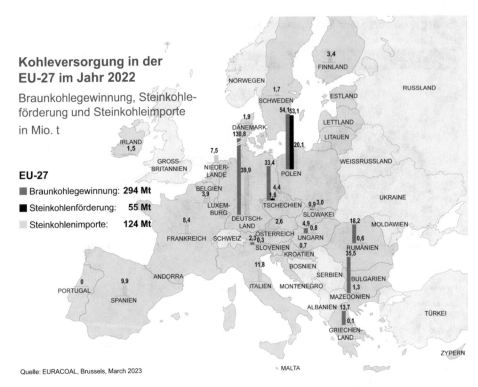

Kohleversorgung in der EU-27 im Jahr 2022

Braunkohlegewinnung, Steinkohleförderung und Steinkohleimporte in Mio. t

EU-27

■ Braunkohlegewinnung: **294 Mt**

■ Steinkohlenförderung: **55 Mt**

■ Steinkohlenimporte: **124 Mt**

Quelle: EURACOAL, Brussels, March 2023

Abb. 6.8 Förderung und Importe an Kohle der EU-Mitgliedstaaten im Jahr 2022

▶ Die länderspezifischen Risiken der Energieversorgung können vor allem aus drei Größen abgeleitet werden. Das sind der Beitrag heimischer Gewinnung zur Energieversorgung, der Anteil der Energieimporte und die Wahrscheinlichkeit von Versorgungsunterbrechungen im Exportland (Abb. 6.11).

Für Staaten, die stark auf eine Versorgung mit Energie-Rohstoffen aus dem Ausland angewiesen sind, ist eine breite Diversifizierung der Lieferländer von besonderer Bedeutung. Dies betrifft vor allem die Versorgung mit Öl und Erdgas. Angesichts der stark auf politisch instabile Regionen konzentrierten Vorkommen gehören die Staaten der sogenannten strategischen Ellipse, die vom Mittleren Osten bis Russland reicht, zu den wichtigsten Exportnationen für Rohöl und Erdgas.

Der Energieträger-Mix des Primärenergieverbrauchs und der Stromerzeugung der EU-27 ist relativ breit gefächert (Abb. 6.12). Dabei ist unter den größeren EU-Staaten Deutschland – neben Italien –durch ein besonders hohes Energieversorgungsrisiko gekennzeichnet. Die Gründe dafür sind die geringen heimischen Vorkommen, die in der Vergangenheit unzureichende Diversifizierung der Lieferquellen für Importmengen

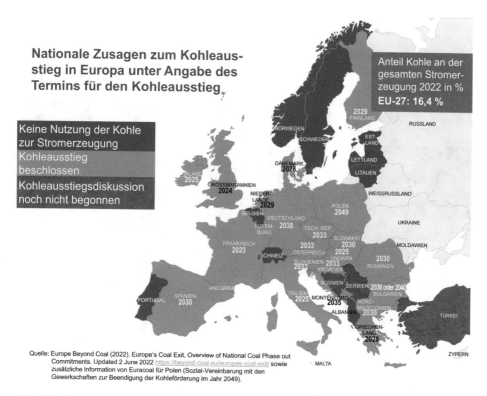

Abb. 6.9 Nationale Zusagen zum Kohleausstieg in Europa

und der künftige Verzicht auf die Nutzung der Kernenergie. Der verstärkte Ausbau erneuerbarer Energien kann diese Nachteile nur zum Teil kompensieren.

Die starke Prägung der Versorgungsstrukturen nach Energieträgern durch das Vorhandensein inländischer Energieressourcen und die Ausrichtung der Energiepolitik kann am Beispiel des Stromerzeugungsmix ausgewählter EU-Staaten verdeutlicht werden (Abb. 6.13). So erklärt sich der hohe Anteil von Kohle an der Stromerzeugung in Polen und bisher – allerdings in deutlich begrenzterem Umfang – auch in Tschechien, Deutschland und Griechenland durch die in diesen Staaten vorhandenen Vorkommen an Braunkohle und in Polen zusätzlich an Steinkohle. Erdgas ist in den Niederlanden wegen der dortigen heimischen Vorkommen bisher noch der wichtigste Energieträger in der Stromerzeugung. In jüngerer Zeit ist die Windenergie stark ausgebaut worden. Hierfür bieten die windreichen Küstenregionen gute Voraussetzungen. Österreich kann auf günstig verfügbare Wasserkraft-Potenziale in den Alpen zurückgreifen. Dies gilt in begrenzterem Umfang auch für Italien. Dort hat die Energiepolitik in den letzten Jahren zusätzlich – ebenso wie in Dänemark und in Deutschland – den Ausbau von Wind und Solarenergie vorangetrieben. In Frankreich dominiert die Kernenergie. Die französische Politik hat

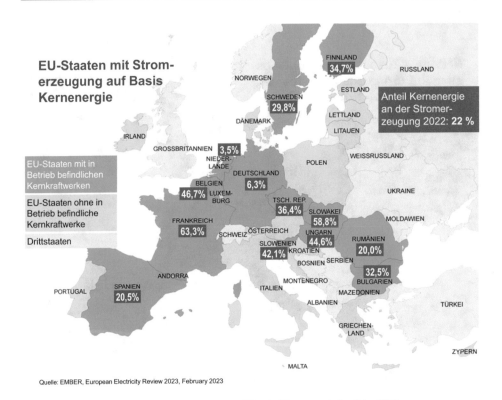

EU-Staaten mit Stromerzeugung auf Basis Kernenergie

EU-Staaten mit in Betrieb befindlichen Kernkraftwerken

EU-Staaten ohne in Betrieb befindliche Kernkraftwerke

Drittstaaten

Anteil Kernenergie an der Stromerzeugung 2022: **22 %**

Quelle: EMBER, European Electricity Review 2023, February 2023

Abb. 6.10 EU-Staaten mit Stromerzeugung auf Basis Kernenergie im Jahr 2022

am stärksten unter allen Staaten auf die Kernenergie gesetzt, um nach den Erfahrungen der Ölkrisen 1973/74 und 1979/80 unabhängiger von politisch instabilen Lieferanten zu werden. Schweden verfügt – vergleichbar mit Österreich oder Italien – über größere Wasserkraft-Potenziale, nutzt aber zusätzlich die Kernenergie und auch die Windenergie zur Stromerzeugung.

6.3   Bezahlbarkeit von Energie und die Rolle der Energiepreise für die Wettbewerbsfähigkeit der Industrie

Zur Beurteilung der Wirtschaftlichkeit der Energieversorgung können die Verbraucherpreise herangezogen werden, die von privaten Haushalten sowie von Gewerbe- und Industriekunden für Kraftstoffe, Heizöle, Kohle, Erdgas, Elektrizität und Fernwärme zu zahlen sind. Für die Wettbewerbsfähigkeit der Industrie ist nicht nur die absolute Höhe der Preise von Relevanz; vielmehr ist auch von großer Bedeutung, zu welchen Bedingungen die Versorgung mit Energie in Deutschland im Vergleich zu anderen Standorten

Länderspezifische Energieversorgungsrisiken

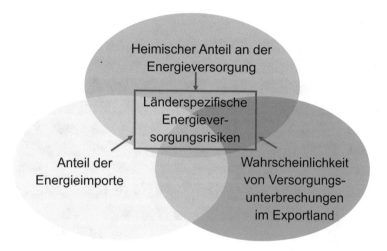

Quelle: Frondel und Schmidt, RWI, Essen 2008

Abb. 6.11 Schematische Darstellung länderspezifischer Energieversorgungsrisiken

Energiemix der EU-27 im Jahr 2022

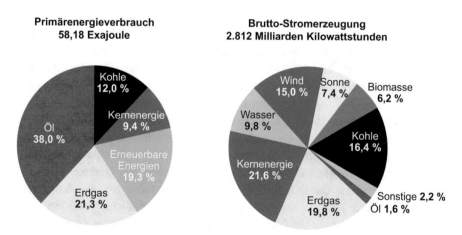

Quelle: Energy Institute, Statistical Review of World Energy 2023

Abb. 6.12 Energieträger-Mix im Primärenergieverbrauch und in der Stromerzeugung der EU-27 im Jahr 2022

Stromerzeugungsmix zehn ausgewählter EU-Staaten 2022

in TWh

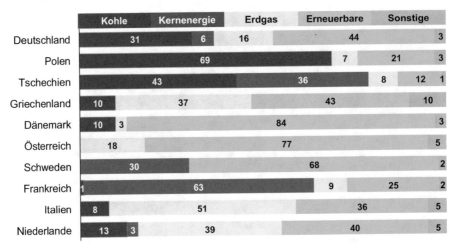

Quelle: EMBER, European Electricity Review 2023, February 2023

Abb. 6.13 Stromerzeugungsmix zehn ausgewählter EU-Staaten 2022

in der Welt erfolgt. Bei energieintensiven Produkten ist der Preis für Energie ein wichtiger Faktor im internationalen Wettbewerb. Dauerhaft niedrigere Energiepreise außerhalb Europas können auch Standortentscheidungen maßgeblich beeinflussen.

Zur Harmonisierung und Liberalisierung des Energiebinnenmarkts der EU sind seit 1996 Maßnahmen verabschiedet worden, die Marktzugang, Transparenz und Regulierung, Verbraucherschutz, Förderung von Verbundnetzen und Versorgungssicherheit betreffen. Mit diesen Maßnahmen, die in Deutschland seit 1998 durch Anpassungen des Energiewirtschaftsgesetzes und des Gesetzes gegen Wettbewerbsbeschränkungen umgesetzt worden sind, wurde angestrebt, einen wettbewerbsfähigeren, kundenorientierten, flexiblen und diskriminierungsfreien EU-Elektrizitäts- und Gasmarkt mit marktorientierten Lieferpreisen zu schaffen. Dabei sollten die Energiearmut bekämpft, die Aufgaben und Zuständigkeiten von Marktteilnehmern und Regulierungsbehörden präzisiert und die Sicherheit und Wirtschaftlichkeit der Versorgung durch den Aufbau transeuropäischer Netze für den Transport von Elektrizität und Gas gestärkt werden.

Die Bedeutung dieser Liberalisierungsinitiativen kann beispielhaft für ausgewählte Industriebetriebe veranschaulicht werden. Der bedeutendste Energieträger in der Industrie ist Erdgas – gefolgt von Elektrizität. Einzelne Unternehmen der Chemie-, der Kupfer- und der Aluminiumindustrie verbrauchen mehr Strom als alle Haushalte von Großstädten (Abb. 6.14). Das verdeutlicht, dass die Preise für Energie einen maßgeblichen Kostenfaktor im Wettbewerb darstellen können. Die Bereitstellung von Strom ist – ebenso wie von

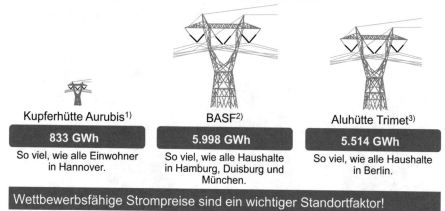

Einzelne Industriebetriebe verbrauchen mehr Strom als ganze Großstädte

Stromverbrauch ausgewählter Industriebetriebe im Jahr 2021

Kupferhütte Aurubis[1]	BASF[2]	Aluhütte Trimet[3]
833 GWh	**5.998 GWh**	**5.514 GWh**
So viel, wie alle Einwohner in Hannover.	So viel, wie alle Haushalte in Hamburg, Duisburg und München.	So viel, wie alle Haushalte in Berlin.

Wettbewerbsfähige Strompreise sind ein wichtiger Standortfaktor!

1) Stromverbrauch an den Standorten Hamburg und Lünen
2) Stromverbrauch am Standort Ludwigshafen
3) Stromverbrauch in Deutschland

Abb. 6.14 Stromverbrauch ausgewählter Industriebetriebe in Deutschland

Erdgas – von entscheidender Bedeutung für den Erhalt von Standorten in Deutschland und damit die Sicherung der Arbeitsplätze.

Für private Verbraucher ist die Bezahlbarkeit von Energie wichtig. Dies gilt vor allem für Heizenergie und für Strom. Die Hälfte aller Wohnungen in Deutschland wird mit Erdgas beheizt, und auch die Bedeutung von Strom gewinnt zunehmend für die Deckung des Raumwärmebedarfs an Bedeutung. Nach Erhebungen des BDEW hatten sich die Strompreise, die private Haushalte im Durchschnitt zu zahlen haben, bereits bis Juli 2022 um 72 % gegenüber dem Stand im Jahr 2008 erhöht (Abb. 6.15), obwohl die EEG-Umlage als einer der wesentlichen Preistreiber zum 1. Juli 2022 zugunsten einer Finanzierung der erneuerbaren Energien aus dem Bundeshaushalt abgeschafft worden ist.

Der bis 2021 verzeichnete Anstieg der Strompreise in Deutschland erklärt sich im Wesentlichen durch die seit 1998 erhöhten Steuern, Abgaben und Umlagen. Die gesamten Energiesteuern und -abgaben hatten sich von 37,3 Mrd. € im Jahr 1998 bis zum Jahr 2021 auf 85,5 Mrd. € mehr als verdoppelt (Abb. 6.16). Mit der Abschaffung der EEG-Umlage ist seit dem Jahr 2022 erstmals innerhalb der letzten zwei Jahrzehnte eine Verminderung dieser spezifischen Lasten auf den Verbrauch von Kraftstoffen, Erdgas und Strom eingetreten. Die Entwicklungen auf den internationalen Märkten im Gefolge des Einmarsches russischer Truppen in die Ukraine und die Einstellung der Gaslieferungen Russlands haben eine die Energie-Beschaffungskosten in zuvor nie dagewesener Höhe vergrößert. Dies ist seit Februar 2022 der entscheidende Treiber der Verbraucherpreise für Energie.

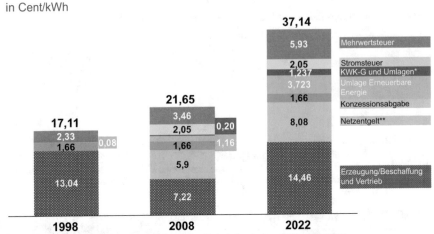

**Durchschnittlicher Strompreis eines Haushaltes
mit einem Jahresverbrauch von 3.500 kWh**

in Cent/kWh

	37,14	
	5,93	Mehrwertsteuer
	2,05	Stromsteuer
	1,237	KWK-G und Umlagen*
	3,723	Umlage Erneuerbare Energie
	1,66	Konzessionsabgabe
21,65	8,08	Netzentgelt**
3,46		
2,05 0,20		
17,11		
2,33 1,66 0,08	1,66 1,16	
	5,9	14,46	Erzeugung/Beschaffung und Vertrieb
13,04	7,22	

| **1998** | **2008** | **2022** |

*   Weitere Umlagen im Jahr 2019: § 19 StromNEV-Umlage, Umlage für abschaltbare Lasten und Offshore-Netzumlage
    (bis 2018: Offshore-Haftungsumlage)
** einschließlich Messung, Abrechnung, Messstellenbetrieb

Quelle: BDEW, Strompreisanalyse April 2022

Abb. 6.15 Entwicklung des durchschnittlichen Strompreises privater Haushalte von 1998 bis 2022

6.4   Klimaschutz

Seit Ende der 1970-er Jahre beschäftigt sich die internationale Staatengemeinschaft mit den Auswirkungen von Aktivitäten der Menschen auf das Klima. Die erste „Weltklimakonferenz" unter dem Dach der Vereinten Nationen fand im Februar 1979 in Genf statt. Sie war von der Weltorganisation für Meteorologie (WMO) organisiert worden. Schwerpunkt und wichtiges Ergebnis war die bei dieser Konferenz ausgesprochene Warnung, dass die weitere Konzentration auf die Nutzung fossiler Energieträger im Zusammenhang mit der fortschreitenden Vernichtung von Waldbeständen auf der Erde zu einer Veränderung des Klimas und nachteilig auf das Wohl der Menschheit auswirken könnte. Der ersten Weltkonferenz in Genf folgten die Weltklimakonferenz 1988 in Toronto und eine erneut in Genf im Jahr 1990 abgehaltene Folgekonferenz.

Im Dezember 1990 hatte die Generalversammlung der Vereinten Nationen die Aufnahme von Vertragsverhandlungen über eine Rahmenkonvention der Vereinten Nationen über Klimaänderungen (*United Nations Framework Convention on Climate Change-UNFCCC*) beschlossen. Die 1992 in Rio de Janeiro von 154 Staaten und der Europäischen Gemeinschaft unterzeichnete Klimarahmenkonvention (KRK) beinhaltet als Ziel „die Stabilisierung der Treibhausgaskonzentrationen in der Atmosphäre auf einem

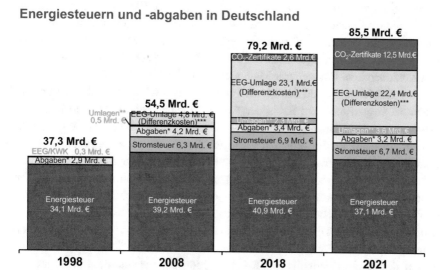

Abb. 6.16 Entwicklung der spezifischen Belastung durch Steuern, Abgaben und Umlagen auf Energieerzeugnisse in Deutschland 1998 bis 2021

Niveau (…), auf dem eine gefährliche anthropogene Störung des Klimasystems verhindert wird."[3] Danach haben sich die gemeinsam als Vertragsparteien nach Annex I der Konvention bezeichneten Industrieländer (die Mitglieder der OECD sowie die mittel- und osteuropäischen Staaten) verpflichtet, konkrete Maßnahmen zur Senkung der Treibhausgas-Emissionen bis zum Jahr 2000 auf das Niveau von 1990 zu ergreifen. Die Länder nach Annex II (im Wesentlichen die OECD-Staaten) sind außerdem aufgerufen, über die bestehenden Entwicklungshilfemittel hinausgehende Gelder zur Verfügung zu stellen und den Technologietransfer in die Entwicklungsländer zu erleichtern.

Als oberstes Gremium der 1994 in Kraft getretenen Klimarahmenkonvention wurde die Konferenz der Vertragsparteien (*Conference of Parties* – CoP) eingesetzt, der alle Staaten angehören, die die Konvention ratifiziert haben. Der CoP obliegt die Förderung der Umsetzung der Klimakonvention und die Überprüfung der von den Vertragsparteien übernommenen Verpflichtungen. Die CoP und ihre Nebenorgane werden von dem Sekretariat der KRK (UNFCCC-Sekretariat) mit Sitz in Bonn unterstützt.[4]

---

[3] [3].
[4] [4].

Die erste Konferenz der Vertragsparteien (CoP 1) fand 1995 in Berlin statt. Nach übereinstimmender Feststellung der Vertragsparteien wurde die Übernahme neuer Verpflichtungen für die Zeit nach 2000 für erforderlich gehalten. Mit dem verabschiedeten „Berliner Mandat" wurde vorgesehen, ein entsprechendes Rechtsdokument für die CoP 3-Sitzung vorzubereiten. Ein weiterer Meilenstein war die 3. CoP im Jahr 1997 in Kyoto.

Bei dieser Konferenz wurde das Kyoto-Protokoll verabschiedet. In diesem Protokoll hatten sich 38 Staaten aus dem Kreis der Annex I-Länder verpflichtet, die Emissionen eines Korbs aus sechs Treibhausgasen bzw. Treibhausgasgruppen im Rahmen eines definierten Zeitraums mit im Einzelnen festgelegten Prozentsätzen zu regulieren. Anhang B (Annex B) des Kyoto-Protokolls enthält eine Auflistung dieser Staaten, die konkrete Verpflichtungen zur Begrenzung der Treibhausgas-Emissionen übernommen hatten. Dazu zählen die OECD-Staaten, die Länder Mittel- und Osteuropas sowie Russland. Die Annex B-Länder sind nicht vollständig deckungsgleich mit den Annex I-Staaten. Zu den Annex I-Staaten zählen auch die Türkei und Belarus; diese beiden Staaten waren nicht Parteien der Konvention, als das Kyoto-Protokoll angenommen worden war. Andererseits sind in Annex B des Kyoto-Protokolls mit Kroatien, Monaco, Liechtenstein und Slowenien Staaten erfasst, die nicht zum Kreis der Annex I-Länder gehören. Im Kyoto-Protokoll geregelt sind die Treibhausgase CO_2, CH_4, N_2O, zwei Gruppen von Kohlenwasserstoffen (HFC und PFC) sowie Schwefelhexafluorid (SF_6). Zeithorizont für die übernommenen Verpflichtungen ist die Budget-Periode 2008 bis 2012. Als Basisjahr ist 1990 bzw. (nach Wahl) 1995 bezüglich der drei letztgenannten Gase (Abb. 6.17 und 6.18).

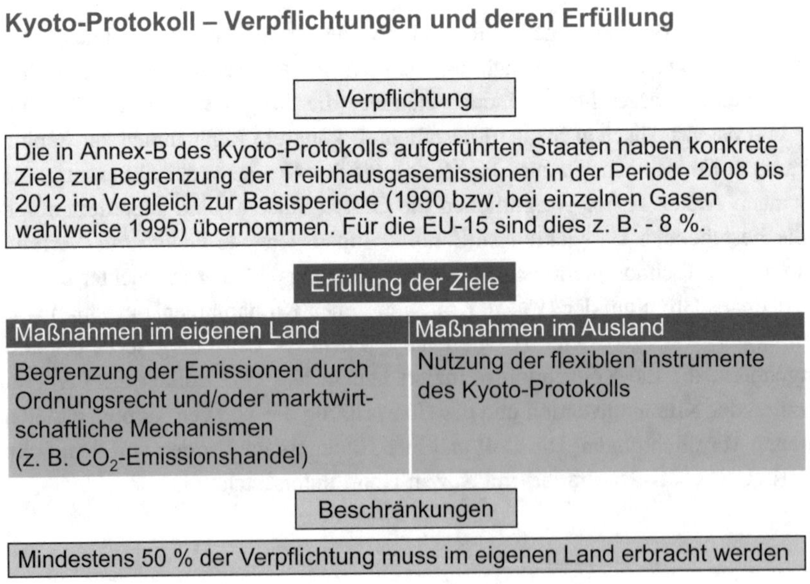

Kyoto-Protokoll – Verpflichtungen und deren Erfüllung

Verpflichtung

Die in Annex-B des Kyoto-Protokolls aufgeführten Staaten haben konkrete Ziele zur Begrenzung der Treibhausgasemissionen in der Periode 2008 bis 2012 im Vergleich zur Basisperiode (1990 bzw. bei einzelnen Gasen wahlweise 1995) übernommen. Für die EU-15 sind dies z. B. - 8 %.

Erfüllung der Ziele

Maßnahmen im eigenen Land	Maßnahmen im Ausland
Begrenzung der Emissionen durch Ordnungsrecht und/oder marktwirtschaftliche Mechanismen (z. B. CO_2-Emissionshandel)	Nutzung der flexiblen Instrumente des Kyoto-Protokolls

Beschränkungen

Mindestens 50 % der Verpflichtung muss im eigenen Land erbracht werden

Abb. 6.17 Kyoto-Protokoll – Verpflichtungen und deren Erfüllung

Global Warming Potential (GWP) der wichtigsten Treibhausgase

(Umrechnung in CO_2-Äquivalente (CO_2e)*

CO_2 - Kohlendioxid	(1)
CH_4 - Methan	(28)
N_2O - Distickstoffoxid (Lachgas)	(265)
HFC - Teilhalogenierte Fluorkohlenwasserstoffe	(138 - 12.400)
FKW - perfluorierte Kohlenwasserstoffe	(6.630 - 11.100)
SF_6 - Schwefelhexafluorid	(23.500)

* basierend auf den Wirkungen der Treibhausgase über einen Zeithorizont von 100 Jahren
Quelle: IPCC, Fifth Assessment Report, WG1 AR5, Chapter 8, p. 73 - 79

Abb. 6.18 Global Warming Potenzial (GWP) der wichtigsten Treibhausgase

Grundsätzlich ist im Kyoto-Protokoll die Möglichkeit der Anwendung sogenannter flexibler Instrumente verankert (Abb. 6.19). Damit sollten eine möglichst kostengünstige Erfüllung der übernommenen Verpflichtungen erleichtert sowie eine nachhaltige Entwicklung auch außerhalb der Industriestaaten gefördert werden. Zum einen handelt es sich um das in Artikel 17 verankerte System zum Emissionshandel (Emissions Trading) und das mit Artikel 6 geregelte Prinzip der gemeinsamen Umsetzung (Joint Implementation). Während diese zwei Instrumente zur Anwendung unter den Industrieländern in die Konvention Eingang gefunden hatten, wurde als drittes Element der Mechanismus für umweltverträgliche Entwicklung (Clean Development Mechanism) geschaffen, durch den sich Industrieländer die, mit der Finanzierung von Projekten zur Treibhausgas-Reduktion in den Entwicklungsländern erzielten, Emissionsminderungen gutschreiben lassen konnten (Artikel 12). Das Kyoto-Protokoll war nach Ratifizierung durch das dafür erforderliche Quorum im Jahr 2005 in Kraft getreten.

Mit dem Kyoto-Protokoll war die internationale Klimapolitik auf eine völlig neue Grundlage gestellt worden. Erstmals waren Ziele zur Begrenzung der Treibhausgas-Emissionen als völkerrechtlich verbindlich eingestuft worden. In den Folgejahren wurde auf den Klimakonferenzen in Buenos Aires (1998), Bonn (1999), Den Haag (2000), Marrakesch (2001), Neu-Delhi (2002), Mailand (2003), Buenos Aires (2004), Montreal (2005) Nairobi (2006), Bali (2007), Posen (2008), Kopenhagen (2009), Cancún (2010), Durban (2011), Doha (2012), Warschau (2013), Lima (2014) und Paris (2015) über Ausgestaltung, Umsetzung und die Weiterentwicklung des Protokolls verhandelt. Die CoP 21 in Paris bedeutete einen weiteren Meilenstein in der Geschichte der Aktivitäten zum Schutz

Flexible Instrumente des Kyoto-Protokolls

International Emission Trading (ET)
Staaten, die ihre Emissionen deutlich unter die Ziele senken können, verkaufen ihre Überschüsse an Staaten, die andernfalls die Zielmengen überschreiten.

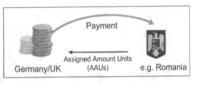

Clean Development Mechanism (CDM)
Emissionsreduktion durch eine Investition aus einem Industriestaat in ein Projekt in einem Entwicklungs-/Schwellenland.

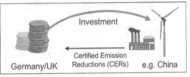

Joint Implementation (JI)
Emissionsreduktion durch eine Investition aus einem Industriestaat in ein Projekt in einem anderen Industriestaat.

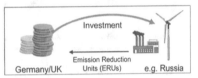

Mit Hilfe der flexiblen Instrumente soll erreicht werden, dass die Emissionen auf möglichst kosteneffiziente Weise reduziert werden.

Abb. 6.19 Flexible Instrumente des Kyoto-Protokolls

des Klimas. Gemäß dem dort rechtsverbindlich getroffenen Abkommen ist die Erderwärmung im Vergleich zum vorindustriellen Niveau auf deutlich unter 2 Grad Celsius, möglichst sogar auf 1,5 Grad Celsius, zu begrenzen.

▶ Alle Staaten haben sich gemäß diesem Protokoll verpflichtet, einen nationalen Klimaschutzbeitrag (*Nationally Determined Contribution* – NDC) zu leisten und Maßnahmen zu dessen Umsetzung zu ergreifen. Bereits im Laufe des Jahres 2015 hatten fast alle Staaten ihre geplanten Klimaschutzbeiträge zum Abkommen (*Intended Nationally Determined Contribution,* INDC) vorgelegt. Die EU und ihre Mitgliedstaaten hatten sich zur Einhaltung des verbindlichen Ziels verpflichtet, die Emissionen an Treibhausgasen innerhalb der Gemeinschaft bis 2030 um mindestens 40 % im Vergleich zu 1990 zu senken.

Die Verpflichtung gilt für Industriestaaten ebenso wie für Schwellen- und Entwicklungsländer. Es war ferner eine Fortschreibung der Klimaschutzziele vereinbart worden, weil bereits 2015 deutlich war, dass die bis dahin eingereichten Klimaschutzbeiträge nicht ausreichen, um die Obergrenze von 2 Grad Celsius einzuhalten. Ferner hatte das Übereinkommen von Paris die Industrieländer in die Pflicht genommen, Entwicklungsländer bei der Umsetzung der Klimaschutzbemühungen zu unterstützen. So ist eine bereits 2009 erfolgte Zusage der Industrieländer fortgeschrieben worden, jährlich 100 Mrd. US$ für die Klimafinanzierung in den Entwicklungsländern zu mobilisieren. Das Klimaabkommen von Paris war am 4. November 2016 in Kraft getreten, 30 Tage, nachdem 55 Staaten, die zudem mindestens 55 % der weltweiten Treibhausgas-Emissionen verursachen, die Ratifizierung abgeschlossen hatten.

Es folgten Klimakonferenzen in Marrakesch (2016), Bonn (2017), Katowice (2018), Madrid (2019) und Glasgow (2021). Bei der CoP 26 in Glasgow hat es insbesondere eine Verständigung über die Nachschärfung der in Paris getroffenen Zielvorgabe zur Begrenzung der Treibhausgas-Emissionen gegeben. Sie einigten sich die Staaten gemeinsam darauf, daran zu arbeiten, die Kluft zwischen bestehenden Emissionsminderungsplänen und dem, was zur Verringerung der Emissionen erforderlich ist, zu verringern, damit der Anstieg der globalen Durchschnittstemperatur auf 1,5 Grad begrenzt werden kann. Ferner wurde der Aufruf beschlossen, die Staaten sollten die Nutzung von Kohlekraftwerken ohne CO_2-Abscheidung schrittweise verringern und ineffiziente Subventionen für fossile Energien einstellen.[5]

Bei der *27. Conference of Parties* in Sharm el-Sheikh (2022) verständigten sich die rund 200 Staaten in der Abschlusserklärung, die am 20. November 2022 beschlossen worden war, auf folgende Punkte:[6]

- Die Regierungen beschließen, weitere Anstrengungen zu unternehmen, um die Erderwärmung auf 1,5 Grad Celsius gegenüber dem vorindustriellen Niveau zu begrenzen.
- Sie erklären, dass die Begrenzung des Temperaturanstiegs auf 1,5 Grad Celsius schnelle, weitgehende und anhaltende Reduktionen der globalen Treibhausgas-Emissionen von 43 % bis 2030 im Vergleich zum Stand des Jahres 2019 erfordern.
- Sie wiederholen ihre bei der CoP 26 in Glasgow abgegebene Erklärung, dass die Nutzung von Kohle zur Stromerzeugung ohne CO_2-Abscheidung schrittweise reduziert werden sollte.
- Ferner einigen sich die Vertragsparteien grundsätzlich auf einen Fonds, aus dem finanzielle Mittel zur Kompensation klimabedingter Schäden in ärmeren Ländern bereitgestellt werden sollen. In dem Beschluss wird allerdings weder eine Zahl genannt, auf welche Höhe dieser Fonds sich belaufen soll, noch welche Staaten wie viel zu dessen Aufkommen beitragen sollen. Hierzu soll eine Übergangskommission Empfehlungen erarbeiten, über die bei der 28. *Conference of Parties* beraten werden soll.

Die 28. *Conference of Parties* ist für November 2023 in Dubai geplant.

---

[5] [5].
[6] [6].

6.4.1   Entwicklung der globalen Treibhausgas-Emissionen seit 1990

Das wichtigste Treibhausgas ist Kohlendioxid (CO_2). Emissionen an CO_2 sind zu einem sehr großen Teil mit der Verbrennung fossiler Energieträger verbunden. In den öffentlichen Debatten zum Klimaschutz spielen die energiebedingten CO_2-Emissionen deshalb eine besondere Rolle. Die weltweiten energiebedingten CO_2-Emissionen sind von 21,3 Mrd. Tonnen im Jahr 1990 auf 33,9 Mrd. Tonnen im Jahr 2021 gestiegen. Zuwächsen in den Entwicklungs- und Schwellenländern, insbesondere in China und Indien, standen Rückgänge in den USA und in der EU gegenüber. In China und Indien haben sich die CO_2-Emissionen bis 2021 im Vergleich zum Stand des Jahres 1990 mehr als vervierfacht (Abb. 6.20, 6.21 und 6.22).

Trotz des verzeichneten starken Anstiegs der CO_2-Emissionen in China, in Indien sowie in anderen Entwicklungs- und Schwellenländern sind die CO_2-Emissionen pro Kopf der Bevölkerung in den Entwicklungs- und Schwellenländern deutlich niedriger als die vergleichbaren Werte der Industriestaaten. Im weltweiten Durchschnitt beliefen sich die CO_2-Emissionen pro-Kopf der Bevölkerung im Jahr 2021 auf etwa 4,4 t. Im Vergleich dazu waren es in Indien etwa 1,5 t und in China 7,6 t. Für die EU-27 errechnen sich 6,0 t energiebedingte CO_2-Emissionen. Auf deutlich höhere CO_2-Emissionen pro Kopf der

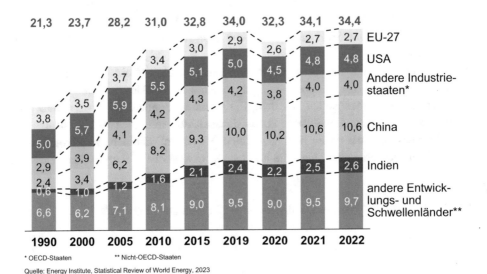

Weltweite energiebedingte CO_2-Emissionen
Milliarden Tonnen

* OECD-Staaten   ** Nicht-OECD-Staaten

Quelle: Energy Institute, Statistical Review of World Energy, 2023

Abb. 6.20 Weltweite energiebedingte CO_2-Emissionen seit 1990

Entwicklung der CO$_2$-Emissionen
in Mrd. t

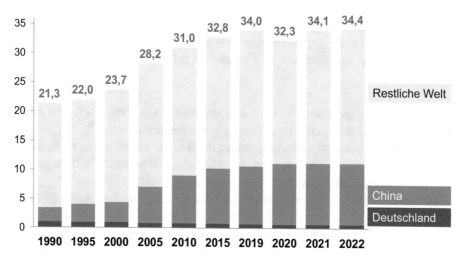

Quelle: Energy Institute, Statistical Review of World Energy 2023

Abb. 6.21 Entwicklung der energiedingten CO$_2$-Emissionen in China und in der restlichen Welt 1990 bis 2022

Entwicklung der CO$_2$-Emissionen
Index 1990 = 100

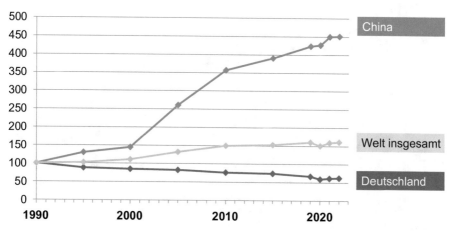

Quelle: Energy Institute, Statistical Review of World Energy 2023

Abb. 6.22 Verlauf der energiebedingten CO$_2$-Emissionen weltweit sowie in China und in Deutschland zum Vergleich

Bevölkerung als die EU kommen insbesondere die USA (etwa 14 t), aber auch Kanada, Australien, Russland und die Staaten des Mittleren Ostens.

▶   In Deutschland haben sich die Treibhausgas-Emissionen von 1990 bis 2022 um 40,4 % vermindert. Nach den bestehenden Zielvorgaben wird bis 2030 eine Reduktion um 65 % und bis 2040 um 88 % angestrebt (jeweils im Vergleich zum Jahr 1990). Im Jahr 2045 soll für Deutschland Treibhausgas-Neutralität erreicht werden.

Der größte Teil der Treibhausgas-Emissionen entfällt auf CO_2 (Abb. 6.23). Der bisherige CO_2-Emissionspfad nach Energieträgern stellt sich unterschiedlich dar. Im Vergleich 2022 zu 1990 wurden die stärksten Minderungen bei der Braunkohle mit minus 62 % erreicht – gefolgt von Steinkohle mit minus 53 % und Mineralöl mit minus 31 %. Demgegenüber war bei Erdgas ein Anstieg um 33 % verzeichnet worden (Abb. 6.24).

Das bestehende Klimaschutzgesetz enthält nicht nur eine Gesamtvorgabe für das Jahr 2030. Vielmehr sind darin nach Verbrauchssektoren differenzierte Ziele verankert. Die sind für den Sektor Energiewirtschaft mit minus 77 % besonders ambitioniert. Für Gebäude werden minus 68 %, für die Industrie minus 58 %, für den Verkehr minus

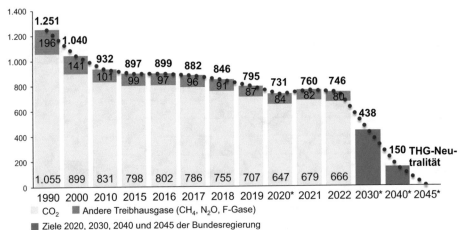

Abb. 6.23 Emissionen an Treibhausgasen in Deutschland 1990 bis 2022 und Ziele bis 2045

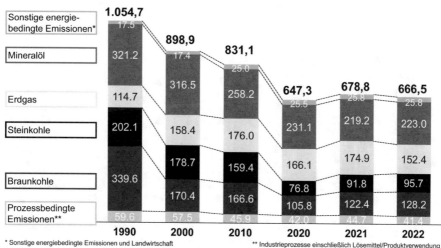

CO$_2$-Emissionen in Deutschland 1990 bis 2022
- energiebedingte Emissionen nach Energieträgern und
prozessbedingte Emissionen in Millionen Tonnen

* Sonstige energiebedingte Emissionen und Landwirtschaft   ** Industrieprozesse einschließlich Lösemittel/Produktverwendung
Quelle: Umweltbundesamt, Pressemitteilung vom 15.03.2023 sowie am 20.03.2023 vom Umweltbundesamt
persönlich übermittelte Angaben

Abb. 6.24 CO$_2$-Emissionen in Deutschland 1990 bis 2022 nach Energieträgern

48 % und für die Landwirtschaft minus 36 % (jeweils im Vergleich zu 1990) vorgeschrieben. Im Verkehrssektor kommt erschwerend hinzu, dass die bisher erreichte CO$_2$-Emissionsminderung – im Unterschied zu den anderen Sektoren – noch sehr gering ist (Abb. 6.25).

Im Sektor Energiewirtschaft haben die CO$_2$-Emissionen der Stromerzeugung den größten Anteil. Nach Ermittlungen des Umweltbundesamtes sind die Emissionen allerdings seit 1990 deutlich, und zwar von 366 Mio. Tonnen um 40 % auf 219 Mio. Tonnen im Jahr 2021 gesunken. Noch stärker als die absolute Höhe der Emissionen haben sich die spezifischen Emissionen verringert, und zwar von 764 g pro kWh im Jahr 1990 um 45 % auf 420 g pro kWh im Jahr 2021 (Abb. 6.26). Dies geht auf den veränderten Energieträger-Mix in der Stromerzeugung zurück – gekennzeichnet vor allem durch einen deutlich vergrößerten Anteil erneuerbarer Energien (Abb. 6.27).

6.4.2 Der rechtliche Handlungsrahmen auf europäischer Ebene

In Annex B des Kyoto-Protokolls ist für die 15 Staaten, die 1990 Mitglied der Europäischen Union waren, eine Reduktionsverpflichtung von minus 8 % für den Zeitraum 2008 bis 2012 im Vergleich zum Basisjahr verankert. Es war festgelegt worden, dass diese

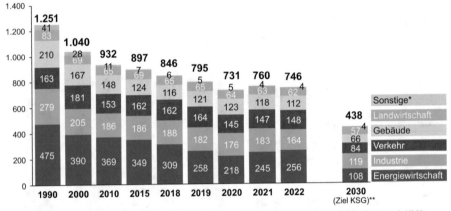

Emissionen an Treibhausgasen in Deutschland 1990 bis 2030 nach Sektoren des Klimaschutzgesetzes (KSG)

in Mio. t CO$_2$-Äquivalenten

* Abfall und fugitive Emissionen bei Brennstoffen. Der starke Emissionsrückgang lässt sich mit der Entwicklung der diffusen Emissionen bei Kohle (Grubengas), aber auch bei Gas erklären. Außerdem trägt die Abfallwirtschaft wesentlich zu den Minderungen bei. Das Deponiegas wurde gefasst und die Verbrennungskapazitäten ausgebaut.
** Die Summe der sektorspezifisch zulässigen Emissionen nach KSG 2021 ergibt 438 Mio. t CO$_2$-Äquivalent.

Quelle: Umweltbundesamt, Pressemitteilung vom 15.03.2023 (Zahlen für 1990 bis 2022) sowie Klimaschutzgesetz 2021 (am 31. August 2021 in Kraft getreten)

Abb. 6.25 Emissionen an Treibhausgasen in Deutschland 1990 bis 2030 nach Sektoren des Klimaschutzgesetzes

15 Staaten ihre Zielvorgaben untereinander umverteilen können, wobei sichergestellt sein musste, dass im Ergebnis die minus 8 % für die EU-15 gewährleistet bleiben.

Auf dieser Basis hatten die Staaten der Europäischen Union (EU-15) 1998 ein Burden-Sharing-Agreement geschlossen, das die mittlere Treibhausgas-Reduktionsverpflichtung von 8 % bezogen auf das Basisjahr 1990 – differenziert nach voraussichtlichem Leistungsvermögen – auf die Mitgliedstaaten verteilt, um dadurch Besonderheiten und unterschiedliche Entwicklungsstufen zu berücksichtigen; die Treibhausgas-Minderungsziele wurden gespreizt von minus 28 % für Luxemburg bis zu plus 27 % für Portugal (für Deutschland: minus 21 %). Die nach Abschluss des Kyoto-Protokolls zunächst verzeichnete Entwicklung der Treibhausgas-Emissionen, die sich bis zur Wirtschaftskrise 2008 fortsetzte, ließ befürchten, dass die EU-15 die Verpflichtungen gemäß Kyoto-Protokoll unter Anwendung der bereits existierenden Instrumente nicht würde erfüllen können.

Die Europäische Kommission sah in der Einführung des Emissionshandels auf Anlagenebene (Emissions Trading Scheme – ETS) ein geeignetes Mittel, um nachzusteuern. Nach kontrovers geführter Diskussion hatten sich das Europäische Parlament, der Europäische Ministerrat und die Europäische Kommission im Rahmen des sogenannten Trilogverfahrens im Jahr 2003 auf eine Richtlinie über ein System für den Handel

Kohlendioxid-Emissionen der Stromerzeugung in Deutschland 1990 - 2021

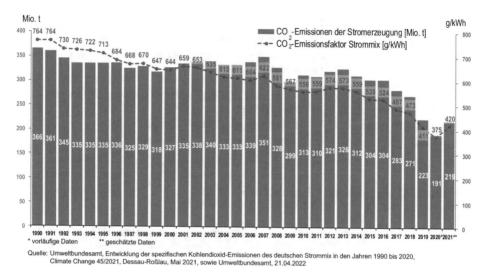

Abb. 6.26 Kohlendioxid-Emissionen der Stromerzeugung in Deutschland 1990 bis 2021

Brutto-Stromerzeugung in Deutschland 1990 bis 2030

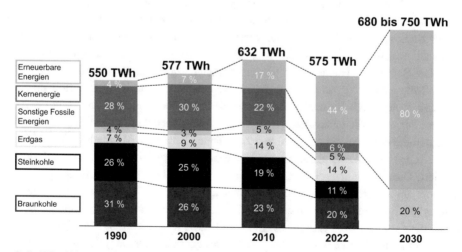

Abb. 6.27 Brutto-Stromerzeugung in Deutschland 1990 bis 2030 nach Energieträgern

EU-Richtlinie Emissions Trading

In Kraft getreten im Oktober 2003

Handelsraum:	EU
Beteiligung:	obligatorisch für Anlagen in allen Mitgliedstaaten
Geltungsbereich:	Feuerungsanlagen > 20 MW_{th}, Mineralölraffinerien, Kokereien, Anlagen zur Herstellung und Verarbeitung von Metallen, Zement, Kalk, Glas, Keramik, Zellstoff, Papier und Pappe
Basis der Regelung:	Begrenzung der CO_2-Emissionen (caps) aller emissionshandels-pflichtigen Anlagen
Handelsgegenstand:	CO_2-Emissionsberechtigungen (Einheit: 1 t CO_2)
Zuteilung:	durch Mitgliedstaaten mit Aufsichtskontrolle durch EU-Kommission > 2005 bis 2007 95 % kostenlos > 2008 bis 2012 90 % kostenlos
Pönale bei Überschreitung der Emissionen:	> 2005 bis 2007 = 40 €/t CO_2 > 2008 bis 2012 = 100 €/t CO_2

Energiewirtschaft und Industrie sind seit 2005 vom Emissions Trading betroffen.

Abb. 6.28 EU-Richtlinie zum Emissionshandel aus dem Jahr 2003

mit Treibhausgas-Emissionszertifikaten in der Gemeinschaft verständigt. In den Gel-tungsbereich der Richtlinie wurden die Staaten der Gemeinschaft sowie Liechtenstein, Island und Norwegen einbezogen. Allerdings wurden nicht alle Sektoren und auch nicht sämtliche Treibhausgase in den Anwendungsbereich einbezogen. Vielmehr war die Teil-nahme zunächst auf die Anlagen der Energiewirtschaft und der energieintensiven Industrie begrenzt. Außerdem erfasst die EU-Richtlinie aus dem Jahr 2003 nur das Treibhausgas CO_2. Der Beginn des Handels war mit dem 1. Januar 2005 festgelegt worden (Abb. 6.28).

Die Mitgliedsländer hatten den emissionshandelspflichtigen Anlagen Zertifikate zuge-teilt, und zwar jeweils für die beiden Handelsperioden 2005 bis 2007 und 2008 bis 2012. Letztere Periode ist identisch mit der 1. Verpflichtungsperiode des Kyoto-Protokolls. Mit der Zuteilung einer begrenzten Zahl von Zertifikaten hatten die Mitgliedsländer die Ober-grenze (Cap) der CO_2-Emissionen für Energiewirtschaft und energieintensive Industrie definiert. Dies beinhaltete die Verpflichtung des Anlagenbetreibers, am Ende eines jeden Kalenderjahres Zertifikate in der Höhe seiner tatsächlichen CO_2-Emissionen im jeweils abgelaufenen Kalenderjahr zurückzugeben. Die Zertifikate sind europaweit handelbar, sodass ein Anlagenbetreiber sich bei erhöhtem Bedarf zusätzlich CO_2-Zertifikate auf dem Markt beschaffen konnte (Abb. 6.29). Die Übertragbarkeit (Banking) überschüssiger Zer-tifikate von Jahr zu Jahr war erlaubt, aber nicht von der 1. in die 2. Periode. Für spätere Perioden ist auch ein umfassendes Banking von Periode zu Periode eingeräumt worden. Ein sog. *Borrowing*, d. h. ein Vorziehen von Emissionsrechten, war von Jahr zu Jahr

Funktionsprinzip des Emissionshandels

Treiber des Handels sind individuelle Minderungskosten:

A Kosten der Minderungsmaßnahmen an der Anlage < Zertifikatspreis:
Minderung und Verkauf der überschüssigen Zertifikate

B Kosten der Minderungsmaßnahmen an der Anlage > Zertifikatspreis:
Zukauf von fehlenden Zertifikaten

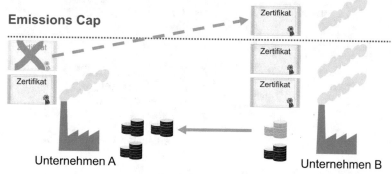

Abb. 6.29 Funktionsprinzip des Emissionshandels

innerhalb einer Periode möglich, ein periodenübergreifendes Borrowing war aber ausgeschlossen. Das gesamteuropäische Cap ergab sich aus der Summe der nationalstaatlichen Emissionsobergrenzen.[7]

Die Zertifikate mussten von den Mitgliedsländern in der Periode 2005 bis 2007 zu mindestens 95 % kostenlos ausgegeben werden. In der Periode 2008 bis 2012 waren mindestens 90 % kostenlos auszugeben. In diesen ersten beiden Perioden gab es nationale Emissionsbudgets, die damit eine Obergrenze für die beispielsweise in Deutschland zu vergebenden Zertifikate bildeten. Die Zuteilung der überwiegend kostenlosen Zertifikate erfolgte in diesen beiden Handelsperioden im Wesentlichen auf Basis historischer Emissionen (Grandfathering). Seit Anfang 2012 ist der Luftverkehr ebenfalls in den Europäischen Emissionshandel einbezogen. Berücksichtigt sind grundsätzlich alle Flüge, die innerhalb des Europäischen Wirtschaftsraums (EWR) starten oder landen. Im Jahr 2012 war der Anwendungsbereich durch den sogenannten Stop-the-clock-Beschluss der EU eingeschränkt worden.[8]

Für die dritte Handelsperiode des EU-ETS (2013 bis 2020) erfolgten grundlegende Änderungen. Zum einen wurden die bis 2012 gültigen nationalen Budgets abgelöst durch eine EU-weite Emissionsobergrenze (Cap) von insgesamt 15,6 Mrd. Emissionsberechtigungen. Diese Berechtigungen wurden auf die acht Jahre der Handelsperiode verteilt. Allerdings erfolgte die Verteilung nicht gleichmäßig. Vielmehr wurde die Menge jedes

---

[7] [7].

[8] Einzelheiten hierzu: [7].

Aufteilung der Klimaschutzlasten

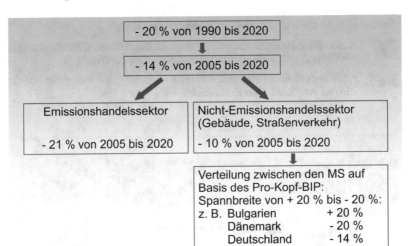

Abb. 6.30 Aufteilung der Klimaschutzlasten in der EU mit Zielhorizont 2020

Jahr um rund 38 Mio. Berechtigungen reduziert. Hieraus resultierte ein sinkender Verlauf der Emissionsobergrenze mit einer Reduktionsrate der EU-weiten Zertifikatmenge von 1,74 %. Die Höhe dieses Budgets orientierte sich an den Zielvorgaben zur Minderung der Emissionen, die sich die EU für 2020 gesetzt hatte. Aus dem Ziel minus 20 % für das Jahr 2020 im Vergleich zu 1990 wurde für den Emissionshandelssektor eine Vorgabe von minus 21 % für 2020, allerdings bezogen auf das Jahr 2005, abgeleitet (Abb. 6.30).

Eine weitere zentrale Änderung bestand darin, dass als Grundzuteilungsregel die Auktionierung eingeführt wurde. Für die Erzeugung von Strom erhielten gemäß den ab 2013 geltenden Regularien die Betreiber keine kostenlose Zuteilung mehr. Eine davon abweichende Regelung war für die Industrie und die Wärmeproduktion getroffen worden. Den Anlagen zur Produktion von Wärme und den Anlagen der Industrie wurde eine kostenlose Zuteilung anhand von Benchmarks zugebilligt, wobei der Anteil der kostenlosen Zuteilung allerdings auf der Zeitachse schrittweise abgesenkt wurde, soweit eine Carbon Leakage-Gefährdung nicht gegeben war (Abb. 6.31). Bis zum Ende der 3. Handelsperiode konnten die Betreiber im EU-ETS in einem festgelegten Umfang auch internationale Gutschriften aus CDM- und JI-Projekten (CER/ERU) nutzen. Durch diese internationalen Mechanismen wurde das Cap erhöht.

Mit Beginn der 4. Handelsperiode im Jahr 2021 haben sich die Rahmenbedingungen im EU-ETS nochmals verändert. Die EU-Kommission hatte außerdem im Juli 2021 im Rahmen des „Fit-for-55"-Pakets eine weitere Verschärfung der jährlichen Cap-Absenkung gegenüber der zuvor für den Zeitraum 2021 bis 2030 getroffenen Regelung (Absenkung von 2,2 % pro Jahr) vorgeschlagen – zuzüglich einer einmaligen Absenkung in noch

Fakten zur ersten, zweiten und dritten Handelsperiode in Deutschland

	1. Handelsperiode	2. Handelsperiode	3. Handelsperiode
Dauer	2005 – 2007	2008 – 2012	2013 – 2020
Emissions-handelsbudget	499 Mio. Tonnen CO_2 pro Jahr (Deutsches Budget)	444 Mio. Tonnen CO_2 pro Jahr (Deutsches Budget)	EU-weites Gesamtbudget (Cap): 1,95 Mrd. Tonnen CO_2 pro Jahr (Durchschnitt der Handelsperiode); jährliche Reduktionsrate: 1,74 %
Teilnehmer	~ 1.850 Energie- und Industrieanlagen	~ 1.650 Energie- und Industrieanlagen	~ 1.900 Energie- und Industrieanlagen
Zuteilung	Zuteilung kostenloser Zertifikate auf Basis historischer Emissionen (Grandfathering)	Energie: kostenlose Zertifikate auf Basis historischer Produktion (Benchmarks); zusätzlich Kürzung von 40 Mio. Zertifikaten pro Jahr für Versteigerung Industrie: Grandfathering mit fixem Kürzungsfaktor von 1,25 %	Grundzuteilungsregel: Auktionierung; Für die Erzeugung von Strom erhalten Betreiber seit 2013 keine kostenlose Zuteilung mehr. Industrie und Wärmeproduktion erhalten dagegen noch eine kostenlose Zuteilung anhand von Benchmarks; Anteil der kostenlosen Zuteilung sinkt von 80 % der Benchmark-Zuteilung 2013 auf 30 % 2020; allerdings kein Absinken bei Carbon Leakage-Gefährdung.

Quelle: Umweltbundesamt/DEHSt, Europäischer Emissionshandel 2013 - 2020, Factsheet

Abb. 6.31 Fakten zur ersten, zweiten und dritten Handelsperiode im europäischen ETS

unbestimmter Höhe. Die jetzt gültige Änderung des Minderungspfads auf minus 4,3 % im Zeitraum 2024 bis 2027 und minus 4,4 % im Zeitraum 2028 bis 2030 trägt der Verschärfung des Treibhausgas-Minderungsziels der EU für den Zeitraum bis 2030 gegenüber 1990 von zuvor minus 40 % auf minus 55 % Rechnung. Für den EU-ETS-Sektor wurde unter Zugrundelegung dieser neuen Zielvorgabe ein Reduktionsziel von 62 % bis 2030 im Vergleich zu 2005 abgeleitet (Abb. 6.32 und 6.33).

Bei der Interpretation der Daten ist zu berücksichtigen, dass der Anwendungsbereich des EU-ETS im Jahr 2013 ausgeweitet worden war. Seitdem müssen auch Anlagen zur Metallverarbeitung, Herstellung von Aluminium, Adipin- und Salpetersäure, Ammoniak und andere Anlagen der chemischen Industrie ihre Emissionen berichten und eine entsprechende Menge an Emissionsberechtigungen abgeben. Weiterhin gilt seit der dritten Handelsperiode die Berichts- und Abgabepflicht nicht mehr nur für Kohlendioxid, sondern zusätzlich sowohl für die perfluorierten Kohlenwasserstoff-Emissionen der Primäraluminiumherstellung als auch für die Distickstoffmonoxid-Emissionen der Adipin- und Salpetersäureherstellung. Außerdem ist das Vereinigte Königreich ab der 4. Handelsperiode nicht mehr in den angegebenen Werten für das Cap und die Emissionen enthalten.[9]

---

[9] [7].

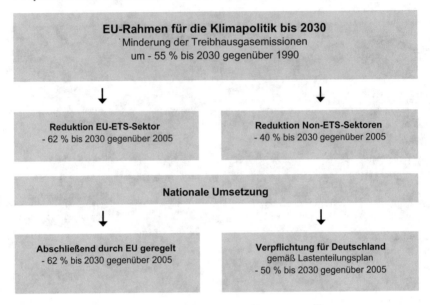

Abb. 6.32 Verpflichtende Klimaziele bis 2030 gemäß Fit-for-55 Package

Emissionsminderungspfade in den verschiedenen Handelsperioden des EU-ETS

Treibhausgas-Emissionen in Mio. t CO_{2e}

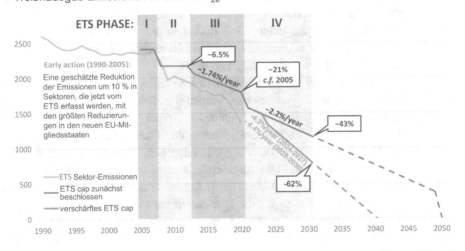

Abb. 6.33 Emissionsminderungspfade in den verschiedenen Handelsperioden des EU-ETS

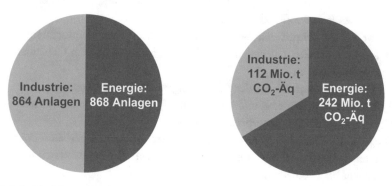

**Relation zwischen den Sektoren
Energie (Tätigkeiten 2 bis 6) und
Industrie (Tätigkeiten 1 und 7 bis 29)**

Zahl der Anlagen und VET-Emissionsmenge in Deutschland 2022

Industrie:
864 Anlagen

Energie:
868 Anlagen

Industrie:
112 Mio. t
CO_2-Äq

Energie:
242 Mio. t
CO_2-Äq

Quelle: Deutsche Emissionshandelsstelle (DEHSt), VET-Bericht 2022, Berlin, April 2023

Abb. 6.34 Treibhausgas-Emissionen der Sektoren Energie und Industrie in Deutschland im Jahr 2022

Im Jahr 2021 beliefen sich die Emissionen der ETS-Anlagen der EU-27 auf rund 1,34 Mrd. Tonnen CO_2-Äq. Die 1732 im EU-ETS erfassten deutschen Anlagen stießen rund 355 Mio. Tonnen CO_2-Äq aus. Mit zirka 235 Mio. t CO_2-Äq. stammten rund zwei Drittel der Emissionen aus Energieanlagen, obwohl diese mit 868 Anlagen nur etwas mehr als die Hälfte des deutschen Anlagenbestandes ausmachen. Dabei wurden rund 97 % der Emissionen aus Energieanlagen von Großfeuerungsanlagen, also von Kraftwerken, Heizkraftwerken und Heizwerken mit einer Feuerungswärmeleistung von über 50 MW, verursacht. Die 864 Industrieanlagen am Standort Deutschland verursachten mit 120 Mio. t CO_2-Äq. gut ein Drittel der Emissionen (Abb. 6.34).

▶ Das EU-ETS ist das zentrale Instrument des Klimaschutzes auf europäischer Ebene. Darüber hinaus bestehen in der EU zahlreiche Regelungen unter anderem zur Verbesserung der Energieeffizienz, zum Ausbau erneuerbarer Energien und zum Hochlauf von Wasserstoff. Damit soll – neben dem für 2030 beschlossenen Zwischenziel einer Minderung der Treibhausgas-Emissionen der EU um 55 % gegenüber 1990 – bis 2050 Klimaneutralität erreicht werden.

Am 18. Mai 2022 hat die EU-Kommission Eckpunkte zur raschen Verringerung der Abhängigkeit von fossilen Brennstoffen aus Russland und zur Beschleunigung des ökologischen Wandels vorgelegt (REPowerEU). Zu den wichtigsten Eckpunkten gehören:

• Anhebung des verbindlichen Energieeffizienzziels

- Entwicklung eines gemeinsamen Beschaffungsmechanismus für Erdgas und Wasserstoff
- Anhebung des Kernziels für erneuerbare Energien auf 45 % des gesamten Energieverbrauchs im Jahr 2030
- Initiative für eine Solarstrategie der EU zur Verdopplung der PV-Leistung bis 2025 und zur Installation von 600 GW bis 2030
- Initiative für die schrittweise Einführung einer rechtlichen Verpflichtung zur Installation von Solarpanelen auf neuen öffentlichen und gewerblichen Gebäuden sowie auf neuen Wohngebäuden
- Verdopplung des Tempos bei der Einführung von Wärmepumpen
- Empfehlung zur Verkürzung und Vereinfachung von Genehmigungsverfahren für große Projekte zum Ausbau erneuerbarer Energien
- Festlegung des Ziels, bis 2030 10 Mio. t Wasserstoff aus erneuerbaren Energien in der EU zu erzeugen und 10 Mio. t erneuerbar produzierten Wasserstoff zu importieren
- Aktionsplan für Biomethan
- Einführung von CO_2-Differenzverträgen zur Förderung der Nutzung von grünem Wasserstoff in der Industrie

Mit diesen Maßnahmen soll der Weg bereitet werden, damit die EU das bis 2050 angestrebte Ziel der Klimaneutralität erreicht. Im März 2023 haben sich die Unterhändler des EU-Ministerrats und des EU-Parlaments über die Reform der Erneuerbare-Energien-Richtlinie (RED III) verständigt, die von der EU-Kommission im Juli 2021 als Teil des Fit-for-55-Pakets vorgeschlagen worden war. Danach soll der verbindliche Anteil erneuerbarer Energien am Gesamt-Bruttoenergieverbrauch der EU bis 2030 auf 42,5 % erhöht werden. Zusätzlich 2,5 Prozentpunkte sollen unverbindlich („indikativ") sein. Dieses *Top-up* soll durch freiwillige Beiträge der Mitgliedsstaaten oder durch gesamteuropäische Maßnahmen erreicht werden. Jeder Mitgliedsstaat soll zum gemeinsamen *Head-Line-Ziel* von 42,5 % beitragen müssen, was nach einer sog. Zerlegungsformel berechnet wird. Ferner ist eine Einigung über beschleunigte Genehmigungsverfahren für Erneuerbare-Energien-Projekte erfolgt. Die EU-Kommission hatte im Mai 2022 im Rahmen des REPowerEU-Plans vorgeschlagen, dies in die reformierte Richtlinie aufzunehmen.

6.4.3   Nationale Maßnahmen

Nach dem Beschluss des Bundesverfassungsgerichts vom 29. April 2021[10] und mit Blick auf das verschärfte europäische Klimaziel für das Jahr 2030 hatte die Bundesregierung am 12. Mai 2021 das geänderte Klimaschutzgesetz vorgelegt. Der Bundestag hat die Novelle

---

10 [8].

Eckdaten zum Klimaschutzgesetz 2021
(gemäß Beschluss des Bundeskabinetts vom 12. Mai 2021)

> Treibhausgas-Emissionen

  Bis 2030: - 65 % gegenüber 1990 (bislang - 55 %)

  Bis 2040: - 88 % gegenüber 1990

  2045:   Klimaneutralität (bislang 2050)

> Sektorziele für die Treibhausgas-Emissionen bis 2030 (gegenüber 1990)

  Energiewirtschaft: - 77 %

  Industrie: - 58 %

  Verkehr: - 48 %

  Gebäude: - 68 %

  Landwirtschaft: - 36 %

Quelle: BMU 2019

Abb. 6.35 Eckdaten zum Klimaschutzgesetz 2021

des Klimaschutzgesetzes am 24. Juni 2021 beschlossen. Sie hat am 25. Juni 2021 den Bundesrat passiert. Die Gesetzesnovelle ist am 31. August 2021 in Kraft getreten.[11]

Das Gesetz sieht bis zum Jahr 2030 nach einzelnen Sektoren differenzierte konkrete Treibhausgas-Minderungsziele vor (Abb. 6.35). Ferner sind darin folgende Punkte verankert: Im Jahr 2024 sollen jährliche Minderungsziele pro Sektor für die Jahre 2031 bis 2040 festgelegt werden. Spätestens 2032 muss die Festlegung der jährlichen Minderungsziele für die Jahre 2041 bis 2045 erfolgen. Für das Jahr 2034 ist die Festlegung der jährlichen minderungsziele pro Sektor für die letzte Phase bis zum Erreichen der Treibhausgas-Neutralität von 2041 bis 2045 vorgesehen.

▶ Zentrales Instrument zum Erreichen der Treibhausgas-Minderungsziele in den Sektoren Energiewirtschaft und Industrie ist das europäische Emissionshandelssystem. Für die Sektoren Wärme und Verkehr ist im Jahr 2020 ein nationales Emissionshandelssystem (nEHS) eingeführt worden, das in der Einführungsphase 2021 bis 2026 als Festpreissystem gestaltet ist.

Das nEHS richtet sich – anders als das europäische Emissionshandelssystem – auf die Inverkehrbringer von fossilen Brennstoffen (Abb. 6.36). Die für den 1. Januar 2023 gemäß diesem Gesetz vorgesehene Erhöhung der Zertifikatpreise ist aufgrund der angespannten Energiepreissituation ausgesetzt worden (Abb. 6.37).

---

[11] [9].

Brennstoffemissionshandelsgesetz (BEHG) gemäß Beschluss des Bundestages vom 8. Oktober 2020 - Eckpunkte

> Einführung eines Emissionshandels für die Sektoren Wärme und Verkehr ab dem Jahr 2021 - gerichtet auf die „Inverkehrbringer" von fossilen Brennstoffen.

> Gestaltung in der Einführungsphase 2021 bis 2026 als Festpreissystem.

> Die Zertifikatspreise werden für 2021 auf 25 €/t festgelegt und steigen 2022 auf 30 €/t, 2023 auf 35 €/t, 2024 auf 45 €/t und 2025 auf 55 €/t CO_2.

> Für 2026 wird ein Preiskorridor von 55 bis 65 €/t CO_2 festgelegt, wobei der konkrete Preis durch Versteigerung ermittelt werden soll.

> Erfassung einer Emissionsmenge von etwa 300 Mio. t $CO_{2Äq}$/Jahr (Schätzung für die Jahre 2021 bis 2024).

> Im ersten Jahr 2021 bedeutet dies umgerechnet einen Preisaufschlag von 7 Cent pro Liter Benzin, 8 Cent pro Liter Diesel, 8 Cent pro Liter leichtes Heizöl und 0,5 Cent pro kWh Erdgas.

> Ermächtigung der Bundesregierung, Maßnahmen zur Vermeidung von Carbon Leakage zu regeln (Kompensationsverordnung zur Vermeidung von Doppelbelastungen durch das BEHG und das ETS und zur Vermeidung von Wettbewerbsnachteilen für im internationalen Wettbewerb stehende Unternehmen).

Quelle: Bundesregierung 2019

Abb. 6.36 Brennstoffemissionshandelsgesetz (BEHG) von Oktober 2020

Änderungen im Brennstoffemissionshandelsgesetz (BEHG) zum 01.01.2023 (am 20. Oktober 2022 vom Bundestag verabschiedet)

- Ab 2023 wird die Verbrennung von Kohle und ab 2024 auch die Müllverbrennung in die CO_2-Bepreisung einbezogen

- Die Erhöhung des CO_2-Preises für Kraftstoffe, Heizöl und Gas, die zum 01.01.2023 vorgesehen war, wird auf den 01.01.2024 verschoben.

Mit der Änderung zur Verschiebung der Erhöhung des CO_2-Preises wird der Beschluss der Koalitionsfraktionen vom 03.09.2022 umgesetzt, um Bürgerinnen und Unternehmen nicht zusätzlich mit Energiekosten zu belasten.

Abb. 6.37 Änderungen im Brennstoffemissionshandelsgesetz (BEHG) zum 01.01.2023

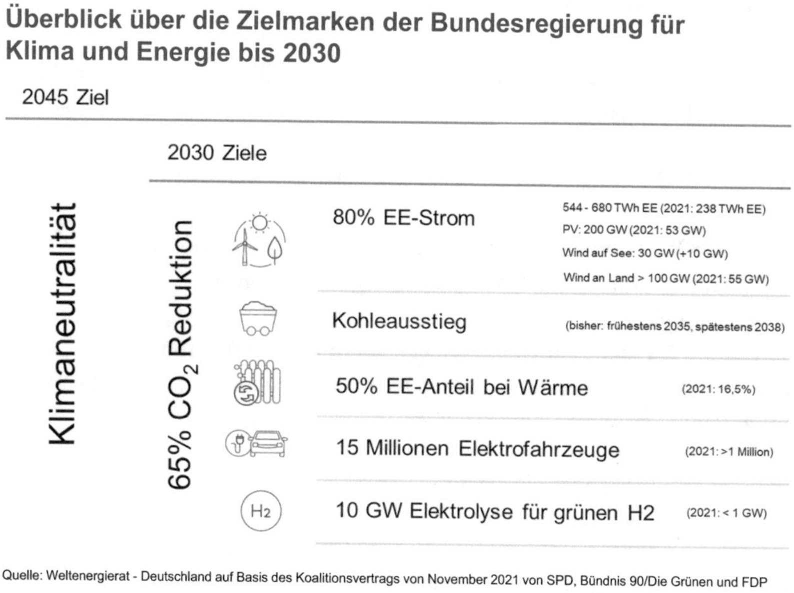

Überblick über die Zielmarken der Bundesregierung für Klima und Energie bis 2030

2045 Ziel

2030 Ziele

Klimaneutralität	**65 % CO$_2$ Reduktion**	80 % EE-Strom	544 - 680 TWh EE (2021: 238 TWh EE) PV: 200 GW (2021: 53 GW) Wind auf See: 30 GW (+10 GW) Wind an Land > 100 GW (2021: 55 GW)

80 % EE-Strom — 544 - 680 TWh EE (2021: 238 TWh EE) PV: 200 GW (2021: 53 GW) Wind auf See: 30 GW (+10 GW) Wind an Land > 100 GW (2021: 55 GW)

Kohleausstieg — (bisher: frühestens 2035, spätestens 2038)

50 % EE-Anteil bei Wärme — (2021: 16,5 %)

15 Millionen Elektrofahrzeuge — (2021: >1 Million)

10 GW Elektrolyse für grünen H2 — (2021: < 1 GW)

Quelle: Weltenergierat - Deutschland auf Basis des Koalitionsvertrags von November 2021 von SPD, Bündnis 90/Die Grünen und FDP

Abb. 6.38   Überblick über die Zielmarken für Klima und Energie in Deutschland gemäß Koalitionsvertrag vom 24. November 2021

6.5   Koalitionsvertrag zwischen SPD, Bündnis 90/Die Grünen und FDP vom 24. November 2021

Der 20. Deutsche Bundestag war am 26. September 2021 gewählt worden. Die erste konstituierende Sitzung des 20. Deutschen Bundestages hatte am 26. Oktober 2021 stattgefunden. Am 24. November 2021 war der Koalitionsvertrag 2021 bis 2025 zwischen der Sozialdemokratischen Partei Deutschlands (SPD), Bündnis 90/Die Grünen und den Freien Demokraten (FDP) geschlossen worden, in dem die Vorhaben der neu gebildeten Bundesregierung für die 20. Legislaturperiode dargelegt sind. Der Koalitionsvertrag ist auf insgesamt 177 Seiten in neun Kapitel untergliedert. Die zentralen Aussagen zur Energie- und Klimapolitik sind in dem Unterabschnitt *Klima, Energie, Transformation* des Kapitels III. *Klimaschutz in einer sozial-ökologischen Marktwirtschaft* dargelegt.[12] Sie können wie folgt skizziert werden (Abb. 6.38):

---

[12] [2].

Klima, Energie, Transformation

- Ausrichtung der Klima-, Energie- und Wirtschaftspolitik auf den 1,5 Grad-Pfad
- Technologieoffene Ausgestaltung eines verlässlichen und kosteneffizienten Weges zur Klimaneutralität spätestens 2045
- Unterstützung der im „Fit-for-55"-Paket von der EU-Kommission unterbreiteten Vorschläge
- Konsequente Weiterentwicklung des Klimaschutzgesetzes noch im Jahr 2022
- Verabschiedung eines Klimaschutzsofortprogramms mit allen notwendigen Gesetzen und Vorhaben bis Ende 2022
- Verpflichtung der Bundesressorts, Gesetzentwürfe auf ihre Klimawirkung und die Vereinbarung mit den nationalen Klimaschutzzielen hin zu prüfen und mit entsprechender Begründung zu versehen (Klimacheck)

Erneuerbare Energien

- Bereitstellung von 80 % des erwarteten erhöhten Bruttostrombedarfs von 680 bis 750 TWh aus erneuerbaren Energien im Jahr 2030
- Stärkung von Instrumenten für den förderfreien Zubau, wie zum Beispiel durch langfristige Stromlieferverträge (PPA) und den europaweiten Handel mit Herkunftsnachweisen – in Ergänzung zum EEG
- Erhebliche Beschleunigung der Planungs- und Genehmigungsverfahren
- Nutzung aller geeigneten Dachflächen für die Solarenergie – bei gewerblichen Neubauten verpflichtend, bei privaten Neubauten als Regel
- Ausbau der Photovoltaik auf ca. 200 GW bis 2030
- Ausweis von 2 % der Landesflächen für die Windenergie
- Ersatz bestehender durch neue Windparks ohne großen Genehmigungsaufwand
- Steigerung der Kapazitäten für Windenergie auf See auf mindestens 30 GW im Jahr 2030, 40 GW im Jahr 2035 und 70 GW im Jahr 2045
- Erarbeitung einer nachhaltigen Biomasse-Strategie
- Stärkere Nutzung des Potenzials der Geothermie für die Energieversorgung
- Schaffung von finanziellen Vorteilen zugunsten von Kommunen bei Ausbau von Windenergieanlagen und größeren Freiflächen-Solaranlagen
- Stärkung der Bürger-Energie als wichtigstes Element für mehr Akzeptanz
- Anstreben eines sehr hohen Anteils erneuerbarer Energie bei der Wärme und ein 50 %-Anteil klimaneutraler Wärme bis 2030

Kohleausstieg und Errichtung moderner Gaskraftwerke

- Beschleunigter Ausstieg aus der Kohleverstromung – idealerweise bereits bis 2030
- Vorziehen des im Kohleausstiegsgesetz für 2026 vorgegebenen Überprüfungsschritts auf spätestens Ende 2022
- Errichtung moderner Gaskraftwerke, die auf klimaneutrale Gase umgestellt werden können (H$_2$-ready)

Wasserstoffstrategie

- Fortschreibung der Wasserstoffstrategie im Jahr 2022 mit dem Ziel eines schnellen Markthochlaufs
- Setzen auf eine technologieoffene Ausgestaltung der Wasserstoff-Regulatorik bis zu einer günstigen Versorgung mit grünem Wasserstoff
- Vorantreiben der dafür notwendigen Import- und Transport-Infrastruktur
- Erreichen einer Elektrolysekapazität von rund 10 GW bis 2030
- Setzen auf europaeinheitliche Zertifizierung von Wasserstoff und seinen Folgeprodukten sowie Stärkung europäischer Importpartnerschaften
- Ausschluss der Nutzung von Atomkraft

Netze

- Erhöhung des Tempos und der Verbindlichkeit beim Netzausbau auf allen Ebenen
- Vorlage eines über die aktuellen Netzentwicklungsplanungen hinausgehenden Plans für ein Klimaneutralitätsgesetz und entsprechende Fortschreibung des Bundesbedarfsplans
- Frühzeitige Bürgerbeteiligung beim Netzausbau
- Vorlage einer „Roadmap Systemstabilität" bis Mitte 2023
- Modernisierung und Digitalisierung der Verteilnetze
- Rollout intelligenter Messsysteme als Voraussetzung für Smart Grids
- Rechtliche Definition von Speichern als eigenständige Säule des Energiesystems

Strommarktdesign

- Erarbeitung eines neuen Strommarktdesigns im Zuge des Ausbaus erneuerbarer Energien
- Bekenntnis zu einer weiteren Integration des europäischen Energiebinnenmarktes
- Prüfung wettbewerblicher und technologieoffener Kapazitätsmechanismen und Flexibilitäten zur Absicherung des Atom- und Kohleausstiegs und als Anreiz zum zügigen Zubau gesicherter Leistung

- Umfassende Reform der Finanzierungsarchitektur des Energiesystems und Gewährleistung einer umfassenden Nutzung von erneuerbar erzeugtem Strom für die Sektorenkopplung
- Grundlegende Reform der staatlich induzierten Preisbestandteile im Energiesektor unter Zuweisung einer zentralen Rolle für den CO_2-Preis
- Reform der Netzentgelte zur Förderung der Klimaneutralität

Sozial gerechte Energiepreise

- Beendigung der Finanzierung der EEG-Umlage über den Strompreis – stattdessen ab 01.01.2023 Finanzierung aus dem Bundeshaushalt, u. a. gespeist durch Einnahmen aus dem BEHG und ETS
- Auslaufen der Förderung erneuerbarer Energien mit Vollendung des Kohleausstiegs
- Überarbeitung des ETS und des BEHG im Sinne des EU-Programms „Fit-for-55"
- Setzen auf einen steigenden CO_2-Preis verbunden mit einem starken sozialen Ausgleich
- Schaffung eines einheitlichen EU-Emissionshandelssystems über alle Sektoren in den 2030er Jahren
- Sicherstellung, dass der CO_2-Preis langfristig nicht unter 60 € pro Tonne fällt
- Entwicklung eines sozialen Kompensationsmechanismus über die Abschaffung der EEG-Umlage hinaus

Klima- und Energieaußenpolitik

- Ausbau der deutschen Umwelt-, Klima- und Energiekooperationen
- Gründung von Klimapartnerschaften sowie eines für alle Staaten offenen internationalen Klimaclubs
- Verfolgen der Ziele Erreichen von Klimaneutralität, massiver Ausbau erneuerbarer Energien und deren Infrastruktur sowie Produktion von Wasserstoff
- Anstreben eines globalen Emissionshandelssystems, das mittelfristig zu einem einheitlichen CO_2-Preis führt
- Erfüllung der Zusagen für den deutschen Anteil an den 100 Mrd. US\$ der internationalen Klimafinanzierung und deren perspektivische Erhöhung
- Reform des Energiecharta-Vertrages

Transformation der Wirtschaft

- Aufzeigen des Pfads zur CO_2-neutralen Welt als große Chance für den Industriestandort Deutschland
- Aktivierung von mehr privatem Kapital für Transformationsprojekte
- Schmieden einer „Allianz für Transformation" im Dialog mit Wirtschaft, Gewerkschaften und Verbänden
- Auflegung eines Transformationsfonds bei der KfW
- Einsatz für einen wirksamen *Carbon-Leakage*-Schutz (*Border Adjustment Mechanism,* frei Zuteilung)
- Gewährleistung rechtssicherer Genehmigungen für Energieinfrastruktur (Kraftwerke und Gasleitungen) mit fossilen Brennstoffen

Atom

- Einsatz auf internationaler und europäischer Ebene für ein Verständnis, dass die Atomenergie für die von ihr verursachten Kosten selbst aufkommt
- Fortsetzung der Standortsuche für ein Endlager für hochradioaktive Abfälle entsprechend den gesetzlich festgelegten Prinzipien
- Zügige Fertigstellung und Inbetriebnahme genehmigter Endlager
- Einsatz für eine Abschaltung grenznaher Risikoreaktoren

Die Vorhaben sind unterlegt durch ein ganzes Bündel quantitativer Ziele der Energiewende (Abb. 6.39). Dazu zählen u. a. eine Reduktion der Treibhausgas-Emissionen bis 2030 um mindestens 65 % im Vergleich zum Stand von 1990 und das Erreichen von Netto-Treibhausgasneutralität für Deutschland bis 2045. Ferner ist die Quote, mit der erneuerbare Energien bis 2030 an der Deckung des inländischen Stromverbrauchs beteiligt sein sollen, von zuvor 65 % auf 80 % erhöht worden (Abb. 6.40). Dazu bedarf es einer massiven Beschleunigung und Verstärkung des Ausbaus insbesondere von Wind- und Solaranlagen (Abb. 6.41 und 6.42).

Ferner hatte die Bundesregierung bereits im Juni 2020 eine Nationale Wasserstoff-Strategie beschlossen. Damit wird das Ziel verfolgt, auf Basis der Wasserstoff-Technologie den CO_2-Ausstoß vor allem in den Bereichen der Industrie und des Verkehrssektors zu verringern, wo eine Dekarbonisierung durch den Einsatz von Elektrizität sich nur schwer realisieren lässt. Das gilt beispielsweise für die besonders energieintensive Stahlproduktion – dort soll Wasserstoff Kohle ersetzen – und auch bestimmte Prozesse in der Chemieindustrie. Wasserstoff kommt auch als Basis in Betracht, um den Lkw-, Schiffs- und Flugverkehr klimaschonend umzugestalten. Darüber hinaus sollen Gaskraftwerke, die zur Aufrechterhaltung der Versorgungssicherheit in den kommenden Jahren

Quantitative Ziele der Energiewende und Status quo (2020)

	2020	2020	2030	2040	2045	2050
	Ist	Zielvorgaben				
Treibhausgasemissionen						
Treibhausgasemissionen (gegenüber 1990)	- 41,3 %	mindestens - 40 %	mindestens - 65 %	mindestens - 88 %	Netto-Treibhausgas-neutralität	negative Treibhausgas-Emissionen
Erneuerbare Energien						
Anteil am Bruttoendenergie-verbrauch	19,3 %	18 %	30 %	45 %		60 %
Anteil am Bruttostromverbrauch	45,2 %	mind. 35 %	mind. 80 %	**		***
Anteil am Wärmeverbrauch	15,3 %	14 %				
Effizienz und Verbrauch						
Primärenergieverbrauch (gegenüber 2008)	- 17,3 %	- 20 %	- 30 %			- 50 %
Endenergieproduktivität (2008 - 2050)	1,46 % pro Jahr (2008 bis 2020)	2,1 % pro Jahr (2008 - 2050)				
Nicht erneuerbarer Primärenergieverbrauch Gebäude (gegenüber 2008)	- 23,6 %*	- 55 %				
Wärmebedarf Gebäude (gegenüber 2008)	- 10,8 %	- 20 %				
Endenergieverbrauch Verkehr (gegenüber 2005)	- 11,4 %	- 10 %				- 40 %

* Istwert-Angabe für 2019
** = 100 % bis 2035 gemäß „Oster-Paket" am 6. April 2022 vom Bundeskabinett beschlossen.
*** Das EEG 2021 sieht nach der Gesetzesfassung vom 21. Dezember 2020 vor, dass vor dem Jahr 2050 der gesamte Strom, der im Bundesgebiet erzeugt und verbraucht wird, treibhausgasneutral erzeugt wird.

Quelle: Eigene Darstellung auf Basis Zielvorgaben des BMWK 04/2022

Abb. 6.39 Quantitative Ziele der Energiewende und Status quo

Erneuerbaren-Quote Strom

Anteil der Stromerzeugung aus Erneuerbaren Energien am Bruttostromverbrauch

* EEG 2021: treibhausgasneutrale Stromerzeugung im Jahr 2050
** vorläufig

Quellen: ZSW, BDEW; Stand 12/2021

Abb. 6.40 Zielvorgaben zum Anteil erneuerbarer Energien an der Deckung des Bruttostromverbrauchs in Deutschland

Ausbau Wind und Photovoltaik

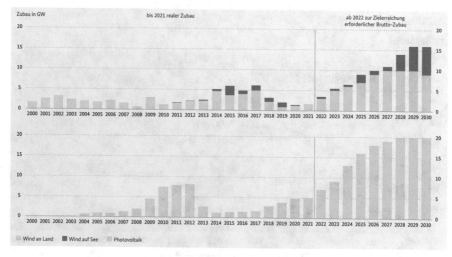

Quelle: BMWi

Abb. 6.41 Jährlicher Zubau der Kapazitäten von Wind- und Solaranlagen zur Stromerzeugung 2000 bis 2021 und Zielpfad 2022 bis 2030

noch benötigt werden, zukünftig mit klimaneutralen Gasen wie Wasserstoff betrieben werden (Abb. 6.43). Die Bundesregierung weist einer verstärkten Nutzung von Wasserstoff eine Schlüsselrolle bei, die Energieversorgung in Deutschland auf eine breitere Basis zu stellen, um unabhängig von fossilen Energieträgern zu werden.[13]

▶ Eine künftig angestrebte verstärkte Nutzung von Wasserstoff soll mit *grünen Wasserstoff erfolgen*. Grüner Wasserstoff wird durch Elektrolyse von Wasser hergestellt. Dabei wird das Wasser mithilfe elektrischen Stroms in Wasserstoff und Sauerstoff zerlegt. Im Fall von grünem Wasserstoff kommt der benötigte Strom für die Elektrolyse ausschließlich aus erneuerbaren Energien.

Da in Deutschland grüner Wasserstoff nicht in der benötigten Menge hergestellt werden kann, setzt die Bundesregierung auf internationale Kooperationen. Strategische Partnerschaften mit Staaten in Süd- und Westafrika, im Mittleren Osten, mit Kanada und Chile sowie mit Australien und Neuseeland werden als Grundstein für die zukünftige Versorgung mit Wasserstoff gesehen. Diese Länder verfügen über besonders günstige Bedingungen, um Wind- und Solarstrom für die Herstellung von Wasserstoff zu nutzen. In Deutschland soll nach den Vorstellungen der Bundesregierung bis 2030 eine Elektrolysekapazität von mindestens zehn Gigawatt aufgebaut werden.

---

[13] [10].

Installierte Leistung von Photovoltaik- und Windenergieanlagen in Deutschland sowie Ziele der Bundesregierung bis 2030

in Gigawatt

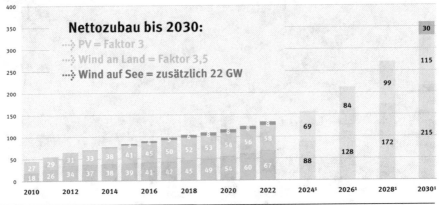

Nettozubau bis 2030:
⋯⟩ PV = Faktor 3
⋯⟩ Wind an Land = Faktor 3,5
⋯⟩ Wind auf See = zusätzlich 22 GW

[1] Zielwerte für die Jahre 2024, 2026, 2018 und 2030 laut EEG 2023, für Offshore Wind Zielwert 2030 laut Wind-auf-See-Gesetz (WindSeeG)

Quelle: Arbeitsgruppe Erneuerbare Energie-Statistik (AGEE-Stat); Stand: Februar 2023

Abb. 6.42 Installierte Leistung von Photovoltaik- und Windenergieanlagen in Deutschland sowie Ziele der Bundesregierung bis 2030

Verknüpfung vielfältiger Infrastrukturkomponenten in einer künftigen Wasserstoff-Welt

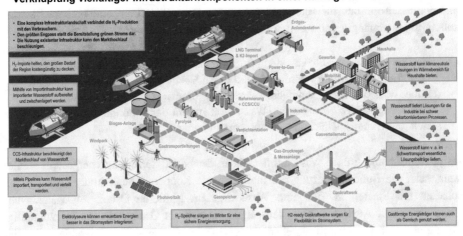

Quelle: Eigene Darstellung auf Basis des DVGW Deutscher Verein des Gas- und Wasserfaches e.V.

Abb. 6.43 Verknüpfung vielfältiger Infrastrukturkomponenten in einer künftigen Wasserstoff-Welt

Der Koalitionsausschuss hat am 28. März 2023 ein *Modernisierungspaket für Klimaschutz und Planungsbeschleunigung* beschlossen. In dem 16 Seiten umfassenden Beschlussdokument sind die Vorhaben, auf die sich die Regierungsparteien verständigt haben, in insgesamt sechs Kapiteln skizziert.[14]

- Novelle des Klimaschutzgesetzes
- Planungs- und Genehmigungsbeschleunigung
- Beschleunigung und Effektivierung des Naturschutzes
- Klimaschutz im Verkehr
- Energieeffizienzgesetz
- Gebäudeenergiegesetz

Zu den wichtigsten Elementen dieser sechs Kapitel gehören:

Die Einhaltung der nationalen Klimaschutzziele soll zukünftig anhand einer sektorübergreifenden und mehrjährigen Gesamtrechnung überprüft werden. Zukünftig werden alle Sektoren aggregiert betrachtet. Wenn die Projektionsdaten in zwei aufeinanderfolgenden Jahren zeigen, dass mit den aggregierten Jahresemissionen bis zum Jahr 2030 das Gesamtminderungsziel nicht erreicht wird, beabsichtigt die Bundesregierung, Maßnahmen zu beschließen, die sicherstellen, dass das Minderungsziel bis 2030 dennoch erreicht wird. Dazu haben alle für die Sektoren verantwortlichen Bundesministerien, insbesondere jene, in deren Zuständigkeitsbereich die Sektoren liegen, die die Zielverfehlung verursacht haben, mit Minderungsmaßnahmen beizutragen. Die nationalen Maßnahmen zur Emissionsminderung werden durch die Reformpläne der Europäischen Union unterstützt, den europäischen Emissionshandel auszuweiten. Ab voraussichtlich 2027 soll der europäische Emissionshandel II gelten, der eine CO_2-Bepreisung auch für die Sektoren Wärme und Verkehr in der gesamten EU vorsieht. Die Bundesregierung wird einen Vorschlag für den Übergang vom bereits bestehenden nationalen (BEHG) zum europäischen Emissionshandelssystem sowie für die Architektur der europäischen und nationalen Klimapolitik ab 2030 erarbeiten.

Die Vorhaben zur Planungs- und Genehmigungsbeschleunigung richten sich vor allem auf den verstärkten Ausbau erneuerbarer Energien. Dazu soll unter anderem der Handlungsspielraum für Kommunen erweitert werden, Flächen für Windenergie auszuweisen. Flächen entlang von Autobahnen und Schienen sollen zum Ausbau erneuerbarer Energien genutzt werden. Ferner beabsichtigt die Koalition, eine Novelle des Bundesimmissionsschutzgesetzes auf den Weg zu bringen, um Industrie- und Windenergieanlagen an Land sowie Elektrolyseure für Wasserstoff verfahrensrechtlich zu beschleunigen.

Neben dem Klimaschutz hält die Regierungskoalition den Erhalt der Artenvielfalt für die zweite große ökologische Aufgabe unserer Zeit. Auch wenn sich nicht in allem Fällen Nutzungskonflikte zwischen energiewirtschaftlicher Transformation und

---

[14] [11].

Naturschutz verhindern lassen, soll eine Beeinträchtigung der Qualität der Natur durch Kompensationsmaßnahmen möglichst vermieden werden.

Ein ganzes Bündel von Maßnahmen wird zur Emissionsminderung im Verkehrssektor vorgesehen. Dazu gehört unter anderem ein CO_2-Zuschlag von 200 € pro Tonne CO_2 auf die Lkw-Maut, der ab 1. Januar 2024 erhoben werden soll. Die dadurch aufgebrachten finanziellen Mittel sollen ganz überwiegend für Investitionen für die Schiene genutzt werden. Der Schienengüterverkehr soll bis 2030 einen Marktanteil von 25 % erreichen. Es wird das Ziel bekräftigt, dass bis 2030 in Deutschland 15 Mio. vollelektrische Fahrzeuge zugelassen sind. Ferner soll die Lade-Infrastruktur verstärkt ausgebaut werden. Die Bundesregierung hat sich, so der Wortlaut in Beschlussdokument, „mit Erfolg auf europäischer Ebene dafür eingesetzt, dass Fahrzeuge, die ausschließlich mit E-Fuels betankt werden können, auch nach 2035 in der Europäischen Union zugelassen werden können".

Neben dem beschleunigten Ausbau erneuerbarer Energien soll die Energieeffizienz zur Verminderung der Treibhausgas-Emissionen und zur Reduzierung der Abhängigkeit von fossilen Energieimporten weiter verbessert werden. Es wird beabsichtigt, die Beschlüsse der Europäischen Energieeffizienz-Richtlinie (EED) zeitnah in nationales Recht zu überführen. Mit der Vorzeichnung eines langfristigen Zielpfades soll Planungs- und Investitionssicherheit gewährleistet werden.

Ein Umsteuern im Bereich der Gebäudewärme wird als Schlüssel für die Erreichung der klimapolitischen Ziele und die weitere Reduktion der Abhängigkeit von fossilen Rohstoffen gesehen. Im Koalitionsausschuss am 24. März 2022 war abgestimmt worden, gesetzlich festzuschreiben, dass ab dem 1. Januar 2024 möglichst jede neu eingebaute Heizung zu 65 % mit erneuerbaren Energien betrieben werden soll. Der hierzu am 19. April 2023 vom Bundeskabinett beschlossene Entwurf einer Novelle des Gebäudeenergiegesetzes GEG) war in der Folge von der Regierungskoalition modifiziert worden.[15] Mit der am 15. Juni 2023 erstmals im Bundestag beratenen Fassung wird ein technologieoffener Ansatz verfolgt und es wird darauf geachtet, dass ausreichende Übergangszeiträume zur Anpassung an die neuen Vorschriften zur Verfügung stehen. Durch eine pragmatische Ausgestaltung sollen unbillige Härten vermieden werden, und sozialen Aspekten soll angemessen Rechnung getragen werden. Die Novelle soll Anfang 2024 in Kraft treten. Die Pflicht, dass jede neu eingebaute Heizung mit mindestens 65 % erneuerbaren Energien betrieben werden muss, soll aber erst dann greifen, wenn es vor Ort eine kommunale Wärmeplanung gibt. Solange das noch nicht der Fall ist, sollen Eigentümer außerhalb von Neubaugebieten weiter eine Gasheizung einbauen dürfen, wenn diese auf Wasserstoff umrüstbar ist.

Auch diese Maßnahme ist ein wichtiger Baustein, um das im Klimaschutzgesetz verankerte Ziel der Treibhausgasneutralität für Deutschland bis 2045 zu erreichen.

---

[15] [12].

6.6 Fazit

Die Herausforderungen, die sich aus der angestrebten Energiewende ergeben, sind nur im europäischen Rahmen zu bewältigen. Erforderlich ist deshalb eine gemeinsame europäische Energiepolitik, die auf marktwirtschaftliche Lösungen und Instrumente setzt. Die Politik muss den Zielen Versorgungssicherheit, Wirtschaftlichkeit sowie Umwelt und Klimaverträglichkeit den gleichen Rang einräumen. Effizienzsteigerung auf der Angebots- und Nachfrageseite entlang der gesamten Wertschöpfungskette ist ein zentraler Hebel. Die Anreize für eine Reduzierung der Treibhausgas-Emissionen sind so zu setzen, dass sie zu einem möglichst kosteneffizienten Energiesystem führen. Das Setzen auf Kernenergie scheidet für Deutschland aus. Auch die Verstromung von Kohle soll mittelfristig beendet werden. Erneuerbaren Energien gehört die Zukunft. Allerdings werden auch noch über 2030 hinaus Mineralöl und Erdgas zur Bedarfsdeckung benötigt werden. Da Deutschland bei diesen Energieträgern fast ausschließlich auf Importe angewiesen ist, muss eine breite Diversifizierung der Lieferländer angestrebt werden. Der Aufbau von LNG-Importterminals ist 2022 in Gang gesetzt worden. Damit kann künftig vermehrt LNG aus verschiedenen Lieferländern auch aus Staaten außerhalb Europas direkt nach Deutschland eingeführt werden. Langfristig soll Erdgas durch grünen Wasserstoff ersetzt werden, der auch in der Industrie, im Verkehr und zur Stromerzeugung genutzt werden kann. Neu zu errichtende Gaskraftwerke sind deshalb so zu bauen, dass sie Wasserstoff-ready sind. Die Maßnahmen zum Klimaschutz werden darauf ausgerichtet, die Energieversorgung in Deutschland bis 2045 klimaneutral zu gestalten.

Literatur

1. Schiffer HW (2018) Energiemarkt Deutschland. Springer Verlag, November 2018
2. Die Bundesregierung (2021a) Koalitionsvertrag 2021 bis 2025 zwischen der Sozialdemokratischen Partei Deutschlands (SPD), Bündnis 90/Die Grünen und den Freien Demokraten (FDP) (2021). Mehr Fortschritt wagen – Bündnis für Freiheit, Gerechtigkeit und Nachhaltigkeit. Berlin, 24. November 2021 (Seiten 54 bis 65) https://www.bundesregierung.de/resource/blob/974430/1990812/04221173eef9a6720059cc353d759a2b/2021-12-10-koav2021-data.pdf?download=1
3. United Nations Framework Convention on Climate Change – UNFCCC (1992) Rahmenübereinkommen der Vereinten Nationen über Klimaänderungen. Rio de Janeiro. https://unfccc.int/resource/docs/convger.pdf
4. Oberthür S, Ott H E (1999). The Kyoto Protocol, International Climate Policy for the 21st Century. Berlin/Heidelberg/New York
5. United Nations Framework Convention on Climate Change (2022a) FCCC/PA/CMA/2021/10/Add.1. https://unfccc.int/documents/460950
6. United Nations Framework Convention on Climate Change (2022b) FCCC/CP/2022/L.19. Bonn
7. Umweltbundesamt (2022) Der Europäische Emissionshandel. Dessau, 22. September 2022. https://www.umweltbundesamt.de/daten/klima/der-europaeische-emissionshandel

8. Bundesverfassungsgericht (2021) Verfassungsbeschwerden gegen das Klimaschutzgesetz teilweise erfolgreich. Pressemitteilung Nr. 31/2021 vom 29. April 2021. https://www.bundesverfassungsgericht.de/SharedDocs/Pressemitteilungen/DE/2021/bvg21-031.html

9. Die Bundesregierung (2021b) Klimaschutzgesetz – Generationenvertrag für das Klima. https://www.bundesregierung.de/breg-de/themen/klimaschutz/klimaschutzgesetz-2021-1913672

10. Die Bundesregierung (2022c) Wasserstoff – Energieträger der Zukunft. https://www.bundesregierung.de/breg-de/themen/forschung/wasserstoff-technologie-1732248

11. SPD (2023) Modernisierungspaket für Klimaschutz und Planungsbeschleunigung. Berlin, 28. März 2023. https://www.spd.de/fileadmin/Dokumente/Beschluesse/20230328_Koalitionsausschuss.pdf

12. Deutscher Bundestag (2023) Entwurf zur Änderung des Gebäudeenergiegesetzes im Bundestag beraten https://www.bundestag.de/dokumente/textarchiv/2023/kw24-de-gebaeudeenergiegesetz-952846

Printed in the United States
by Baker & Taylor Publisher Services